CAD/CAM/CAE 微视频讲解大系

中文版Pro/ENGINEER Wildfire 5.0
从入门到精通

（实战案例版）

920分钟同步微视频讲解　　106个实例案例分析

☑ 参数化设计　　☑ 特征建模　　☑ 曲面造型　　☑ 零件装配　　☑ 钣金设计　　☑ 工程图绘制

天工在线　编著

中国水利水电出版社
www.waterpub.com.cn
·北京·

内 容 提 要

《中文版 Pro/ENGINEER Wildfire 5.0 从入门到精通（实战案例版）》基于 Pro/ENGINEER Wildfire 5.0 软件，全面详细地介绍了该软件的基本操作和零件造型、装配、钣金、工程图等模块的功能和具体的实例操作，是一本关于 Pro/ENGINEER Wildfire 5.0 的配备视频讲解的案例教程。全书共 13 章，按照由浅入深的原则分别讲述了 Pro/ENGINEER Wildfire 5.0 入门、绘制草图、基准特征、基础实体特征建立、工程实体特征建立、高级特征建立、实体特征编辑、曲面造型、曲面编辑、零件实体装配、钣金设计、钣金编辑、工程图绘制等相关知识和实例应用。本书内容系统全面，实例丰富实用，可以帮助读者在短时间内有效提升 Pro/ENGINEER 的工程设计能力。

本书随书赠送的电子资源包括：全书实例的源文件、效果文件和时长 920 分钟的讲解视频，读者可以对照视频讲解练习操作源文件、对比查看效果文件，可以帮助读者轻松学习本书。同时本书赠送总时长达 600 分钟的 Pro/ENGINEER 机械设计、曲面造型、钣金设计、模具设计以及数控加工案例的源文件和视频教程，可以全面延伸和拓展读者的知识面，提高读者的工程设计能力。

本书适合应用 Pro/ENGINEER 进行相关设计的读者使用，也可作为 Pro/ENGINEER 培训班、高等院校计算机辅助设计课程的指导教材。

图书在版编目（CIP）数据

中文版Pro/ENGINEER Wildfire 5.0 从入门到精通 ：
实战案例版 / 天工在线编著. -- 北京 ：中国水利水电
出版社，2023.1
　　（CAD/CAM/CAE微视频讲解大系）
　　ISBN 978-7-5226-0645-3

Ⅰ．①中… Ⅱ．①天… Ⅲ．①机械设计－计算机辅助
设计－应用软件 Ⅳ．①TH122

中国版本图书馆 CIP 数据核字(2022)第 066654 号

丛 书 名	CAD/CAM/CAE 微视频讲解大系
书 名	中文版Pro/ENGINEER Wildfire 5.0从入门到精通（实战案例版） ZHONGWENBAN Pro/ENGINEER Wildfire 5.0 CONG RUMEN DAO JINGTONG
作 者	天工在线 编著
出版发行	中国水利水电出版社 （北京市海淀区玉渊潭南路1号D座　100038） 网址：www.waterpub.com.cn E-mail：zhiboshangshu@163.com 电话：（010）62572966-2205/2266/2201（营销中心）
经 售	北京科水图书销售有限公司 电话：（010）68545874、63202643 全国各地新华书店和相关出版物销售网点
排 版	北京智博尚书文化传媒有限公司
印 刷	涿州市新华印刷有限公司
规 格	203mm×260mm 16 开本 31.25 印张 816 千字 2 插页
版 次	2023 年 1 月第 1 版 2023 年 1 月第 1 次印刷
印 数	0001—3000 册
定 价	99.80 元

Try your best
Never underestimate your power to change yourself!

基准1

基准曲线

固定座

联轴节

法兰盘

方头螺母

皮带轮

阀

气缸

制动器

管路支架

轴

支架

轮毂

振动筛

压盖

中文版 Pro/ENGINEER Wildfire 5.0
从入门到精通（实战案例版）
本书部分案例

Try your best
Never underestimate your power to change yourself!

▶ 雨伞

▶ 吹风机

▶ 下箱体

▶ 焊接器

▶ 轮廓筋

▶ 高尔夫

▶ 杯托

▶ 联轴器

▶ 挂衣钩

▶ 蒸屉

▶ 阶梯轴

▶ 热流道

▶ 板卡固定座

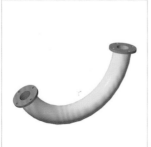

▶ 弯头

▶ 烟机内腔

▶ 喷头

Try your best
Never underestimate your power to change yourself!

中文版 Pro/ENGINEER Wildfire 5.0
从入门到精通（实战案例版）
本书部分案例

管接头

旋钮

车轮端盖

鼓风机

沥水篮

电热水壶

底座

箱体

风车

刚性连接

U形流道

汤锅

相切

手机支架

格栅顶板

置物架

中文版 Pro/ENGINEER Wildfire 5.0
从入门到精通（实战案例版）
本书部分案例

Try your best
Never underestimate your power to change yourself!

开关盒

书架

簸箕

台灯

平面约束

棘轮

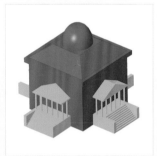
礼堂

凸模

滑动杆

方向盘

遥控器

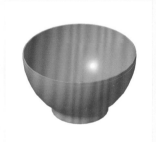
隔热碗

苹果

护盖

洗菜盆

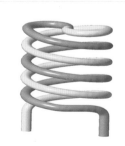
灯管

前　言

Preface

  Pro/ENGINEER三维实体建模设计系统是由美国参数技术公司（Parametric Technology Corporation，PTC）设计开发的产品，该系统已经在机械、电子、航空航天、汽车、船舶、军工、建筑、轻工纺织等领域得到了广泛应用。由于其强大而完美的功能，Pro/ENGINEER已经成为结构设计师和制造工程师进行产品设计与制造的得力助手。

  PTC公司提出的单一数据库、参数化、基于特征和完全关联的概念从根本上改变了机械CAD/CAE/CAM的传统概念，这种全新的设计理念已经成为当今世界机械CAD/CAE/CAM领域的新标准。PTC公司于1989年发布了Pro/ENGINEER V1.0版本，距今已经三十多个年头了，Pro/ENGINEER系统操作的直观性和设计理念的优越性深入人心，许多机械设计人员都给予了正面的评价。与此同时，PTC公司一直致力于新产品的研发，定期推出新版本，增强老版本的实用功能。

  Pro/ENGINEER在三维实体模型、完全关联性、数据管理、操作简单性、尺寸参数化、基于特征的参数化建模等方面具有其他软件所没有的优势。

  Pro/ENGINEER Wildfire 5.0涵盖了丰富的最佳实践功能，可以帮助用户更快、更轻松地完成工作。该版本是PTC公司当前发布的质量最高的Pro/ENGINEER版本。5.0版本在快速装配、快速制图、快速草绘、快速创建钣金件、快速CAM等个人生产力功能方面有较大增强；在智能模型、智能共享、智能流程向导、智能互操作性等流程生产力功能方面有所增强。

本书特点

➥ 结构合理，适合自学

  本书定位以初学者为主，并充分考虑到初学者的特点，内容讲解由浅入深，循序渐进，能引领读者快速入门。学好本书，能掌握工程设计工作中涉及的重点技术。

➥ 视频讲解，通俗易懂

  为了提高学习效率，本书中的实例均录制了教学视频。在录制视频时采用模仿实际授课的形式，在各知识点的关键处给出解释、提醒和注意事项。专业知识和经验的提炼，让读者在高效学习的同时，体会更多绘图的乐趣。

➥ 内容全面，实例丰富

  本书主要介绍了Pro/ENGINEER Wildfire 5.0软件的基本操作和零件造型、装配、钣金、工程图等模块的功能和具体操作，知识点讲解全面、够用。在介绍知识点时，辅以大量的实例，并提供具体的设计过程和大量图示，可帮助读者快速理解并掌握所学知识点。

➥ 栏目设置，实用关键

  根据需要并结合实际工作经验，书中穿插了大量的注意说明，给读者以关键提示。

本书显著特色

➥ 体验好，随时随地学习

二维码扫一扫，随时随地看视频。书中实例均提供了二维码，读者可以通过手机微信扫一扫，随时随地观看相关的教学视频（若个别手机不能播放，请参考前言中的"本书学习资源列表及获取方式"，下载到在计算机上观看）。

➥ 资源多，全方位辅助学习

从配套到拓展，资源库一应俱全。本书提供了所有实例的配套视频和源文件。此外，还提供了拓展教学视频资源，学习资源"一网打尽"！

➥ 实例多，用实例学习更高效

实例丰富详尽，边做边学更快捷。跟着大量实例去学习，边学边做，在做中学，可以使学习更深入、更高效。

➥ 入门易，全力为初学者着想

遵循学习规律，入门实战相结合。本书的编写采用"基础知识+实例"的形式，内容由浅入深，循序渐进，入门与实战相结合。

➥ 服务快，让你学习无后顾之忧

提供在线服务，随时随地可交流。提供公众号资源下载、读者交流圈在线交流学习等多渠道贴心服务。

本书学习资源列表及获取方式

为让读者朋友在最短的时间内学会并精通Pro/ENGINEER辅助绘图技术，本书提供了丰富的学习配套资源，具体如下。

➥ 配套资源

（1）为方便读者学习，本书所有实例均录制了讲解视频，共 920 分钟（可扫描二维码直接观看或通过下述方法下载后观看）。

（2）用实例学习更专业，本书包含中小实例共 106 个（视频和源文件可下载后参考和使用）。

➥ 拓展学习资源

（1）Pro/ENGINEER 机械设计案例视频。

（2）Pro/ENGINEER 机械设计案例源文件。

（3）Pro/ENGINEER 曲面造型设计案例视频。

（4）Pro/ENGINEER 曲面造型设计案例源文件。

（5）Pro/ENGINEER 钣金设计案例视频。

（6）Pro/ENGINEER 钣金设计案例源文件。

（7）Pro/ENGINEER 模具设计案例视频。

（8）Pro/ENGINEER 模具设计案例源文件。

（9）Pro/ENGINEER 数控加工案例视频。

（10）Pro/ENGINEER 数控加工案例源文件。

以上资源的获取及联系方式（注意，本书不配带光盘，以上提到的所有资源均需通过下面的方法下载后使用）：

（1）扫描下面的微信公众号二维码，然后输入 ProE 发送到公众号后台，获取本书资源下载链接。将该链接粘贴到计算机浏览器的地址栏中，根据提示下载即可。

（2）如果您在学习本书时遇到技术问题或疑惑，可加入本书的读者交流圈（请使用手机微信扫一扫功能扫描下面的二维码进入），与我们和广大读者进行在线交流与学习。

特别说明（新手必读）：

在学习本书或按照书中的实例进行操作之前，请先在计算机中安装 Pro/ENGINEER Wildfire 5.0 中文版软件。读者可以在 PTC 官网下载该软件试用版（或购买正版），也可以在当地电脑城、软件经销商处购买安装软件。另，本书插图是在软件中文界面下截取，其中有些菜单、命令或选项名称可能与习惯说法略有不同，请以正文叙述为准。

关于作者

本书由天工在线组织编写。天工在线是一个致力于CAD/CAM/CAE技术研讨、工程开发、培训咨询和图书创作的工程技术人员协作联盟，拥有40多位专职和众多兼职CAD/CAM/CAE工程技术专家。

天工在线负责人由Autodesk中国认证考试中心首席专家（全面负责Autodesk中国官方认证考试大纲制定、题库建设、技术咨询和师资力量培训工作）担任，成员精通Autodesk系列软件。其创作的很多教材成为国内具有引导性的旗帜作品，在国内相关专业方向图书创作领域具有举足轻重的地位。

本书具体编写人员有胡仁喜、刘昌丽、康士廷、闫聪聪、杨雪静、卢园、孟培、解江坤、井晓翠、张亭、万金环、王敏等，对他们的付出表示真诚的感谢。

致谢

本书能够顺利出版，是作者、编辑和所有审校人员共同努力的结果，在此深表谢意。同时，祝福所有读者在通往优秀设计师的道路上一帆风顺。

编　者

目 录

Contents

第 1 章　Pro/ENGINEER Wildfire 5.0 入门

内容简介

Pro/ENGINEER Wildfire 是全面的一体化软件，产品开发人员通过该软件可提高产品质量、缩短产品上市时间、减少开发成本、改善使用过程中的信息交流途径，同时为新产品的开发和制造提供全新的创新方法。

Pro/ENGINEER Wildfire 不仅提供了智能化的界面，使产品设计操作更为简单，而且继续保留了 Pro/ENGINEER 将 CAD/CAM/CAE 三个部分融为一体的一贯传统，为产品设计生产的全过程提供概念设计、详细设计、数据协同、产品分析、运动分析、结构分析、电缆布线、产品加工等功能模块。

内容要点

➢ 软件启动
➢ 操作界面
➢ 基本操作
➢ 环境配置

案例效果

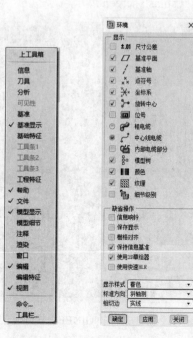

1.1 软件启动

单击计算机窗口中的"开始"菜单，展开"所有程序"→PTC→Pro ENGINEER→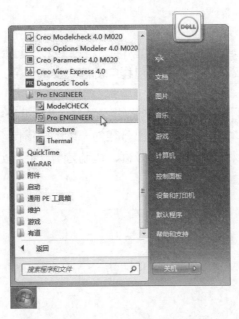Pro ENGINEER，如图 1.1 所示。

图 1.1 打开 Pro/ENGINEER 软件

如果计算机桌面上有图标 ，双击此图标，也可启动 Pro/ENGINEER。启动 Pro/ENGINEER 时，将出现如图 1.2 所示的闪屏（splash screen）。

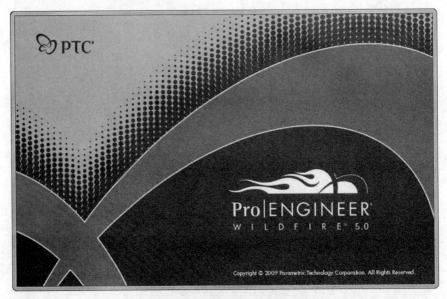

图 1.2 打开 Pro/ENGINEER 软件时的闪屏

1.2 Pro/ENGINEER Wildfire 5.0 操作界面

出现闪屏后，将打开如图 1.3 所示的 Pro/ENGINEER Wildfire 5.0 工作界面。一进入工作界面，Pro/ENGINEER 软件会直接通过网络与 PTC 公司的 Pro/ENGINEER Wildfire 5.0 资源中心的网页链接上（如果网络通着）。要取消一打开 Pro/ENGINEER 就与资源中心的网页链接上这一设置（可以先跳过这个操作，看过工作窗口的布置后再进行该操作），可以选择"工具"菜单中的"定制屏幕"命令，打开"定制"对话框，如图 1.4 所示，切换到"浏览器"选项卡，如图 1.5 所示。

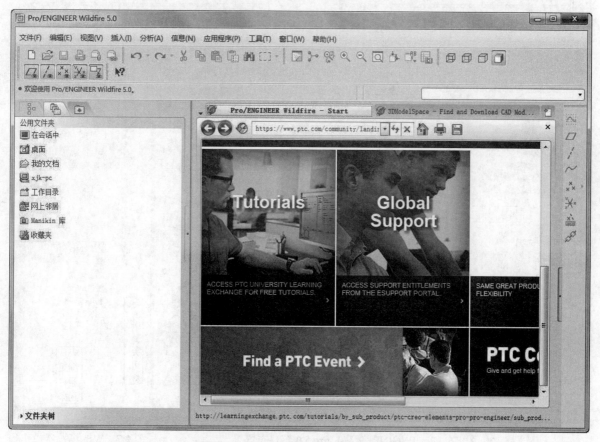

图 1.3 Pro/ ENGINEER Wildfire 5.0 窗口

取消勾选"浏览器"选项卡中的"缺省情况下，加载 Pro/ENGINEER 时展开浏览器"复选框，然后单击"确定"按钮。返回以后再打开 Pro/ENGINEER 软件时就不会直接链接上资源中心的网页了。

Pro/ENGINEER Wildfire 5.0 的工作窗口如图 1.6 所示，分为八部分，其中，工具栏按放置的位置不同，分为上工具栏和右工具栏，即位于窗口上方的是上工具栏，位于窗口右侧的是右工具栏。

单击"Web 浏览器关闭条"，可关闭 Web 浏览器窗口，如图 1.7 所示。

再次单击"Web 浏览器打开条"，即可打开 Web 浏览器窗口。

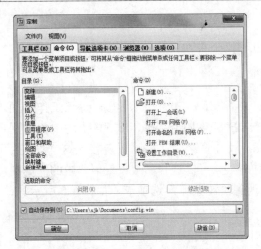

图 1.4 "定制"对话框

图 1.5 "定制"对话框"浏览器"选项卡

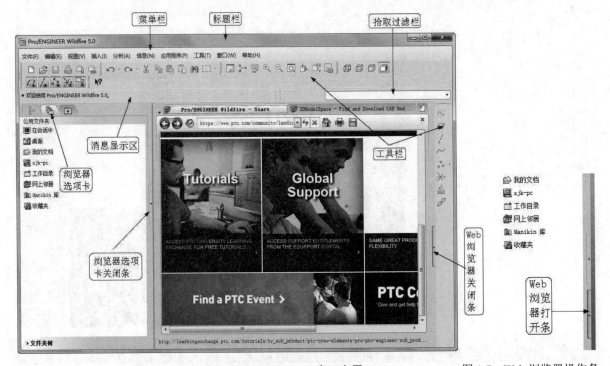

图 1.6 Pro/ENGINEER Wildfire 5.0 窗口布置

图 1.7 Web 浏览器操作条

1.2.1 标题栏

标题栏显示当前活动的工作窗口名称，如果当前没有打开任何工作窗口，则显示软件名称，如图 1.8 所示。软件可以同时打开几个工作窗口，但只有一个工作窗口处于活动状态，用户只能对活动的窗口进行操作。如果需要激活其他窗口，可以在菜单栏中的"窗口"菜单中选取要激活的工作窗口，此时标题栏将显示被激活的工作窗口的名称。

图 1.8 Pro/ENGINEER 标题栏

1.2.2　菜单栏

菜单栏主要用于让用户在进行操作时能控制 Pro/ENGINEER 的整体环境，在此简单介绍一下菜单栏中各项菜单的功能，如图 1.9 所示。

文件(F)　编辑(E)　视图(V)　插入(I)　分析(A)　信息(N)　应用程序(P)　工具(T)　窗口(W)　帮助(H)

图 1.9　Pro/ENGINEER 菜单栏

（1）"文件"：用于文件的新建、打开、存取等。"文件"菜单如图 1.10 所示，其下命令的具体操作见 1.3 节。

（2）"编辑"：用于对图形进行剪切、复制、阵列、镜像等操作。"编辑"菜单如图 1.11 所示。

（3）"视图"：用于 3D 视角的控制。"视图"菜单如图 1.12 所示。

图 1.10　"文件"菜单　　　　　图 1.11　"编辑"菜单　　　　　图 1.12　"视图"菜单

（4）"插入"：用于插入各种特征。"插入"菜单如图 1.13 所示。

（5）"分析"：提供各种分析功能。"分析"菜单如图 1.14 所示。

（6）"信息"：用于显示模型的各种数据。"信息"菜单如图 1.15 所示。

图 1.13 "插入"菜单 　　　　图 1.14 "分析"菜单 　　　　图 1.15 "信息"菜单

（7）"应用程序"：用于选择当前应用模块。"应用程序"菜单如图 1.16 所示。

（8）"工具"：提供多种应用工具。"工具"菜单如图 1.17 所示。

（9）"窗口"：提供对窗口的控制操作。"窗口"菜单如图 1.18 所示。

（10）"帮助"：提供各命令功能的详细说明。"帮助"菜单如图 1.19 所示。

图 1.16 "应用程序"菜单 　图 1.17 "工具"菜单 　　图 1.18 "窗口"菜单 　　图 1.19 "帮助"菜单

1.2.3 工具栏

在工具栏任意位置右击，可以打开工具栏配置快捷菜单，如图 1.20 所示。

工具栏名称前带对号标识的表示在当前窗口中已经打开了此工具栏；工具栏名称是灰色的表示当前设计环境中此工具栏无法使用，故其为未激活状态。需要打开或关闭某个工具栏时，直接单击对应的工具栏名称即可。工具栏中的命令以生动形象的图标表示，给用户的操作带来了很大的便捷性。各工具栏简单介绍如下：

（1）"信息"工具栏如图 1.21 所示，各图标含义如下：

➢ "特征"：显示指定特征的信息。

➢ "特征列表"：显示有关模型特征列表的信息。

➢ "切换尺寸"：在尺寸值和名称之间切换。

➢ "材料清单"：生成组件的材料清单。

➢ "元件"：显示指定元件安装过程的信息。

➢ "电缆"：显示电缆信息。

图 1.20　工具栏配置快捷菜单　　　　　图 1.21　"信息"工具栏

（2）"刀具"工具栏如图 1.22 所示，各图标含义如下：

➢ "环境"：设置各种环境选项。

➢ "播放跟踪/培训文件"：运行跟踪或培训文件。

➢ "映射键"：创建宏。

➢ "分布式计算"：选取分布式计算的主机。

（3）"分析"工具栏如图 1.23 所示，各图标含义如下：

➢ "距离"：用于测量距离。

➢ "角度"：用于测量角度。

> ➤ ▦ "面积"：用于测量区域面积。
> ➤ ⬚ "直径"：用于测量直径。
> ➤ 〰 "曲率"：用于测量曲面和曲线的曲率、半径、质量等。
> ➤ ▦ "截面"：用于测量截面的曲率、半径、相切位置。
> ➤ ≈ "偏移"：用于分析偏移曲线或曲面。
> ➤ ◉ "着色曲率"：用于曲面的着色分析。
> ➤ ◢ "斜度"：用于测量拔模斜度。
> ➤ ▦ "曲面节点"：用于曲面节点的分析。
> ➤ ▦ "保存的分析"：用于显示保存的分析。
> ➤ ▦ "全部隐藏"：用于隐藏所有已保存的分析。

图 1.22　"刀具"工具栏 　　　　　　　　　图 1.23　"分析"工具栏

（4）"基准"工具栏如图 1.24 所示，各图标含义如下：

> ➤ ⬚ "草绘"：草绘工具。
> ➤ ▱ "平面"：基准平面工具。
> ➤ / "轴"：基准轴工具。
> ➤ ～ "曲线"：插入基准曲线。
> ➤ ⁎⁎ "点"：基准点工具。
> ➤ ⨯ "坐标系"：基准坐标系工具。
> ➤ ⬚ "分析"：插入分析特征。
> ➤ ⤴ "参照"：插入参照特征。

（5）"基准显示"工具栏如图 1.25 所示，各图标含义如下：

> ➤ ▱ "平面显示"：基准平面开关。
> ➤ / "轴显示"：基准轴开关。
> ➤ ⁎⁎ "点显示"：基准点开关。
> ➤ ⨯ "坐标系显示"：基准坐标系开关。
> ➤ ▱ "注释元素显示"：打开或关闭 3D 注释及注释元素。

图 1.24　"基准"工具栏 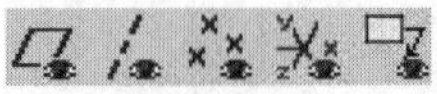　　　　　　　　　图 1.25　"基准显示"工具栏

（6）"基础特征"工具栏如图 1.26 所示，各图标含义如下：

> ➤ ⬚ "拉伸"：用于创建拉伸实体或曲面。
> ➤ ⬚ "旋转"：用于创建旋转实体或曲面。
> ➤ ◣ "可变截面扫描"：用于创建可变截面的扫描实体或曲面。
> ➤ ◣ "边界混合"：用于创建边界混合实体或曲面。
> ➤ ▢ "造型"：用于创建曲面。

（7）"工程特征"工具栏如图 1.27 所示，各图标含义如下：

> ➤ ▦ "孔"：用于创建孔特征。

➤ ▣ "壳"：用于创建抽壳特征。

➤ ◢ "轨迹筋"：用于创建轨迹筋特征。

➤ ◢ "拔模"：用于创建拔模特征。

➤ ◥ "倒圆角"：用于创建倒圆角特征。

➤ ◥ "倒角"：用于创建倒角特征。

图 1.26　"基础特征"工具栏 　　　　　　图 1.27　"工程特征"工具栏

（8）"帮助"工具栏如图 1.28 所示，图标含义如下：

▧? "这是什么"：上下文相关帮助。

（9）"文件"工具栏如图 1.29 所示，各图标含义如下：

➤ ▯ "新建"：创建新对象。

➤ ▱ "打开"：打开对象。

➤ ▤ "保存"：保存对象。

➤ ▤ "打印"：打印对象。

➤ ▱ "作为附件发送给收件人"：发送带有活动窗口中对象的邮件。

➤ ▱ "以链接形式发送给收件人"：发送带有活动窗口中对象的链接的邮件。

（10）"模型显示"工具栏如图 1.30 所示，各图标含义如下：

➤ ▯ "线框"：设置当前显示样式为线框模式。

➤ ▯ "隐藏线"：设置当前显示样式为隐藏线模式。

➤ ▯ "消隐"：设置当前显示样式为消隐模式。

➤ ▮ "着色"：设置当前显示样式为着色模式。

➤ ▦ "增强真实感"：设置当前显示样式是否为增强真实感。

图 1.28　"帮助"工具栏 　　　　图 1.29　"文件"工具栏 　　　　图 1.30　"模型显示"工具栏

（11）"注释"工具栏如图 1.31 所示，各图标含义如下：

➤ ▱ "注释特征"：插入注释特征。

➤ ▱ "基准目标注释特征"：创建基准目标注释特征以定义基准框。

➤ ▱ "传播注释元素"：插入注释元素传播特征。

（12）"窗口"工具栏如图 1.32 所示，各图标含义如下：

➤ ▱ "新建"：创建新的窗口对象。

➤ ▱ "激活"：激活窗口。

➤ ▨ "关闭窗口"：关闭窗口并将对象留在会话中。

（13）"编辑"工具栏如图 1.33 所示，各图标含义如下：

➤ ↶ "撤销"：撤销。

➤ ↷ "重做"：重做。

➤ ✂ "剪切"：将绘制图元、注解、表或草绘器组剪切到剪贴板。

- ➤ 🗐 "复制"：复制。
- ➤ 🗐 "粘贴"：粘贴。
- ➤ 🗐 "选择性粘贴"：选择性粘贴。
- ➤ 🗐 "再生"：再生模型。
- ➤ 🗐 "再生管理器"：指定要再生的修改特征或零件的列表。
- ➤ 🗐 "查找"：在模型树中按规则搜索、过滤及选取项目。
- ➤ 🗐 "在框内"：选取框内部的项目。

图 1.31 "注释"工具栏 　图 1.32 "窗口"工具栏 　　图 1.33 "编辑"工具栏

（14）"编辑特征"工具栏如图 1.34 所示，各图标含义如下：

- ➤ 🗐 "镜像"：镜像工具。
- ➤ 🗐 "合并"：合并工具。
- ➤ 🗐 "修剪"：修剪工具。
- ➤ 🗐 "阵列"：阵列工具。

（15）"视图"工具栏如图 1.35 所示，各图标含义如下：

- ➤ 🗐 "重画"：重画当前视图。
- ➤ 🗐 "旋转中心"：旋转中心开/关。
- ➤ 🗐 "定向模式"：定向模式开/关。
- ➤ ● "外观库"：设置图形外观。
- ➤ 🗐 "放大"：放大工具。
- ➤ 🗐 "缩小"：缩小工具。
- ➤ 🗐 "重新调整"：重新调整对象使其完全显示在屏幕上。
- ➤ 🗐 "重定向"：重新定向视图。
- ➤ 🗐 "已命名的视图列表"：保存的视图列表。
- ➤ 🗐 "层"：设置层、层项目和显示状态。
- ➤ 🗐 "视图管理器"：启动视图管理器。

（16）"渲染"工具栏如图 1.36 所示，各图标含义如下：

- ➤ 🗐 "场景"：打开场景调色板。
- ➤ 🗐 "透视图"：启用/禁用透视图。
- ➤ 🗐 "渲染设置"：用于照片级逼真渲染参数的编辑器。
- ➤ 🗐 "渲染区域"：渲染区域（仅用于 Photolux）。
- ➤ 🗐 "渲染窗口"：使用当前渲染引擎渲染当前窗口。

图 1.34 "编辑特征"工具栏 　　图 1.35 "视图"工具栏 　　图 1.36 "渲染"工具栏

1.2.4　浏览器选项卡

浏览器选项卡中有 3 个属性页，分别是"模型树""公用文件夹"和"收藏夹"。

"模型树"属性页如图 1.37 所示,从图中可以看到,"模型树"属性页显示当前模型的各种特征,如基准面、基准坐标系、插入的新特征等。用户在此属性页中可以快速找到想要进行操作的特征,查看各特征生成的先后次序等,属性页给用户带来了极大的方便。

"模型树"属性页提供了"显示"下拉按钮,单击此按钮,打开如图 1.38 所示的下拉菜单,菜单中的"加亮几何"表示选择此命令时,所选的特征将以红色标识,便于用户识别。

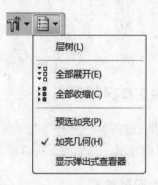

图 1.37　"模型树"属性页　　　　　　图 1.38　"显示"下拉菜单

选择"显示"下拉菜单中的"层树"命令,此属性页将切换到"层树"属性页,显示当前设计环境中的所有层,如图 1.39 所示。用户在此属性页中可以对层进行新建、删除、重命名等操作。

单击"公用文件夹"属性页标签,浏览器选项卡切换到"公用文件夹"属性页,如图 1.40 所示。此属性页类似于 Windows 的资源浏览器,刚打开时,默认的文件夹是当前系统的工作目录。工作目录是指系统在打开、保存、放置轨迹文件时默认的文件夹,工作目录也可以由用户重新设置,具体方法将在之后的章节中进行介绍。

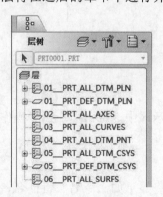

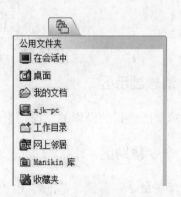

图 1.39　"层树"属性页　　　　　　图 1.40　"公用文件夹"属性页

在"公用文件夹"的根目录下有一个"在会话中"选项,单击此选项,"浏览器"窗口将显示驻留在当前进程中的设计文件,如图 1.41 所示,这些文件就是在当前打开的 Pro/ENGINEER 环境中设计过的文件。如果关闭 Pro/ENGINEER,这些文件将丢失,再次打开 Pro/ENGINEER 时,那些保留在进程中的设计文件就没有了。

选择"收藏夹"选项,浏览器选项卡切换到"收藏夹"属性页,如图 1.42 所示。在此属性页中显示个人文件夹,通过此属性页下的"添加""组织"命令可以进行文件夹的新建、删除、重命名等操作。

图 1.41 驻留在当前进程中的设计文件

图 1.42 "收藏夹"属性页

1.2.5 主工作区

Pro/ENGINEER 的主工作区是 Pro/ENGINEER 工作窗口中最大的区域，在设计过程中设计对象就在这个区域中显示，其他的一些基准，如基准面、基准轴、基准坐标系等也在这个区域中显示。

1.2.6 拾取过滤栏

单击"拾取过滤栏"的下拉按钮，弹出如图 1.43 所示的下拉菜单，在此下拉菜单中可以选取拾取过滤的项，如特征、基准等。在"拾取过滤栏"中选取了某项，则鼠标就不会在主工作区中选取其他的项了。"拾取过滤栏"默认的选项为"智能"，在主工作区中可以选取该下拉菜单中列出的所有项。

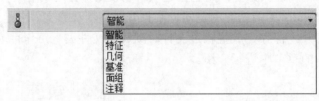

图 1.43 "拾取过滤栏"下拉菜单

1.2.7 消息显示区

对当前窗口所进行的操作的反馈消息就显示在消息显示区中，告诉用户此步操作的结果。

1.2.8 命令帮助区

当鼠标落在命令、特征、基准等上面时，命令帮助区将显示如命令名、特征名、基准名等帮助信息，便于用户了解即将进行的操作。

1.3 Pro/ENGINEER Wildfire 5.0 基本操作

本节将介绍 Pro/ENGINEER Wildfire 5.0 的基本操作，包括文件操作、设置工作目录、菜单管理器操作、显示控制以及拭除文件和删除文件等内容。这些内容是应用过程中经常使用的，对初学者来说是必备的，因此最好能够熟练掌握。

📖1.3.1　文件操作

Pro/ENGINEER Wildfire 5.0 的文件操作命令都集中在"文件"菜单下,包括"新建""打开""保存""保存副本""备份"和"重命名"等命令。

1. 新建文件

要创建特征,首先必须新建一个文件。创建新文件的步骤如下:

01 单击"文件"工具栏中的"新建"按钮□或选择菜单栏中的"文件"→"新建"命令,打开如图 1.44 所示的"新建"对话框。

02 在这个对话框中列出了可以创建的新文件的类型。选取要创建的文件类型。如果"子类型"可用,它们也均会列出。

🛈 **注意:**

> 单击每个文件类型,在"名称"文本框中会显示每种文件类型的默认名称。默认前缀表示文件类型。例如,零件 prt0001 会另存为文件 prt0001.prt,组件 mfg0001 会另存为文件 mfg0001.mfg。

03 在"名称"文本框中输入文件名或使用默认名。如果接受默认模板,则单击"确定"按钮即可以默认模板创建一个新文件。

04 如果不使用默认模板,则可以取消勾选"使用缺省模板"复选框,然后单击"确定"按钮,打开如图 1.45 所示的"新文件选项"对话框。

图 1.44　"新建"对话框

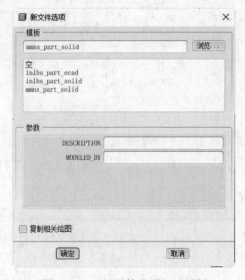

图 1.45　"新文件选项"对话框

🛈 **注意:**

> 如果模板不支持对象类型,则"使用缺省模板"不可用。

05 在该对话框中输入模板文件的名称,或选取一个模板文件,或浏览一个文件,然后选取该文件作为模板文件。每种模板可提供两个文件,一个为公制(mmns)模板,另一个为英制(inlbs)模板。对于模板支持的文件类型,要使"新文件选项"对话框在默认情况下出现,可将配置选项 force_new_file_options_dialog 设置为 yes。

注意：

　　选取包含相同名称的绘图的模板后，勾选"复制相关绘图"复选框可自动创建新零件的绘图。例如，如果选取了模板 inlbs_part_solid.prt，且模板目录中包含相应的绘图模板 inlbs_part_solid.drw，则可勾选"复制相关绘图"复选框以自动创建具有相同名称的绘图。

06 单击"确定"按钮，返回 Pro/ENGINEER 绘图窗口打开并创建新文件。

2．打开文件

如果要打开一个其中没有列出的文件，步骤如下：

注意：

　　如果在当前 Pro/ENGINEER 进程中创建一个文件，则必须保存该文件后，才会出现在"文件"菜单上的最近打开的列表中。

01 单击"文件"工具栏中的"打开"按钮 或选择菜单栏中的"文件"→"打开"命令，打开如图 1.46 所示的"文件打开"对话框。

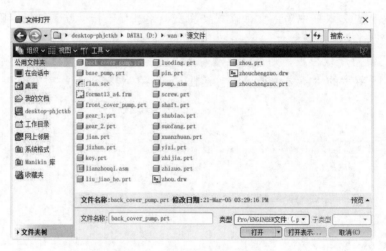

图 1.46　"文件打开"对话框

注意：

　　设置配置选项 file_open_default_folder 以指定要从中打开、保存、保存副本或备份文件的目录。可从"工具"→"选项"或"文件打开"对话框中设置 file_open_default_folder。在"文件打开"对话框中，单击并选择"工具"→"缺省地址"→"缺省"命令。从"文件打开"对话框进行设置时，所做设置仅应用于当前进程。

02 要缩小搜索范围，可从"类型"下拉列表框中选择一个文件类型，然后从"子类型"框中选择子类型。目录中只会列出所选类型，图 1.47 所示为上一步选择"组件（*.asm）"类型后的结果。

注意：

　　单击 按钮可访问工作目录。

03 单击"预览"按钮可以打开扩展的预览窗口，选择一个文件则该文件就会显示在该预览窗口中，如图 1.48 所示。

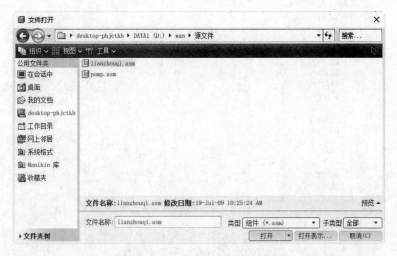

图 1.47　打开特定类型的文件

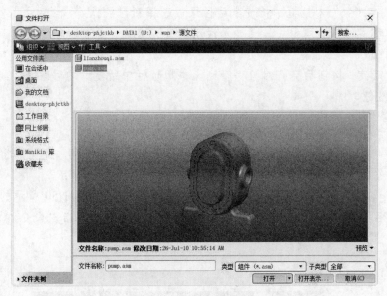

图 1.48　预览显示

04 选取文件，然后单击"打开"按钮，对象会在图形窗口出现。

注意：

> 　　要选取对象的简化表示，可先选取该对象，单击"打开表示"按钮，从"打开表示"对话框中选取表示的类型，然后单击"确定"按钮即可。

3．保存文件

在磁盘上保存文件时，其文件名格式为 object_name.object_type.version_number。例如，创建一个名为 gear 的零件，则初次保存时文件名为 gear.prt.1。再次保存该零件时，文件名会变为 gear.prt.2。保存文件的步骤如下：

01 单击"文件"工具栏中的"保存"按钮 🖫 或选择菜单栏中的"文件"→"保存"命令，打开如图 1.49 所示的"保存对象"对话框。

图 1.49 "保存对象"对话框

02 在"保存对象"对话框中接受默认目录或选择新目录。

03 在"模型名称"文本框中，会显示活动模型的名称。要选取其他模型，可以单击"命令和设置"按钮。

04 单击"确定"按钮后会将对象保存到上方地址栏中所显示的目录下，或选取子目录，然后单击"确定"按钮。

4. 保存副本

利用"保存副本"命令可以将一个文件以不同的文件名进行保存，还可以将 Pro/ENGINEER 文件输出为不同格式，以及将文件另存为图像。保存副本的步骤如下：

01 选择菜单栏中的"文件"→"保存副本"命令，打开如图 1.50 所示的"保存副本"对话框。在"模型名称"文本框中会显示活动模型的名称，也可以单击"命令和设置"按钮选取其他模型。

图1.50 "保存副本"对话框

02 该对话框与"保存对象"对话框的不同之处在于，"保存副本"对话框有一个"新名称"文本框，可以在其中输入副本的名称。

03 如果要更改保存文件的类型，可以在"类型"下拉列表框中选择适当的类型并选择保存路径，单击"确定"按钮将对象保存到上方地址栏中所显示的目录下。

5．备份文件

保存副本可以在同一个目录下以不同的名字保存模型，如果要在不同的目录下以相同的文件名称来保存文件，可以使用"备份"命令。选择菜单栏中的"文件"→"备份"命令，打开如图 1.51 所示的"备份"对话框。

在"模型名称"文本框中选取要备份的模型名称并单击"确定"按钮，将对象备份到上方地址栏中所显示的目录下，或选取子目录，然后单击"确定"按钮并显示 Pro/ENGINEER 图形窗口。

注意：

> 在备份目录中会重新设置备份对象的版本。如果备份组件、绘图或制造对象，Pro/ENGINEER 会在指定目录中保存所有从属文件。如果组件有相关的交换组，则在备份该组件时，那些组不会保存在备份目录中。如果备份模型后对其进行更改，然后再保存此模型，则更改将始终被保存在备份目录中。

6．重命名

Pro/ENGINEER 还支持对模型进行重命名操作，重命名的步骤如下：

01 选择菜单栏中的"文件"→"重命名"命令，打开如图 1.52 所示的"重命名"对话框，并且当前模型名称显示在"模型"文本框中。选取要重命名的模型，在"新名称"文本框中输入新文件名。

图 1.51 "备份"对话框

图 1.52 "重命名"对话框

02 选中"在磁盘上和会话中重命名"或"在会话中重命名"单选按钮。前者是在磁盘上和会话中同时进行重命名操作；后者只在会话中对模型进行重命名，而磁盘上还是以原文件名保存。单击"确定"按钮即可完成重命名操作。

注意：

> 如果重命名了磁盘上的文件，然后根据先前的文件名检索模型（不在会话中），则会出现错误。例如，在组件中不能找到零件。如果在非工作目录中检索对象，然后重命名并保存该对象，则该对象会保存在从其检索的原始目录中，而不是保存在当前工作目录中。即使将文件保存在不同的目录中，也不能使用原始文件名保存或重命名文件。

1.3.2　设置工作目录

工作目录是指分配存储 Pro/ENGINEER 文件的区域。通常，默认工作目录是启动 Pro/ENGINEER 的目录。要为当前的 Pro/ENGINEER 进程选取不同的工作目录，可使用下列任一种过程。

1．从启动目录中选取工作目录

通常，Pro/ENGINEER 是从工作目录中启动的，系统给定的默认工作目录也是加载目录。工作目录是在安装过程中设定的，可以通过下面的方法修改启动目录。

右击桌面上的 Pro/ENGINEER 快捷图标🖼或者右击"开始"，选择"所有程序"→Pro ENGINEER 下的 Pro ENGINEER 命令，在弹出的"Pro ENGINEER 属性"对话框中切换到"快捷方式"选项卡，如图 1.53 所示。在该选项卡下将"起始位置"设为工作目录的路径，单击"确定"按钮完成设置。设置完成之后，重新启动软件，Pro/ENGINEER 会自动将启动目录作为工作目录。

图 1.53　"Pro ENGINEER 属性"对话框

2．从文件夹导航器中选取工作目录

单击模型树上方的🖿按钮，出现"公用文件夹"，在"公用文件夹"下选择"工作目录"选项，接着选择要设置为工作目录的目录，右击，在打开的快捷菜单中选择"设置工作目录"命令，如图 1.54 所示。此时消息区中出现一条消息，确认工作目录已更改。

3．从文件菜单中选取工作目录

选择菜单栏中的"文件"→"设置工作目录"命令，打开如图 1.55 所示的"选取工作目录"对话框。

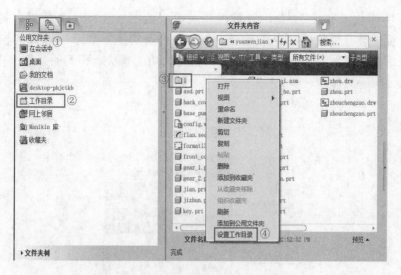

图 1.54　从文件夹导航器选取工作目录

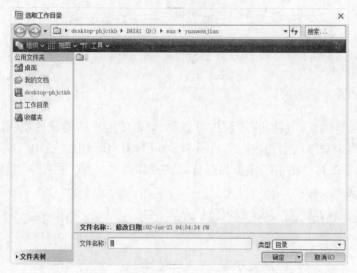

图 1.55　"选取工作目录"对话框

　　浏览要设置为新工作目录的目录，显示一个以点为后缀的文件夹，指示工作目录的位置。单击"确定"按钮将其设置为当前的工作目录。

注意：

　　退出 Pro/ENGINEER 时，不会保存新工作目录的设置。

　　如果从用户工作目录以外的目录中检索文件，然后保存文件，则文件会保存到从中检索该文件的目录中。如果保存副本并重命名文件，副本会保存到当前工作目录中。用户还可以通过"文件打开""保存对象""保存副本"和"备份"对话框访问工作目录。

1.3.3　菜单管理器操作

　　"菜单管理器"是一系列用来执行 Pro/ENGINEER 内某些任务的层叠菜单。"菜单管理器"

的菜单结构随不同模块而变化。"菜单管理器"菜单中的一些选项与菜单栏中的命令相同。图1.56 所示为"特征操作"模块的菜单管理器。在命令列表的上方显示所选择的模块及其上层菜单，可以使用户清楚地了解当前菜单的位置及其使用的功能模块。和其他菜单一样，选择其中的菜单项就可以执行相应的命令。

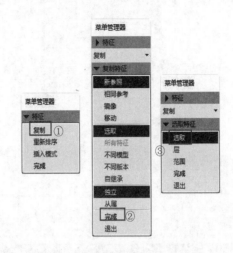

图 1.56 "特征操作"菜单管理器

1.3.4 显示控制

Pro/ENGINEER 提供了一系列的显示控制命令，可以使用户在设计模型的过程中以不同角度、不同方式和不同距离来观察模型。图 1.57 所示为 Pro/ENGINEER 的"视图"工具栏和"模型显示"工具栏。"模型显示"工具栏提供了模型显示样式的操作命令，而"视图"工具栏中的各种命令用于控制模型的显示视角。

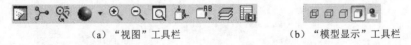

（a）"视图"工具栏　　　　　　　（b）"模型显示"工具栏

图 1.57 "视图"工具栏和"模型显示"工具栏

1. 视角控制

（1）重画视图。"重画"按钮的功能是刷新图形区，在用户完成操作后且视图或模型状况没有发生相应改变时可以使用重画视图功能清除所有的临时显示信息。重画视图功能可以重新刷新屏幕，但不再生模型。选择菜单栏中的"视图"→"重画"命令或者单击"视图"工具栏中的按钮即可完成该操作。

（2）缩放视图。常用的视角控制方法是改变模型在图形区中的显示方向和大小。要放大模型，可以在图形窗口中将指针放置到目标几何的左上方或右上方，此区域即为缩放框的起始点。按 Ctrl 键并单击鼠标中键，指针将变为 Q。

注意：

　　按 Ctrl 键时要释放鼠标中键。

对角地拖动鼠标可越过目标几何，并使几何在缩放框内居中。拖动的同时创建缩放框，单击鼠标中键定义缩放框的终止点。终止点与起始点成对角，Pro/ENGINEER 会立即放大目标几何。要取消放大，仅需释放 Ctrl 键即可。如果要缩小模型，请单击"缩小"按钮🔍或使用鼠标上的滚轮。

通过使用鼠标上的滚轮可手动放大或缩小目标几何。如果没有滚轮，则将指针放置到目标几何的上方，然后按住 Ctrl 键和鼠标中键，并上下拖动（左右拖动为旋转模型）。

选择"视图"工具栏中的"重新调整"按钮🔍可以重新调整对象，使所有的对象都显示在屏幕上。

（3）平移视图。在设计过程中，要观察的图形部分可能不在图形区范围内，此时就要将图形进行移动来观察特定的部分。要平移图形可以选择按住 Shift 键的同时按住鼠标中键移动三维图形。此时会随着鼠标的移动出现一条红色的轨迹线，显示图形的移动轨迹，释放鼠标中键即可将图形移动到新的位置。

如果是在草绘或工程图的二维状态下，可以直接按住鼠标中键对图形进行平移操作。

（4）旋转视图。在 Pro/ENGINEER 中，对模型的旋转操作是围绕鼠标指针进行的，并且只有在三维环境中才能进行操作。要对模型进行旋转可以按住鼠标中键，然后移动鼠标。随着鼠标移动方向的不同，模型就随之进行旋转。如果鼠标指针选择的位置不合适，模型可能会偏出图形区。为了避免这种情况，可以选中旋转中心。单击"旋转中心"按钮，模型中央就会出现旋转中心的标志，其中红、绿、蓝三个轴分别对应坐标系的三个轴。这时如果进行旋转操作，模型就只能围绕旋转中心进行旋转，而旋转中心不发生位置变化。

如果再按住 Ctrl 键和鼠标中键并左右移动鼠标，可以对模型进行翻转操作。

（5）常用视角。除了上面介绍的几种调整视图的方式外，在 Pro/ENGINEER 中还提供了几种比较常用的视角。单击"已命名的视图列表"按钮，将弹出如图 1.58 所示的视图列表，该列表中提供了几种常用视角。

用户只要从视图列表中选择合适的视角，模型就会自动调整为该视角方向，图 1.58　视图列表
图 1.59 所示为线框模式下的"标准方向"、FRONT 和 TOP 视角的效果。

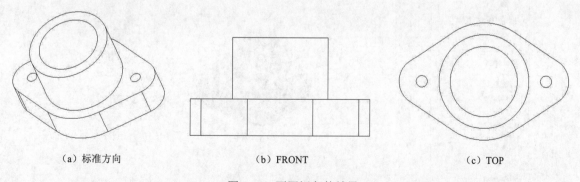

（a）标准方向　　　　　　　　（b）FRONT　　　　　　　　（c）TOP

图 1.59　不同视角的效果

用户还可以定制自己所需要的视角，单击"重定向"按钮，将弹出如图 1.60 所示的"方向"对话框，在该对话框中分别为视角选取前参照和上参照，这时模型就会自动调整视图方向。然后在"名称"文本框中为该视图命名为"视图一"并单击"保存"按钮即可保存该视图。此时单击"已命名的视图列表"按钮，在弹出的视图列表中将出现最近保存的视图，如图 1.61 所示。

图 1.60 "方向"对话框

图 1.61 新的视图列表

2. 模型显示样式

在"模型显示"工具栏或"模型显示"对话框中提供了四种显示样式：线框、隐藏线、消隐和着色。选择菜单栏中的"视图"→"显示设置"→"模型显示"命令，在弹出的如图 1.62 所示的"模型显示"对话框的"一般"选项卡中选择不同的显示样式。图 1.63 所示为不同显示样式的效果。

图 1.62 "模型显示"对话框

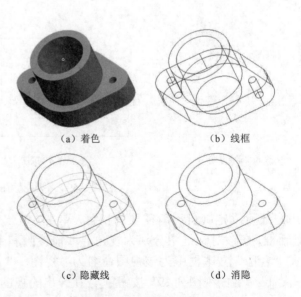

（a）着色　　　　　　（b）线框

（c）隐藏线　　　　　　（d）消隐

图 1.63 不同显示样式的效果

在"模型显示"对话框中切换到"边/线"选项卡，从该选项卡中的"相切边"下拉列表框中选择"不显示"，表示在模型中消除相切边线的显示，如图1.64所示。

在"模型显示"对话框中切换到"着色"选项卡，从该选项卡中勾选"带边"复选框，如图1.65所示，则模型在"着色"显示样式下可以同时显示模型的可见边线，效果如图1.66所示。

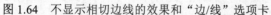

图1.64 不显示相切边线的效果和"边/线"选项卡 图1.65 "着色"选项卡

用户不但可以控制模型的显示，还可以定制自己喜欢的图形区背景颜色。选择菜单栏中的"视图"→"显示设置"→"系统颜色"命令，将弹出如图1.67所示的"系统颜色"对话框。改变图形区的背景颜色有以下几种方法。

（1）单击"图形"选项卡中最下面的"背景"左侧的 ■ 按钮，将弹出"颜色编辑器"对话框（见图1.67），在该编辑器中可以使用"颜色轮盘""混合调色板"和"RGB/HSV 滑块" 三种颜色设定方式。"混合调色板"和"RGB/HSV 滑块"可以精确地调整背景颜色，而"颜色轮盘"可以更加方便地选择颜色。设定颜色后在"颜色编辑器"顶端有一个预显框可以显示当前设定的颜色。其他图形元素的颜色设定也与此类似。

（2）选择"用户界面"选项卡，从中选择"背景"左侧的 ■ 按钮，也将弹出"颜色编辑器"，用法与第（1）种方法相同。

图 1.66　带边效果

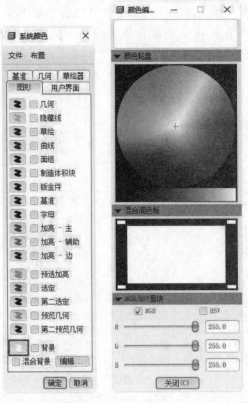

图 1.67　"系统颜色"对话框和"颜色编辑器"对话框

1.3.5　拭除文件和删除文件

拭除文件和删除文件都属于"文件"菜单下的命令。之所以单独讲述是因为这两个命令和一般软件中的命令有一些区别。

1．拭除文件

拭除文件是从内存中拭除对象，对象是指在 Pro/ENGINEER 中创建的文件。使用"关闭窗口"命令关闭窗口时，对象不再显示，但在当前进程中会保存在内存中。拭除对象是将对象从内存中删除，但不从磁盘中删除对象。

可以从内存中删除当前对象或未显示的对象。如果是在零件中工作，将弹出如图 1.68 所示的"拭除确认"对话框，确认是否从进程中拭除当前文件。单击"是"按钮，该零件会从图形窗口中拭除。

如果是在组件、制造模型或绘图中工作，选择菜单栏中的"文件"→"拭除"→"当前"命令，则打开"拭除"对话框，选取要同时从内存中拭除的"关联对象"（由当前对象参照的对象），如图 1.69 所示。

从中选择"关联对象"，可以单击 ▤ 按钮选择全部对象或者单击 ▤ 按钮取消全部选择。选择完成后单击"确定"按钮即可从内存中拭除选定的对象。

使用"拭除未显示的"对话框从当前进程中拭除所有对象，但不拭除当前显示的对象及其显示对象所参照的全部对象。例如，如果显示某个组件实例，那么该实例的普通模型和它的零件则不能被拭除。选择菜单栏中"文件"→"拭除"→"不显示"命令，打开"拭除未显示的"对话框，如图 1.70 所示。在该对话框中列出了所有未显示的对象，单击"确定"按钮即可将其从内存中拭除。如果将配置选项 prompt_on_erase_not_disp 设置为 yes，在拭除对象前，系统会提示用户要保存每个对象。

图 1.68　"拭除确认"对话框　　　图 1.69　"拭除"对话框　　　图 1.70　"拭除未显示的"对话框

注意：

> 当参照该对象的组件或绘图仍处于活动状态时，不能拭除该对象。拭除对象不必从内存中拭除它参照的那些对象（如拭除组件但不必拭除它的零件）。

2．删除文件

删除文件是从磁盘中删除对象。每次保存对象时，会在内存中创建该对象的新版本，并将上一版本写入磁盘中。Pro/ENGINEER 为对象存储文件的每一个版本进行连续编号（如 box.sec.1、box.sec.2、box.sec.3）。可使用"删除"命令释放磁盘空间，并移除旧的不必要的对象版本。

按照以下步骤删除除最新版本（具有最高版本号的版本）对象外的所有版本。

选择菜单栏中的"文件"→"删除"→"旧版本"命令，打开消息输入窗口，如图 1.71 所示。单击✓按钮删除当前对象的旧版本，或输入一个不同对象的名称并单击✓按钮可以删除该对象的旧版本。

注意：

> 在当前工作进程中，只有删除组件或绘图，才可删除组件或绘图中使用的零件或子组件。

选择菜单栏中的"文件"→"删除"→"所有版本"命令，打开"删除所有确认"对话框，如图 1.72 所示，单击"是"按钮则将从磁盘和内存中删除该对象的所有版本和选定的相关对象。

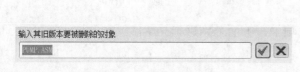

图 1.71　消息输入窗口　　　　　　图 1.72　"删除所有确认"对话框

1.4 环境配置

为了让读者能快速了解 Pro/ENGINEER Wildfire 5.0 的工作空间和主要工具的分布，方便后面章节的学习，下面先介绍一下 Pro/ENGINEER Wildfire 5.0 的模型设计环境。

1.4.1 绘图区颜色设置

Pro/ENGINEER Wildfire 5.0 绘图区的背景颜色默认为蓝色，用户可以通过以下操作进行设置：

选择菜单栏中的"视图"→"显示设置"→"系统颜色"命令，打开"系统颜色"对话框，选择"布置"选项卡，如图 1.73 所示，在下拉列表中选择需要的背景颜色。

1.4.2 界面定制

Pro/ENGINEER Wildfire 5.0 功能强大，命令菜单和工具按钮繁多，为了界面的简洁，可以将常用的工具显示出来，而不常用的工具按钮没有必要放置在界面上。Pro/ENGINEER Wildfire 5.0 支持用户定制界面，可根据个人、组织或公司需要定制 Pro/ENGINEER 用户界面。

选择菜单栏中的"工具"→"定制屏幕"命令，或者在工具栏区域右击选择"命令"或"工具栏"命令，可以打开如图 1.74 所示的"定制"对话框。在该对话框中可以定制菜单和工具栏。默认情况下，所有命令（包括适用于活动进程的命令）都将显示在"定制"对话框中。

图 1.73 "系统颜色"对话框

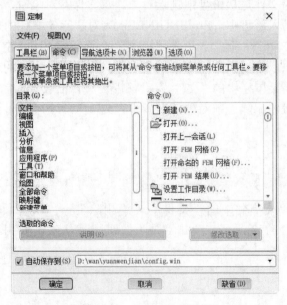

图 1.74 "定制"对话框

在该对话框中有两个下拉菜单和五个选项卡，下面分别进行介绍。

1. "文件"菜单

"文件"菜单下有两个选项，一个是"打开设置"选项，通过该选项可以打开如图 1.75 所示的"打开"对话框，在该对话框中可以打开已经存在的 config.win 文件，通过载入和编辑配置文件，可以设置 Pro/ENGINEER 窗口的感观（指按照 config.win 文件进行设置的窗口界面的样子）。

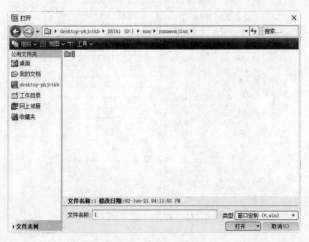

图 1.75　"打开"对话框

"文件"菜单下的另一个选项"保存设置"可以将当前定制界面的配置文件保存下来，以便下次启动时应用，如图 1.76 所示。保存时可以选择保存路径，也可以为配置文件重新命名。

图 1.76　"保存窗口配置设置"对话框

2．"视图"菜单

"视图"菜单下有一个"仅显示模式命令"选项，该选项可以控制"命令"选项卡中命令显示的多少。如果选中该选项，则在"命令"选项卡中只显示模式命令，如果该选项处于非选中状态，则"命令"选项卡下将显示所有命令。

3．"工具栏"选项卡

单击"定制"对话框中的"工具栏"，切换到"工具栏"选项卡，如图 1.77 所示。该选项卡中主要包括两个部分，左边部分用于控制工具栏在屏幕上的显示。所有的工具栏都显示在该列表中，如果要在屏幕上显示该工具栏就勾选其前面的复选框，否则就取消勾选。当工具栏处于勾选状态时，可以在右侧的下拉列表中设置其在屏幕上的显示位置，工具栏可以显示在图形区的顶部、右侧和左侧。

图 1.77 "工具栏"选项卡

4. "命令"选项卡

要添加一个菜单项目或按钮，可将其从"命令"列表框中拖动到菜单或任何工具栏中。要移除一个菜单项目或按钮，可从菜单或工具栏中将其拖出。"命令"选项卡如图 1.74 所示。

5. "导航选项卡"选项卡

"导航选项卡"选项卡如图 1.78 所示，它负责设定导航窗口的显示位置以及显示宽度、消息区的显示位置等。

6. "浏览器"选项卡

单击"浏览器"，切换到"浏览器"选项卡，如图 1.79 所示，在该选项卡中可以设置"浏览器"的窗口宽度。还有两个复选框，一个是"在打开或关闭时进行动画演示"，另一个是"缺省情况下，加载 Pro/ENGINEER 时展开浏览器"，用户可以根据情况进行选择。

图 1.78 "导航选项卡"选项卡

图 1.79 "浏览器"选项卡

7. "选项"选项卡

"选项"选项卡可以用于设置消息区域的显示位置、次窗口的显示大小以及菜单的显示,"选项"选项卡如图 1.80 所示。

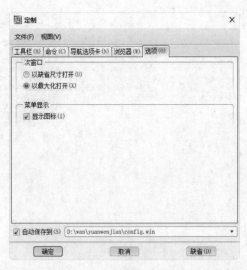

图 1.80　"选项"选项卡

在"定制"对话框下部有一个"自动保存到"复选框,用于保存在"定制"对话框中进行的设置。所有设置都保存在 config.win 文件中。要保存设置,勾选"自动保存到"复选框(默认勾选),然后接受默认文件名,或者输入新文件名,或者转到要在其中保存此设置的 config.win 文件。如果取消勾选"自动保存到"复选框,则定制的结果只应用于当前进程。

注意:
> 也可使用"环境"对话框来更改 Pro/ENGINEER 的环境设置。

📖 1.4.3　工作环境定制

用户在使用 Pro/ENGINEER Wildfire 5.0 时,经常需要对软件的工作方式和工作环境进行设定,如设定测量单位、操作参数的精度等。工作方式和工作环境的设置可以通过"工具"→"选项"命令进行。

为了后面章节应用的方便,下面对涉及环境进行初步配置,其中包括使用公制单位、设定公制内定模板等。

01 选择菜单栏中的"工具"→"选项"命令,打开"选项"对话框。

02 在"选项"文本框中输入 pro_unit_sys,然后单击"值"编辑框右侧的下拉按钮,在展开的下拉列表中选择 mmns(mm、Newton 和 Second 的缩写),将该值设为公制,如图 1.81 所示。

03 单击"添加/更改"按钮修改该选项的值,然后单击"应用"按钮,这时在选项区和设置区均出现了该项的内容,如图 1.82 所示。

04 在"选项"文本框中输入 template,然后单击"查找"按钮打开"查找选项"对话框。

05 在"查找选项"对话框中选择 template_solidpart,如图 1.83 所示,然后单击"浏览"按钮打开 Select File 对话框。

图 1.81　修改选项值

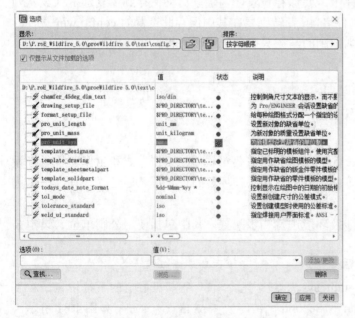

图 1.82　修改后的状态

图 1.83　"查找选项"对话框

06 在 Select File 对话框中将路径切换到安装目录下的 templates 文件夹，并选择 mmns_part_solid.prt 文件，如图 1.84 所示。

07 选定文件后，单击"打开"按钮返回"查找选项"对话框，并在该对话框中单击"添加/更改"按钮，此时该选项就完成了更改，如图 1.85 所示。

08 重复步骤 **05** ~ **07**，将 template_designasm 的值设为 mmns_asm_design.asm，该文件也在 templates 文件夹下。

09 配置完成后，关闭"查找选项"对话框，并在"选项"对话框单击"应用"或"确定"按钮。

10 单击"选项"对话框上部的 ⊞ 按钮，打开"另存为"对话框，将刚才修改的配置文件保存在安装目录下的 text 文件夹中。

图 1.84 Select File 对话框

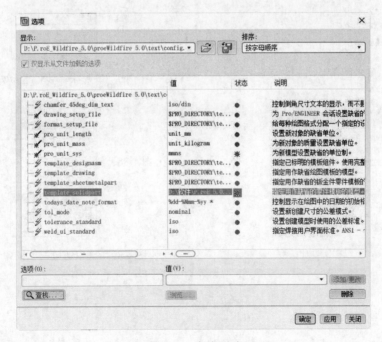

图 1.85 完成更改

11 单击"关闭"按钮关闭"选项"对话框。这样在每次启动时就不用选择设计模板和单位了，系统会自动以公制单位作为默认值。

📖 1.4.4　配置系统环境

在菜单栏中选择"工具"→"环境"命令，打开如图 1.86 所示的"环境"对话框，通过该对话框设置部分环境参数。这些参数也可以在配置文件中设置，但每次重新启动软件后，环境参数都将设置成 config.pro 文件中的值。如果 config.pro 文件中没有所需的参数，可以直接进入"环境"对话框进行设置。

其中，"显示"选项组用于设置显示或隐藏各项；"缺省操作"选项组用于设置某些系统默认的操作；"显示样式"下拉列表用于设置图形起始时的显示类型，共有"线框""隐藏线""消隐"和"着色"4 种类型，如图 1.87 所示；"标准方向"下拉列表用于设置视图显示的默认方位，共有"等轴测""斜轴测"和"用户定义"3 种方位，如图 1.88 所示；"相切边"下拉列表用于设置模型相切边界的显示形式，共有"实线""不显示""虚线""中心线"和"灰色"5 种形式，如图 1.89 所示。

图 1.86　"环境"对话框

图 1.87　"显示样式"下拉列表

图 1.88　"标准方向"下拉列表

图 1.89　"相切边"下拉列表

第 2 章　绘 制 草 图

内容简介

Pro/ENGINEER 是一个特征化、参数化、尺寸驱动的三维设计软件。创建特征时首先要绘制草图截面并修改其尺寸值。基准的创建和操作也需要进行草图绘制。在本章中将介绍绘制草图、编辑草图、草图的尺寸标注和几何约束的使用方法。

内容要点

- ➤ 草绘环境的设置
- ➤ 基本草绘方法
- ➤ 编辑草图
- ➤ 尺寸标注
- ➤ 几何约束

案例效果

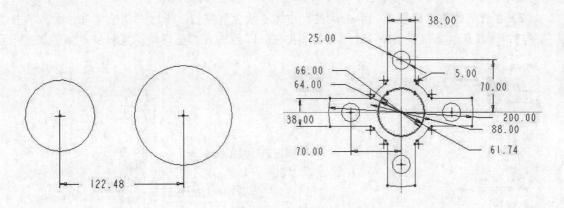

2.1　草绘基础知识

草绘是 Pro/ENGINEER 设计过程中的一项基本功能。在 Pro/ENGINEER 中，草绘截面可以作为单独的对象创建，也可以在创建特征的过程中创建。在草绘过程中经常会用到一些术语，为了方便后面的讲述，先对这些术语进行简要说明。

- ➤ 图元：草绘环境中的任何元素，包括直线、圆、圆弧、样条线和坐标系等。当草绘、分割或求交截面几何，或者参照截面外的几何时，可创建图元。

> 约束：定义图元几何或图元间关系的条件。约束符号出现在应用约束的图元旁边。例如，可以约束两条直线平行，这时会以一个平行约束符号来表示。

> 参数：草绘中的辅助元素，用来定义草绘的形状和尺寸。

> 截面：草绘图元、尺寸标注以及定义一个几何图形的所有约束的集合。

> "弱"尺寸：指由系统自动建立的尺寸。在用户增加尺寸时，系统可以删除没有确认的多余"弱"尺寸。

> "弱"约束：由系统自动建立的约束关系。在用户增加约束时，系统可以删除没有确认的多余"弱"约束。"弱"约束和"弱"尺寸都以灰色显示。

> "强"尺寸和"强"约束：分别和"弱"尺寸与"弱"约束相对应，系统不能自动删除。"强"尺寸和"强"约束都以深颜色显示。

> 冲突：两个或两个以上的"强"尺寸或"强"约束由于矛盾而产生多余条件。在这种情况下，用户必须通过移除一个不需要的约束或尺寸来解决这一问题。

2.2　进入草绘环境

在 Pro/ENGINEER Wildfire 5.0 中，所有的草绘工作都是在草绘环境下完成的。Pro/ENGINEER Wildfire 5.0 提供了以下三种进入草绘环境的方法：

（1）单击"文件"工具栏中的"新建"按钮，或者选择菜单栏中的"文件"→"新建"命令，弹出如图 2.1 所示的"新建"对话框，在该对话框的"类型"选项组中选择"草绘"，建立后缀名为.sec 的草绘文件，然后单击"确定"按钮，即可进入草绘环境。

（2）在特征的建立过程中，单击操控板中的"放置"按钮，弹出"草绘"对话框。单击"定义"按钮，选取草绘基准平面，单击"草绘"按钮，即可进入草绘环境。操作步骤如图 2.2 所示。

图 2.1　"新建"对话框

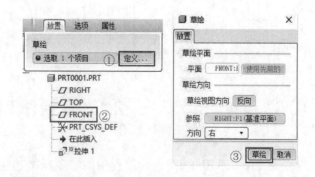

图 2.2　进入草绘环境的操作步骤

（3）在零件或装配环境中，单击"基准"工具栏中的"草绘"按钮，即可进入草绘环境。
在以上三种进入草绘环境的方法中，第二种是应用最为广泛的。一般特征的建立过程都是先绘制截面草图，然后再由截面生成实体特征。

无论采用哪一种方法进入草绘环境，进入后的界面都是一样的，如图2.3所示。

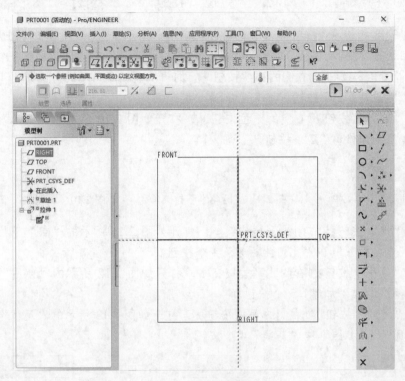

图 2.3　草绘环境界面

草绘环境界面由以下几个部分组成：菜单栏、工具栏和工具按钮以及基准工具栏。工具按钮包含常用的各种绘制和编辑草图的工具，如图2.4所示。

图 2.4　草绘工具按钮

单击工具栏中的按钮可以直接使用。某些按钮右侧包含一个三角形下拉按钮，单击该下拉按钮，将打开相应的下拉菜单。

（1）单击"线"按钮 ＼ 右侧的下拉按钮 ▶，打开如图 2.5 所示的"线"下拉菜单，分别为"线""直线相切""中心线"和"几何中心线"4个按钮。

（2）单击"矩形"按钮 □ 右侧的下拉按钮 ▶，打开如图2.6所示的"矩形"下拉菜单，分别为"矩形""斜矩形"和"平行四边形"3个按钮。

（3）单击"圆心和点"按钮 ○ 右侧的下拉按钮 ▶，打开如图2.7所示的"圆"下拉菜单，分别为"圆心和点""同心圆""3点绘圆""3相切圆""轴端点椭圆"和"中心和轴椭圆"6个按钮。

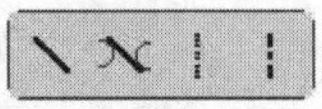

图 2.5　"线"下拉菜单 　　　图 2.6　"矩形"下拉菜单 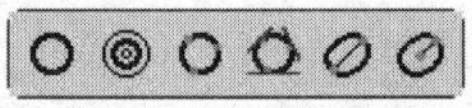　　　图 2.7　"圆"下拉菜单

（4）单击"3 点/相切端"按钮右侧的下拉按钮▶，打开如图 2.8 所示的"圆弧"下拉菜单，分别为"3 点/相切端""同心圆弧""圆心和端点""3 相切圆弧"和"圆锥弧"5 个按钮。

（5）单击"圆角"按钮右侧的下拉按钮▶，打开如图 2.9 所示的"圆角"下拉菜单，分别为"圆角"和"椭圆角"2 个按钮。

（6）单击"倒角"按钮右侧的下拉按钮▶，打开如图 2.10 所示的"倒角"下拉菜单，分别为"倒角"和"倒角修剪"2 个按钮。

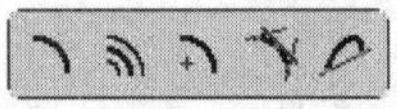

图 2.8　"圆弧"下拉菜单 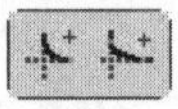　　　图 2.9　"圆角"下拉菜单 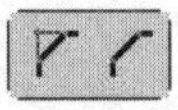　　　图 2.10　"倒角"下拉菜单

（7）单击"点"按钮右侧的下拉按钮▶，打开如图 2.11 所示的"点"下拉菜单，分别为"点""几何点""坐标系"和"几何坐标系"4 个按钮。

（8）单击"使用"按钮右侧的下拉按钮▶，打开如图 2.12 所示的"使用"下拉菜单，分别为"使用""偏移"和"加厚"3 个按钮。

（9）单击"尺寸"按钮右侧的下拉按钮▶，打开如图 2.13 所示的"尺寸"下拉菜单，分别为"尺寸""周长""参照"和"基线"4 个按钮。

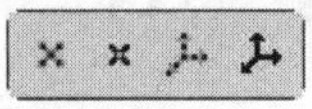

图 2.11　"点"下拉菜单 　　　图 2.12　"使用"下拉菜单 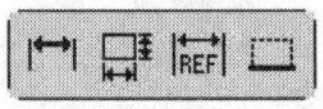　　　图 2.13　"尺寸"下拉菜单

（10）单击"垂直（使线和两顶点垂直）"按钮右侧的下拉按钮▶，打开如图 2.14 所示的"约束"下拉菜单，分别为"垂直（使线和两顶点垂直）""水平""垂直（使两图元正交）""相切""中点""重合""对称""相等"和"平行"9 个按钮。

（11）单击"删除段"按钮右侧的下拉按钮▶，打开如图 2.15 所示的"修剪"下拉菜单，分别为"删除段""拐角"和"分割"3 个按钮。

（12）单击"镜像"按钮右侧的下拉按钮▶，打开如图 2.16 所示的"镜像"下拉菜单，分别为"镜像"和"移动和调整大小"2 个按钮。

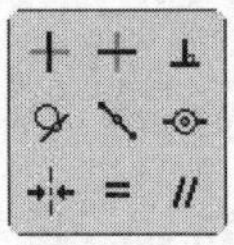

图 2.14　"约束"下拉菜单 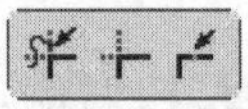　　　图 2.15　"修剪"下拉菜单 　　　图 2.16　"镜像"下拉菜单

2.3　设置草绘环境

为了让草绘环境更符合用户的习惯和喜好，Pro/ENGINEER 支持用户对草绘环境进行设置，包括草绘器的优先选项、草绘器的颜色、拾取过滤和选取菜单等。

2.3.1　设置草绘器的优先选项

选择菜单栏中的"草绘"→"选项"命令，打开如图 2.17 所示的"草绘器首选项"对话框。在该对话框中有三个选项卡，分别可以执行以下操作：

➢ 显示/隐藏屏幕栅格、顶点、约束、尺寸和弱尺寸。
➢ 设置"草绘器"约束优先选项。
➢ 改变栅格参数。
➢ 改变"草绘器"精度和尺寸的小数点位数。

1．"其他"选项卡

在"其他"选项卡中列出了下列选项：

（1）栅格：显示屏幕栅格。图 2.18 所示为显示栅格时的草绘环境，由于 Pro/ENGINEER 是参数化驱动草图绘制的，因此栅格一般不需要开启。

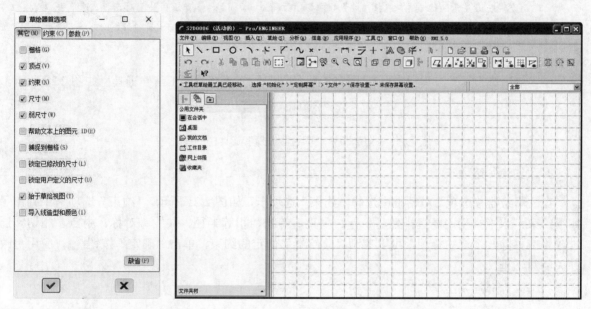

图 2.17　"草绘器首选项"对话框　　　　　　　　图 2.18　显示栅格

（2）顶点：控制顶点显示，顶点包括直线的端点和矩形的角点。图 2.19 所示为开启顶点显示和关闭顶点显示时的对比效果。

（a）开启顶点显示　　　　　　　　　（b）关闭顶点显示

图 2.19　开启顶点显示与关闭顶点显示

（3）约束：显示约束。
（4）尺寸：显示所有截面尺寸。
（5）弱尺寸：显示弱尺寸。

（6）帮助文本上的图元 ID：显示帮助文本中的图元 ID。该帮助文本与图元 ID 同时显示在"所选项目"对话框中。通过设置配置选项 show_selected_item_id，可以控制帮助文本中的图元 ID 的显示。

（7）捕捉到栅格：参加或脱离捕捉栅格选项。

（8）锁定已修改的尺寸：锁定已修改的尺寸。

（9）锁定用户定义的尺寸：锁定用户定义的尺寸。通过设置配置选项 sketcher_dimension_autolock，可以自动锁定用户定义的尺寸。

（10）始于草绘视图：定向模型，使草绘平面平行于屏幕。

（11）导入线造型和颜色：决定是否在复制/粘贴时保留原始线造型和颜色，并从文件系统或草绘器调色板中导入.sec 文件。

对优先选项进行设置后可以单击"确定"按钮 ✓，应用更改并关闭对话框。

🛈 **注意：**

> 要重置默认显示的优先选项，请单击"缺省"按钮 缺省(F)；要忽略更改并关闭对话框，请单击 ✖ 按钮。为配置文件输入所需的设置，可以预设环境选项和其他全局设置。要设置配置文件选项，请选择菜单栏中的"工具"→"选项"命令。

在"草绘器工具"工具栏中也有类似的显示控制功能，"草绘器工具"工具栏如图 2.20 所示。

图 2.20　"草绘器工具"工具栏

2．"约束"选项卡

在"草绘器首选项"对话框中选择"约束"选项卡，如图 2.21 所示，"约束"选项卡中列出了如下约束：水平排列、竖直排列、平行、垂直、等长、相等半径、共线、对称、中点、相切。通过放置或移除一个选中标记，可以控制"草绘器"假定的约束，单击"确定"按钮 ✓，应用更改并关闭对话框。

3．"参数"选项卡

在"草绘器首选项"对话框中选择"参数"选项卡，如图 2.22 所示，"参数"选项卡中列出了下列选项。

（1）栅格：可以修改栅格的"原点""角度"和"类型"。修改栅格的原点时单击"修改栅格原点"按钮 ▶，然后在绘图区内选择新的栅格原点。要改变角度可以直接在"角度"后面的文本框中输入数值。栅格的类型有两种："笛卡儿"和"极坐标"，图 2.23 显示了两种不同坐标系下的栅格。

（2）栅格间距：可更改笛卡儿和极坐标栅格的间距。从下拉列表框中选取"自动"或"手工"来实现下列操作。

➢ 自动：依据缩放因子调整栅格比例。

➢ 手工：X 和 Y 保持恒定的指定值。

（3）精度：可以修改系统显示尺寸的小数位数。此外，可以改变"草绘器"求解的相对精度。修改"草绘器"精度有助于解决某些截面的再生问题。例如，如果由于段的长度小于草绘器精度

而产生问题，可通过输入更小的数值来提高精度，在"相对"框中，输入一个介于 1.0E-9
(0.000000001)和 1.0 之间的值即可。

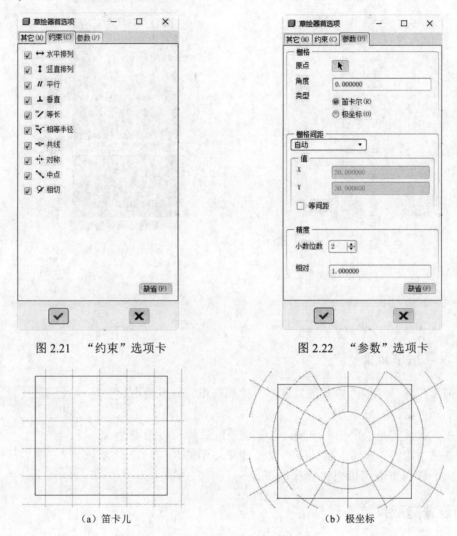

図 2.21　"约束"选项卡　　　　　　　图 2.22　"参数"选项卡

（a）笛卡儿　　　　　　　　　　　（b）极坐标

图 2.23　不同坐标系下的栅格

设置完成后单击"确定"按钮 ✔，应用更改并关闭对话框。

2.3.2　设置草绘器的颜色

选择菜单栏中的"视图"→"显示设置"→"系统颜色"命令，打开如图 2.24 所示的"系统
颜色"对话框，通过该对话框可以修改各种颜色。与绘制草图有关的颜色设置有"背景"和"草
绘"两个选项。

截面几何的默认颜色是青色，单击"草绘"左侧的按钮 ，可以打开如图 2.25 所示的"颜
色编辑器"对话框，在该对话框中可以设计草绘的颜色，使用方法与第 1 章所介绍的一样。新颜
色既适用于新建几何，也适用于修改后的几何。背景颜色的修改可以参考第 1 章中的相应内容，
这里就不再赘述。

图 2.24 "系统颜色"对话框

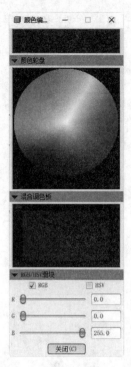

图 2.25 "颜色编辑器"对话框

2.3.3 设置拾取过滤

单击当前工作窗口中的"拾取过滤区"下拉列表框，可以拾取过滤选项，如图 2.26 所示。

在此项中，默认的是"全部"选项，也就是通过鼠标可以拾取全部特征，如果选择"几何"选项，则只能拾取设计环境中的几何特征，其他选项含义也一样，读者可以自己操作一下。

图 2.26 拾取过滤选项

2.3.4 设置选取菜单

（1）选择菜单栏中的"编辑"→"选取"→"首选项"命令，如图 2.27 所示。打开"选取首选项"对话框，如图 2.28 所示。

图 2.27 选择"首选项"

图 2.28 "选取首选项"对话框

勾选"选取首选项"对话框中的"预选加亮"复选框，当鼠标在 2D 设计环境中移动时，如果鼠标落在某个特征上，如基准平面、基准轴等，则此特征将以绿色加亮显示；不勾选"预选加亮"

复选框则不会加亮显示。

（2）选择"编辑"→"选取"→"依次"命令，表示通过单击可以一一选取设计环境中的特征，但是只能选取一个特征；如果在选取特征时同时按住键盘上的 Ctrl 键，可以选取多个特征。

（3）选择"编辑"→"选取"→"链"命令，表示可以选取作为所需链的一端或所需环的一部分的图元，从而选取整个图元。

（4）选择"编辑"→"选取"→"所有几何"命令，表示选中设计环境中的所有几何体。

（5）选择"编辑"→"选取"→"全部"命令，表示选中设计环境中的所有特征，包括几何体、基准、尺寸等。

2.4　绘制草图的基本方法

在对草绘环境进行相关设置后，就可以使用前面所讲的草绘工具栏中的按钮进行一些基本图形的绘制。下面就以 2.2 节介绍的第一种方法进入草绘环境，并详细讲述在草绘环境中创建基本图元的方法和步骤。

2.4.1　绘制线

直线是图形中最常见、最基本的几何图元，50%的几何实体边界是由直线组成的。一条直线由两个点组成：起点和终点。在 Pro/ENGINEER 中提供了 4 种绘制直线的方式：线、直线相切、中心线和几何中心线。

1．线

通过"线"命令可以任意选取两点绘制直线，具体操作步骤如下：

（1）单击草绘工具栏中的"线"按钮，或者选择菜单栏中的"草绘"→"线"→"线"命令。

（2）在绘图区中单击确定直线的起点位置，一条橡皮筋状的直线附着在鼠标光标上出现，如图 2.29 所示。

（3）单击确定终点位置，系统将在两点间绘制一条直线，同时，该点也是另一条直线的起点，再次选取另一点即可绘制另一条直线（在 Pro/ENGINEER 中支持连续操作），单击鼠标中键，结束对直线的绘制，如图 2.30 所示。

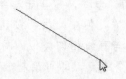

图 2.29　橡皮筋状的线

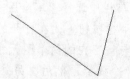

图 2.30　连续绘制直线

2．直线相切

通过"直线相切"命令可以绘制一条与已存在的两个图元相切的直线段，具体操作步骤如下：

（1）单击"打开"按钮，打开"文件打开"对话框，打开"源文件\原始文件\第 2 章\2.4.1.prt"

文件。在菜单栏中选择"草绘"→"线"→"直线相切"命令，或者单击草绘工具栏中"线"按钮＼右侧的下拉按钮▶，在打开的"线"下拉菜单中单击"直线相切"按钮＼。

（2）在已经存在的圆弧或圆上选取一个起点，此时选中的圆或圆弧将加亮显示，同时一条橡皮筋状的线附着在鼠标光标上出现，如图2.31所示。单击鼠标中键可取消该选择而重新进行选择。

（3）在另外的圆弧或圆上选取一个终点，定义两个点后，可预览所绘制的切线。

（4）单击鼠标中键退出，绘制出一条与两个图元同时相切的直线段，如图2.32所示。

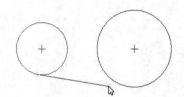　　　　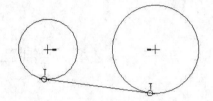

图2.31　绘制相切线　　　　　　图2.32　与两个图元同时相切的直线段

3. 中心线

中心线用于定义一个旋转特征的旋转轴、在同一截面内的一条对称直线，或者用于绘制构造直线。中心线是无限延伸的线，不能用于绘制特征几何。绘制中心线的具体操作步骤如下：

（1）在菜单栏中选择"草绘"→"线"→"中心线"命令，或者单击草绘工具栏中"线"按钮＼右侧的下拉按钮▶，在打开的"线"下拉菜单中单击"中心线"按钮┇。

（2）在绘图区选取中心线的起点位置，这时一条橡皮筋状的中心线附着在鼠标光标上出现，如图2.33所示。

（3）单击选取中心线的终点，系统将在两点间绘制一条中心线。当鼠标光标拖着中心线变为水平或垂直时，会在线旁边出现一个 H 或 V 字样，表示当前位置处于水平或垂直状态，此时单击，即可绘制出水平或垂直中心线。

4. 几何中心线

图2.33　绘制中心线

利用"几何中心线"命令可以任意绘制几何中心线，具体操作步骤如下：

（1）在菜单栏中选择"草绘"→"线"→"中心线相切"命令，或单击草绘工具栏中"线"按钮＼右侧的下拉按钮▶，在打开的"线"下拉菜单中单击"几何中心线"按钮┇。

（2）绘制与已存在的两个图元相切的中心线，具体过程与直线相切类似。调用该命令后在圆弧或圆上选取一个起点，然后在另外一个圆弧或圆上选取一个终点，即可绘制一条与所选图元相切的中心线，单击鼠标中键退出。

📖2.4.2　绘制矩形

在 Pro/ENGINEER 中可以通过给定两条任意的对角线来绘制矩形。单击草绘工具栏中的"矩形"按钮▢，或选择菜单栏中的"草绘"→"矩形"命令，然后在绘图区单击放置矩形的一个顶点，拖动鼠标即出现一个"橡皮筋"线组成的矩形，如图 2.34 所示。

将该矩形拖至所需大小，然后在要放置的另一个顶点位置单击即可完成矩形的绘制。该矩形的四条线是相互独立的，可以单独地处理它们（如修剪、对齐等）。单击草绘工具栏中的"依次"按钮 ，可以选中矩形的任一条边。如图 2.35 所示，选中的边以红色加亮显示。

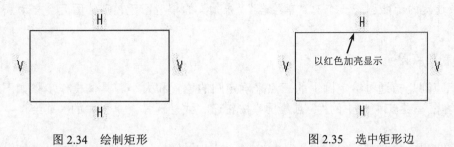

图 2.34　绘制矩形　　　　　　　　　　图 2.35　选中矩形边

⊘ 注意：

要启动"矩形"命令，还可以在草绘窗口中右击，然后从快捷菜单中选择"矩形"命令。

2.4.3　绘制圆

圆是另一种常见的基本图元，可以用于表示柱、轴、轮、孔等的截面图。在 Pro/ENGINEER 中，提供了多种绘制圆的方法，通过这些方法可以很方便地绘制出满足用户要求的圆。

1．绘制中心圆

绘制中心圆是指通过确定圆心和圆上一点的方式来绘制圆。

单击草绘工具栏中的"圆心和点"按钮 ○，或者选择菜单栏中的"草绘"→"圆"→"圆心和点"命令，在绘图区中单击选取一点作为圆心，拖动鼠标，圆会被拉成橡皮筋状，如图 2.36 所示。

当鼠标移动到合适位置后单击即可绘制出一个圆，鼠标径向移动的距离就是该圆的半径，如图 2.37 所示。

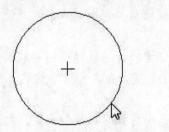　　　　　　　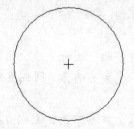

图 2.36　拖动鼠标调整圆的大小　　　　　图 2.37　绘制中心圆

⊘ 注意：

此外，也可以在草绘窗口中右击，从快捷菜单中选择"圆"命令。

2．绘制同心圆

绘制同心圆是指通过选取一个参照圆或一条圆弧的圆心为中心点来创建圆。具体操作步骤如下：

01 单击草绘工具栏中的"同心圆"按钮◎，或者选择菜单栏中的"草绘"→"圆"→"同心"命令。

02 在绘图区中选择用于参照的圆或圆弧，移动鼠标光标时，圆被拉成橡皮筋状，移动到合适位置后单击即可绘制一个同心圆，如图 2.38 所示。选定的参照圆可以是一个草绘图元或一条模型边。如果选定的参照圆是一个对"草绘器""未知"的模型图元，则该图元会自动成为一个参照图元。

3. 绘制三点圆

绘制三点圆是指通过给定圆上的三点来确定圆的位置和大小。具体操作步骤如下：

01 单击草绘工具栏中的"3 点绘圆"按钮○，或者选择菜单栏中的"草绘"→"圆"→"3 点"命令。

02 用鼠标在绘图区中选取一个点，然后继续选取第二个点。在定义两个点后，可以看到一个随鼠标移动的预览圆，如图 2.39 所示。

03 选取第三个点即可绘制一个圆。

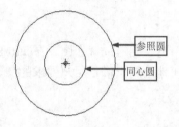

图 2.38　绘制同心圆

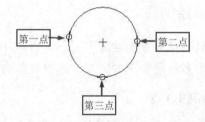

图 2.39　绘制三点圆

4. 通过三个切点绘制圆

通过三个切点绘制圆是给定三个参考图元，绘制出与之相切的圆。具体操作步骤如下：

01 单击"打开"按钮，在"文件打开"对话框中打开"源文件\原始文件\第 2 章\2.4.3.prt"文件。单击草绘工具栏中的"3 相切圆"按钮○，或者选择菜单栏中的"草绘"→"圆"→"3 相切"命令。

02 在参考的弧、圆或直线上选取一个起始位置。使用鼠标中键可取消选取。

03 在第二个参考的弧、圆或直线上选取一个位置。在定义两个点后，可预览圆，如图 2.40 所示。

04 在第三个参考的弧、圆或直线上选取第三个位置即可绘制出圆，如图 2.41 所示。

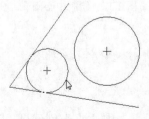

图 2.40　预览圆

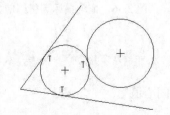

图 2.41　通过三个切点绘制圆

5．绘制轴端点椭圆

01 单击草绘工具栏中的"轴端点椭圆"按钮 ⊘，或者选择菜单栏中的"草绘"→"圆"→"轴端点椭圆"命令。

02 在绘图区中选取一点作为椭圆的一个长轴端点，再选取另一点作为长轴的另一个端点，此时出现一条直线，向其他方向拖动鼠标绘制椭圆。

03 将椭圆拉至所需形状，单击即可完成轴端点椭圆的绘制，如图 2.42 所示。

6．绘制中心和轴椭圆

01 单击草绘工具栏中的"中心和轴椭圆"按钮 ⊘，或者选择菜单栏中的"草绘"→"圆"→"中心和轴椭圆"命令。

02 在绘图区中选取一点作为该椭圆的中心，会出现一个随鼠标移动的椭圆，如图 2.43 所示。

03 将椭圆拉至所需形状，单击即可完成中心和轴椭圆的绘制。

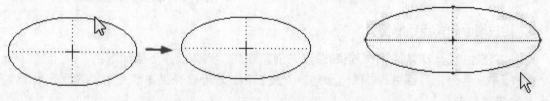

图 2.42　绘制轴端点椭圆　　　　　　　　图 2.43　绘制中心和轴椭圆

2.4.4　绘制圆弧

圆弧也是图形中常见的元素之一。圆弧的绘制可以由起点、中点、切点等控制点来确定。圆弧的绘制有多种方法。

1．通过三点绘制圆弧

此方法的功能是生成经过给定三点的圆弧。使用该方法绘制的圆弧会经过所指定的三个点，起点为指定的第一点，并经过指定的第二点，最后在指定的第三点结束。可以沿顺时针或逆时针方向绘制圆弧。该方法为默认方法，具体操作步骤如下：

01 单击草绘工具栏中的"3 点/相切端"按钮 ，或者选择菜单栏中的"草绘"→"弧"→"3 点/相切端"命令。

02 在绘图区中选取一点作为圆弧的起点。

03 选取第二个点作为圆弧的终点。这时就会出现一个橡皮筋状的圆弧随着鼠标移动，如图 2.44 所示。

04 通过移动鼠标选取第三个点，即可绘制出一条圆弧，该圆弧经过选取的第三个点。

2．绘制同心圆弧

采用这种方法可以绘制出与参照圆或圆弧同心的圆弧，在绘制过程中要指定参照圆或圆弧，还要指定圆弧的起点和终点才能确定圆弧，具体操作步骤如下：

01 单击"打开"按钮 ，在"文件打开"对话框中打开"源文件\原始文件\第 2 章\2.4.4-1.prt"文件。单击草绘工具栏中的"同心圆弧"按钮 ，或者选择菜单栏中的"草绘"→"弧"→"同心"

命令。

02 在绘图区中选择参照圆或圆弧，即可出现一个橡皮筋状的圆随鼠标移动，如图 2.45 所示。

03 将橡皮筋状的圆拉至合适大小，然后选取一点作为圆弧的起点开始绘制这条圆弧。

04 选取另一点作为圆弧的终点，完成圆弧的绘制，如图 2.46 所示。完成后又出现一个新的橡皮筋状的圆弧，单击鼠标中键结束绘制。

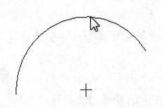

图 2.44　通过三点绘制圆弧

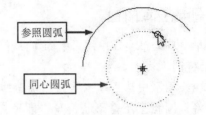

图 2.45　橡皮筋状的圆弧

3．通过圆心和端点绘制圆弧

这种方法通过选取圆弧的中心点和端点来创建圆弧，具体操作步骤如下：

01 单击草绘工具栏中的"圆心和端点"按钮，或者选择菜单栏中的"草绘"→"弧"→"圆心和端点"命令。

02 在绘图区中选取一点作为圆弧的圆心，即可出现一个橡皮筋状的圆随鼠标移动，如图 2.47 所示。

03 将橡皮筋状的圆拉至合适大小，并在该圆上选取一点作为圆弧的起点开始绘制这条圆弧。

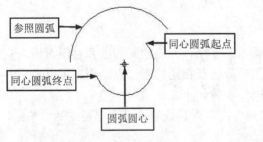

图 2.46　绘制同心圆弧

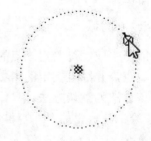

图 2.47　选取圆心

04 选取另一点作为圆弧的终点，完成圆弧的绘制，如图 2.48 所示。

4．绘制与三个图元相切的圆弧

采用这种方法可以绘制一段与已知的三个参照图元都相切的圆弧，具体操作步骤如下：

01 单击"打开"按钮，在"文件打开"对话框中打开"源文件\原始文件\第 2 章\2.4.4-2.prt"文件。单击草绘工具栏中的"3 相切圆弧"按钮，或者选择菜单栏中的"草绘"→"弧"→"3 相切"命令。

02 在第一个参照的弧、圆或直线上选取一个起始位置，使用鼠标中键可取消选择。

03 在第二个参照的弧、圆或直线上选取一个结束位置。在定义两个点后，可预览圆弧，如

图 2.49 所示。

04 在第三个参照的弧、圆或直线上选取一个位置，即可完成圆弧的绘制，该圆弧与三个参照都相切，在图上以 T 表示，如图 2.50 所示。

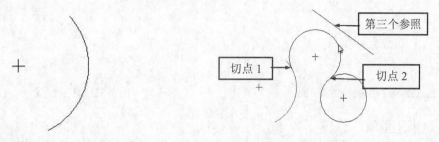

图 2.48　通过圆心和端点绘制圆弧　　　　　图 2.49　预览圆弧

5. 绘制圆锥弧

01 单击草绘工具栏中的"圆锥弧"按钮 ，或者选择菜单栏中的"草绘"→"弧"→"圆锥"命令。

02 在绘图区中选取圆锥的第一个端点。

03 选取圆锥的第二个端点，这时出现一条连接两个端点的参考线和一段呈橡皮筋式的圆锥弧，如图 2.51 所示。

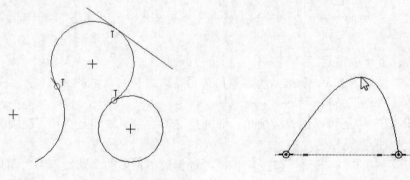

图 2.50　与三个图元相切的圆弧　　　　　图 2.51　绘制圆锥弧

04 当移动鼠标时，圆锥弧呈橡皮筋状变化。单击选取轴肩位置即可完成圆锥弧的绘制。

2.4.5　绘制样条曲线

样条是平滑通过任意多个中间点的曲线，绘制样条曲线的具体操作步骤如下：

01 单击草绘工具栏中的"样条曲线"按钮 ，或者选择菜单栏中的"草绘"→"样条"命令。

02 在绘图区中单击，向该样条添加点。一条橡皮筋状的样条附着在鼠标光标上出现。再从绘图区中选取一个点，就会出现一段样条曲线，并随鼠标光标出现一条新的橡皮筋状的样条曲线，如图 2.52 所示。

03 重复步骤 **02** ，添加其他样条点。直到完成添加所有点以后单击鼠标中键结束样条曲线的绘制，图 2.53 所示为一条完成绘制的样条曲线。

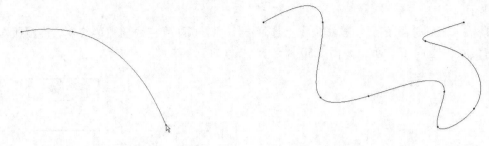

图 2.52　向样条曲线中添加点　　　　　　图 2.53　样条曲线

2.4.6　创建圆角

"圆角"命令可在任意两个图元之间创建一个圆角过渡。圆角的大小和位置取决于拾取的位置。当在两个图元之间插入一个圆角时，系统自动在圆角相切点处分割这两个图元。如果在两条非平行线之间添加圆角，则这两条直线会被自动修剪出圆角。如果在任何其他图元之间添加圆角，则必须手动删除剩余的段。下列图元之间不能创建圆角：

➤　平行线。

➤　一条中心线和另一个图元。

创建圆角的具体操作步骤如下：

01　单击"打开"按钮，在"文件打开"对话框中打开"源文件\原始文件\第 2 章\2.4.6.prt"文件。单击草绘工具栏中的"圆角"按钮，或者选择菜单栏中的"草绘"→"圆角"→"圆角"命令。

02　单击选择第一个图元。

03　单击选择第二个图元。系统从所选取的离两条直线交点最近的点创建一个圆角，并将两条直线修剪到交点，如图 2.54 所示。

在 Pro/ENGINEER 中还可以创建椭圆角，椭圆角的轴为水平轴和竖直轴。椭圆圆角在其终点处与为其创建而选取的图元相切。

单击草绘工具栏中的"椭圆角"按钮，或者选择菜单栏中的"草绘"→"圆角"→"椭圆角"命令，然后单击要在其间创建椭圆角的图元即可创建出椭圆角，如图 2.55 所示。

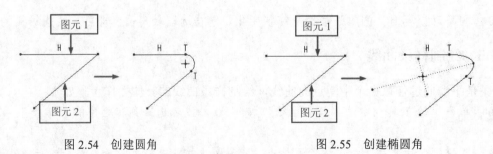

图 2.54　创建圆角　　　　　　　　　　图 2.55　创建椭圆角

2.4.7　创建倒角

"倒角"命令可在任意两个图元之间创建一个倒角过渡。倒角的大小和位置取决于拾取的位置。

创建倒角的具体操作步骤如下：

01 单击"打开"按钮🗁，在"文件打开"对话框中打开"源文件\原始文件\第2章\2.4.7.prt"文件。单击草绘工具栏中的"倒角"按钮╱，或者选择菜单栏中的"草绘"→"倒角"→"倒角"命令。

02 单击选择第一个图元。

03 单击选择第二个图元。系统从所选取的离两条直线交点最近的点创建一个倒角，如图2.56所示。

在Pro/ENGINEER中还可以创建修剪倒角，修剪倒角的轴为水平轴和竖直轴。修剪倒角在其终点处与为其创建而选取的图元相切。

单击草绘工具栏中的"倒角修剪"按钮╱，或者选择菜单栏中的"草绘"→"倒角"→"倒角修剪"命令，然后单击创建倒角，并将两条直线修剪到交点，如图2.57所示。

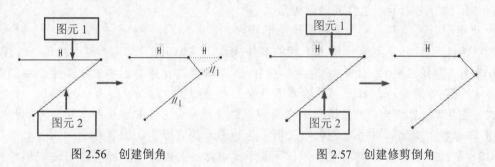

图2.56 创建倒角　　　　　　　　　图2.57 创建修剪倒角

2.4.8 创建点和坐标系

点用于辅助其他图元的绘制，选择菜单栏中的"绘图"→"点"命令或者单击草绘工具栏中的"点"按钮✖，然后在绘图区要放置点的位置单击即可创建一个点。可以继续定义一系列点，如图2.58所示，单击鼠标中键可以结束该命令。

坐标系用于标注样条线以及某些特征的生成过程，单击草绘工具栏中的"坐标系"按钮↗，或者选择菜单栏中的"绘图"→"坐标系"命令，然后在绘图区合适的位置单击即可创建一个坐标系，如图2.59所示。

图2.58 创建点　　　　　　　　　　图2.59 创建坐标系

2.4.9 调用常用截面

在Pro/ENGINEER Wildfire 5.0的草绘器下提供了一个预定义形状的定制库，包括常用的草绘截面，如工字形、L形、T形截面等。可以将它们很方便地输入活动草绘中。这些形状位于调色板中。在活动草绘中使用形状时，可以对其执行调整大小、平移和旋转等操作。

使用调色板中的形状类似于在活动截面中输入相应的截面。调色板中的所有形状均以缩略图的形式出现，并带有定义截面文件的名称。这些缩略图以草绘器几何的默认线型和颜色进行显示。可以使用在独立"草绘器"模式下创建的现有截面来表示用户定义的形状，也可以使用在零件或组件模式下创建的截面来表示用户定义的形状。

单击草绘工具栏中的"调色板"按钮 ，或者选择菜单栏中的"草绘"→"数据来自文件"→"调色板"命令，打开"草绘器调色板"对话框，如图 2.60 所示。

"草绘器调色板"对话框中具有表示截面类别的选项卡，每个选项卡都具有唯一的名称，且至少包含某个类别的一种截面。有四种含有预定义形状的预定义选项卡：

➢ "多边形"选项卡：包含常规的多边形形状。
➢ "轮廓"选项卡：包含常见的轮廓。
➢ "形状"选项卡：包含其他常见形状。
➢ "星形"选项卡：包含常规的星形形状。

从"草绘器调色板"对话框输入形状的具体操作步骤如下：

01 单击草绘工具栏中的"调色板"按钮 ，或者选择菜单栏中的"草绘"→"数据来自文件"→"调色板"命令，打开"草绘器调色板"对话框。

02 在"草绘器调色板"对话框中选取所需的选项卡，出现与选定的选项卡中的形状相对应的缩略图和标签。例如，单击"轮廓"选项卡后的显示内容如图 2.61 所示。

03 在选项卡下面的窗口中单击与所需形状相对应的缩略图或标签，与选定形状相对应的截面将出现在上方的预览窗格中，如图 2.62 所示。

图 2.60 "草绘器调色板"对话框   图 2.61 "轮廓"选项卡

图 2.62 截面形状预览

04 选定所需要的截面形状后再次双击同一缩略图或标签，将选定的形状输入活动截面中。鼠标光标将改为包含一个加号的样式 ，表明要求用户必须选择一个位置来放置选定的形状。

05 在绘图区中单击任一位置，选取放置形状的位置。具有默认尺寸（即绘图区尺寸的 1/4）的形状将被置于选定位置处，形状中心与选定位置重合。定义形状的图元将保持为选取状态，同时打开"移动和调整大小"对话框，如图 2.63 所示。

⚠ **注意：**

> 此外，输入的形状上将出现"缩放""旋转"和"移动"控制滑块。"移动"控制滑块将与选定位置重合。

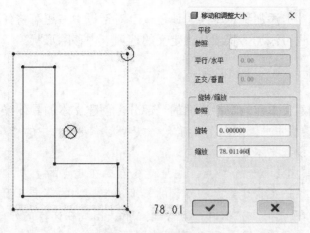

图 2.63 放置形状

06 在"移动和调整大小"对话框中可以编辑旋转角度和缩放比例。在编辑时，形状会实时变化，更加直观，如图 2.64 所示。

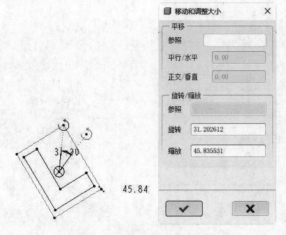

图 2.64 编辑形状的位置和大小

07 调整好位置和大小后，单击鼠标中键或者单击"移动和调整大小"对话框中的"确定"按钮 ✓ ，接受输入形状的位置、方向和尺寸，如图 2.65 所示。

在放置截面时可以单击并按住鼠标左键，指定形状的位置。拖动鼠标可以改变形状的大小，如图 2.66 所示。直到形状的尺寸满足要求以后释放鼠标，确认形状尺寸。

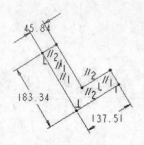

图 2.65 输入的截面形状

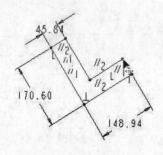

图 2.66 通过拖动鼠标改变形状大小

可将任意数量的选项卡添加到"草绘器调色板"对话框中，还可将任意数量的形状放入每个经过定义的选项卡中，也可添加形状或从预定义的选项卡中移除形状。

2.4.10 创建文本

在草绘器中可以创建文本作为草绘界面的一部分。创建文本的具体操作步骤如下：

01 单击草绘工具栏中的"文本"按钮 **A**，或者选择菜单栏中的"草绘"→"文本"命令，在草绘平面上选取起点设置文本高度和方向。

02 在绘图区中单击选取一个终点（注意：终点要在起点的上方，否则文本是反方向的），在起点和终点之间创建了一条构建线，构建线的长度决定文本的高度，而该线的角度决定文本的方向。同时打开如图 2.67 所示的"文本"对话框。箭头出现在文本的开始处，指示文本的方向。

03 在文本框中最多可以输入 79 个字符的单行文本，如有必要，可单击"文本符号"按钮打开如图 2.68 所示"文本符号"对话框以插入特殊文本符号。选取要插入的符号，符号出现在文本框和绘图区中，如图 2.69 所示。单击"关闭"按钮，关闭"文本符号"对话框。

图 2.67 "文本"对话框

图 2.68 "文本符号"对话框

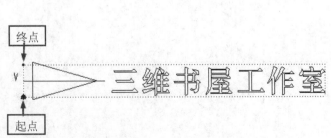

图 2.69 文本预览

04 单击"文本"对话框中的"确定"按钮，创建文本，结果如图 2.70 所示。

在"文本"对话框中的"字体"栏中指定了下列内容。

➤ 字体：从 PTC 提供的字体和 TrueType 字体列表中选取一类。

➤ 位置：选取水平和竖直位置的组合以放置文本的起点。

    ↪ 水平：从"左边""中心"或"右边"中选取水平位置。"左边"为默认设置。

    ↪ 垂直：选取垂直位置以在定义文本高度和方向的构造直线上放置尺寸和起点。在"底部""中间"或"顶部"中进行选取。"底部"为默认设置。可使用水平和垂直位置的任意组合将文本的起点捕捉到定义文本高度和方向的构造直线上。

➤ 长宽比：使用滑动条增加或减少文本的长宽比。

➤ 斜角：使用滑动条增加或减少文本的斜角。

05 勾选"沿曲线放置"复选框，沿一条曲线放置文本，并选取要在其上放置文本的曲线。选取水平和垂直位置的组合以沿着所选曲线放置文本的起点。水平位置定义曲线的起点。沿曲线放置的文本如图 2.71 所示。

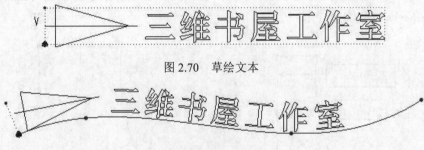

图 2.70　草绘文本

图 2.71　沿曲线放置的文本

ⓘ **注意：**

> 指定文本起点的水平位置时，仅在选取的曲线为线性曲线的情况下，才可选取"中心"。

如果需要更改，单击"反向"按钮，更改希望文本随动的方向。当单击"反向"按钮时，构造线和文本将被置于所选曲线对面一侧的另一端。基于文本的起点执行此放置。

勾选"字符间距处理"复选框，启用文本的字体字符间距处理。这样可控制某些字符对之间的空格，改善文本字符串的外观。"字符间距处理"属于特定字体的特征。

如果要修改草绘器文本，可以选择菜单栏中的"编辑"→"修改"命令，然后选取要修改的文本；也可以双击该文本进入"文本"对话框修改文本。

如果要修改文本的高度和方向，就要在文本随动开始时，单击构建线的起点或终点，拖动起点或终点来改变文本的高度和方向。

2.5　编　辑　草　图

单纯地使用上面所讲述的绘制图元的命令只能绘制一些简单的基本图形，要想绘制理想的复杂截面图形，就必须借助草图编辑命令对基本图元对象进行位置和形状的调整。

2.5.1 镜像

镜像功能是对拾取到的图元进行镜像复制。这种功能可以提高绘图效率，减少重复操作。

在绘图过程中，经常会遇到一些对称的图形，这时就可以创建半个截面，然后加以镜像。具体操作步骤如下：

01 单击"打开"按钮📂，在"文件打开"对话框中打开"源文件\原始文件\第 2 章\2.5.1.prt"文件。在进行镜像操作之前首先要保证草绘中包括一条中心线，同时绘制出要进行镜像的源图元，如图 2.72 所示。

02 选取要镜像的一个或多个图元，选择多个图元时要按住 Ctrl 键。被选中的图元会以红色加亮显示。

03 单击草绘工具栏中的"镜像"按钮🔌，或者选择菜单栏中的"编辑"→"镜像"命令。

04 在提示下单击一条中心线作为镜像的中心线。系统会根据所选取的中心线镜像所有选取的几何形状，如图 2.73 所示。

Pro/ENGINEER 使用一侧的尺寸来求解另一侧，这样就减少了求解截面所必需的尺寸。镜像几何时，"草绘器"也会镜像约束。

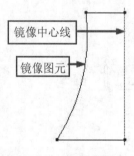

图 2.72 镜像的源图元

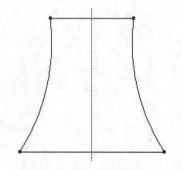

图 2.73 镜像图元结果

> ① **注意：**
>
> 只能镜像几何图元，无法镜像尺寸、文本图元、中心线和参照图元。

2.5.2 移动、旋转与缩放

移动是将图形移动到新位置；旋转是将所绘制的图形以某点为中心旋转一定的角度；缩放是对选取的图元进行比例缩放。具体操作步骤如下：

01 单击"打开"按钮📂，在"文件打开"对话框中打开"源文件\原始文件\第 2 章\2.5.2.prt"文件。在进行操作前首先要选择要移动、旋转、缩放的图元，可以是整个截面也可以是单个图元。按住 Ctrl 键可同时选取多个图元，选中的图元以红色加亮显示，如图 2.74 所示。

02 单击草绘工具栏中的"移动和调整大小"按钮📀，或者选择菜单栏中的"编辑"→"移动和调整大小"命令，打开"移动和调整大小"对话框，同时图元上会出现"缩放""旋转"和"平移"手柄，如图 2.75 所示。

03 在"移动和调整大小"对话框中输入一个旋转值和一个缩放值可以精确地控制旋转角度和缩放比例。还可以通过手动方式进行调节：

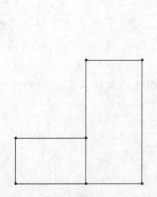

图 2.74　选中要进行操作的图元　　　　图 2.75　"移动和调整大小"对话框

- ➤ 拖动"缩放"手柄可修改截面的比例。
- ➤ 拖动"旋转"手柄可旋转截面。
- ➤ 拖动"平移"手柄可移动截面或使所选内容居中。

注意：

> 要移动一个手柄，请单击该手柄并将它拖动到一个新的位置。

04 调整完成后，在"移动和调整大小"对话框中单击"关闭"按钮或者单击鼠标中键，系统应用该更改并关闭对话框。图 2.76 所示为将图形进行缩放 1.2 倍、旋转 90° 后的结果。

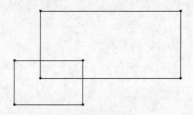

图 2.76　缩放旋转结果

05 选择菜单栏中的"编辑"→"移动和调整大小"命令，可收缩或扩展整个截面。选择菜单栏中的"编辑"→"选取"→"全部"命令，将选取整个截面。其他具体操作如上面所述。

注意：

> 只有在模型中不存在几何时，才可以缩放一个特征截面。该命令不适用于选取角度尺寸。在选取单个草绘器文本图元并进行缩放或旋转时，默认情况下，平移手柄位于文本的起点。

2.5.3　修剪与分割工具的应用

在草图的编辑工作中，修剪工作是必不可少的，通过修剪可以去除多余的图元部分。在 Pro/ENGINEER 草绘器中提供了三种修剪工具：删除段、拐角和分割。

1. 删除段

使用"删除段"命令可以将被其他线条分割的部分删除，若图元是独立线条，则该线条会被整体删除。下面就以图 2.77 所示的图形为例来说明该命令的用法。

01 单击"打开"按钮 📂，在"文件打开"对话框中打开"源文件\原始文件\第 2 章\2.5.3-1.prt"文件。单击草绘工具栏中的"删除段"按钮 📙，或者选择菜单栏中的"编辑"→"修剪"→"删除段"命令。

02 单击要删除的线段，该线段即被删除，如图 2.78 所示。

03 如果要删除多个线段，可以按住鼠标左键，让鼠标滑过要删除的线段，则这些部分都将被删除，如图 2.79 所示。

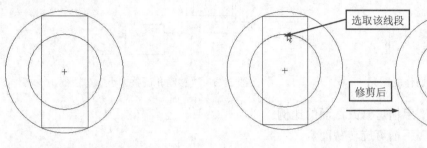

图 2.77　修剪前原图形　　　　　　　　　　图 2.78　单个修剪

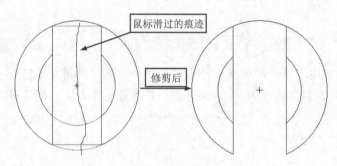

图 2.79　批量修剪

2．拐角

01 单击"打开"按钮 📂，在"文件打开"对话框中打开"源文件\原始文件\第 2 章\2.5.3-2.prt"文件。单击草绘工具栏中的"拐角"按钮 ┼，或者选择菜单栏中的"编辑"→"修剪"→"拐角"命令。

02 在要保留的图元部分上，单击任意两个图元，将这两个图元一起修剪，如图 2.80 所示。

03 在修剪过程中选择的两个图元不必相交，如果两个图元不相交则应用"拐角"命令后两个图元会自动延伸到相交状态，如图 2.81 所示。

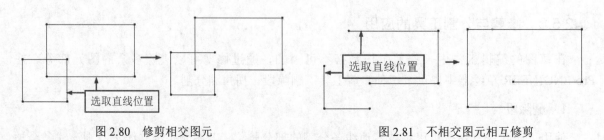

图 2.80　修剪相交图元　　　　　　　　　　图 2.81　不相交图元相互修剪

3. 分割

在 Pro/ENGINEER 草绘器中可将一个截面图元分割成两个或多个新图元。如果该图元已被标注，则在使用"分割"命令之前要删除尺寸。单击草绘工具栏中的"分割"按钮，或者选择菜单栏中的"编辑"→"修剪"→"分割"命令，在要分割的位置单击图元，分割点显示为图元上黄色的点，在指定的位置上分割该图元，如图 2.82 所示。

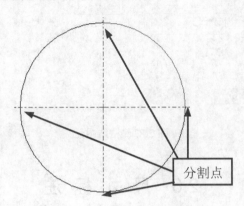

分割点

图2.82　分割图元

注意：

要在某个交点处分割一个图元，在该交点附近单击，系统会自动捕捉交点并创建分割。

2.5.4　剪切、复制和粘贴

可分别通过剪切和复制操作来移除或复制部分截面或整个截面。剪切或复制的草绘图元将被置于剪贴板中。可通过粘贴操作将剪切或复制的图元放到活动截面中的所需位置。当执行粘贴操作时，剪贴板上的草绘几何不会被删除，允许多次使用复制或剪切的草绘几何。也可通过剪切、复制和粘贴操作在多个截面间移动某个截面的内容。

从活动截面中选取一个或多个希望剪切或删除的草绘器几何图元，可以右击选择快捷菜单上的"剪切"命令，或者单击"文件"工具栏上的"剪切"按钮；也可以选择菜单栏中的"编辑"→"剪切"命令，或者按 Ctrl+X 快捷键剪切选定的一个或多个草绘器几何图元，所有未被选取但与要剪切的已选取图元相关的尺寸和约束将被删除。这些图元将被复制到剪贴板上。

"复制"与"剪切"的不同之处在于，前者不删除源图元，只是将与选定图元相关的强尺寸和约束随同草绘几何图元一起复制到剪贴板上。

选择菜单栏中的"编辑"→"粘贴"命令，或者按 Ctrl+V 快捷键将被复制的图元粘贴到活动截面，鼠标光标将改为，要求选择一个位置来放置被复制的图元。在绘图区单击任一位置，放置被复制的图元。具有默认尺寸的图元将被置于选定位置，图元的中心与选定位置重合，同时打开"移动和调整大小"对话框，如图 2.83 所示。此外，被粘贴的图元上将出现"缩放""旋转"和"平移"手柄，"平移"手柄将与选定位置重合。

根据需要缩放、旋转或平移图元，单击选取接受粘贴图元的位置、方向和尺寸。输入的尺寸和约束将被创建为强尺寸和约束。如果在同一草绘器进程中粘贴图元，则这些图元的尺寸是相同的，粘贴的图元将保持选定状态。

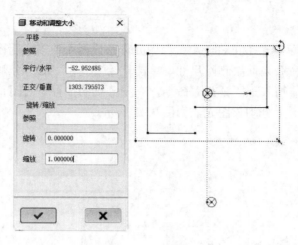

图 2.83   粘贴图元

2.6 尺 寸 标 注

草绘器确保在截面创建的任何阶段都已充分约束和标注该截面。当草绘某个截面时，系统会自动标注几何尺寸。这些尺寸被称为弱尺寸，因为系统在创建和删除它们时并不给予警告。弱尺寸显示为灰色。

也可以添加用户定义的尺寸来创建所需的标注形式。用户定义的尺寸被系统认为是强尺寸。添加强尺寸时，系统会自动删除不必要的弱尺寸和约束。退出草绘器之前，加强想要保留在截面中的弱尺寸是一个很好的习惯，这样可确保系统在没有输入时不删除这些尺寸。

2.6.1 创建尺寸标注

1. 创建线性尺寸

在草绘器中可以使用尺寸命令来创建各种线性尺寸。单击草绘工具栏中的"尺寸"按钮|↔|，或者选择菜单栏中的"草绘"→"尺寸"→"尺寸"命令。此外，还可以在草绘器窗口中右击，并从快捷菜单中选取"尺寸"命令。

线形标注尺寸主要有以下几类：

（1）线段长度：要标注一条线段的长度，首先选择"尺寸"命令，单击该线段（或者分别单击该线段的两个端点），然后单击鼠标中键以放置该尺寸，如图 2.84 所示。

（2）两条平行线间的距离：首先选择"尺寸"命令，单击这两条直线，然后单击鼠标中键以放置该尺寸，如图 2.85 所示。

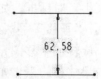

图 2.84   标注线段长度   图 2.85   标注两条平行线间的距离

（3）点到线的距离：首先选择"尺寸"命令，依次单击该直线和该点，然后单击鼠标中键以放置该尺寸，如图 2.86 所示。

（4）两点间的距离：首先选择"尺寸"命令，单击这两点，然后单击鼠标中键以放置该尺寸，如图 2.87 所示。

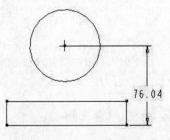

图 2.86　标注点到线的距离

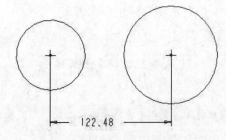

图 2.87　标注两点间的距离

⚠ **注意：**

> 因为中心线是无限长的，所以不能标注其长度。当在两个圆弧之间或圆的延伸段创建（切点）尺寸时，仅可用水平和垂直标注。Pro/ENGINEER 在距选取点最近的切点处创建尺寸。

2．创建角度尺寸

角度尺寸用于度量两条直线之间的夹角或者两个端点之间弧的角度。

单击草绘工具栏中的"尺寸"按钮↔，然后单击第一条直线，接着单击第二条直线，选择完成后单击鼠标中键以放置该尺寸，如图 2.88 所示。放置尺寸的地方确定角度的测量方式（锐角或钝角）。

如果要创建一段圆弧的角度尺寸，分别单击圆弧的两个端点，然后单击该圆弧表示要创建该圆弧的角度尺寸，最后单击鼠标中键以放置该尺寸，如图 2.89 所示。

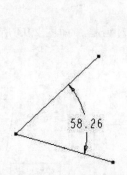

图 2.88　标注两条直线间的夹角

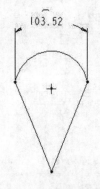

图 2.89　标注圆弧角度尺寸

3．创建直径尺寸

单击草绘工具栏中的"尺寸"按钮↔，然后在弧或圆上双击，并单击鼠标中键以放置该尺寸，如图 2.90 所示。

单击草绘工具栏中的"尺寸"按钮↔，然后单击要标注的图元，接着单击要作为旋转轴的中心线，然后再次单击图元，最后单击鼠标中键以放置该尺寸，如图 2.91 所示。

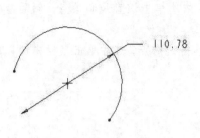

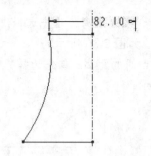

图 2.90　标注圆弧直径　　　　　　　图 2.91　标注旋转特征的直径

 注意：

旋转特征的直径尺寸延伸到中心线以外，表示是直径尺寸，而不是半径尺寸。

2.6.2　尺寸编辑

在标注完尺寸后，可以对尺寸值和尺寸位置进行修改，使用"修改尺寸"对话框可改变图元的尺寸值。修改尺寸值的操作步骤如下：

01 单击"打开"按钮，在"文件打开"对话框中打开"源文件\原始文件\第 2 章\2.6.2.prt"文件。单击草绘工具栏中的"修改"按钮，或者选择菜单栏中的"编辑"→"修改"命令，打开如图 2.92 所示的"修改尺寸"对话框。所选取的每一个图元和尺寸值会出现在"尺寸"列表中。

在该对话框的下部有两个复选框："再生"和"锁定比例"。如果勾选"再生"复选框，则在拖动轮盘或输入数值后，系统会动态地更新用户的几何；如果勾选"锁定比例"复选框，在修改一个尺寸时，其他相关的尺寸也随之变化，从而可以保证草图轮廓整体形状不变。

02 在"尺寸"列表中，单击需要的尺寸值，然后输入一个新值。也可以单击并拖动要修改的尺寸旁边的旋转轮盘。要增加尺寸值，向右拖动该旋转轮盘；要减少尺寸值，向左拖动该旋转轮盘。在拖动该轮盘的时候，系统会动态地更新用户的几何。

03 重复步骤 **02**，修改列表中的其他尺寸。

04 单击"确定"按钮，系统会再生截面并关闭对话框，如图 2.93 所示。

图 2.92　"修改尺寸"对话框

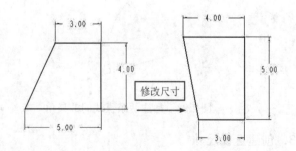

图 2.93　修改多个尺寸

在绘图区中双击需要修改的尺寸，可以修改单个尺寸值。如图 2.94 所示，单击尺寸，就会出现一个尺寸值文本框，在该文本框中编辑尺寸值，然后按 Enter 键或单击即可修改尺寸值，图形也会随之更新。

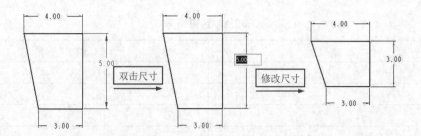

图 2.94 修改单个尺寸

如果要修改尺寸线的位置，可以用鼠标选择该尺寸线并按住鼠标左键，拖动尺寸线到合适的位置释放鼠标，如图 2.95 所示。

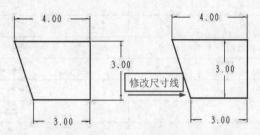

图 2.95 修改尺寸线的位置

2.7 几 何 约 束

几何约束是指草图对象之间的平行、垂直、共线和对称等几何关系，几何约束可以替代某些尺寸标注，更能反映出设计过程中各草图元素之间的几何关系。

📖2.7.1 设定几何约束

在 Pro/ENGINEER 草绘器中可以设定智能的几何约束，也可以根据需要手动设定几何约束。

选择菜单栏中的"草绘"→"选项"命令，打开"草绘器首选项"对话框，选择"约束"选项卡，如图 2.96 所示。

在该选项卡中有多个复选框，每个复选框代表一种约束，选中复选框后系统就会开启相应的自动设置约束。表 2.1 列出了带有相应图形符号的约束。

开启自动设定几何约束后，在绘制图形的过程中就会自动设定几何约束，图 2.97 所示为自动设定的几何约束。在修改其中一个圆的直径的过程中，其他几个圆的直径也同时改变。

使用"约束"工具箱可以按照需要添加约束，添加的约束是强约束。

图 2.96 "约束"选项卡

表2.1 约束符号

约 束	符 号
中点	M
相同点	▢
水平图元	H
竖直图元	V
图元上的点	—○- - -
相切图元	T
垂直图元	⊥
平行线	//₁
相等半径	带有一个下标索引的 R
具有相等长度的线段	带有一个下标索引的 L
对称	→·←
图元水平或竖直排列	- - |
共线	═══
对齐	用于适当对齐类型的符号
使用"边/偏移边"	— ○

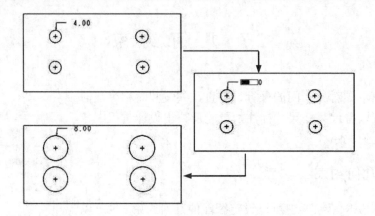

图 2.97 自动设定的几何约束

具体操作步骤如下：

01 单击"打开"按钮📂，在"文件打开"对话框中打开"源文件\原始文件\第 2 章\2.7.1.prt"文件。单击草绘工具栏中的"相切"按钮，或者选择菜单栏中的"草绘"→"约束"命令，打开"约束"下拉菜单，如图 2.98 所示。

02 在"约束"下拉菜单中选择"相切"命令。

03 根据系统提示，按照图 2.99 所示的步骤选取圆和矩形的边。

可以删除不需要的几何约束。首先用单击或框选的方法选取要删除的约束，然后选择"编辑"→"删除"命令，系统会删除所选取的约束。删除约束时，系统自动添加一个尺寸来使截面保持可求解状态。

图 2.98　"约束"菜单

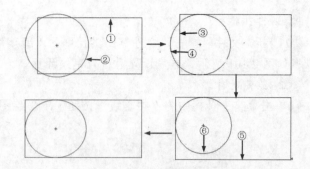

图 2.99　选取图和矩形的边

注意:

> 按 Delete 键也可以删除所选取的约束。

2.7.2　修改几何约束

草绘几何时,系统使用某些假设来帮助定位几何。当鼠标光标出现在某些约束公差内时,系统捕捉该约束并在图元旁边显示其图形符号。单击选取位置前,可以进行以下操作:

➤ 右击以禁用约束。要再次启用约束,再次右击即可。

➤ 按住 Shift 键的同时右击以锁定约束。重复刚才的动作即可解除锁定约束。

➤ 当多个约束处于活动状态时,可以使用 Tab 键改变活动约束。

以灰色出现的约束称为弱约束。系统可以移除这些约束,而不加以警告。可以用"草绘"菜单中的"约束"选项来添加用户自己的约束。

单击要强化的约束,选择菜单栏中的"编辑"→"转换到"→"强"命令,约束即被强化。

注意:

> 强化某组中一个约束(如"相等长度")时,整个组都将被强化。

2.8　综合实例——绘制回转叶片草图

扫一扫,看视频

本节主要通过具体实例讲解草图绘制工具的综合使用方法。利用草图绘制工具绘制如图 2.100 所示的草图。

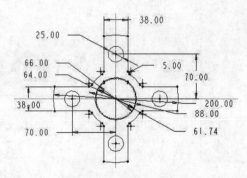

图 2.100　回转叶片草图

操作步骤

01 新建文件。单击"文件"工具栏中的"新建"按钮 □ ，打开 "新建"对话框，参数设置步骤如图 2.101 所示，完成设置后进入草绘界面。

02 绘制叶片。

❶ 单击草绘工具栏中的"中心线"按钮 ⋮ ，在绘图区绘制中心线，如图 2.102 所示。

图 2.101 "新建"对话框　　　　　　　　图 2.102 绘制中心线

❷ 单击草绘工具栏中的"圆心和点"按钮 ○ ，捕捉到两条中心线的交点并绘制圆。选中圆，选择下拉菜单中的"编辑"→"切换构造"命令，如图 2.103 所示，圆将变为虚线。

❸ 单击草绘工具栏中的"同心圆"按钮 ◎ ，捕捉到中心线的交点，绘制 4 个同心圆，如图 2.104 所示。双击修改其直径，包括虚线圆在内，从小到大直径分别为 61.74、64.00、66.00、88.00、200.00，如图 2.105 所示。

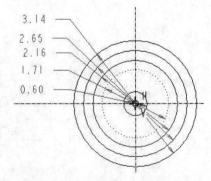

图 2.103 切换构造菜单　　　　　　　　图 2.104 绘制 4 个同心圆

❹单击草绘工具栏中的"线"按钮\，在竖直中心线两侧绘制两条竖直线，如图 2.106 所示。

❺单击草绘工具栏中的"删除段"按钮，修剪掉直径为 200.00 的圆以外的部分。

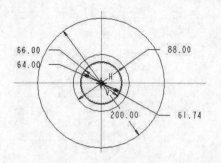

图 2.105　修改各圆直径

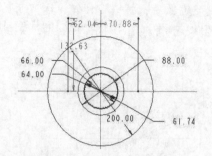

图 2.106　绘制叶片边界竖直线

❻在两条直线间绘制圆。单击草绘工具栏中的"圆心和点"按钮⚪绘制圆，并修改其直径为 25.00，同时修改圆心到水平中心线的距离为 70.00，结果如图 2.107 所示。

❼添加约束。单击草绘工具栏中的"重合"按钮，打开如图 2.108 所示的"选取"对话框，选择直径为 25.00 的圆的圆心和竖直中心线，使其二者共线。

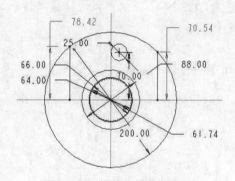

图 2.107　修剪直线并绘制圆

图 2.108　"选取"对话框

❽单击草绘工具栏中的"对称"按钮，使两条竖直线关于竖直中心线对称，操作步骤如图 2.109 所示。

❾单击草绘工具栏中的"尺寸"按钮，拾取叶片两边界竖直线，修改尺寸为 38.00，如图 2.110 所示。

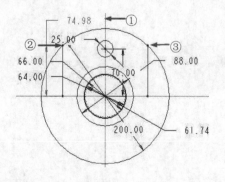

图 2.109　定义叶片约束后的图形

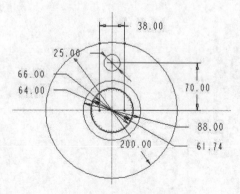

图 2.110　手动修改尺寸

⑩单击草绘工具栏中的"删除段"按钮，修剪掉直径为88.00的圆内所有的竖直线段，结果如图2.111所示。

03 创建镜像特征。按Ctrl键，选取两条竖直边界线和直径为25.00的圆，单击草绘工具栏中的"镜像"按钮，选中水平中心线，完成镜像，结果如图2.112所示。

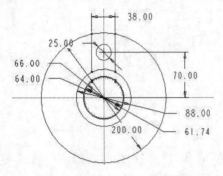

图2.111　单一叶片完成效果图

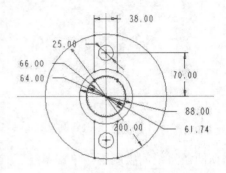

图2.112　叶片的镜像

04 创建水平方向的叶片。使用同样的方法创建水平方向的叶片，结果如图2.113所示。

05 创建倒圆角。单击草绘工具栏中的"圆角"按钮，分别选择叶片边界线和直径为88.00的圆进行倒圆角，圆角尺寸为5.00，并进行相等约束。

06 整理图形。单击草绘工具栏中的"删除段"按钮，修剪叶片的图元，并关闭草绘工具栏的"尺寸显示"按钮，使尺寸隐藏，结果如图2.114所示。

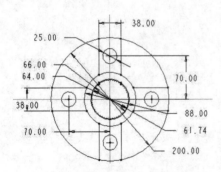

图2.113　创建水平方向的叶片

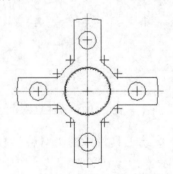

图2.114　回转叶片完成效果图

第 3 章　基 准 特 征

内容简介

基准特征通常作为模型设计中的参照，它也是创建和编辑复杂模型时不可缺少的工具。基准特征作为单独特征或某一特征组的一个成员存在于模型中。本章将详细介绍各种常用基准特征的作用和创建方法。为了让读者更好地利用基准特征，在本章的最后还介绍了对基准特征显示状态和颜色的控制方法。

内容要点

- ➤ 基准平面、基准轴
- ➤ 基准点、基准曲线
- ➤ 基准坐标系
- ➤ 控制基准特征的显示状态

案例效果

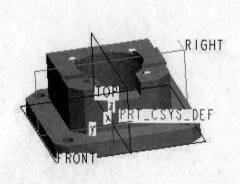
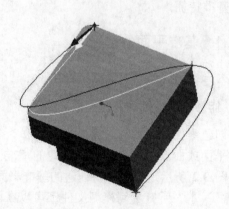

3.1　常用的基准特征

在绘制二维图形时，往往需要借助参照系。同样在创建三维模型时也需要参照，如在进行旋转时要有一个旋转轴，这里的旋转轴称为基准。基准是特征的一种，但它不构成零件的表面或边界，只起到辅助的作用。基准特征没有质量和体积等物理特征，可根据需要随时显示或隐藏，以防止基准特征过多而引起混乱。

在 Pro/ENGINEER 中有两种创建基准的方式：一种是通过"基准"命令单独创建，采用此方式创建的基准在"模型树"选项卡中以一个单独的特征出现；另一种是在创建其他特征过程中临时创建基准,采用此方式创建的基准包含在特征之内,作为特征组的一个成员存在。

Pro/ENGINEER 中有多种基准特征,图 3.1 所示为"基准"工具栏,在该工具栏中显示了各种基准的创建工具。

在 Pro/ENGINEER 中常用的基准工具主要有以下几种：

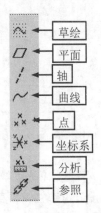

图 3.1 "基准"工具栏

> 平面：作为参照用在尚未创建基准平面的零件中。例如,当没有其他合适的平面曲面时,可以在基准平面上绘制草图或放置特征；也可以将基准平面作为参照,以放置基准标签注释。

> 轴：如同基准平面一样,也可用作特征创建的参照,以放置基准标签注释。

> 曲线：基准曲线允许绘制二维截面,绘制的截面可用于创建其他特征（如拉伸或旋转特征）。此外,基准曲线也可用于创建扫描特征的轨迹。

> 点：在几何建模过程中可将基准点用作构造元素,或用作进行计算和模型分析的已知点。

> 坐标系：用于添加到零件或组件中作为参照特征。

3.2 基 准 平 面

基准平面不是几何实体的一部分,在三维建模过程中只起到参照作用,是建模过程中使用最频繁的基准特征。

3.2.1 基准平面的作用

作为三维建模过程中最常用的参照,基准平面的用途有很多种,主要包括以下几个方面。

1. 作为放置特征的参照平面

在创建零件的过程中可将基准平面作为参照,当没有其他合适的平面或曲面时,也可在新创建的基准平面上草绘或放置特征。图 3.2 所示是放置在新创建的基准平面 DTM1 上的圆筒拉伸特征（本书所有示例模型文件都可以在随书附赠的资源中找到）。因为圆筒拉伸特征左右不对称,不能放在已有的基准平面 RIGHT 上,所以只能创建一个新的基准平面来放置该特征。

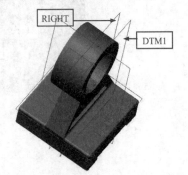

2. 作为尺寸标注的参照平面

图 3.2 作为放置特征的参照平面

可以根据一个基准平面对图元进行尺寸标注。在标注某一尺寸时,最好选择基准平面,因为这样可以避免造成不必要的父子关系特征。图 3.3 所示为以两个基准平面作为尺寸参照的圆柱体特征。

在这种情况下,圆柱体和拉伸平板之间不存在父子关系特征,这样即使修改拉伸平板特征,圆柱体特征也可保持不变,如图 3.4 所示。

图 3.3　作为尺寸标注的参照平面　　　　　　　　　图 3.4　修改尺寸后

3．作为视角方向的参照平面

在创建模型时，系统默认的视角方向往往不能满足用户的要求，用户需要根据要求自定义视角方向。而定义三维物体的方向需要两个相互垂直的平面，有时特征中没有合适的平面相互垂直，此时就需要创建一个新的基准平面作为物体视角的参照平面。如图 3.5 所示，六棱柱的 6 个面均不互相垂直，因此必须创建一个新的基准平面 DTM1，使其垂直于其中一个面并作为视角方向的参照平面。

4．作为定义组件的参照平面

在定义组件时可能需要利用许多零件的平面来定义贴合面、对齐面或方向，当没有合适的零件平面时，也可将基准平面作为其参照依据构建组件。

5．放置标签注释

也可将基准平面用作参照，以放置标签注释。如果不存在基准平面，则选取与基准标签注释相关的平面曲面，系统将自动创建内部基准平面。设置基准标签将被放置在参照基准平面或与基准平面相关的共面曲面上。

6．作为剖视图的参照平面

对于内部复杂的零件，为了看清楚其内部构造，必须利用剖视图进行观察。此时则需要定义一个参照基准平面，利用此基准平面剖切零件。图 3.6 所示为以 RIGHT 基准平面为参照得到的剖视图。

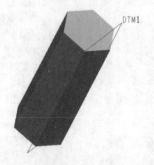

图 3.5　作为视角方向的参照平面　　　　　　　图 3.6　作为剖视图的参照平面

基准平面是无限的，但可调整其大小，使其与零件、特征、曲面、边或轴相吻合，或者指定基准平面显示轮廓的高度和宽度值，或者使用显示的控制滑块拖动基准平面的边界重新调整其显示轮廓的尺寸。

📖3.2.2　基准平面简介

在创建特征的过程中，通过单击"基准"工具栏中的"平面"按钮 ▱，或者在菜单栏中选择"插入"→"模型基准"→"平面"命令，打开如图 3.7 所示的"基准平面"对话框。创建的基准平面将在"模型树"选项卡中以 ▱ 图标显示。

在"基准平面"对话框中包含"放置""显示"和"属性"3 个选项卡，下面分别进行介绍。

1. "放置"选项卡

"放置"选项卡中包含下列各选项。

图 3.7　"基准平面"对话框

（1）"参照"列表框：允许通过参照现有平面、曲面、边、点、坐标系、轴、顶点、基于草绘的特征、平面小平面、边小平面、顶点小平面、曲线、草绘基准曲线和导槽来放置新基准平面，也可选取基准坐标系或非圆柱曲面作为创建基准平面的放置参照。此外，可为每个选定参照设置一个约束，约束类型见表 3.1。

表3.1　参照的约束类型

约束类型	说　　明
穿过	通过选定参照放置新基准平面。当选取基准坐标系作为放置参照时，屏幕会显示带有如下选项的"平面（planes）"选项菜单： XY：通过 XY 平面放置基准平面。 YZ：通过 YZ 平面放置基准平面，此为默认情况。 ZX：通过 ZX 平面放置基准平面
偏移	按照选定参照的位置偏移放置新基准平面。它是选取基准坐标系作为放置参照时的默认约束类型。依据所选取的参照，可使用"偏移"选项组输入新基准平面的平移偏移值或旋转偏移值
平行	平行于选定参照放置新基准平面
垂直	垂直于选定参照放置新基准平面
相切	相切于选定参照放置新基准平面。当基准平面与非圆柱曲面相切并通过选定为参照的基准点、顶点或边的端点时，系统会将"相切"约束添加到新创建的基准平面

（2）"偏移"选项组：可在其下的"平移"下拉列表框中选择或输入相应的约束数据。

2. "显示"选项卡

"显示"选项卡如图 3.8 所示，该选项卡中包含下列各选项。

（1）"法向"选项组：单击其后的"反向"按钮可反转基准平面的方向。

（2）"调整轮廓"复选框：用于确定是否调整基准平面轮廓的大小。勾选该复选框后，将激活"轮廓类型选项"下拉列表框以及"宽度"和"高度"文本框，各选项的含义见表 3.2。

图 3.8　"显示"选项卡

表3.2　轮廓类型各选项的含义

选　项	含　义
参照	允许根据选定参照（如零件、特征、边、轴或曲面）调整基准平面的大小
大小	允许调整基准平面的大小，或将其轮廓显示尺寸调整到指定的宽度和高度，此为默认设置。选中该项后，可使用"宽度"和"高度"文本框
宽度	允许指定一个值作为基准平面轮廓显示的宽度。仅在勾选"调整轮廓"复选框和选择"大小"选项时可用
高度	允许指定一个值作为基准平面轮廓显示的高度。仅在勾选"调整轮廓"复选框和选择"大小"选项时可用

 技巧荟萃：

　　在对使用半径作为轮廓尺寸的继承基准平面进行重定义时，系统会将半径值更改为继承基准平面显示轮廓的高度和宽度值。当勾选"显示"选项卡中的"调整轮廓"复选框，并在"轮廓类型选项"下拉列表框中选择"大小"选项时，这些值将显示在"宽度"和"高度"文本框中。

　　（3）"锁定长宽比"复选框：用于确定是否允许保持基准平面轮廓显示的高度和宽度比例。仅在勾选"调整轮廓"复选框和选择"大小"选项时可用。

3．"属性"选项卡

　　该选项卡可以显示当前基准特征的信息，也可以对基准平面进行重命名，还可以通过浏览器查看关于当前基准平面特征的信息。单击"名称"文本框后面的"显示特征信息"按钮 i ，即可打开如图 3.9 所示的浏览器以查看基准平面信息。

图 3.9　查看基准平面信息

3.2.3　动手学——创建基准平面

　　在 Pro/ENGINEER 中，系统可根据操作提示用户使用哪种方式生成基准平面。常用方式有以下几种。

（1）通过三点方式创建基准平面。选取三个基准点或顶点作为参照，通过这三个点创建平面。具体操作步骤如下：

01 单击"打开"按钮📂，弹出"文件打开"对话框，打开"\源文件\原始文件\第 3 章\jizhun.prt"文件。单击"基准"工具栏中的"平面"按钮 ▱ ，系统打开"基准平面"对话框，选取图 3.10 所示的三个点。

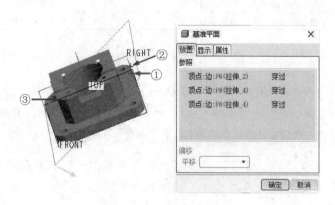

图 3.10　三点确定基准平面

02 单击"显示"选项卡中的"反向"按钮，更改方向，完成设置后单击"确定"按钮，即可完成基准平面的创建。

（2）通过一点和一条直线创建基准平面。单击"基准"工具栏中的"平面"按钮 ▱ ，系统打开"基准平面"对话框。按住 Ctrl 键选取一个点和一条直线，单击"确定"按钮即可完成基准平面的创建，如图 3.11 所示。

（3）通过两条平行线创建基准平面。单击"基准"工具栏中的"平面"按钮 ▱ ，系统打开"基准平面"对话框。按住 Ctrl 键选取两条平行线，单击"确定"按钮即可完成基准平面的创建，如图 3.12 所示。

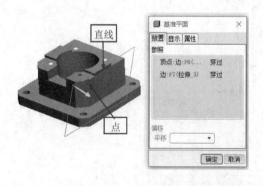

图 3.11　通过一点和一条直线创建基准平面

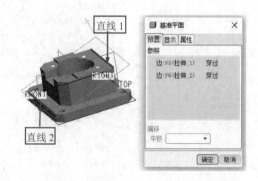

图 3.12　通过两条平行线创建基准平面

（4）创建偏移基准平面。即通过对现有的平面向一侧偏移一段距离而形成一个新的基准平面。单击"基准"工具栏中的"平面"按钮 ▱ ，系统打开"基准平面"对话框。选取现有的基准平面或曲面，偏移出新的基准平面。所选参照及其约束类型均会在"参照"列表框中显示，如图 3.13 所示，并在其右侧的"约束"下拉列表框中选择"偏移"选项。需要调整偏移距离时，可在绘图区拖动控制滑块，手动将基准曲面平移到所需位置。也可在"平移"文本框中输入距离，或者从最近使用值的列表中选取一个值,然后单击"确定"按钮,即可创建偏移基准平面。

(5)创建具有角度偏移的基准平面。单击"基准"工具栏中的"平面"按钮 ▱,系统打开"基准平面"对话框。选取现有的基准轴、边或直线,所选取的参照将显示在"参照"列表框中,并在其右侧的"约束"下拉列表框中选择"穿过"选项。按住 Ctrl 键选取垂直于选定基准轴的基准平面或平面,默认情况下约束类型为"偏移"。在绘图区拖动控制滑块将基准曲面手动旋转到所需位置,或者在"旋转"文本框中输入角度值,或者在最近使用值的列表中选取一个值,如图 3.14 所示。单击"确定"按钮,创建具有角度偏移的基准平面。

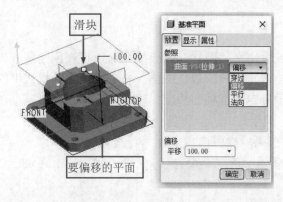
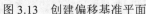

图 3.13 创建偏移基准平面

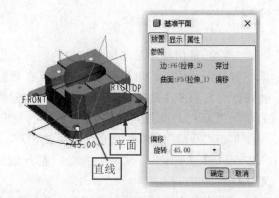

图 3.14 创建具有角度偏移的基准平面

(6)通过基准坐标系创建基准平面。单击"基准"工具栏中的"平面"按钮 ▱,系统打开"基准平面"对话框。选取一个基准坐标系作为放置参照。此时可使用的约束类型为"偏移"和"穿过"。选定的基准坐标系及其约束类型均会出现在"参照"列表框中,如图 3.15 所示。单击"确定"按钮,系统将按照指定方向偏移创建基准平面。

在"参照"列表框中,若将约束类型更改为"穿过",则可选取以下平面选项之一(见图 3.16)。

➢ XY:通过 XY 平面放置基准平面并通过基准坐标轴的 X 轴和 Y 轴定义基准平面。

➢ YZ:通过 YZ 平面放置基准平面并通过基准坐标轴的 Y 轴和 Z 轴定义基准平面。此选项为系统默认设置。

➢ ZX:通过 ZX 平面放置基准平面并通过基准坐标轴的 Z 轴和 X 轴定义基准平面。

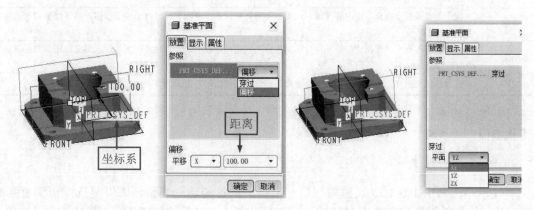

图3.15 选择基准坐标系

图3.16 "穿过"约束类型

3.3 基 准 轴

如同基准平面一样，基准轴常用于创建特征的参照。它经常用于制作基准平面、同轴放置项目和创建径向阵列等。基准轴可用作参照，以放置基准标签注释。如果不存在基准轴，则选取与基准标签相关的几何特征（如圆形曲线、边或圆柱曲面的边），系统会自动创建内部基准轴。

3.3.1 基准轴简介

与特征轴相反，基准轴是单独的特征，可以被重定义、隐含、遮蔽或删除，可在创建基准轴期间对其进行预览。可调整轴长度使其在视觉上与选定参照的边、曲面、基准轴、零件模式中的特征或组件模式中的零件相拟合，参照的轮廓用于确定基准轴的长度。Pro/ENGINEER 给基准轴命名为"A_#"，此处的"#"是已创建的基准轴的编号。

单击"基准"工具栏中的"轴"按钮 ⁄ ，或者在菜单栏中选择"插入"→"模型基准"→"轴"命令，打开如图 3.17 所示的"基准轴"对话框。

"基准轴"对话框中包含"放置""显示"和"属性"3 个选项卡，下面分别进行介绍。

图 3.17　"基准轴"对话框

1."放置"选项卡

"放置"选项卡中包含下列选项。

（1）"参照"列表框：用于显示选取的参照。在绘图区中选取放置新基准轴的参照，然后选取参照类型。要选取多个参照时，可按住 Ctrl 键进行选取，基准轴的参照类型见表 3.3。

表3.3　基准轴的参照类型

参照类型	说　　　　　明
穿过	基准轴穿过指定的参照
垂直	用于放置垂直于指定参照的基准轴。此类型还需要用户在"参照"列表框中定义参照，或者添加附加点或顶点来完全约束基准轴
相切	用于放置与指定参照相切的基准轴。此类型还需要用户添加附加点或顶点作为参照，创建位于该点或顶点处平行于切向量的轴
中心	通过选定平面圆边或曲线的中心，且垂直于指定曲线或边所在平面的方向放置基准轴

（2）"偏移参照"列表框：如果在"参照"列表框中指定"法向"作为参照类型，则会激活"偏移参照"列表框。

2."显示"选项卡

"显示"选项卡中包含"调整轮廓"复选框。通过勾选"调整轮廓"复选框可调整基准轴轮廓的长度，使基准轴轮廓与指定尺寸或选定参照相拟合。勾选该复选框后，激活"轮廓类型选项"下拉列表框，该下拉列表框中包含"大小"和"参照"两个选项。

（1）大小：用于调整基准轴长度。可手动通过控制滑块调整基准轴长度，或者在"长度"文本框中给定长度值。

（2）参照：用于调整基准轴轮廓的长度，使其与选定参照（如边、曲面、基准轴、零件模式中的特征或组件模式中的零件）相拟合。"参照"列表框会显示选定参照的类型。

3．"属性"选项卡

在"属性"选项卡中，用于显示或修改基准轴的名称。单击"名称"文本框后面的"显示特征信息"按钮，系统打开如图 3.18 所示的浏览器，可查看当前基准轴的信息。

图 3.18　查看基准轴信息

扫一扫，看视频

3.3.2　动手学——创建基准轴

在 Pro/ENGINEER 中可创建的基准轴种类很多，下面简单介绍常用的几种。

1．垂直于曲面的基准轴

（1）单击"打开"按钮，弹出"文件打开"对话框，打开"\源文件\原始文件\第 3 章\jizhunzhou.prt"文件。

（2）单击"基准"工具栏中的"轴"按钮，打开"基准轴"对话框。在绘图区选取一个曲面，选定曲面（约束类型设置为"法向"）将会显示在"参照"列表框中。可预览垂直于选定曲面的基准轴，曲面上将出现一个控制滑块，同时还将出现两个偏移参照控制滑块，如图 3.19所示。

（3）拖动偏移参照控制滑块选取两个参照或以图形的方式选取两个参照，如两个平面或两条直边。所选取的两个偏移参照显示在"偏移参照"列表框中，如图 3.20 所示。

（4）在"偏移参照"列表框中修改偏移的距离。完成设置后单击"确定"按钮，即可创建垂直于选定曲面的基准轴。

图 3.19　选取参照

图 3.20　选取偏移参照

2．通过一点并垂直于选定平面的基准轴

（1）单击"基准"工具栏中的"轴"按钮 ∕，打开"基准轴"对话框。在绘图区选取一个曲面，选定曲面（约束类型设置为"法向"）将显示在"参照"列表框中。

（2）按住 Ctrl 键在绘图区选取一个非选定曲面上的点，选定点所在的边会显示在"偏移参照"列表框中。这时可以预览通过该点且垂直于选定平面的基准轴，如图 3.21 所示。

（3）单击"确定"按钮，即可创建通过选定点并垂直于选定曲面的基准轴。

图 3.21　预览基准轴

3．通过曲线上一点并相切于选定曲线的基准轴

（1）单击"基准"工具栏中的"轴"按钮 ∕，打开"基准轴"对话框。在绘图区选取一条曲线，选定曲线会显示在"参照"列表框中。可预览相切于选定曲线的基准轴，如图 3.22 所示。

（2）按住 Ctrl 键在绘图区选取一个选定曲线上的点，选定点所在的边会显示在"偏移参照"列表框中。

（3）单击"确定"按钮，即可创建通过选定点并与选定曲线相切的基准轴。

4．通过圆柱体轴线的基准线

单击"基准"工具栏中的"轴"按钮 ∕，打开"基准轴"对话框。在绘图区选取如图 3.23 所示的圆柱面，然后单击"确定"按钮，即可生成与该圆柱面轴线同线的基准轴。

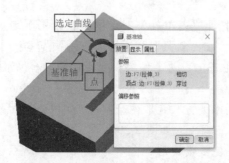

图 3.22　相切于选定曲线的基准轴

图 3.23　创建同线基准轴

3.4　基　准　点

基准点在几何建模时可用作构造元素，或者作为进行计算和模型分析的已知点。可使用"基准点"特征随时向模型中添加基准点。"基准点"特征可包含同一操作过程中创建的多个基准点。属于相同特征的基准点表现如下：

（1）在"模型树"选项卡中，所有的基准点均显示在一个特征节点下。

（2）"基准点"特征中的所有基准点相当于一个组，删除一个特征将会删除该特征中所有的点。

（3）要删除"基准点"特征中的个别点，必须先编辑该点的定义。

（4）Pro/ENGINEER 支持四种类型的基准点，这些点依据创建方法和作用的不同而各不相同。

➤　一般点：在图元上、图元相交处或某一图元偏移处所创建的基准点。

➤　草绘点：在"草绘器"中创建的基准点。

➤　自坐标系偏移点：通过自选定坐标系偏移所创建的基准点。

➤　域点：在"行为建模"中用于分析的点，一个域点标识一个几何域。

📖3.4.1　基准点简介

单击"基准"工具栏中的"点"按钮✗✗，或者在菜单栏中选择"插入"→"模型基准"→"点"→"点"命令，打开如图 3.24 所示的"基准点"对话框。该对话框中包含"放置"和"属性"两个选项卡，前者用来定义点的位置，后者允许编辑特征名称并在 Pro/ENGINEER 浏览器中访问特征信息。

📖3.4.2　动手学——创建基准点

可使用一般类型的基准点创建位于模型几何上或自偏移的基准点。根据现有几何和设计意图，可使用不同方法指定点的位置。下面简单介绍常用的几种方法。

图 3.24　"基准点"对话框

扫一扫，看视频

1．创建平面偏移基准点

（1）单击"打开"按钮📂，弹出"文件打开"对话框，打开"\源文件\原始文件\第 3 章\jizhundian.prt"文件。单击"基准"工具栏中的"点"按钮✗✗，打开"基准点"对话框。

（2）在零件上选取一点，新点将在"点"列表框中显示，根据系统提示选取模型的上表面作为参照。完成后，选取的曲面显示在"参照"列表框中，同时"基准点"对话框中将增加"偏移参照"列表框，如图 3.25 所示。

（3）在"偏移参照"列表框中单击，然后按住 Ctrl 键在绘图区选取两个参照曲面，则选取的曲面将显示在此列表框中，将新点添加到模型中，如图 3.26 所示。

（4）需要调整放置尺寸时，可在绘图区双击某一尺寸值，然后在文本框中输入新值，或者通过"基准点"对话框调整尺寸。也可单击"偏移参照"列表框中的某个尺寸值，然后输入新值。调整完尺寸后，单击左侧列表框中的"新点"选项可添加更多点，或者单击"确定"按钮关闭对话框。

图 3.25　选取新点

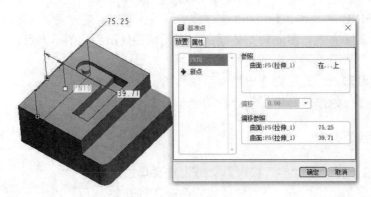

图 3.26　选取参照曲面

2．在曲线、边或基准轴上创建基准点

（1）单击"基准"工具栏中的"点"按钮 ××，打开"基准点"对话框，选取一条边、基准曲线或轴来放置基准点，新点被添加到"点"列表框中，为操作所收集的图元会显示在"参照"列表框中，如图 3.27 所示。

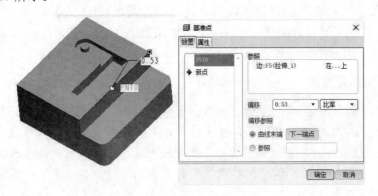

图 3.27　选取偏移参照

（2）可通过控制滑块手动调整点的位置，或者通过"放置"选项卡定位该点。在"偏移参照"选项组中包含两个单选按钮，分别介绍如下。

➤ 曲线末端：从曲线或边的选定端点测量距离。要使用另一端点，可单击"下一端点"按钮。在选取曲线或边作为参照时，将默认选中"曲线末端"单选按钮。

➢ 参照：选定参照图元测量距离。

指定偏移距离的方式有以下两种。

➢ 通过指定偏移比率：在"偏移"文本框中输入偏移比率。偏移比率是一个分数，为基准点到选定端点之间的距离与曲线或边的总长度的比。可输入 0～1 之间的任意值，如输入的偏移比率为 0.25 时，将在曲线长度的 1/4 位置处放置基准点。

➢ 通过指定实际长度：在下拉列表框中选择"实数"选项。在"偏移"文本框中，输入从基准点到端点或参照的实际曲线长度。

（3）完成设置后在"放置"选项卡左侧列表框中单击"新点"选项可添加更多基准点，或者单击"确定"按钮关闭对话框。

3. 在图元相交处创建基准点

图元的组合方式有多种，可通过图元的相交来创建基准点。在选取相交图元时，按住 Ctrl 键可选取下列组合之一：

➢ 三个曲面或基准平面。

➢ 与曲面或基准平面相交的曲线、基准轴或边。

➢ 两条相交曲线、边或轴。

⊘ 注意：

可选取两条不相交的曲线。此时，系统将点放置在第一条曲线上与第二条曲线距离最短的位置。

（1）在菜单栏中选择"插入"→"模型基准"→"点"→"点"命令，或者单击"基准"工具栏中的"点"按钮 ×ˣ，打开"基准点"对话框。

（2）若要在选定图元的相交处创建一个新点，则按住 Ctrl 键，根据提示选取相交图元，如图 3.28 所示。

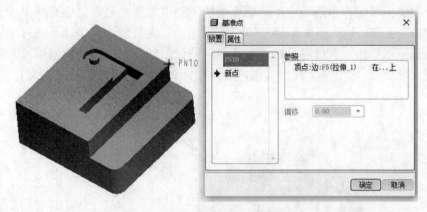

图 3.28　通过图元相交创建基准点

（3）单击"新点"继续创建点，或者单击"确定"按钮完成基准点的创建。

📖 3.4.3　偏移坐标系基准点简介

Pro/ENGINEER 中允许用户通过指定点坐标的偏移创建基准点。可使用笛卡儿坐标系、球坐标系或柱坐标系偏移创建基准点。

单击"基准"工具栏中的"点"按钮 ✕ 右侧的下拉按钮 ▶，在打开的"点"下拉列表框中单击"偏移坐标系"按钮 ✕，或者在菜单栏中选择"插入"→"模型基准"→"点"→"偏移坐标系"命令，打开如图 3.29 所示的"偏移坐标系基准点"对话框。

"偏移坐标系基准点"对话框包含"放置"和"属性"两个选项卡。

1."放置"选项卡

在"放置"选项卡中可通过指定参照坐标系、放置点偏移方法类型和沿选定坐标系轴的点坐标来定义点的位置，其中的主要选项及含义如下：

> ➢ "使用非参数矩阵"复选框：勾选该复选框将移除尺寸并将点数据转换为非参数矩阵。
> ➢ "导入"按钮 导入... ：单击该按钮，将数据文件输入模型中。
> ➢ "更新值"按钮 更新值... ：单击该按钮，使用文本编辑器显示"点"列表框中列出的所有点的值，也可用来添加新点、更新点的现有值或删除点。重定义基准点偏移坐标系时，如果单击"更新值"按钮并使用文本编辑器编辑一个或所有点的值，则 Pro/ENGINEER 将为原始点指定新值。
> ➢ "保存"按钮 保存... ：单击该按钮，将点坐标保存到扩展名为.pts 的文件中。

图 3.29　"偏移坐标系基准点"对话框

⚠ **注意：**

可通过"点"列表框或文本编辑器在非参数矩阵中添加、删除或修改点，而不能通过右键快捷菜单中的"编辑"命令来执行这些操作。

可在打开的"偏移坐标系基准点"对话框中的"类型"下拉列表框中选择坐标系类型，然后单击列表框中的单元格，输入点坐标值，如图 3.30 所示。也可通过沿坐标系的每个轴拖动该点的控制滑块手动调整点的位置。或者单击"更新值"按钮，然后在文本编辑器中输入新值（各个值之间以空格进行分隔）。对于笛卡儿坐标系，必须指定 X、Y 和 Z 方向上的距离。

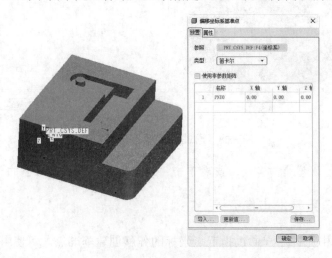

图 3.30　选取参照坐标系

2.“属性”选项卡

在“属性”选项卡中可重命名特征并在 Pro/ENGINEER 浏览器中显示特征信息。

扫一扫，看视频

3.4.4　动手学——创建偏移坐标系基准点

偏移坐标系基准点可以通过相对于选定坐标系定位点的方法将点手动添加到模型中，也可以通过输入一个或多个文件创建点阵列的方法将点手动添加到模型中，或者同时使用这两种方法将点手动添加到模型中。可使用笛卡儿坐标系、球坐标系或柱坐标系偏移点。

创建偏移坐标系基准点的具体操作过程如下：

（1）单击“打开”按钮📂，弹出“文件打开”对话框，打开“\源文件\原始文件\第 3 章\jizhundian.prt”文件。单击“基准”工具栏中“点”按钮×̇×右侧的下拉按钮▶，在打开的“点”下拉列表框中单击“偏移坐标系”按钮×̇×，打开“偏移坐标系基准点”对话框。在“类型”下拉列表框中选择坐标系类型为“笛卡儿”，然后单击列表框中的单元格，输入点的坐标 80.00、100.00、50.00。

（2）继续创建新点，坐标为 30.00、75.00、−30.00。创建完成后，新点 PNT1 即出现在绘图区中，并带有一个拖动控制滑块（以白色矩形标识），如图 3.31 所示。

（3）单击“确定”按钮关闭该对话框，或者单击“保存”按钮并指定文件名及保存位置，将这些点保存到一个单独的文件中。

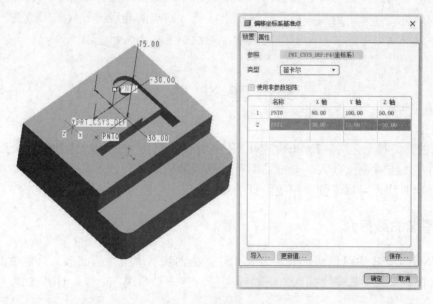

图 3.31　指定点坐标

3.4.5　更改基准点的显示模式

每个基准点均用标签“PNT#”标识，其中的“#”为基准点的连续编号。默认情况下，系统以十字叉的形式显示基准点，图 3.32 所示为刚创建的基准点的显示模式。

在 Pro/ENGINEER 中也可改变点的符号，使其显示为点、圆、三角形或正方形。在菜单栏中选择“视图”→“显示设置”→“基准显示”命令，打开如图 3.33 所示的“基准显示”对话框。

图 3.32　基准点的显示模式　　　　图 3.33　"基准显示"对话框

在该对话框中勾选"点符号"复选框，激活对话框下部的"点符号"下拉列表框，在"点符号"下拉列表框中选择一个选项，单击"确定"按钮，则点的显示符号就随即改变。如果取消勾选"基准显示"对话框中的"点标签"复选框，则绘图区将不显示基准点。

3.5　基　准　曲　线

除了输入的几何模型之外，Pro/ENGINEER 中所有三维几何模型的创建均起始于二维截面。基准曲线允许在二维截面上插入，基准曲面可以迅速准确地插入许多其他特征，如拉伸或旋转特征。此外，基准曲线也可用于创建扫描特征的轨迹。

3.5.1　基准曲线简介

在 Pro/ENGINEER 中可以通过多种方式创建基准曲线。单击"基准"工具栏中的"曲线"按钮～，或者在菜单栏中选择"插入"→"模型基准"→"曲线"命令，打开如图 3.34 所示的菜单管理器。

在菜单管理器的"曲线选项"菜单中包含 4 个命令，其主要功能介绍如下。

（1）通过点：用于创建通过点的基准曲线。选择该命令，会打开如图 3.35 所示的"曲线：通过点"对话框，其中各选项的含义如下。

➢　属性：指出该曲线是否应该位于选定的曲面上。

➢　曲线点：选取要连接的曲线点。

➢　相切：可选项，设置曲线的相切条件。

➢　扭曲：可选项，通过使用多面体处理修改通过两点的曲线形状。

图 3.34　菜单管理器

图 3.35　"曲线：通过点"对话框

（2）自文件：输入来自.ibl、.iges、.set 或.vda 文件的基准曲线。Pro/ENGINEER 读取所有来自.iges 或.set 文件的曲线，然后将其转化为样条曲线。当输入.vda 文件时，系统只读取.vda 样条图元。

（3）使用剖截面：从平面横截面边界（即平面横截面与零件轮廓的相交处）创建基准曲线。

（4）从方程：在曲线不自相交的情况下，通过方程创建基准曲线。

扫一扫，看视频

📖3.5.2　动手学——创建基准曲线

使用"通过点"命令，创建基准曲线的具体操作步骤如下：

（1）单击"打开"按钮📂，弹出"文件打开"对话框，打开"\源文件\原始文件\第 3 章\jizhunquxian.prt"文件。单击"基准"工具栏中的"曲线"按钮〜，打开菜单管理器。

（2）选择"通过点"命令，单击"完成"按钮，打开"曲线：通过点"对话框。

（3）选择"曲线点"选项，单击"定义"按钮，打开"连接类型"下拉菜单用来选取并连接点，具体操作步骤如图 3.36 所示。

（4）单击"确定"按钮，创建的基准曲线如图 3.36 所示。

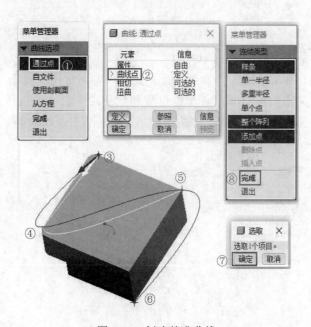

图 3.36　创建基准曲线

3.5.3 草绘基准曲线

可使用与草绘其他特征相同的方法草绘基准曲线。基准曲线可以由一个或多个草绘段以及一个或多个开放或封闭的环组成。但是，将基准曲线用于其他特征时，通常限定于开放或封闭环的单个曲线（它可以由许多段组成）。

要在草绘环境中草绘基准曲线，可单击"基准"工具栏中的"草绘"按钮 ，或者在菜单栏中选择"插入"→"模型基准"→"草绘"命令，打开如图 3.37 所示的"草绘"对话框。"放置"选项卡中各选项的含义如下。

➢ "草绘平面"选项组：用于显示选取的草绘平面，包含"平面"列表框，可随时在该列表框中单击以选取或重定义草绘平面。

➢ "草绘方向"选项组：包含"反向"按钮 反向 、"参照"列表框和"方向"下拉列表框。单击"反向"按钮，可以切换草绘方向；可以在"参照"列表框中单击以选取或重定义参照平面（必须先定义草绘平面并与其垂直，然后才能草绘基准曲线）；可以在"方向"下拉列表框中选择合适的方向。

选取 FRONT 基准平面作为草绘平面，单击"草绘"按钮 草绘 。如果存在未放置的参照，系统将会进入草绘环境并打开如图 3.38 所示的"参照"对话框。

图 3.37 "草绘"对话框

图 3.38 "参照"对话框

选取 TOP 或 RIGHT 基准平面作为参照平面，如果"参照状态"显示"完全放置的"，则单击"参照"对话框中的"关闭"按钮即可。草绘过程和第 2 章中讲述的过程相同，在此不再赘述。绘制完成后单击草绘工具栏中的"完成"按钮 ✔，完成基准曲线的绘制，如图 3.39 所示。

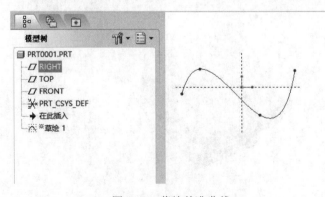

图 3.39 草绘基准曲线

3.6　基准坐标系

坐标系是可以添加到零件和组件中的参照特征，利用它可以执行下列操作：

（1）计算质量属性。

（2）组装零件。

（3）为有限元分析放置约束。

（4）为刀具轨迹提供制造操作参照。

（5）用作定位其他特征的参照（如坐标系、基准点、平面、输入的几何等）。

（6）对于大多数普通的建模任务，可使用坐标系作为方向参照。

3.6.1　坐标系种类

常用的坐标系有笛卡儿坐标系、柱坐标系和球坐标系 3 种。

1．笛卡儿坐标系

笛卡儿坐标系即显示 X、Y 和 Z 轴的坐标系。笛卡儿坐标系用 X、Y 和 Z 表示坐标值，如图 3.40 所示。

2．柱坐标系

柱坐标系使用半径、角度和 Z 表示坐标值，如图 3.41 所示。图中 r 表示半径，θ 表示角度，Z 表示 Z 轴坐标值。

3．球坐标系

在球坐标系中采用半径和两个角度表示坐标值，如图 3.42 所示。

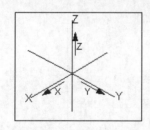
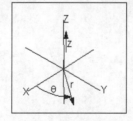
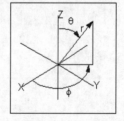

图 3.40　笛卡儿坐标系　　　　图 3.41　柱坐标系　　　　图 3.42　球坐标系

3.6.2　创建基准坐标系

Pro/ENGINEER 将基准坐标系命名为 "CS#"，其中的 "#" 是已创建的基准坐标系的编号。如果需要，可在创建过程中使用 "坐标系" 对话框中的 "属性" 选项卡为基准坐标系设置初始名称。如果要改变现有基准坐标系的名称，可右击 "模型树" 选项卡中相应的坐标系名称，在打开的右键快捷菜单中选择 "重命名" 命令修改名称。

单击"基准"工具栏中的"坐标系"按钮，或者在菜单栏中选择"插入"→"模型基准"→"坐标系"命令，打开如图 3.43 所示的"坐标系"对话框，其中包含"原点""方向"和"属性"3 个选项卡。

（1）"原点"选项卡中主要选项的含义如下。

➢ "参照"列表框：用于显示选取的参照坐标系。可随时在该列表框中选取或重定义坐标系的放置参照。

➢ "偏移参照"列表框：在该列表框中的参照允许按表 3.4 中所列的方式偏移坐标系。此列表框只有在"参照"列表框选取曲面时才能显示，如图 3.44 所示。

图 3.43 "坐标系"对话框 1

表3.4 坐标系偏移类型

偏移类型	说　明
笛卡儿	允许通过设置 X、Y 和 Z 值偏移坐标系
圆柱	允许通过设置半径、角度和 Z 值偏移坐标系
球坐标	允许通过设置半径和两个角度偏移坐标系
自文件	允许从转换文件中输入坐标系的位置

（2）"方向"选项卡如图 3.45 所示，其中主要选项的含义如下。

➢ "参考选取"单选按钮：选中该单选按钮时允许通过选取坐标系中任意两个坐标轴的方向参照定向坐标系。

➢ "所选坐标轴"单选按钮：选中该单选按钮时允许定向坐标系绕作为放置参照使用坐标系的轴旋转新插入的坐标系。

➢ "设置 Z 垂直于屏幕"按钮：单击该按钮允许快速定向 Z 轴，使其垂直于查看的屏幕。此按钮只有在选中了"所选坐标轴"单选按钮的状态下才可用。

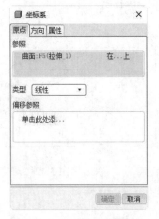

图 3.44 "坐标系"对话框 2

图 3.45 "方向"选项卡

（3）"属性"选项卡，用于在 Pro/ENGINEER 浏览器中查看关于当前坐标系的信息。

在绘图区中选取 3 个放置参照，此参照可以是平面、边、轴、曲线、基准点、顶点或坐标系，如图 3.46 所示。单击"坐标系"对话框中的"确定"按钮，可直接创建具有默认方向的新坐标系；或者单击"方向"选项卡以手动定向新坐标系，如图 3.47 所示；也可在绘图区选取一个坐标系作为参照,此时,"偏移类型"下拉列表框变为可用状态,该下拉列表框包含笛卡儿、圆柱、球坐标和自文件 4 个选项,如图 3.48 所示。如果要调整偏移距离,可在绘图区拖动控制滑块将坐标系手动定位到所需位置,也可在"坐标系"对话框的"原点"选项卡中进行更改。

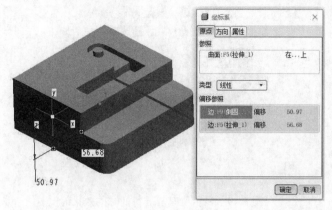

图 3.46 选取参照

图 3.47 手动定向新坐标系

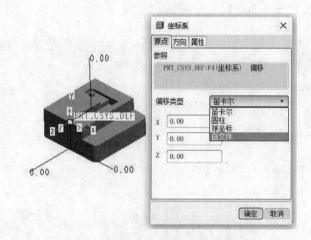

图 3.48 选取参照坐标系及偏移类型

注意:

位于坐标系中心的拖动控制滑块允许沿参照坐标系的任意一个轴拖动坐标系。要改变方向,可将鼠标光标悬停在拖动控制滑块上方,然后向其中的一个轴移动鼠标光标,在移动鼠标光标的同时,拖动控制滑块改变坐标方向。

设置完成后单击"坐标系"对话框中的"确定"按钮,完成基准坐标系的创建。可创建多个默认基准坐标系,但不能编辑或定义其参数。需要时可定义其相对于默认基准平面的方向。

3.7 控制基准特征的显示状态

在复杂的模型中,虽然可以方便地设计各种基准特征,但当显示所有基准特征时模型会显得非常乱,如图 3.49 所示,尤其是在组件设计中,这样不但速度会变慢,而且还容易产生错误。

为了更清晰地表现图形，更好地利用基准特征，在 Pro/ENGINEER 中提供了控制基准特征显示状态的功能。

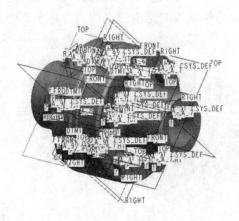

图 3.49　显示所有基准特征时的效果

📖 3.7.1　基准特征的显示控制

"基准显示"工具栏中包含几种常用的基准工具显示控制按钮，如图 3.50 所示。单击不同的按钮将显示或隐藏不同类型的基准特征。

如果要对其他的基准工具进行显示控制，可在菜单栏中选择"视图"→"显示设置"→"基准显示"命令，打开如图 3.51 所示的"基准显示"对话框。

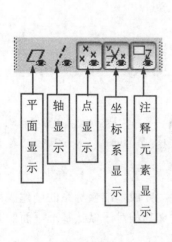

图 3.50　"基准显示"工具栏

图 3.51　"基准显示"对话框

在该对话框中可以控制所有基准特征的显示，如果要显示某种基准特征，只需勾选其前面的复选框即可；如果要隐藏某种基准特征，取消勾选相应的复选框即可。另外，"显示"选项组中还包含两个按钮，一个是"选取所有基准显示选项"按钮 🔲，单击该按钮可勾选"显示"选项组中的所有选项；另一个是"取消选取所有基准显示选项"按钮 🔲，单击该按钮可取消勾选所有选项。

3.7.2 基准特征的显示颜色

为了区分各种基准特征，Pro/ENGINEER 支持用户定制各种基准的显示颜色。在菜单栏中选择"视图"→"显示设置"→"系统颜色"命令，打开如图 3.52 所示的"系统颜色"对话框，可通过"基准"选项卡来设置基准平面、基准轴、基准点和基准坐标系的颜色。

在"基准"选项卡中包含平面、轴、点和坐标系 4 个选项组。如果要修改基准特征中某一特征的显示颜色，可单击其前面的"改变颜色"按钮 ，打开如图 3.53 所示的选项菜单，选择相应的颜色，并单击"基准"选项卡中的"确定"按钮。

图 3.52 "系统颜色"对话框

图 3.53 选项菜单

第4章　基础实体特征建立

内容简介

基础实体特征包括拉伸、旋转、扫描混合、可变截面扫描。本章通过学习基础实体特征，可以对一些简单的实体进行建模。

内容要点

➢ 拉伸
➢ 旋转
➢ 扫描混合
➢ 可变截面扫描

案例效果

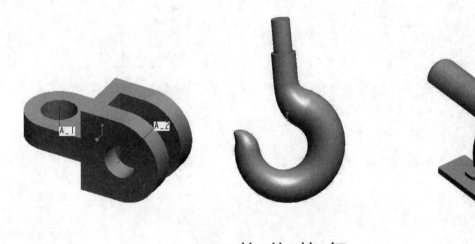

4.1　拉　伸　特　征

拉伸是定义三维几何的一种基本方法，通过将二维截面延伸到垂直于草绘平面的指定距离处来形成实体。可使用"拉伸"工具作为创建实体或曲面以及添加或移除材料的基本方法之一。通常，要创建伸出项，需选取用作截面的草绘基准曲线，然后激活"拉伸"工具。

📖4.1.1　"拉伸"操控板简介

"拉伸"特征的操控板包括两部分内容："拉伸"操控板和下滑面板。下面进行详细介绍。

1."拉伸"操控板

单击"基础特征"工具栏中的"拉伸"按钮 🗗，或者选择菜单栏中的"插入"→"拉伸"命令，打开如图 4.1 所示的"拉伸"操控板。

图 4.1 "拉伸"操控板

"拉伸"操控板中常用功能介绍如下。

（1）公共"拉伸"选项。

➢ □（实体）：创建实体。

➢ ⌓（曲面）：创建曲面。

（2）⊥·："深度"选项。约束拉伸特征的深度。如果需要深度参照，在文本框中输入具体数字即可。

➢ ⊥（盲孔）：自草绘平面以指定的深度值拉伸截面。若指定一个负的深度值会反转深度方向。

➢ ⊟（对称）：在草绘平面每一侧上以指定深度值的一半拉伸截面。

➢ ⫢（到下一个）：拉伸截面至下一曲面。使用此选项，在特征到达第一个曲面时将其终止。

➢ ⯒（穿透）：拉伸截面，使其与所有曲面相交。使用此选项，在特征到达最后一个曲面时将其终止。

➢ ⊥（穿至）：拉伸截面，使其与选定曲面或平面相交。终止曲面可选取下列各项：

　　↳ 由一个或几个曲面所组成的面组。

　　↳ 在一个组件中，可选取另一零件的几何。几何是指组成模型的基本几何特征，如点、线、面等几何特征。

➢ ⊥（到选定项）：将截面拉伸至一个选定点、曲线、平面或曲面。

ⓘ 注意：

> 使用零件图元终止特征的规则：对于 ⫢ 和 ⊥ 两项，拉伸的轮廓必须位于终止曲面的边界内。在和另一个图元相交处终止的特征不具有与其相关的深度参数。修改终止曲面可改变特征深度。基准平面不能被用作终止曲面。

（3）％（反向）：设定相对于草绘平面的拉伸特征方向。

（4）◪（移除材料）：切换拉伸类型为"切口"或"伸长"。

（5）▢（加厚草绘）：通过为截面轮廓指定厚度创建特征。

2．下滑面板

"拉伸"工具提供下列下滑面板（见图 4.2）：

（1）"放置"下滑面板。使用该下滑面板重定义特征截面。单击"定义"按钮可以创建或更改截面。

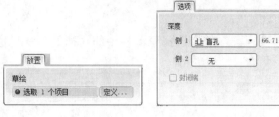

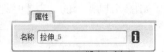

图 4.2　"拉伸"下滑面板

（2）"选项"下滑面板。使用该下滑面板可进行下列操作：

➢ 重定义草绘平面每一侧的特征深度以及孔的类型（如盲孔、通孔等），后面会具体介绍。

➢ 通过勾选"封闭端"复选框用封闭端创建曲面特征。

（3）"属性"下滑面板。使用该下滑面板可以编辑特征名，并在 Pro/ENGINEER 浏览器中打开特征信息。

扫一扫，看视频

4.1.2　动手学——创建联轴节

本实例学习如何创建如图 4.3 所示的联轴节模型。首先在 TOP 基准平面上创建拉伸实体，然后在 FRONT 基准平面上创建拉伸实体，最后在 TOP 基准平面上创建拉伸切除特征。具体操作过程如下：

01 新建文件。单击"新建"按钮 ，弹出"新建"对话框，参数设置步骤如图 4.4 所示，进入实体建模界面。

图 4.3　联轴节模型

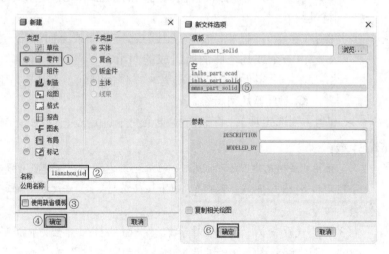

图 4.4　新建文件的操作步骤

注意：

> 若读者已经参照本书 1.4.3 小节将 mmns_part_solid 模板设置为默认模板，则可直接勾选"使用缺省模板"复选框，单击"确定"按钮，进入实体建模界面。

02 创建拉伸特征 1。

❶ 单击"基础特征"工具栏中的"拉伸"按钮 ，弹出"拉伸"操控板，参数设置步骤如图 4.5 所示，进入草绘环境。

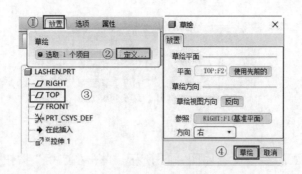

图 4.5　进入草绘环境的操作步骤

❷绘制如图 4.6 所示的草图。单击"完成"按钮 ✔，退出草绘环境。

❸拉伸方式选择"盲孔" ⬗，深度为 30。单击"应用"按钮☑，完成特征的创建。结果如图 4.7 所示。

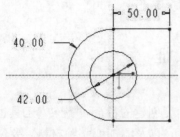

图 4.6　绘制草图 1

图 4.7　拉伸特征 1

03 创建拉伸特征 2。

❶重复"拉伸"命令。

❷选择 FRONT 基准平面作为草绘平面，绘制如图 4.8 所示的草图。单击"完成"按钮 ✔，退出草绘环境。

❸拉伸方式选择"对称" ⬗，深度为 80。单击"应用"按钮☑，完成特征的创建。结果如图 4.9 所示。

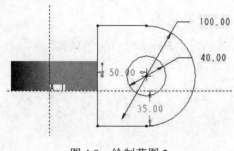

图 4.8　绘制草图 2

图 4.9　拉伸特征 2

04 创建拉伸切除特征。

❶重复"拉伸"命令。

❷选择 TOP 基准平面作为草绘平面，绘制如图 4.10 所示的草图。单击"完成"按钮 ✔，退出草绘环境。

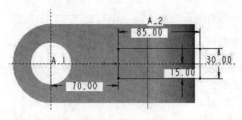

图 4.10 绘制草图 3

❸ "拉伸"操控板上的参数设置如图 4.11 所示。单击"应用"按钮 ☑，完成特征的创建。结果如图 4.3 所示。

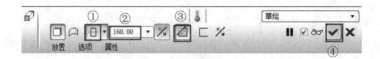

图 4.11 拉伸切除的参数设置

4.2 旋 转 特 征

旋转特征就是将草绘截面绕定义的中心线旋转一定角度创建的特征。"旋转"工具也是基本的创建方法之一，它允许以实体或曲面的形式创建旋转几何，以及添加或移除材料。要创建旋转特征，通常可激活"旋转"工具并指定特征类型为实体或曲面，然后选取或创建草绘。旋转截面需要旋转轴，此旋转轴既可利用截面创建，也可通过选取模型几何进行定义。"旋转"工具显示特征几何的预览后，可改变旋转角度，在实体或曲面、伸出项或切口间进行切换，或者指定草绘厚度以创建加厚特征。

4.2.1 "旋转"操控板简介

"旋转"特征的操控板包括两部分内容："旋转"操控板和下滑面板。下面进行详细介绍。

1."旋转"操控板

单击"基础特征"工具栏中的"旋转"按钮 ⚬，或者选择菜单栏中的"插入"→"旋转"命令，打开如图 4.12 所示的"旋转"操控板。

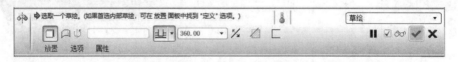

图 4.12 "旋转"操控板

"旋转"操控板中的常用功能介绍如下。

（1）公共"旋转"选项。

➢ ▢（实体）：创建实体特征。

➢ ▨（曲面）：创建曲面特征。

（2）角度选项：列出约束特征的旋转角度的选项。选择以下选项之一：

> ⬇（盲孔）：自草绘平面以指定角度值旋转截面。在文本框中输入角度值，或选取一个预定义的角度。如果选取一个预定义角度，则系统会创建角度尺寸。

> ⬌（对称）：在草绘平面的每一侧上以指定角度值的一半旋转截面。

> ☰（到选定项）：旋转截面至选定的基准点、顶点、平面或曲面。

（3）角度文本框：指定旋转特征的角度值。

（4）╱（反向）：相对于草绘平面反转特征创建方向。

（5）▨（移除材料）：使用旋转特征体积块创建切口。

（6）▢（加厚草绘）：通过为截面轮廓指定厚度创建特征。

2．下滑面板

"旋转"工具提供的下滑面板如图 4.13 所示。

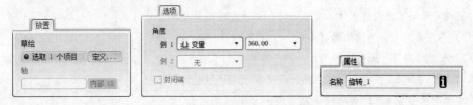

图 4.13　"旋转"下滑面板

（1）"放置"下滑面板。使用此下滑面板重定义草绘界面并指定旋转轴。单击"定义"按钮创建或更改截面。在"轴"列表框中单击并根据系统提示定义旋转轴。

（2）"选项"下滑面板。使用该下滑面板可进行下列操作：

> 重定义草绘的一侧或两侧的旋转角度及孔的性质。

> 通过勾选"封闭端"复选框用封闭端创建曲面特征。

（3）"属性"下滑面板。使用该下滑面板可以编辑特征名，并在 Pro/ENGINEER 浏览器中打开特征信息。

3．"旋转"特征的截面

创建旋转特征需要定义要旋转的截面和旋转轴，该轴可以是线性参照也可以是草绘界面中心线。

ℹ 注意：

　　（1）创建实体时草图必须为封闭草图。

　　（2）必须绘制旋转轴。

4．旋转轴

（1）定义旋转特征的旋转轴，可使用以下方法之一。

> 外部参照：使用现有的有效类型的零件几何。

> 内部中心线：使用草绘界面中创建的中心线。

> 定义旋转特征时，可更改旋转轴，如选取外部轴代替中心线。

（2）使用模型几何作为旋转轴。可选取现有线性几何作为旋转轴。可将基准轴、边、曲线、坐标系的轴作为旋转轴。

（3）使用草绘器中心线作为旋转轴。在草绘界面中，可绘制中心线以用作旋转轴。

🕐 **注意：**

（1）如果截面包含一条中心线，则自动将其用作旋转轴。

（2）如果截面包含一条以上的中心线，则默认情况下将第一条中心线用作旋转轴。用户可声明将任一条中心线用作旋转轴。

5．将草绘基准曲线用作特征截面

可将现有的草绘基准曲线用作旋转特征的截面。默认特征类型由选定几何决定：如果选取的是一条开放草绘基准曲线，则"旋转"工具在默认情况下创建一个曲面；如果选取的是一条闭合草绘基准曲线，则"旋转"工具在默认情况下创建一个实体伸出项。随后可将实体几何改为曲面几何。

🕐 **注意：**

在将现有草绘基准曲线用作特征截面时，要注意下列相应规则：

（1）不能选取复制的草绘基准曲线。

（2）如果选取了一条以上的有效草绘基准曲线，或所选几何无效，则"旋转"工具在打开时不带有任何收集的几何。系统显示一条出错消息，并要求用户选取新的参照。

终止平面或曲面必须包含旋转轴。

6．使用捕捉改变角度选项的提示

采用捕捉至最近参照的方法可将角度选项由"盲孔"改变为"到选定项"。按住 Shift 键并拖动图柄至要使用的参照以终止特征。同理，按住 Shift 键并拖动图柄可将角度选项改回"盲孔"。拖动图柄时，显示角度尺寸。

7．加厚草绘

使用"加厚草绘"命令可通过将指定厚度应用到截面轮廓来创建薄实体。"加厚草绘"命令在以相同厚度创建简化特征时是很有用的。添加厚度的规则如下：

（1）可将厚度值应用到草绘的任一侧或应用到两侧。

（2）对于厚度尺寸，只可指定正值。

🕐 **注意：**

截面草绘中不能包括文本。

8．创建旋转切口

使用"旋转"工具，通过绕中心线旋转草绘截面可移除材料。

要创建切口，可使用与用于伸出项的选项相同的角度选项。对于实体切口，可使用闭合截面。对于使用"加厚草绘"创建的切口，闭合截面和开放截面均可使用。定义切口时，可在下列特征属性之间进行切换：

（1）对于切口和伸出项，可单击"移除材料"按钮 🔳。

（2）对于移除材料的一侧，单击"反向"按钮 🔀 进行切换。

（3）对于实体切口和薄壁切口，可单击"加厚草绘"按钮 ⬜。

📖4.2.2 动手学——创建固定座

本小节通过创建如图 4.14 所示的固定座模型来讲解"旋转"特征命令的使用。首先利用前面学过的"拉伸"命令创建座体,然后利用"旋转"命令创建旋转切除特征,最后利用"旋转"命令创建连接孔。具体操作过程如下:

01 新建文件。单击"新建"按钮📄,弹出"新建"对话框,在"名称"后的文本框中输入零件名称 gudingzuo,单击"确定"按钮,进入实体建模界面。

02 创建拉伸特征。

❶单击"基础特征"工具栏中的"拉伸"按钮📑,弹出"拉伸"操控板。

❷选择 TOP 基准平面作为草绘平面,绘制如图 4.15 所示的草图。单击"完成"按钮✔,退出草绘环境。

❸拉伸方式选择"盲孔"⏚,深度为 35。单击"应用"按钮☑,完成特征的创建。结果如图 4.16 所示。

图 4.14 固定座模型

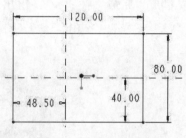

图 4.15 绘制拉伸草图

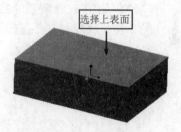

图 4.16 拉伸特征

03 创建拉伸切除特征。

❶重复"拉伸"命令。

❷选择如图 4.16 所示的上表面作为草绘平面,绘制如图 4.17 所示的草图。单击"完成"按钮✔,退出草绘环境。

❸拉伸方式选择"盲孔"⏚,深度为 5,单击"反向"按钮⤴,调整箭头方向使其向下。单击"移除材料"按钮◪,单击"应用"按钮☑,完成特征的创建。结果如图 4.18 所示。

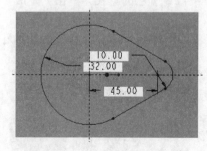

图 4.17 绘制拉伸切除草图

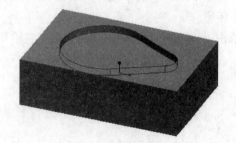

图 4.18 拉伸切除特征

04 创建旋转切除特征 1。

❶单击"基础特征"工具栏中的"旋转"按钮🔄,弹出"旋转"操控板,进入草绘环境,参数设置步骤如图 4.19 所示。单击"草绘"按钮,进入草绘界面。

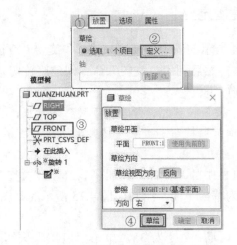

图 4.19　进入草绘环境的操作步骤

❷绘制如图 4.20 所示的草图。单击"完成"按钮✔，退出草绘环境。

❸单击"移除材料"按钮▨，单击"应用"按钮✔，完成特征的创建。结果如图 4.21 所示。

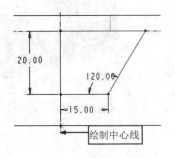

图 4.20　绘制旋转切除草图 1

图 4.21　旋转切除特征 1

05 创建旋转切除特征 2。

❶重复"旋转"命令。

❷选择 FRONT 基准平面作为草绘平面，绘制如图 4.22 所示的草图。单击"完成"按钮✔，
退出草绘环境。

❸单击"移除材料"按钮▨，单击"应用"按钮✔，完成特征的创建。结果如图 4.23 所示。

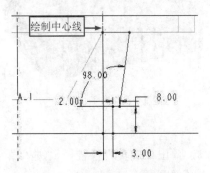

图 4.22　绘制旋转切除草图 2

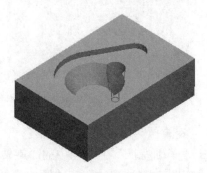

图 4.23　旋转切除特征 2

❹同理，创建圆周上的其他两个孔。也可以利用"阵列"命令进行圆周阵列，该命令会在后续章节进行介绍。结果如图 4.14 所示。

4.3　扫描混合特征

扫描混合特征就是使截面沿着指定的轨迹进行延伸，生成实体，但是由于沿轨迹的扫描截面是可以变化的，因此该特征又兼备混合特征的特性。扫描混合可以具有两种轨迹：原点轨迹（必需）和第二轨迹（可选）。每个轨迹特征必须至少有两个截面，且可在这两个截面间添加截面。要定义扫描混合的轨迹，可选取一条草绘曲线、基准曲线或边的链。每次只有一个轨迹是活动的。

📖4.3.1　"扫描混合"操控板简介

"扫描混合"特征的操控板包括两部分内容："扫描混合"操控板和下滑面板。下面进行详细介绍。

1."扫描混合"操控板

单击"基础特征"工具栏中的"扫描混合"按钮 🥚（若该工具栏上没有此按钮，可通过"工具"→"定制屏幕"命令添加），或者选择菜单栏中的"插入"→"扫描混合"命令，打开"扫描混合"操控板，单击"实体"按钮 □，如图 4.24 所示。

图 4.24　"扫描混合"操控板

操控板中的各功能在前面章节中均已详细介绍过了，这里不再赘述。

2.下滑面板

"扫描混合"操控板提供下列下滑面板，如图 4.25 所示。使用此下滑面板用于定义混合轨迹。单击"基准"→"草绘"按钮 🔄 创建轨迹。

（1）"参照"下滑面板如图 4.25（a）所示。

➢　"细节"按钮：单击该按钮，弹出"链"对话框，在该对话框中单击"添加"按钮可依次添加绘制的轨迹线。

在该面板中的"剖面控制"下拉列表中有"垂直于轨迹""垂直于投影"和"恒定法向"3 个选项，这 3 个选项的意义如下。

➢　"垂直于轨迹"：截面平面在整个长度上保持与"原点轨迹"垂直。普通（默认）扫描。

➢　"垂直于投影"：沿投影方向看去，截面平面与"原点轨迹"保持垂直。Z 轴与指定方向上的"原点轨迹"的投影相切。必须指定方向参考。

➢　"恒定法向"：Z 轴平行于指定方向参考向量。必须指定方向参考。

（2）"剖面"下滑面板如图 4.25（b）所示。使用此下滑面板用于定义混合截面。

> ➤ "草绘截面"单选按钮：使用草绘截面创建混合。
> ➤ "所选截面"单选按钮：使用选定截面创建混合。
> ➤ "剖面"列表框：将截面按其混合顺序列出。
> ➤ "插入"按钮：在活动截面下插入一个新的截面。
> ➤ "移除"按钮：删除活动截面。

（3）"相切"下滑面板如图 4.25（c）所示。

> ➤ "自由"：边界不受侧参照的影响。
> ➤ "相切"：设置边界与曲面参照相切。
> ➤ "垂直"：设置边界与曲面参照垂直。

（4）"选项"下滑面板如图 4.25（d）所示。

> ➤ "封闭端点"：创建端面。
> ➤ "无混合控制"：未设置混合控制。
> ➤ "设置周长控制"：设置在截面之间，使混合周长发生线性变化。
> ➤ "设置剖面面积控制"：设置为指定扫描截面混合特定位置的截面面积。
> ➤ "通过折弯中心创建曲线"：通过混合中心创建曲线。

（5）"属性"下滑面板如图 4.25（e）所示。使用该下滑面板可以编辑特征名，并在 Pro/ENGINEER 浏览器中打开特征信息。

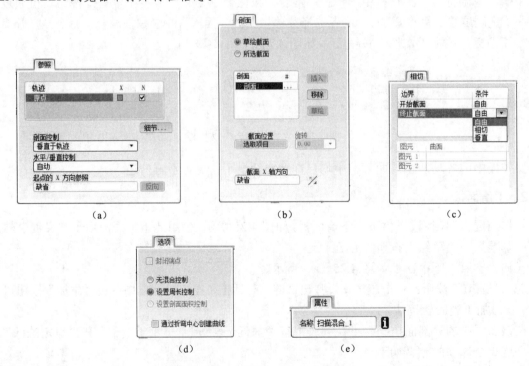

图 4.25　"扫描混合"下滑面板

4.3.2　动手学——创建吊钩

本小节通过吊钩模型的创建介绍"扫描混合"命令的应用。首先利用"扫描混合"命令创建吊钩的主体结构，然后利用"拉伸"命令创建吊钩的上端圆柱体。具体操作过程如下：

扫一扫，看视频

01 新建文件。单击"新建"按钮▢，在弹出的"新建"对话框中输入零件名称为 diaogou，然后单击"确定"按钮，进入实体建模界面。

02 创建吊钩。

❶选择菜单栏中的"插入"→"扫描混合"命令，打开"扫描混合"操控板，单击"实体"模式▢进入草绘环境，操作步骤如图 4.26 所示。

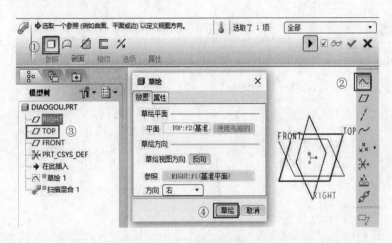

图 4.26　进入草绘环境的操作步骤

❷绘制如图 4.27 所示的草图。单击"完成"按钮✔，退出草绘环境。

❸返回"扫描混合"操控板，单击"继续"按钮▶，则刚绘制的曲线自动被选作扫描混合的轨迹线，如图 4.28 所示。在"扫描混合"操控板上选择"剖面"选项，打开"剖面"下滑面板。在图形中单击轨迹线的起点，单击"草绘"按钮，在此处绘制截面 1，如图 4.29 所示。单击"完成"按钮✔，退出草绘环境。

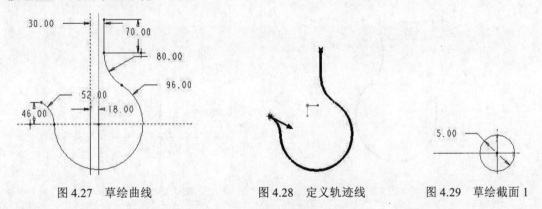

图 4.27　草绘曲线　　　　图 4.28　定义轨迹线　　　　图 4.29　草绘截面 1

❹返回"剖面"下滑面板，截面 2 的创建步骤如图 4.30 所示。单击"草绘"按钮，绘制截面 2，如图 4.31 所示。单击"完成"按钮✔，退出草绘环境。

❺返回"剖面"下滑面板，截面 3 的创建步骤如图 4.32 所示。单击"草绘"按钮，绘制截面 3，如图 4.33 所示。单击"完成"按钮✔，退出草绘环境。

❻返回"剖面"下滑面板，同理，创建截面 4。选择如图 4.34 所示的位置作为截面 4 的插入点。单击"草绘"按钮，绘制截面 4，如图 4.35 所示。单击"完成"按钮✔，退出草绘环境。

图 4.30　创建截面 2　　　　　　　　　　图 4.31　草绘截面 2

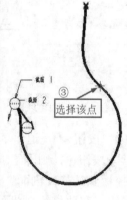

图 4.32　创建截面 3　　　　　　　　　　图 4.33　草绘截面 3

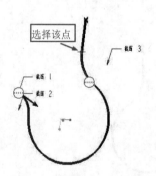

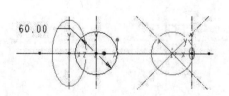

图 4.34　截面 4 的插入位置　　　　　　　图 4.35　草绘截面 4

❼返回"剖面"下滑面板，同理，创建截面 5。选择如图 4.36 所示的位置作为截面 5 的插入点。单击"草绘"按钮，绘制截面 5，如图 4.37 所示。单击"完成"按钮✔，退出草绘环境。

❽单击"应用"按钮✔，创建完成的扫描混合如图 4.38 所示。

03 创建拉伸特征。单击"基础特征"工具栏中的"拉伸"按钮，弹出"拉伸"操控板，单击"放置"→"定义"按钮，选择如图 4.38 所示的上端面作为草绘平面，绘制如图 4.39 所示的草图，拉伸深度设置为 80。结果如图 4.40 所示。

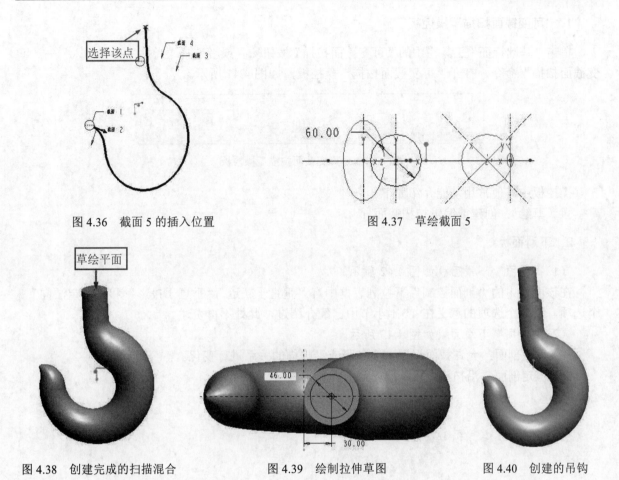

图 4.36 截面 5 的插入位置　　　　　　　图 4.37 草绘截面 5

图 4.38 创建完成的扫描混合　　图 4.39 绘制拉伸草图　　图 4.40 创建的吊钩

4.4 可变截面扫描特征

可变截面扫描特征是以所选的原始轨迹作为截面的原点轨迹，以其他所选的轨迹链作为限制轨迹。在扫描时，沿着原始轨迹通过控制截面的方向、旋转和几何添加或移除材料进行渐变扫描来创建实体或曲面特征。在扫描过程中可使用恒定截面或盲孔截面创建扫描。

➤ 恒定截面：在沿轨迹扫描的过程中，草绘的形状不变。仅截面所在框架的方向发生变化。
➤ 盲孔截面：将草绘图元约束到其他轨迹（中心平面或现有几何），或者使用由 trajpar 参数设置的截面关系来草绘盲孔，草绘所约束到的参照可改变截面形状。另外，以控制曲线或关系式（使用 trajpar）定义标注形式也能草绘盲孔。草绘在轨迹点处再生，并相应更新其形状。

4.4.1 "可变截面扫描"操控板简介

"可变截面扫描"特征的操控板包括两部分内容："可变截面扫描"操控板和下滑面板。下面进行详细介绍。

1．"可变截面扫描"操控板

单击"基础特征"工具栏中的"可变截面扫描"按钮 ，或者选择菜单栏中的"插入"→"可变截面扫描"命令，打开"可变截面扫描"操控板，如图4.41所示。

图4.41 "可变截面扫描"操控板

操控板中其他常用功能介绍如下。

☑（草绘）：创建或编辑扫描截面。

2．下滑面板

（1）"参照"下滑面板如图4.42所示。

在该面板中的"剖面控制"下拉列表框中有"垂直于轨迹""垂直于投影"和"恒定法向"3个选项，这3个选项的意义在4.3.1小节中已经介绍过，此处不再赘述。

（2）"选项"下滑面板如图4.43所示。

➢ 可变剖面：允许截面根据参数参照或沿扫描的关系进行变化。

➢ 恒定剖面：沿扫描进行草绘时截面保持不变。

图4.42 "参照"下滑面板　　　　　图4.43 "选项"下滑面板

（3）"相切"下滑面板如图4.44所示。该下滑面板会列出选取的轨迹线以及参照列表。

（4）"属性"下滑面板如图4.45所示。该下滑面板可以编辑特征名，并在Pro/ENGINEER浏览器中打开特征信息。

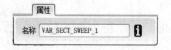

图4.44 "相切"下滑面板　　　　　图4.45 "属性"下滑面板

4.4.2 动手学——创建雨伞

本小节通过雨伞模型的创建介绍"可变截面扫描"命令的应用。首先创建扫描轨迹线，然后利用"可变截面扫描"命令创建伞面，最后利用"可变截面扫描"命令创建伞柄。具体操作过程如下：

01 新建文件。单击"新建"按钮，弹出"新建"对话框。输入名称为 yusan，单击"确定"按钮，创建新文件。

02 创建伞面特征。

❶单击"基准"工具栏中的"草绘"按钮，弹出"草绘"对话框，选择 TOP 基准平面作为草绘平面，绘制直径为 2.00 的圆和边长为 120.00 的正十二边形作为扫描轨迹线，如图 4.46 所示。

❷单击"基础特征"工具栏中的"可变截面扫描"按钮，弹出"可变截面扫描"操控板。按住 Ctrl 键，依次选取圆和正十二边形作为轨迹线，如图 4.47 所示。

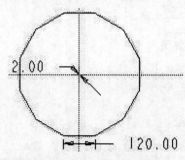

图 4.46 绘制轨迹线草图

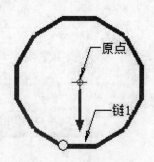

图 4.47 选取轨迹线

❸单击操控板上的"草绘"按钮，绘制半径差为 1 的同心圆作为截面草图，如图 4.48 所示。单击"完成"按钮，退出草绘环境。

❹单击操控板上的"应用"按钮，完成特征的创建，如图 4.49 所示。

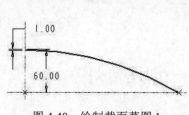

图 4.48 绘制截面草图 1

图 4.49 创建伞面特征

03 创建伞柄特征。

❶重复"可变截面扫描"命令，选取如图 4.47 所示的轨迹线，单击操控板上的"草绘"按钮绘制截面草图，如图 4.50 所示。

❷选择"工具"菜单栏中的"关系"命令，弹出"关系"对话框，创建函数 sd32=8+0.5*sin(trajpar*360*12)，如图 4.51 所示。

❸单击"完成"按钮，退出草绘环境。

❹单击操控板上的"应用"按钮，完成特征的创建，如图 4.52 所示。

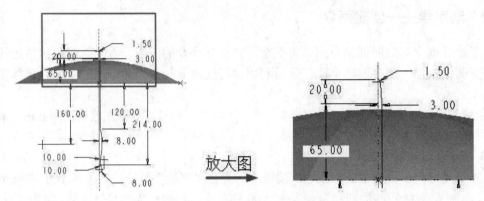

图 4.50　截面草图 2

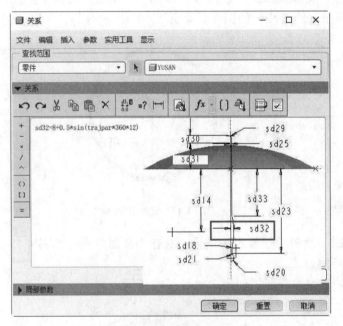

图 4.51　"关系"对话框

图 4.52　创建伞柄特征

扫一扫，看视频

4.5　综合实例——创建台灯

本实例创建台灯模型，如图 4.53 所示。首先通过"拉伸"命令创建台灯底座，然后通过"旋转"命令创建灯罩，再通过"扫描混合"命令创建灯杆，接着通过混合切口创建底座切口，最后创建倒圆角。

操作步骤

01 新建文件。单击工具栏中的"新建"按钮 □，弹出"新建"对话框，输入零件的名称为 taideng.prt，单击"确定"按钮创建新文件。

02 绘制台灯底座 1。

图 4.53　台灯模型

❶单击"基础特征"工具栏中的"拉伸"按钮，弹出"拉伸"操控板。

❷选择 FRONT 基准平面作为草绘平面，绘制如图 4.54 所示的截面，单击"完成"按钮✔，退出草绘环境。

❸拉伸方式选择"盲孔"，深度为 15，沿 FRONT 基准平面向下拉伸。单击"应用"按钮，完成拉伸特征的创建。

03 创建台灯底座 2。

❶重复"拉伸"命令。

❷选取台灯底座 1 上表面作为草绘平面，绘制如图 4.55 所示的截面。单击"完成"按钮✔，退出草绘环境。

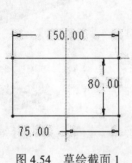

图 4.54　草绘截面 1

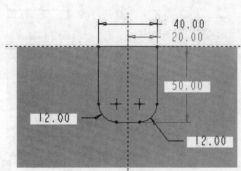

图 4.55　草绘截面 2

❸拉伸方式选择"盲孔"，深度为 8。单击"应用"按钮✔，拉伸结果如图 4.56 所示。

04 绘制草图。

❶单击"基准"工具栏中的"草绘"按钮，在 RIGHT 基准平面内绘制如图 4.57 所示的曲线。

❷单击✖ 点按钮，在如图 4.57 所示的位置创建两个点。单击"完成"按钮✔，退出草绘环境。

05 创建基准平面。

❶单击"基准"工具栏中的"平面"按钮，弹出"基准平面"对话框。

❷选取 FRONT 基准平面作为参照平面，设置为偏移方式，将 FRONT 基准平面向上偏移 210，建立新的基准平面 DTM1。

图 4.56　拉伸台面

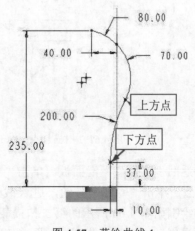

图 4.57　草绘曲线 1

06 创建灯罩。

❶单击"基础特征"工具栏中的"旋转"按钮◈，打开"旋转"操控板。

❷在基准平面 DTM1 内绘制如图 4.58 所示的曲线。

❸选取上面绘制的封闭曲线，单击"镜像"按钮 ⚭，选取水平中心线作为镜像对称轴进行镜像，如图 4.59 所示。单击"完成"按钮✔，退出草绘环境。

❹在"旋转"操控板中设置旋转角度为 180°，单击"应用"按钮✅，完成旋转特征的创建，结果如图 4.60 所示。

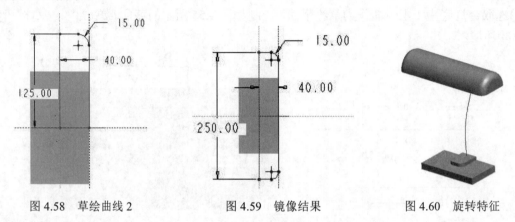

图 4.58　草绘曲线 2　　　　　图 4.59　镜像结果　　　　　图 4.60　旋转特征

07 创建灯杆。

❶选取模型树中名称为"草绘 1"的特征，选择菜单栏中的"扫描混合"命令，打开"扫描混合"操控板。

❷在"剖面"下滑面板中单击"截面 1"将其激活，然后在模型中选取如图 4.61 所示的"草绘 1"的下端点作为扫描起点，单击"草绘"按钮，进入草绘环境。

❸以参考轴交点为对称中心绘制如图 4.62 所示的第一扫描截面，然后单击"完成"按钮✔，退出草绘环境。

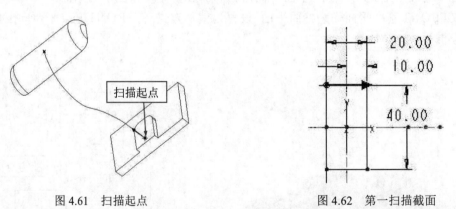

图 4.61　扫描起点　　　　　　　　　图 4.62　第一扫描截面

❹返回"剖面"下滑面板。单击"插入"按钮，创建截面 2，再在模型中选取图 4.57 中的下方点，然后单击"草绘"按钮，进入截面 2 的草绘环境。

❺绘制如图 4.63 所示的第二扫描截面。单击"完成"按钮✔，退出草绘环境。

❻重复上述步骤，分别选取图 4.57 中的上方点和扫描曲线的顶点，并绘制如图 4.64 所示的

第三扫描截面和图 4.65 所示的第四扫描截面。单击"应用"按钮☑，完成扫描混合特征的创建，结果如图 4.66 所示。

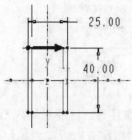

图 4.63　第二扫描截面

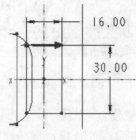

图 4.64　第三扫描截面

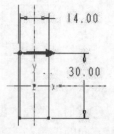

图 4.65　第四扫描截面

08 创建拉伸切除。

❶单击"基础特征"工具栏中的"拉伸"按钮◢，打开"拉伸"操控板。

❷选取如图 4.67 所示的曲面作为草绘平面。绘制如图 4.68 所示的草图，然后单击"完成"按钮✔，退出草绘环境。

❸拉伸方式选择"盲孔"⊥，深度为 3，单击"移除材料"按钮◢。单击"应用"按钮☑，完成拉伸切除特征的创建，如图 4.69 所示。

图 4.66　扫描混合特征

图 4.67　拉伸草绘平面

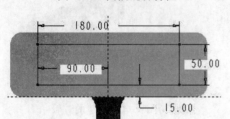

图 4.68　拉伸截面草图

图 4.69　拉伸切除特征

09 创建基准平面。

❶单击"基准"工具栏中的"平面"按钮▱，弹出"基准平面"对话框。

❷选取 DTM1 基准平面作为参照平面，设置为偏移方式，将 DTM1 基准平面向上偏移 3，建立新的基准平面 DTM2。

10 创建灯管。

❶单击"基础特征"工具栏中的"旋转"按钮◈，打开"旋转"操控板。

❷在基准平面 DTM2 内绘制草图。单击"偏移"按钮▣，偏移步骤如图 4.70 所示。

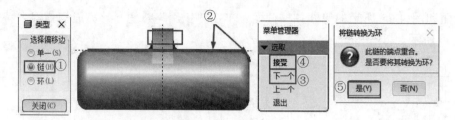

图 4.70 偏移步骤

❸此时，模型中出现一个指示偏移方向的箭头，如图 4.71 所示，并且对话区要求输入沿箭头所示方向的偏距。在消息输入窗口中输入-10，使所选曲线向箭头所指的相反方向或向内偏移 10，创建新的曲线。

❹单击"类型"对话框中的"关闭"按钮，结果如图 4.72 所示。

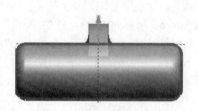

图 4.71 选择偏移方向

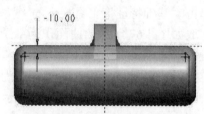

图 4.72 偏移结果

❺单击草绘工具栏中的"几何中心线"按钮┊，绘制一条水平中心线，并使之成为上面所创建边界图元的对称轴，对图形进行整理，结果如图 4.73 所示，单击"完成"按钮 ✔，退出草绘环境。

❻在操控板中设置旋转角度为 180°。单击"应用"按钮 ✔，完成灯管的创建，结果如图 4.74 所示。

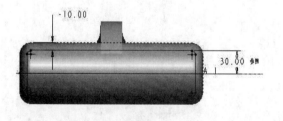

图 4.73 旋转截面草图

图 4.74 创建的灯管

⑪ 创建底座切口。

❶单击"基准"工具栏中的"草绘"按钮，在 RIGHT 基准平面内以底边终点为起点绘制长度为 5 的直线，如图 4.75 所示。

❷选取模型树中名称为"草绘 2"的特征，选择菜单栏中的"扫描混合"命令，打开"扫描混合"操控板。

❸在"剖面"下滑面板中单击"截面 1"将其激活，在模型中选取轨迹线的起点，单击"草绘"按钮，进入草绘环境。

❹以参考轴交点为对称中心绘制如图 4.76 所示的第一扫描截面，然后单击"完成"按钮 ✔，

退出草绘环境。

❺返回"剖面"下滑面板。单击"插入"按钮，创建截面 2，在模型中选取直线的终点，单击"草绘"按钮，进入第二截面的草绘环境。

❻绘制如图 4.77 所示的第二扫描截面，然后单击"完成"按钮✔，退出草绘环境。

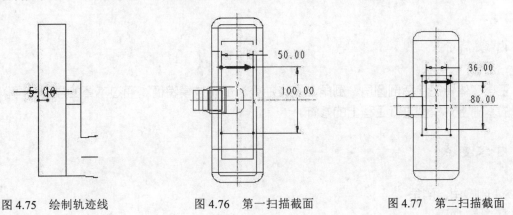

图 4.75　绘制轨迹线　　　　图 4.76　第一扫描截面　　　　图 4.77　第二扫描截面

❼在弹出的"扫描混合"操控板中单击"移除材料"按钮▨，单击"应用"按钮☑，结果如图 4.78 所示。

图 4.78　创建的底座切口

第5章　工程实体特征建立

内容简介

工程实体特征包括倒圆角、倒角、孔、抽壳、筋和拔模特征。通过本章的学习，可以在基础特征的基础上对模型进行工程上的修饰。

内容要点

➢ 倒圆角、倒角
➢ 孔、抽壳
➢ 筋、拔模
➢ 阵列、镜像
➢ 缩放

案例效果

5.1　倒圆角特征

在 Pro/ENGINEER 中可创建和修改倒圆角。倒圆角是一种边处理特征，通过向一条或多条边、边链或在曲面之间添加半径形成。曲面可以是实体模型曲面或常规的 Pro/ENGINEER 零厚度面组和曲面。

要创建倒圆角，需定义一个或多个倒圆角设置。倒圆角设置是一种结构单位，包含一个或多个倒圆角段（倒圆角几何）。在指定倒圆角放置参照后，Pro/ENGINEER 将使用默认属性、半径值以及最适合作为参照几何的默认过渡创建倒圆角。Pro/ENGINEER 在图形窗口中显示倒圆角的预览几何，允许用户在创建特征前创建和修改倒圆角段与过渡。

注意：
> 默认设置适合大多数建模情况。但是，用户也可定义倒圆角设置或过渡以获得满意的倒圆角几何。

5.1.1 "倒圆角"操控板简介

"倒圆角"特征的操控板包括两部分内容："倒圆角"操控板和下滑面板。下面进行详细介绍。

1. "倒圆角"操控板

单击"工程特征"工具栏中的"倒圆角"按钮🐚，或者选择菜单栏中的"插入"→"倒圆角"命令，打开如图 5.1 所示的"倒圆角"操控板。

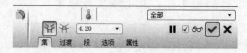

图 5.1 "倒圆角"操控板

当在绘图区中选取倒圆角几何时，"过渡"按钮被激活，倒角模式转变为过渡。

"倒圆角"操控板各选项含义如下：

（1）"集"模式。激活"集"模式，可用于处理倒圆角设置。系统默认选取此选项。默认设置用于具有"圆形"截面形状倒圆角的选项。

（2）"过渡"模式。激活"过渡"模式，可以定义倒圆角特征的所有过渡。"过渡"类型对话框可设置显示当前过渡的默认过渡类型，并包含基于几何环境的有效过渡类型的列表。此框可用于改变当前过渡的类型。

2. 下滑面板

（1）"集"下滑面板。"集"下滑面板包含下列选项：

➤ "截面形状"下拉列表框：控制活动倒圆角的截面形状。

➤ "圆锥参数"文本框：控制当前"圆锥"倒圆角的锐度。可输入新值，或从列表中选取最近使用的值。默认值为 0.50。仅当选取了"圆锥"或"D1×D2 圆锥"截面形状时，此文本框才可用。

➤ "创建方法"下拉列表框：控制活动倒圆角的创建方法。

➤ "完全倒圆角"按钮：将活动倒圆角切换为完全倒圆角，或允许使用第三个曲面来驱动曲面到曲面完全倒圆角。再次单击此按钮可将倒圆角恢复为先前状态。

➤ "通过曲线"按钮：允许由选定曲线驱动活动的倒圆角半径，以创建由曲线驱动的倒圆角。这会激活"驱动曲线"列表框。再次单击此按钮可将倒圆角恢复为先前状态。

➤ "参照"列表框：包含为倒圆角设置所选取的有效参照。可在该列表框中单击或使用"参照"快捷菜单命令将其激活。

➤ 第二列表框：根据活动的倒圆角类型，可激活下列列表框：

　　↳ "驱动曲线"：包含曲线的参照，由该曲线驱动倒圆角半径来创建由曲线驱动的倒圆角。可在该列表框中单击或使用"通过曲线"快捷菜单命令将其激活。只需将半径捕捉（按住 Shift 键单击并拖动）至曲线即可打开该列表框。

　　↳ "驱动曲面"：包含将由完全倒圆角替换的曲面参照。可在该列表框中单击或使用"延伸曲面"快捷菜单命令将其激活。

　　◇　骨架：包含用于"垂直于骨架"或"滚动"曲面至曲面倒圆角设置的可选骨架参照。可在该列表框中单击或使用"可选骨架" 快捷菜单命令将其激活。

➢ "细节"按钮：打开"链"对话框以便能修改链属性，此对话框如图 5.2 所示。

➢ "半径"列表框：控制活动倒圆角设置的半径的距离和位置。对于完全倒圆角或由曲线驱动的倒圆角，该列表框不可用。"半径"列表框中包含下列选项：

　　◇　"距离"框：指定倒圆角设置中圆角半径特征。位于"半径"列表框下面，包含下列选项。

　　◇　值：使用数字指定当前半径。此距离值在"半径"列表框中显示。

　　◇　参照：使用参照设置当前半径。此选项会在"半径"列表框中激活一个列表框，显示相应参照信息。

　　特别地，对于 D1×D2 圆锥倒圆角，会显示两个"距离"框。

　　（2）"过渡"下滑面板。要使用此下滑面板，必须激活"过渡"模式。"过渡"下滑面板如图 5.3 所示，"过渡"列表框中会包含整个倒圆角特征的所有用户定义的过渡，可用于修改过渡。

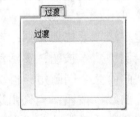

图 5.2 "链"对话框　　　　　　　　图 5.3 "过渡"下滑面板

　　（3）"段"下滑面板。如图 5.4 所示，可查看倒圆角特征的全部倒圆角设置，查看当前倒圆角设置中的全部倒圆角段，修剪、延伸或排除这些倒圆角段，以及处理放置模糊问题。

➢ "集"列表：列出包含放置模糊的所有倒圆角设置。此列表针对整个倒圆角特征。

➢ "段"列表：列出当前倒圆角设置中放置不明确从而产生模糊的所有倒圆角段，并指定这些段的当前状态（"包括""排除"或"已编辑"）。

　　（4）"选项"下滑面板。如图 5.5 所示，包含下列选项：

图 5.4 "段"下滑面板

图 5.5 "选项"下滑面板

➤ "实体"单选按钮：以与现有几何相交的实体形式创建倒圆角特征。仅当选取实体作为倒圆角设置参照时，此连接类型才可用。如果选取实体作为倒圆角设置参照，则系统自动默认选择此选项。

➤ "曲面"单选按钮：以与现有几何不相交的曲面形式创建倒圆角特征。仅当选取实体作为倒圆角设置参照时，此连接类型才可用。系统自动默认不选择此选项。

➤ "创建结束曲面"复选框：创建结束曲面，以封闭倒圆角特征的倒圆角段端点。仅当选取了有效几何以及"曲面"或"新面组"连接类型时，此复选框才可用。系统自动默认不选择此选项。

ⓘ 注意：

> 要进行延伸，必须存在侧面，并使用这些侧面作为封闭曲面。如果不存在侧面，则不能封闭倒圆角段端点。

（5）"属性"下滑面板。用于显示特征名称，在 Pro/ENGINEER 浏览器中查看详细的特征信息。

扫一扫，看视频

📖5.1.2 动手学——创建倒圆角

本小节通过旋钮的创建来介绍普通倒圆角及完全倒圆角的创建。首先利用"拉伸"命令创建旋钮底盘，然后利用"旋转"命令创建凸台，再利用"拉伸"命令创建旋钮柄部，最后创建圆角。下面介绍具体的操作过程。

01 新建文件。单击"新建"按钮🗋，弹出"新建"对话框，在"名称"后的文本框中输入零件名称为 xuanniu，单击"确定"按钮，进入实体建模界面。

02 拉伸创建底盘。

❶单击"基础特征"工具栏中的"拉伸"按钮🔗，弹出"拉伸"操控板，选择 TOP 基准平面作为草绘平面，绘制如图 5.6 所示的草图。单击"完成"按钮✔，退出草绘环境。

❷拉伸方式选择"盲孔"⊥⊥，深度为 5。单击"应用"按钮☑，完成特征的创建。结果如图 5.7 所示。

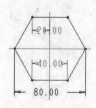

图 5.6 拉伸草图

图 5.7 创建拉伸特征

03 旋转创建凸台。

❶单击"基础特征"工具栏中的"旋转"按钮⬦，弹出"旋转"操控板，选择 FRONT 基准

平面作为草绘平面，绘制如图 5.8 所示的草图。单击"完成"按钮 ✔，退出草绘环境。

❷设置旋转角度为 360°，单击"应用"按钮 ✅，完成特征的创建。结果如图 5.9 所示。

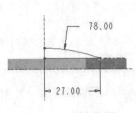

图 5.8 旋转草图

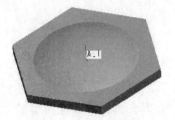

图 5.9 创建旋转特征

04 拉伸创建旋钮柄部。

❶单击"基础特征"工具栏中的"拉伸"按钮 ，弹出"拉伸"操控板，选择 TOP 基准平面作为草绘平面，绘制如图 5.10 所示的草图。单击"完成"按钮 ✔，退出草绘环境。

❷拉伸方式选择"盲孔" ，深度为 20。单击"应用"按钮 ✅，完成特征的创建。结果如图 5.11 所示。

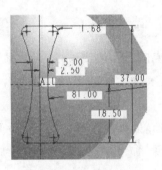

图 5.10 拉伸草图

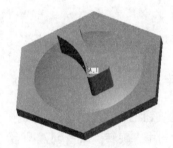

图 5.11 创建拉伸旋转特征

05 创建圆角。单击"工程特征"工具栏中的"倒圆角"按钮 ，系统打开"倒圆角"操控板，选取如图 5.12 所示的棱边，在操控板上设置圆角半径为 4.20。单击"应用"按钮 ✅，完成特征的创建。结果如图 5.13 所示。

图 5.12 倒圆角参数设置

图 5.13 创建圆角特征

⚠ **注意：**

在选取圆角边时，还可以单击"集"下滑面板中的"细节"按钮，在弹出的如图 5.14 所示的"链"对话框中单击"添加"按钮，添加其他的边；或单击"移除"按钮，移除多余的选取。选取完毕后，单击"确定"按钮，即可返回下滑面板。

06 创建完全倒圆角。

❶重复"倒圆角"命令，单击操控板上的"集"选项，创建完全倒圆角的操作步骤如图5.15所示。

❷单击"应用"按钮✔，完成完全倒圆角的创建。结果如图5.16所示。

图 5.14　"链"对话框

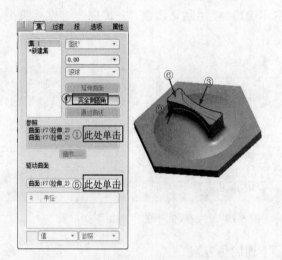

图 5.15　创建完全倒圆角的操作步骤

图 5.16　完全倒圆角

5.2　倒 角 特 征

在 Pro/ENGINEER 中可创建和修改倒角。倒角特征是对边或拐角进行斜切削。曲面可以是实体模型曲面或常规的 Pro/ENGINEER 零厚度面组和曲面。可创建两种倒角类型：边倒角和拐角倒角。

5.2.1　"倒角"操控板简介

"倒角"特征的操控板包括两部分内容："倒角"操控板和下滑面板。下面进行详细介绍。

1."倒角"操控板

Pro/ENGINEER 可创建不同的倒角。能创建的倒角类型取决于选取的参照类型。

单击"工程特征"工具栏中的"倒角"按钮，或者选择菜单栏中的"插入"→"倒角"命令，打开"倒角"操控板。

"倒角"操控板各选项含义如下：

（1）"集"模式按钮。用于处理倒角设置，系统会默认选择此选项，如图5.17所示。"标注形式"下拉列表框显示倒角设置的当前标注形式，并包含基于几何环境的有效标注形式的列表，系统包含的标注方式有"D×D""D1×D2""角度×D""45×D"四种。

（2）"过渡"模式按钮 。当在绘图区中选取倒角几何时，图 5.17 中的"过渡"按钮 会被激活，单击该按钮后倒角模式会转变为过渡。相应操控板如图 5.18 所示，可以定义倒角特征的所有过渡。其中，"过渡类型"下拉列表框显示当前过渡的默认过渡类型，并包含基于几何环境的有效过渡类型的列表。此框可用于改变当前过渡的类型。

➤ 设置：倒角段，由唯一属性、几何参照、平面角及一个或多个倒角距离（由倒角和相邻曲面所形成的三角边）组成。

➤ 过渡：连接倒角段的填充几何。过渡位于倒角段或倒角设置端点会合或终止处。在最初创建倒角时，Pro/ENGINEER 使用默认过渡，并提供多种过渡类型，允许用户创建和修改过渡。

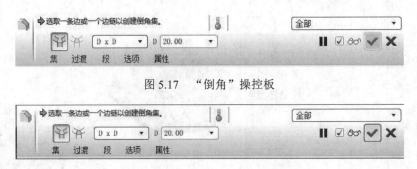

图 5.17　"倒角"操控板

图 5.18　过渡模式下的"倒角"操控板

Pro/ENGINEER 中提供了下列倒角方案。

➤ D×D：在各曲面上与边相距 D 处创建倒角。Pro/ENGINEER 会默认选择此选项。

➤ D1×D2：在一个曲面距选定边 D1、另一个曲面距选定边 D2 处创建倒角。

➤ 角度×D：创建一个倒角，它距相邻曲面的选定边距离为 D，与该曲面的夹角为指定角度。

🕛 **注意：**

> 只有符合下列条件时，上面三个方案才可使用"偏移曲面"的创建方法：对"边"倒角，边链的所有成员必须正好由两个 90° 平面或两个 90° 曲面（如圆柱的端面）组成；对"曲面到曲面"倒角，必须选取恒定角度平面或恒定 90° 曲面。

➤ 45×D：创建一个倒角，它与两个曲面都成 45°，且与各曲面上的边的距离为 D。

🕛 **注意：**

> 此方案仅适用于 90°曲面和"相切距离"创建方法。

➤ ×O：在沿各曲面上的边偏移 O 处创建倒角。仅当 D×D 不适用时，Pro/ENGINEER 才会默认选择此选项。

🕛 **注意：**

> 仅当使用"偏移曲面"创建方法时，此方案才可用。

● O1×O2：在一个曲面距选定边的偏移距离 O1、另一个曲面距选定边的偏移距离 O2 处创建倒角。

注意:

仅当使用"偏移曲面"创建方法时，此方案才可用。

2. 下滑面板

"倒角"操控板的下滑面板和前面介绍的"倒圆角"操控板的下滑面板类似，故不再重复叙述。

扫一扫，看视频

5.2.2 动手学——创建阶梯轴

本小节通过讲解阶梯轴的创建来介绍倒角的创建。首先利用"旋转"命令创建阶梯轴，然后利用"拉伸"命令创建键槽，最后对其棱边进行倒角。下面介绍具体操作过程。

01 创建阶梯轴。

❶单击"基础特征"工具栏中的"旋转"按钮❖，弹出"旋转"操控板，选择 FRONT 基准平面作为草绘平面，绘制如图 5.19 所示的草图。单击"完成"按钮✔，退出草绘环境。

❷设置旋转角度为 360°，单击"应用"按钮✔，完成阶梯轴的创建。结果如图 5.20 所示。

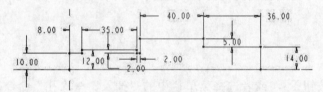

图 5.19　阶梯轴草图

图 5.20　创建阶梯轴

02 创建倒角。

❶单击"工程特征"工具栏中的"倒角"按钮◥，系统打开"倒角"操控板，参数设置如图 5.21 所示。

❷单击"应用"按钮✔，完成倒角的创建。结果如图 5.22 所示。

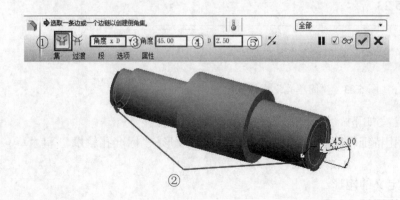

图 5.21　倒角参数设置

图 5.22　创建倒角

5.3 孔 特 征

利用"孔"工具可向模型中添加简单孔、定制孔和工业标准孔。通过定义放置参照、设置次（偏移）参照及定义孔的具体特性来添加孔。

通过"孔"命令可以创建以下类型的孔。

（1）简单孔 Ц：由带矩形截面的旋转切口组成。其中，简单孔的创建又包括矩形、标准和草绘三种创建方式。

> 矩形：使用 Pro/ENGINEER 预定义的（直）几何。默认情况下，Pro/ENGINEER 创建单侧"矩形"孔。但是，可以使用"形状"下滑面板来创建简单的双侧"矩形"孔。双侧"矩形"孔通常用于组件中，允许同时格式化孔的两侧。

> 标准：孔底部有实际钻孔时的底部倒角。

> 草绘：使用"草绘器"中创建的草绘轮廓。

（2）标准 ▩：由基于工业标准紧固件表的拉伸切口组成。Pro/ENGINEER 提供选取的紧固件的工业标准孔图表以及螺纹或间隙直径。也可创建自己的孔图表。注意，对于"标准"孔，会自动创建螺纹注释。

📖 5.3.1 "孔"操控板简介

单击"工程特征"工具栏中的"孔"按钮▩，或者选择菜单栏中的"插入"→"孔"命令，打开"孔"操控板。

"孔"操控板由一些命令组成，这些命令从左向右排列，引导用户逐步完成整个设计过程。根据设计条件和孔类型的不同，某些选项会不可用。主要可以创建以下两种类型的孔。

1. 简单孔

所谓的"简单孔"就是不进行攻丝的光孔。

（1）"简单孔"操控板如图 5.23 所示。

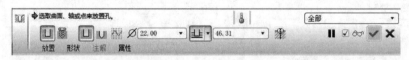

图 5.23 "简单孔"操控板

"简单孔"操控板中各选项含义如下。

> "孔轮廓"：指定要用于孔特征轮廓的几何类型。主要有"矩形""标准孔轮廓"和"草绘"三种类型。

↳ "矩形"孔：使用预定义的矩形。

↳ "标准孔轮廓"孔：使用标准轮廓作为钻孔轮廓。

↳ "草绘"孔：允许创建新的孔轮廓草绘或浏览目录中的所需草绘。

> "直径"文本框 ∅：控制简单孔特征的直径。"直径"文本框中包含最近使用的直径值，用于输入创建孔特征的直径数值。

> ➢ "深度选项"下拉列表框：列出简单孔的可能深度选项。
>> ↳ 止 (盲孔)：从放置参照以指定深度值在第一方向钻孔。
>> ↳ 日 (对称)：在放置参照的两个方向上，以指定深度值的一半分别在各方向钻孔。
>> ↳ 凷 (到下一个)：在第一方向钻孔直到下一个曲面 (在组件模式下不可用)。
>> ↳ 凷 (到选定项)：在第一方向钻孔直到选定的点、曲线、平面或曲面。
>> ↳ 非 (穿透)：在第一方向钻孔直到与所有曲面相交。
>> ↳ 丱 (穿至)：在第一方向钻孔直到与选定曲面或平面相交 (在组件模式下不可用)。
>> ↳ "深度值"文本框：指定孔特征是延伸到指定的参照，还是延伸到用户定义的深度。

（2）下滑面板。

> ➢ "放置"下滑面板。用于选取和修改孔特征的位置与参照，如图 5.24 所示。
>> ↳ "放置"列表框：指定孔特征放置参照的名称。主参照列表框只能包含一个孔特征参照。该工具处于活动状态时，用户可以选取新的放置参照。
>> ↳ "反向"按钮：改变孔放置的孔方向。
>> ↳ "类型"下拉列表框：指定孔特征使用偏移/偏移参照的方法，包括线性、径向和直径三个选项。
>> ↳ "偏移参照"列表框：指定在设计中放置孔特征的偏移参照。如果主放置参照是基准点，则该列表框不可用。该表有三列：
>>> ✧ 第一列提供参照名称。
>>> ✧ 第二列提供偏移参照类型的信息。"偏移参照"类型的定义为：对于线性参照类型，定义为"对齐"或"线性"；对于同轴参照类型，定义为"轴向"；对于直径和径向参照类型，则定义为"轴向"和"角度"。通过单击该列并从列表中选取偏移定义，可改变线性参照类型的偏移参照定义。
>>> ✧ 第三列提供参照偏移值。可输入正值和负值，但负值会自动反向于孔的选定参照侧。该列包含最近使用的值。

孔工具处于活动状态时，可选取新参照以及修改参照类型和值。如果主放置参照改变，则仅当现有的偏移参照对于新的孔放置有效时，才能继续使用。

> ➢ "形状"下滑面板。如图 5.25 所示。

"侧 2"下拉列表框：对于"简单"孔特征，可确定简单孔特征第二侧的深度选项的格式。所有"简单"孔深度选项均可用。默认情况下，"侧 2"下拉列表框的深度选项为"无"。"侧 2"下拉列表框不可用于"草绘"孔。

图 5.24　"放置"下滑面板

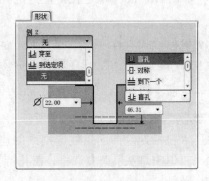

图 5.25　"形状"下滑面板

对于"草绘"孔特征，在打开"形状"下滑面板时，在嵌入窗口中会显示草绘几何。可以在各参数下拉列表框中选择前面使用过的参数值或输入新的值。

> "属性"下滑面板。用于获得孔特征的一般信息和参数信息，并可以重命名孔特征，如图 5.26 所示。

2. 标准孔

所谓的"标准孔"就是进行攻丝的螺纹孔。

（1）"标准孔"操控板如图 5.27 所示。

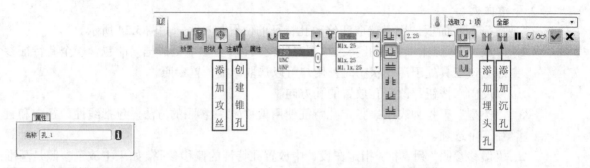

图 5.26　"属性"下滑面板　　　　　　图 5.27　"标准孔"操控板

"标准孔"操控板各选项含义如下：

> ⋃（螺纹类型）下拉列表框：列出可用的孔图表，其中包含螺纹类型/直径信息。默认列出的是工业标准孔图表（UNC、UNF 和 ISO）。
> ▽（螺钉尺寸）下拉列表框：根据在"螺纹类型"下拉列表框中选取的孔图表，列出可用的螺纹尺寸。在框中输入值，或者拖动直径图柄让系统自动选取最接近的螺纹尺寸。默认情况下，选取列表中的第一个值，螺纹尺寸框显示最近使用的螺纹尺寸。
> "深度选项"下拉列表框与"深度值"文本框：与简单孔类型类似，这里不再重复。
> ⊕（添加攻丝）：指出孔特征是螺纹孔还是间隙孔，即是否添加攻丝。如果标准孔使用"盲孔"深度选项，则不能清除螺纹选项。
> ⋃（钻孔肩部深度）：指定其前尺寸值为钻孔的肩部深度。
> ⋃（钻孔深度）：指定其前尺寸值为钻孔的总体深度。
> ╟（添加埋头孔）：指定孔特征为埋头孔。
> ╟（添加沉孔）：指定孔特征为沉孔。

⚠ **注意：**

> 不能使用两条边作为一个偏移参照来放置孔特征，也不能选取垂直于主参照的边，同样也不能选取定义"内部基准平面"的边，而应该创建一个异步基准平面。

（2）下滑面板。

> "形状"下滑面板如图 5.28 所示。
> ↳ "包括螺纹曲面"复选框：创建螺纹曲面以代表孔特征的内螺纹。
> ↳ "退出埋头孔"复选框：在孔特征的底面创建埋头孔。孔所在的曲面应垂直于当前孔特征。

对于标准螺纹孔特征，可定义螺纹特性。

  ↻ "全螺纹"单选按钮：创建贯通所有曲面的螺纹。此选项对于"盲孔"和"穿过下一个"孔以及在组件模式下均不可用。

  ↻ "可变"单选按钮：创建到达指定深度值的螺纹。可输入一个值，也可从最近使用的值中选取值。

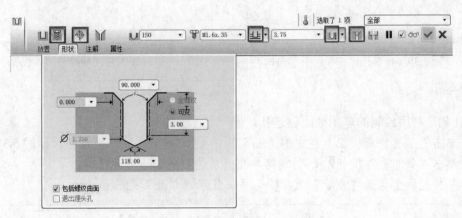

图 5.28　标准孔"形状"下滑面板

对于无螺纹的标准孔特征，可定义孔配合的标准（不选择"添加攻丝"按钮 ⊕，且选择孔深度为"穿透" ⫟），如图 5.29 所示。

  ↻ 精密拟合：用于保证零件的精确位置，这些零件装配后必须无明显的变动。

  ↻ 中级拟合：适用于普通钢质零件，或轻型钢材的热压配合。它们可能是可用于高级铸铁外部构件的最紧密的配合。此配合仅适用于公制孔。

  ↻ 自由拟合：专用于对精度要求不是很重要的情况，或者用于温度变化可能会很大的情况。

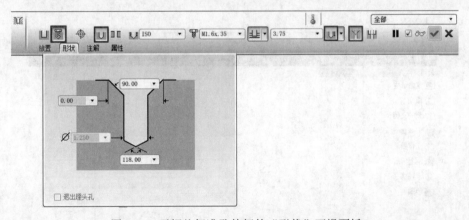

图 5.29　无螺纹标准孔特征的"形状"下滑面板

➤ "注解"下滑面板如图 5.30 所示，仅适用于"标准"孔特征。该面板用于预览正在创建或重定义的"标准"孔特征的特征注释。螺纹注释在模型树和绘图区中显示，而且在打开"注释"下滑面板时，还会出现在嵌入窗口中。

➤ "属性"下滑面板如图 5.31 所示，用于获得孔特征的一般信息和参数信息，并可以重命名孔特征。标准孔的"属性"下滑面板比简单孔的"属性"下滑面板多了一个参数表。

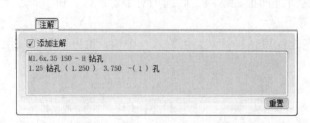

图 5.30　标准孔"注释"下滑面板

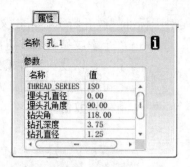

图 5.31　标准孔"属性"下滑面板

3. 草绘孔

草绘孔就是利用绘制的草图截面创建孔。

（1）单击"工程特征"工具栏中的"孔"按钮 ，打开"孔"操控板，如图 5.32 所示。

（2）单击"简单孔"按钮 ，创建简单孔。系统会默认选择此选项。

（3）从操控板上选择"草绘"选项 ，系统显示"草绘"孔选项。

图 5.32　"孔"操控板

（4）在操控板中进行下列操作之一：

➢ 单击"打开"按钮 ，打开 OPEN SECTION 对话框，如图 5.33 所示。可以选择现有草绘（.sec）文件。

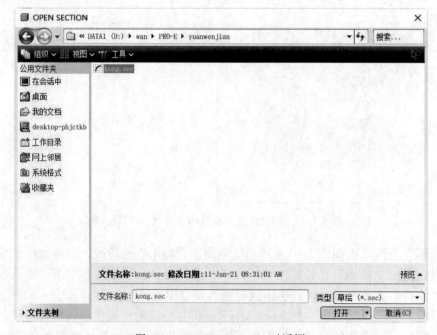

图 5.33　OPEN SECTION 对话框

➤ 单击"草绘"按钮 ⬚，进入草绘界面，可以创建一个新草绘截面（草绘轮廓）。在空窗口中，草绘并标注草绘截面。单击"完成"按钮 ✔，完成草绘截面的创建并退出草绘界面（草绘时要有旋转轴即中心线，它的要求与"旋转"命令相似）。

（5）如果需要重新定位孔，则将主放置图柄拖到新的位置，或将其捕捉至参照。必要时，可从"放置"下滑面板的"类型"下拉列表框中选取新类型，以此来更改孔的放置类型。

（6）将次放置（偏移）参照图柄拖到相应参照上以约束孔。

（7）如果要将孔与偏移参照对齐，则从"偏移参照"列表框（在"放置"下滑面板中）中选取该偏移参照，并将"偏移"改为"对齐"即可，如图 5.34 所示。

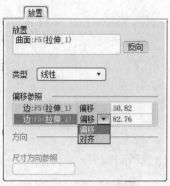

图 5.34　设置对齐方式

ⓘ 注意：

> 这只适用于使用"线性"放置类型的孔。
>
> 孔直径和深度由草绘驱动。"形状"面板仅显示草绘截面。

📖 5.3.2　动手学——创建方头螺母

本小节介绍方头螺母的创建。首先利用"拉伸"命令创建螺母主体结构，然后利用"孔"命令创建竖直连接孔和水平连接孔。

创建方头螺母的具体操作过程如下：

01 新建文件。单击"新建"按钮 🗋，弹出"新建"对话框，输入零件名称为 fangtouluomu，单击"确定"按钮，进入实体建模界面。

02 拉伸螺母底座。

❶单击"基础特征"工具栏中的"拉伸"按钮 🗗，选择 FRONT 基准平面作为草绘平面，绘制如图 5.35 所示的草图。单击"完成"按钮 ✔，退出草绘环境。

❷选择拉伸方式为"盲孔" ⬓，输入深度为 8，单击"应用"按钮 ✔。结果如图 5.36 所示。

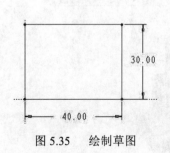

图 5.35　绘制草图

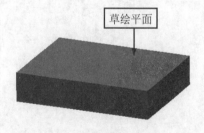

草绘平面

图 5.36　拉伸螺母底座

03 拉伸螺母中段。

❶重复"拉伸"命令。选择如图 5.36 所示的顶面作为草绘平面，绘制如图 5.37 所示的矩形。单击"完成"按钮 ✔，退出草绘环境。

❷选择拉伸方式为"盲孔" ⬓，输入深度为 18，单击"应用"按钮 ✔。结果如图 5.38 所示。

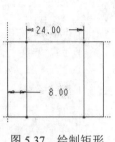

图 5.37　绘制矩形

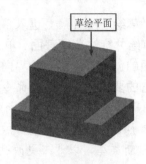

图 5.38　拉伸螺母中段

04 拉伸螺母顶段。

❶重复"拉伸"命令。选择如图 5.38 所示的顶面作为草绘平面，绘制如图 5.39 所示的圆。单击"完成"按钮 ✔，退出草绘环境。

❷选择拉伸方式为"盲孔" ⊥，输入深度为 20，单击"应用"按钮 ✔。结果如图 5.40 所示。

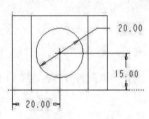

图 5.39　绘制圆

图 5.40　拉伸螺母顶段

05 创建竖直连接孔。

❶单击"工程特征"工具栏中的"孔"按钮 ⟂，弹出"孔"操控板。参数设置步骤如图 5.41 所示。

❷单击"应用"按钮 ✔，完成孔的创建。

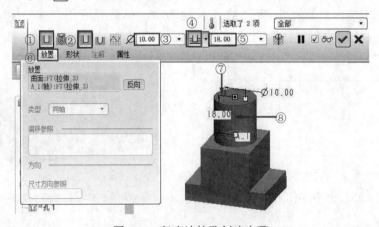

图 5.41　竖直连接孔创建步骤

06 创建水平连接孔。"线性孔放置"选项将根据两条参照边线来放置孔。

❶重复"孔"命令，弹出"孔"操控板。参数设置步骤如图 5.42 所示。

❷单击"应用"按钮 ✔，完成孔的创建。结果如图 5.43 所示。

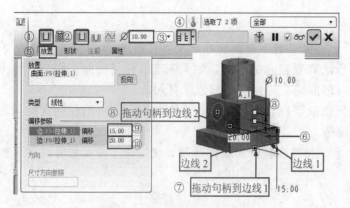

图 5.42 水平连接孔创建步骤

图 5.43 方头螺母

5.4 壳 特 征

壳特征可将实体内部掏空，只留一个特定壁厚的壳。它可用于指定要从壳移除的一个或多个曲面。如果未选取要移除的曲面，则会创建一个"封闭"壳，将零件的整个内部都掏空，且空心部分没有入口。在这种情况下，可在以后添加必要的切口或孔来获得特定的几何。如果反向厚度侧（如通过输入负值或在操控板中单击"反向"按钮），壳厚度将被添加到零件的外部。

定义壳时，也可选取要在其中指定不同厚度的曲面。可为每个此类曲面指定单独的厚度值。但是，无法为这些曲面输入负的厚度值或反向厚度侧。厚度侧由壳的默认厚度确定。

也可通过在"排除曲面"收集器中指定曲面来排除一个或多个曲面，使其不被壳化。此过程称作部分壳化。要排除多个曲面，按住 Ctrl 键的同时选取这些曲面即可。不过，Pro/ENGINEER 不能壳化同在"排除曲面"收集器中与指定曲面相垂直的材料。

5.4.1 "壳"操控板简介

壳特征的操控板包括两部分内容："壳"操控板和下滑面板。下面进行详细介绍。

1. "壳"操控板

单击"工程特征"工具栏中的"壳"按钮，或者选择菜单栏中的"插入"→"壳"命令，打开如图 5.44 所示的"壳"操控板。

图 5.44 "壳"操控板

"壳"操控板中的各选项含义如下。

（1）"厚度"文本框：可用于更改默认壳厚度值。可输入新值，也可从下拉列表框中选取一个最近使用的值。

（2）"反向"按钮：更改厚度方向。

2. 下滑面板

（1）"参照"下滑面板如图 5.45 所示。使用该下滑面板可进行下列操作。

➤ "移除的曲面"列表框：可用于选取要移除的曲面。如果未选取任何曲面，则会创建一个"封闭"壳，将零件的整个内部都掏空，且空心部分没有入口。

➤ "非缺省厚度"列表框：可用于选取要在其中指定不同厚度的曲面。可为包括在此列表框中的每个曲面指定单独的厚度值。

（2）"选项"下滑面板如图 5.46 所示，特征中排除曲面的选项。使用该下滑面板可进行下列操作。

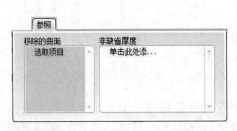

图 5.45 　"参照"下滑面板

图 5.46 　"选项"下滑面板

➤ "排除的曲面"列表框：可用于选取一个或多个要从壳中排除的曲面。如果未选取任何要排除的曲面，则壳化整个零件。

➤ "细节"按钮：打开用于添加或移除曲面的"曲面集"对话框，如图 5.47 所示。

注意：

> 通过"壳"操控板访问"曲面集"对话框时不能选取面组曲面。

➤ "延伸内部曲面"：在壳特征的内部曲面上形成一个盖。

➤ "延伸排除的曲面"：在壳特征的排除曲面上形成一个盖。

（3）"属性"下滑面板如图 5.48 所示，用于设置特征名称和访问特征信息。

图 5.47 　"曲面集"对话框

图 5.48 　"属性"下滑面板

5.4.2 动手学——创建开关盒

本小节介绍开关盒的创建。首先利用"拉伸"命令创建开关盒主体结构，然后利用"壳"命令创建壳体，最后利用"拉伸"命令切出插孔。

创建开关盒的具体操作过程如下：

01 新建文件。单击"新建"按钮□，弹出"新建"对话框，输入名称为 kaiguanhe。单击"确定"按钮，进入实体建模界面。

02 创建拉伸实体。

❶单击"基础特征"工具栏中的"拉伸"按钮，弹出"拉伸"操控板，选取 TOP 基准平面作为草绘平面，绘制如图 5.49 所示的草图。单击"完成"按钮✔，退出草绘环境。

❷选择拉伸方式为"盲孔"，输入深度为 30，单击"应用"按钮✔。结果如图 5.50 所示。

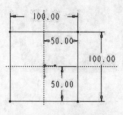

图 5.49 绘制草图

图 5.50 创建拉伸实体

03 创建倒椭圆角。单击"工程特征"工具栏中的"倒圆角"按钮，弹出"倒圆角"操控板，参数设置如图 5.51 所示。单击"应用"按钮✔，完成倒椭圆角的创建。

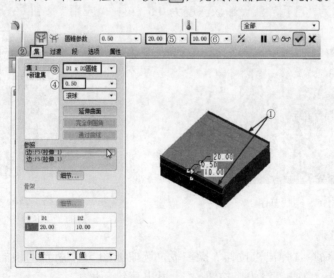

图 5.51 创建倒椭圆角参数设置

04 创建倒圆角。重复"倒圆角"命令，弹出"倒圆角"操控板，选取如图 5.52 所示的边为要倒圆角的边，输入倒圆角半径为 2.00，单击"应用"按钮✔。结果如图 5.53 所示。

05 抽壳。单击"工程特征"工具栏中的"壳"按钮，弹出"壳"操控板，选取如图 5.54 所示的面作为要移除的面，输入抽壳厚度为 1.00，单击"应用"按钮✔，完成抽壳。结果如图 5.55 所示。

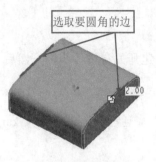

图 5.52　要倒圆角的边

图 5.53　创建倒圆角

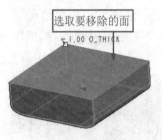

图 5.54　选择要移除的面

图 5.55　抽壳结果

06 创建拉伸实体。

❶单击"基础特征"工具栏中的"拉伸"按钮，弹出"拉伸"操控板，选取实体顶面作为草绘平面，绘制如图 5.56 所示的草图。单击"完成"按钮✔，退出草绘环境。

❷选择拉伸方式为"盲孔"，输入深度为 0.5，单击"应用"按钮✔。结果如图 5.57 所示。

图 5.56　绘制草图

图 5.57　拉伸实体

07 创建插孔 1。

❶重复"拉伸"命令，弹出"拉伸"操控板，选取如图 5.57 所示的顶面作为草绘平面，绘制如图 5.58 所示的草图。单击"完成"按钮✔，退出草绘环境。

❷选择拉伸方式为"盲孔"，输入深度为 0.5。单击"移除材料"按钮，调整箭头方向为向下，单击"应用"按钮✔。结果如图 5.59 所示。

❸重复"拉伸"命令，弹出"拉伸"操控板，选取如图 5.59 所示的顶面作为草绘平面，绘制如图 5.60 所示的草图。单击"完成"按钮✔，退出草绘环境。

❹选择拉伸方式为"穿透"，单击"移除材料"按钮，调整箭头方向为向下，单击"应用"按钮✔。结果如图 5.61 所示。

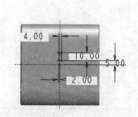

图 5.58 绘制草图   图 5.59 拉伸切割

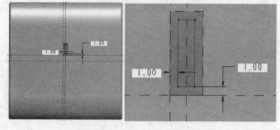

图 5.60 绘制草图   图 5.61 创建插孔 1

08 创建插孔 2 和插孔 3。操作步骤同上，绘制如图 5.62 和图 5.63 所示的草图，创建插孔 2 和插孔 3。结果如图 5.64 所示。

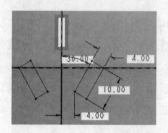

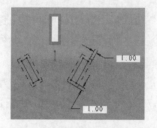

图 5.62 创建插孔 2 草图   图 5.63 创建插孔 3 草图   图 5.64 开关盒

注意：

在绘制如图 5.58 所示的草图时，采用了"偏移"命令，偏移方向向外。若要使草绘向内偏移可以输入负值，更改方向。

5.5 筋 特 征

筋特征是连接到实体曲面的薄翼或腹板伸出项。筋通常用于加固设计中的零件，防止出现不需要的折弯。利用筋工具可快速开发简单的或复杂的筋特征。

5.5.1 "轮廓筋"操控板简介

在任一种情况下，指定筋的草绘后，即对草绘的有效性进行检查，如果有效，则将其放置在列表框中。参照列表框一次只接受一个有效的筋草绘。指定筋特征的有效草绘后，在绘图区中会出现预览几何。可在绘图区、对话框或在这两者的组合中直接操纵并定义模型。预览几何会自动更新，以反映所做的任何修改。

1. "轮廓筋"操控板

单击"工程特征"工具栏中的"轮廓筋"按钮，或者选择菜单栏中的"插入"→"筋"→"轮廓筋"命令，打开如图5.65所示的"轮廓筋"操控板。

图5.65 "轮廓筋"操控板

"轮廓筋"操控板中各选项含义如下。

（1）"厚度"文本框：控制筋特征的材料厚度。文本框中包含最近使用的尺寸值。

（2）"反向"按钮：用于切换筋特征的厚度侧。单击该按钮可从一侧循环到另一侧，然后关于草绘平面对称。

2. 下滑面板

（1）"参照"下滑面板如图5.66所示，设置筋特征参照的信息并允许对其进行修改。该下滑面板中包含以下选项。

➢ "草绘"列表框：包含为筋特征选定的有效草绘特征参照。可使用快捷菜单（指针位于列表框中）中的"移除"命令来移除草绘参照。草绘列表框每次只能包含一个筋特征草绘参照。

➢ "反向"按钮：可用于切换筋特征草绘的材料方向。单击该按钮可改变方向箭头的指向。

（2）"属性"下滑面板如图5.67所示，用于获取筋特征的信息并允许重命名筋特征。

图5.66 "参照"下滑面板

图5.67 "属性"下滑面板

扫一扫，看视频

📖 5.5.2 动手学——创建支座

本小节介绍支座的创建。首先利用"拉伸"命令创建支座主体结构，然后利用"轮廓筋"命令创建筋板，最后利用"孔"命令创建轴孔。

创建支座的具体操作过程如下：

01 新建文件。单击"新建"按钮，弹出"新建"对话框，输入零件名称为 zhizuo，单击"确定"按钮，进入实体建模界面。

02 创建底座。

❶单击"基础特征"工具栏中的"拉伸"按钮，弹出"拉伸"操控板，选取 TOP 基准平面作为草绘平面，绘制如图5.68所示的草图。单击"完成"按钮，退出草绘环境。

❷选择拉伸方式为"对称"，输入深度为80，单击"应用"按钮。结果如图5.69所示。

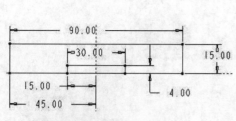

图 5.68 草绘底座

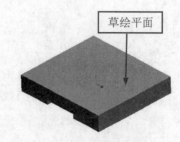

草绘平面

图 5.69 创建底座

03 创建孔槽。

❶重复"拉伸"命令，弹出"拉伸"操控板，选取如图 5.69 所示的平面作为草绘平面，绘制如图 5.70 所示的草图。单击"完成"按钮✔，退出草绘环境。

❷选择拉伸方式为"穿透"≡，单击"移除材料"按钮⧄，调整箭头方向为向下，单击"应用"按钮✅。结果如图 5.71 所示。

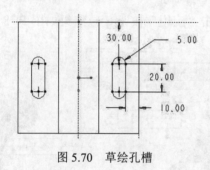

图 5.70 草绘孔槽

图 5.71 创建孔槽

04 创建上部支座。

❶重复"拉伸"命令，弹出"拉伸"操控板，选取 RIGHT 基准平面作为草绘平面，绘制如图 5.72 所示的草图。单击"完成"按钮✔，退出草绘环境。

❷选择拉伸方式为"对称"⊞，输入深度为 60，单击"应用"按钮✅。结果如图 5.73 所示。

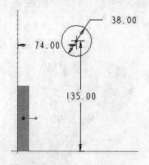

图 5.72 草绘上部支座

图 5.73 创建上部支座

05 创建支撑。

❶重复"拉伸"命令，弹出"拉伸"操控板，选取 RIGHT 基准平面作为草绘平面，绘制如图 5.74 所示的草图。单击"完成"按钮✔，退出草绘环境。

❷选择拉伸方式为"对称"⊞，输入深度为 40，单击"应用"按钮✅。结果如图 5.75 所示。

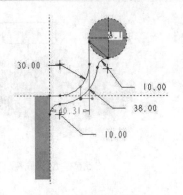

图 5.74　草绘支撑

图 5.75　创建支撑

06 创建筋板。

❶单击"工程特征"工具栏中的"轮廓筋"按钮，打开"轮廓筋"操控板，单击"参照"下滑面板中的"定义"按钮，弹出"草绘"对话框，选取 RIGHT 基准平面作为草绘平面，绘制如图 5.76 所示的草图。单击"完成"按钮✔，退出草绘环境。

❷返回操控板，参数设置如图 5.77 所示，单击"应用"按钮☑。结果如图 5.78 所示。

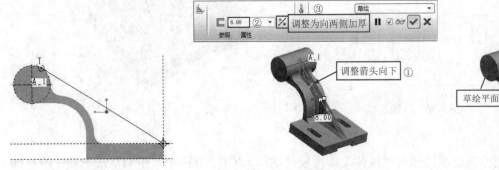

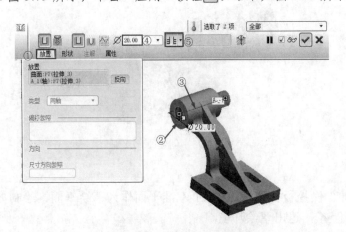

图 5.76　草绘筋板　　　　　图 5.77　轮廓筋参数设置　　　　　图 5.78　创建筋板

07 创建孔。单击"工程特征"工具栏中的"孔"按钮，弹出"孔"操控板，参数设置如图 5.79 所示，单击"应用"按钮☑。结果如图 5.80 所示。

图 5.79　创建孔的参数设置　　　　　图 5.80　创建结果

5.5.3 "轨迹筋"操控板简介

"轨迹筋"特征的操控板包括两部分内容:"轨迹筋"操控板和下滑面板。下面进行详细介绍。

1."轨迹筋"操控板

单击"工程特征"工具栏中的"轨迹筋"按钮 ，或者选择菜单栏中的"插入"→"筋"→"轨迹筋"命令，打开如图 5.81 所示的"轨迹筋"操控板。

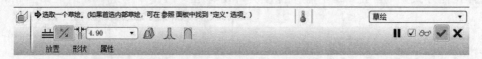

图 5.81　"轨迹筋"操控板

"轨迹筋"操控板中的各选项含义如下。

(1) （反向）:用于切换轨迹筋特征的拉伸方向。

(2) （宽度）:控制筋特征的材料厚度。文本框中包含最近使用的尺寸值。

(3) （拔模）:添加拔模特征。

(4) （内部圆角）:在筋内部边上添加倒圆角。

(5) （外部圆角）:在筋的暴露边上添加圆角边。

2.下滑面板

(1)"放置"下滑面板如图 5.82 所示,用于设置有关筋特征参照的信息并允许对其进行修改。

"草绘"列表框:包含为筋特征选定的有效草绘特征参照。可使用快捷菜单（指针位于列表框中）中的"移除"命令来移除草绘参照。草绘列表框每次只能包含一个"筋"特征草绘参照。

(2)"形状"下滑面板如图 5.83 所示,用于设置有关筋特征的形状和圆角参数。

(3)"属性"下滑面板如图 5.84 所示,用于获取筋特征的信息并允许重命名筋特征。

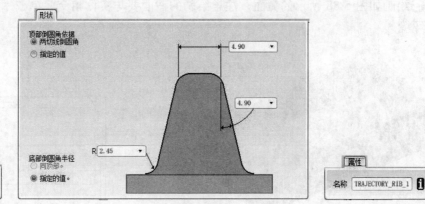

图 5.82　"放置"下滑面板　　　图 5.83　"形状"下滑面板　　　图 5.84　"属性"下滑面板

5.5.4 动手学——创建模具盒

本小节介绍模具盒的创建。首先利用"拉伸"命令创建模具盒的主体结构,然后利用"壳"命令创建壳体,最后利用"轨迹筋"命令创建筋板。

创建模具盒的具体操作过程如下：

01 新建文件。单击"新建"按钮🗋，弹出"新建"对话框，输入零件名称为 mujuhe，单击"确定"按钮，进入实体建模界面。

02 创建主体。

❶单击"基础特征"工具栏中的"拉伸"按钮🗗，弹出"拉伸"操控板，选取 TOP 基准平面作为草绘平面，绘制如图 5.85 所示的草图。单击"完成"按钮✔，退出草绘环境。

❷选择拉伸方式为"盲孔"⯭，输入深度为 86，单击"应用"按钮☑。结果如图 5.86 所示。

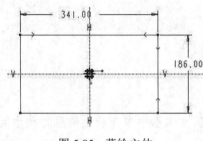

图 5.85 草绘主体

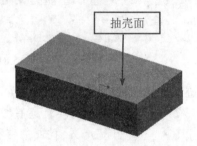

图 5.86 创建主体

03 抽壳。单击"工程特征"工具栏中的"壳"按钮▣，弹出"壳"操控板，选取如图 5.86 所示的面作为要移除的面，输入抽壳厚度为 20，单击"应用"按钮☑，完成抽壳。结果如图 5.87 所示。

04 创建轨迹筋。

❶选择菜单栏中的"插入"→"筋"→"轨迹筋"命令或者单击"工程特征"工具栏中的"轨迹筋"按钮◢，打开"轨迹筋"操控板。

❷单击操控板上的"放置"→"定义"按钮，弹出"草绘"对话框，选取零件的上端面作为草绘平面，进入草绘界面。

❸绘制如图 5.88 所示的截面，注意绘制的截面要与实体相交。单击"完成"按钮✔，退出草绘环境。

图 5.87 抽壳

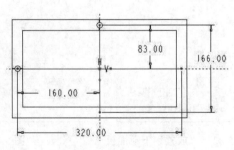

图 5.88 绘制截面

❹返回操控板，参数设置如图 5.89 所示。单击"应用"按钮☑，完成模具盒的创建。结果如图 5.90 所示。

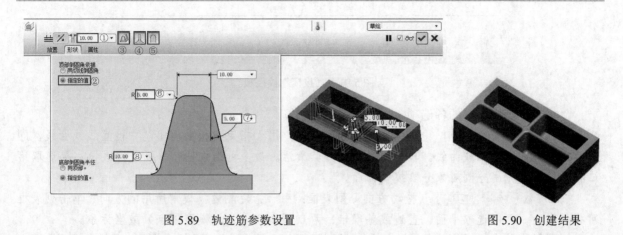

图 5.89　轨迹筋参数设置　　　　　　　　　　　　　　图 5.90　创建结果

5.6　拔　模　特　征

拔模特征将向单独曲面或一系列曲面中添加一个−30°～+30°之间的拔模角度。仅当曲面由列表圆柱面或平面形成时，才可拔模。曲面边的边界周围有圆角时不能拔模。不过，可以先拔模，然后对边进行圆角过渡。

对于拔模，系统使用以下术语：

➤ 拔模曲面：要拔模的模型的曲面。

➤ 拔模枢轴：曲面围绕其旋转的拔模曲面上的线或曲线（也称作中立曲线）。可通过选取平面（在此情况下拔模曲面围绕它们与此平面的交线旋转）或选取拔模曲面上的单个曲线链来定义拔模枢轴。

➤ 拖动方向（也称作拔模方向）：用于测量拔模角度的方向。通常为模具开模的方向。可通过选取平面（在这种情况下拖动方向垂直于此平面）、直边、基准轴或坐标系的轴来定义它。

➤ 拔模角度：拔模方向与生成的拔模曲面之间的角度。如果拔模曲面被分割，则可为拔模曲面的每侧定义两个独立的角度。拔模角度必须在−30°～+30°范围内。

5.6.1　"拔模"操控板简介

拔模曲面可按拔模曲面上的拔模枢轴或不同的曲线进行分割，如与面组或草绘曲线的交线。如果使用不在拔模曲面上的草绘分割，系统会以垂直于草绘平面的方向将其投影到拔模曲面上。如果拔模曲面被分割，可以执行以下操作：

➤ 为拔模曲面的每一侧指定两个独立的拔模角度。

➤ 指定一个拔模角度，第二侧以相反方向拔模。

➤ 仅拔模曲面的一侧（两侧均可），另一侧仍位于中性位置。

1."拔模"操控板

单击"工程特征"工具栏中的"拔模"按钮，或者选择菜单栏中的"插入"→"斜度"命令，打开如图 5.91 所示的"拔模"操控板。

图 5.91 "拔模"操控板

"拔模"操控板中的各选项含义如下。

（1） （拔模枢轴）列表框：用于指定拔模曲面上的中性直线或曲线，即曲面绕其旋转的直线或曲线。单击列表框可将其激活。最多可选取两个平面或曲线链。要选取第二枢轴，必须先用分割对象分割拔模曲面。

（2） （拖动方向）列表框：用于指定测量拔模角所用的方向。单击列表框可将其激活。可以选取平面、直边或基准轴、两点（如基准点或模型顶点）或坐标系。

对于具有独立拔模侧的"分割拔模"，该对话框包含第二"角度"组合框和"反转角度"按钮，以控制第二侧的拔模角度。此时，操控板如图 5.92 所示。

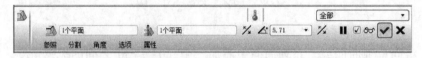

图 5.92 进行一定操作后的"拔模"操控板

2．下滑面板

"拔模"操控板中包含下列下滑面板。

（1）"参照"下滑面板如图 5.93 所示，用于显示在拔模特征和分割选项中使用的参照列表框。该下滑面板中包含以下选项。

➤ 拔模曲面：模型中要进行拔模的曲面。

➤ 拔模枢轴：又称中性面或中性曲线，即拔模后不会改变形状大小的截面、表面或曲线。

➤ 拖动方向：拔模方向与拔模后的拔模面的夹角。

（2）"分割"下滑面板如图 5.94 所示，用于设置分割类型。在"分割选项"后的 下滑面板有两种分割选项，如图 5.95 所示。

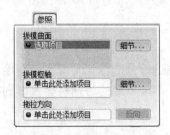

图 5.93 "参照"下滑面板

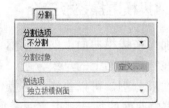

图 5.94 "分割"下滑面板

当选择"根据分割对象分割"选项时，"分割"下滑面板如图 5.96 所示，单击"分割对象"栏中的"定义"按钮，绘制拔模分割线。在"侧选项"一栏中又有三种选项。

➤ 独立拔模侧面：为每个拔模面明确两个独立的拔模角。

➤ 只拔模第一侧：仅在拔模中性面的第一侧进行拔模，第二侧保持在中性位置。

➤ 只拔模第二侧：仅在拔模中性面的第二侧进行拔模，第一侧保持在中性位置。

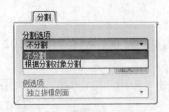
图 5.95　两种分割选项

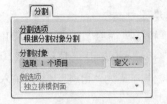
图 5.96　"根据分割对象分割"选项

（3）"角度"下滑面板如图 5.97 所示，用于设置拔模角度值及其位置的列表。右击可增加控制点。

（4）"选项"下滑面板如图 5.98 所示，用于设置定义拔模几何的选项。

➢ 拔模相切曲面：沿着切面来分布拔模特征。

➢ 延伸相交曲面：以延长拔模面的方式进行拔模。

（5）"属性"下滑面板如图 5.99 所示，用于设置特征名称和访问特征信息。

图 5.97　"角度"下滑面板

图 5.98　"选项"下滑面板

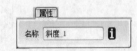
图 5.99　"属性"下滑面板

5.6.2　动手学——创建基座

本小节介绍基座的创建。首先利用"拉伸"命令创建基座的主体结构，然后利用"拔模"命令对其进行编辑，再利用"拉伸"命令创建凸台，最后利用"孔"命令创建沉孔。

创建基座的具体操作过程如下：

01 新建文件。单击"新建"按钮，弹出"新建"对话框，输入零件名称为 jizuo，单击"确定"按钮，进入实体建模界面。

02 创建底座。

❶单击"基础特征"工具栏中的"拉伸"按钮。选择 TOP 基准平面作为草绘平面，绘制如图 5.100 所示的草图。单击"完成"按钮✓，退出草绘环境。

❷选择拉伸方式为"盲孔"，输入深度为 10，单击"应用"按钮✓。结果如图 5.101 所示。

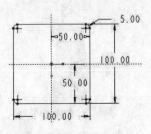
图 5.100　绘制草图 1

图 5.101　创建底座

03 创建圆柱体。

❶重复"拉伸"命令。选择图 5.101 所示的平面作为草绘平面，绘制如图 5.102 所示的草图。单击"完成"按钮 ✔，退出草绘环境。

❷选择拉伸方式为"盲孔" ，输入深度为 100，单击"应用"按钮 。结果如图 5.103 所示。

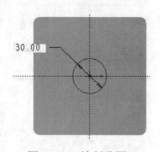

图 5.102　绘制草图 2

图 5.103　创建圆柱体

04 创建拔模特征。

❶单击"工程特征"工具栏中的"拔模"按钮 ，弹出"拔模"操控板，参数设置如图 5.104 所示。

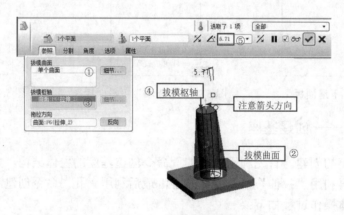

图 5.104　拔模参数设置

❷单击"应用"按钮 ，完成拔模特征的创建。结果如图 5.105 所示。

05 创建凸台。

❶单击"基础特征"工具栏中的"拉伸"按钮 。选择 FRONT 基准平面作为草绘平面，绘制如图 5.106 所示的草图。单击"完成"按钮 ✔，退出草绘环境。

图 5.105　创建拔模特征

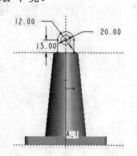

图 5.106　绘制草图 3

❷选择拉伸方式为"对称"⊟，输入深度为20，单击"应用"按钮✅。结果如图 5.107 所示。

06 创建槽口。

❶单击"基础特征"工具栏中的"拉伸"按钮◪。选择 FRONT 基准平面作为草绘平面，绘制如图 5.108 所示的草图。单击"完成"按钮✔，退出草绘环境。

❷单击"移除材料"按钮◪，选择拉伸方式为"对称"⊟，输入深度为12，单击"应用"按钮✅。结果如图 5.109 所示。

图 5.107　创建凸台

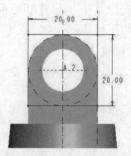
图 5.108　绘制草图 4

图 5.109　创建槽口

07 创建沉孔。

❶单击"工程特征"工具栏中的"孔"按钮◪，弹出"孔"操控板。选取底座的上表面作为孔放置面，参数设置如图 5.110 所示，单击"应用"按钮✅。结果如图 5.111 所示。

❷同理，创建其他 3 个沉孔。结果如图 5.112 所示。

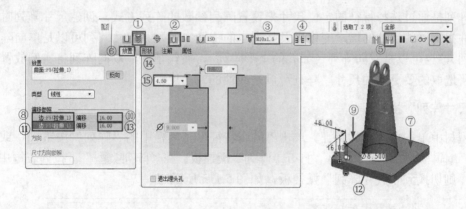
图 5.110　沉孔参数设置

图 5.111　创建沉孔

图 5.112　创建结果

5.7 阵 列 特 征

阵列特征就是按照一定的排列方式复制特征。在创建阵列时，通过改变某些指定尺寸，可创建选定特征的实例，结果将得到一个特征的阵列。特征的阵列有尺寸、方向、轴和填充四种类型，这里只讲述前三种比较常用的阵列方式。其中，尺寸和方向两种类型的阵列结果为矩形阵列，而轴类型阵列结果为圆形阵列。阵列有如下优点：

（1）创建阵列是重新生成特征的快捷方式。

（2）阵列是由参数控制的。因此，通过改变阵列参数，如实例数、实例之间的间距和原始特征尺寸，可修改阵列。

（3）修改阵列比分别修改特征更为有效。在阵列中改变原始特征尺寸时，Pro/ENGINEER 会自动更新整个阵列。

（4）对包含在一个阵列中的多个特征同时执行操作，比操作单独特征更为方便和高效。例如，可方便地隐含阵列或将其添加到层。

阵列有尺寸阵列、方向阵列、轴阵列、填充阵列四种类型，下面分别以实例来讲述这四种阵列类型的操作方法。

5.7.1 "尺寸阵列"操控板简介

尺寸阵列是通过选择特征的定位尺寸来设置阵列参数的阵列方式。创建尺寸阵列时，选取特征尺寸，并指定这些尺寸的增量变化以及阵列中的特征实例数。尺寸阵列可以是单向阵列（如孔的线性阵列），也可以是双向阵列（如孔的矩形阵列）。换句话说，双向阵列将实例放置在行和列中。根据所选取的要更改的尺寸，阵列可以是线性的或角度的。

1. "尺寸阵列"操控板

在模型树中单击要阵列的特征，单击"编辑特征"工具栏中的"阵列"按钮▦，或者选择菜单栏中的"编辑"→"阵列"命令，打开"阵列"操控板。在"阵列类型"下拉列表框中选择"尺寸"类型，则切换到"尺寸阵列"操控板，如图 5.113 所示。

图 5.113 "尺寸阵列"操控板

操控板中的各选项含义如下。

（1） 选取项目 收集器：第一方向的阵列尺寸。单击以将其激活，然后添加或删除尺寸。

（2） 单击此处添加项目 收集器：第二方向的阵列尺寸。单击以将其激活，然后添加或删除尺寸。

2. 下滑面板

（1）"尺寸"下滑面板如图 5.114 所示，使用此下滑面板用于定义阵列方向 1 和方向 2 的尺寸及增量。

➢ "方向1"列表框：用于确定第一方向阵列尺寸及增量值。

➢ "方向2"列表框：用于确定第二方向阵列尺寸及增量值。

（2）"选项"下滑面板如图 5.115 所示，使用该下滑面板可对重新生成的选项进行下列操作。

➢ "相同"：通过假定所有成员都相同、彼此不相交且不打断零件边来计算成员几何。

➢ "可变"：通过假定所有成员形状各异且彼此不相交来计算成员几何。

➢ "一般"：通过假定所有成员形状各异且可能彼此相交来计算成员几何。

（3）"属性"下滑面板如图 5.116 所示，使用该下滑面板可编辑特征名，并在浏览器中打开特征信息。

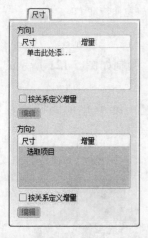

图 5.114　"尺寸"下滑面板

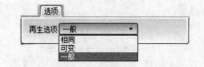

图 5.115　"选项"下滑面板

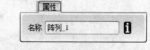

图 5.116　"属性"下滑面板

5.7.2　动手学——创建底座

本小节通过底座的创建来讲解尺寸阵列的创建步骤。首先利用"拉伸"命令创建底座主体结构，然后利用"拉伸"命令创建孔，最后对孔进行尺寸阵列。底座模型如图 5.117 所示。具体操作过程如下：

01 新建文件。单击"新建"按钮 □，弹出"新建"对话框，输入零件名称为 dizuo，单击"确定"按钮，进入实体建模界面。

图 5.117　底座模型

02 创建拉伸特征 1。

❶单击"基础特征"工具栏中的"拉伸"按钮 ☑，系统打开"拉伸"操控板。选择 FRONT 基

准平面作为草绘平面，绘制如图 5.118 所示的草图。单击"完成"按钮 ✔，退出草绘环境。

❷拉伸方式选择"盲孔" 및，深度为 26。单击"应用"按钮 ☑，完成特征的创建，如图 5.119 所示。

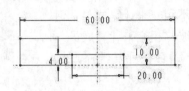

图 5.118　绘制拉伸草图 1

图 5.119　创建拉伸特征 1

03 创建拉伸特征 2。

❶重复"拉伸"命令，选择如图 5.120 所示的平面作为草绘平面，绘制如图 5.121 所示的草图。单击"完成"按钮 ✔，退出草绘环境。

❷拉伸方式选择"盲孔" 및，深度为 40。单击"应用"按钮 ☑，完成特征的创建，如图 5.122 所示。

图 5.120　选择草绘平面

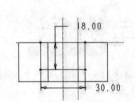

图 5.121　绘制拉伸草图 2

图 5.122　创建拉伸特征 2

04 创建拉伸切除特征 1。

❶重复"拉伸"命令，选择拉伸特征 2 的上表面作为草绘平面，绘制如图 5.123 所示的草图。单击"完成"按钮 ✔，退出草绘环境。

❷拉伸方式选择"穿透" ⊒⊧，单击"移除材料"按钮 ☑，单击"应用"按钮 ☑，完成特征的创建，如图 5.124 所示。

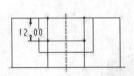

图 5.123　绘制拉伸切除草图

图 5.124　创建拉伸切除特征

05 创建圆角。单击"工程特征"工具栏中的"倒圆角"按钮 ，打开"倒圆角"操控板，选取图 5.125 所示的棱边，在操控板上设置圆角半径为 5.00，单击"应用"按钮 ☑。结果如图 5.126 所示。

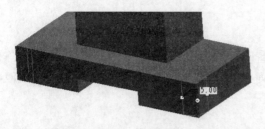

图 5.125　选取棱边

图 5.126　创建圆角特征

06 创建阶梯孔。

❶单击"基础特征"工具栏中的"拉伸"按钮 ，打开"拉伸"操控板。选择拉伸特征 1 的上表面作为草绘平面，绘制如图 5.127 所示的草图。单击"完成"按钮 ✔，退出草绘环境。

❷拉伸方式选择"穿透" ，单击"移除材料"按钮 ，单击"应用"按钮 ✔，完成特征的创建，如图 5.128 所示。

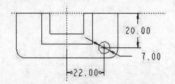

图 5.127　绘制阶梯孔草图

图 5.128　创建阶梯孔

07 阵列孔。

❶在模型树中单击"拉伸 4"特征，单击"编辑特征"工具栏中的"阵列"按钮 ，打开"阵列"操控板。在"阵列类型"下拉列表框中选择"尺寸"类型，操控板如图 5.113 所示。

❷在模型树中单击"拉伸 2"特征，单击"编辑特征"工具栏中的"阵列"按钮 ，打开"阵列"操控板。在"阵列类型"下拉列表框中选择"方向"类型，则切换到"尺寸阵列"操控板，参数设置步骤如图 5.129 所示。

❸单击"应用"按钮 ✔，完成阵列操作。最终结果如图 5.117 所示。

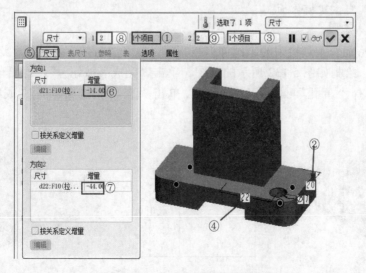

图 5.129　尺寸阵列参数设置步骤

5.7.3 “方向阵列”操控板简介

方向阵列通过指定方向并拖动控制滑块设置阵列增长的方向和增量来创建自由形式阵列，即先指定特征的阵列方向，然后指定尺寸值和行列数的阵列方式。方向阵列可以为单向或双向。

1. “方向阵列”操控板

在模型树中单击要阵列的特征，单击“编辑特征”工具栏中的“阵列”按钮，或选择菜单栏中的“编辑”→“阵列”命令，在“阵列类型”下拉列表框中选取阵列类型为“方向”类型，则切换到“方向阵列”操控板，如图 5.130 所示。

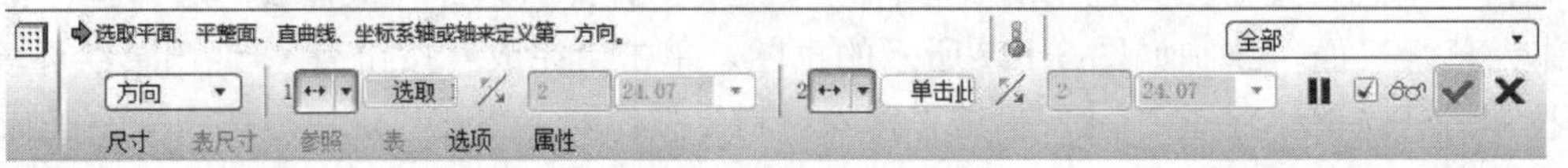

图 5.130　“方向阵列”操控板

“方向阵列”操控板中的部分选项含义如下。

- 选取 1 个项目 收集器：第一方向参考，选择建立第一方向的参考。
- 单击此处添加项目 收集器：第二方向参考，选择建立第二方向的参考。

2. 下滑面板

“方向阵列”操控板的下滑面板与“尺寸阵列”操控板的下滑面板完全相同，这里不再赘述。

扫一扫，看视频

5.7.4 动手学——创建凸模

本小节通过凸模的创建来讲解方向阵列的创建步骤。首先利用“拉伸”和“拔模”命令创建凸模主体结构，然后利用“旋转”命令创建阶梯孔，最后对阶梯孔进行方向阵列。凸模模型如图 5.131 所示。具体操作过程如下：

01 新建文件。单击“新建”按钮，弹出“新建”对话框，输入零件名称为 tumu，单击“确定”按钮，进入实体建模界面。

02 创建拉伸特征 1。

❶单击“基础特征”工具栏中的“拉伸”按钮，打开“拉伸”操控板。选择 FRONT 基准平面作为草绘平面，绘制如图 5.132 所示的草图。单击“完成”按钮，退出草绘环境。

❷拉伸方式选择“盲孔”，深度为 30。单击“应用”按钮，完成特征的创建，如图 5.133 所示。

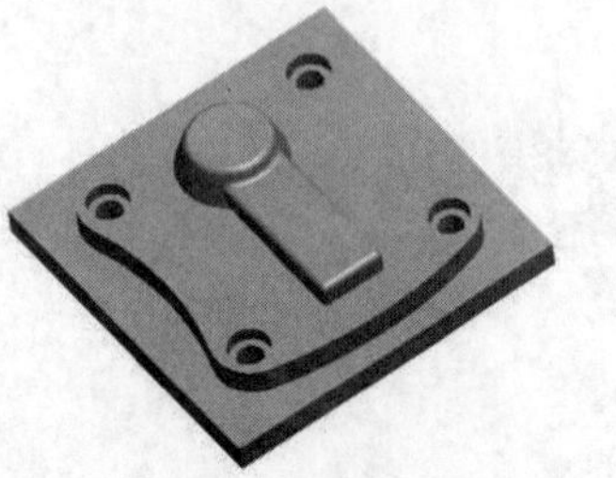

图 5.131　凸模模型

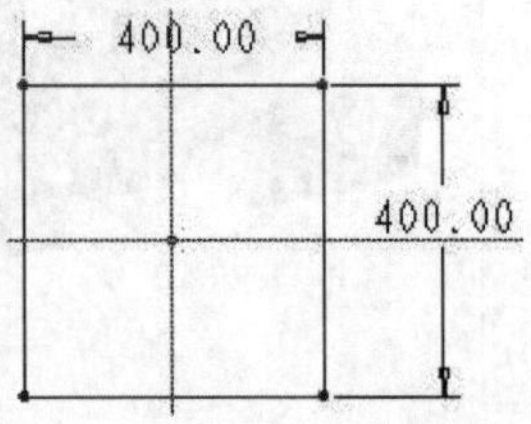

图 5.132　绘制拉伸草图

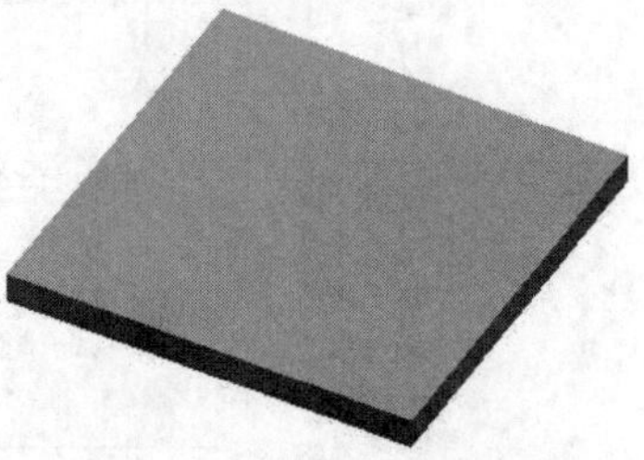

图 5.133　创建拉伸特征 1

03 创建拉伸特征2。

❶重复"拉伸"命令，选择拉伸特征1的上表面作为草绘平面，绘制如图5.134所示的草图。单击"完成"按钮✔，退出草绘环境。

❷拉伸方式选择"盲孔"⊥，深度为40。单击"应用"按钮☑，完成特征的创建，如图5.135所示。

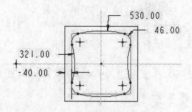

图5.134 绘制拉伸草图

图5.135 创建拉伸特征2

04 创建旋转特征。

❶单击"基础特征"工具栏中的"旋转"按钮◈，打开"旋转"操控板。选择RIHGT基准平面作为草绘平面，绘制如图5.136所示的草图。单击"完成"按钮✔，退出草绘环境。

❷单击"应用"按钮☑，完成特征的创建。结果如图5.137所示。

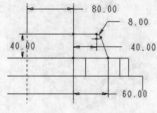

图5.136 绘制旋转草图

图5.137 创建旋转特征

05 创建拉伸特征3。

❶单击"基础特征"工具栏中的"拉伸"按钮❑，打开"拉伸"操控板。选择拉伸特征2的上表面作为草绘平面，绘制如图5.138所示的草图。单击"完成"按钮✔，退出草绘环境。

❷拉伸方式选择"盲孔"⊥，深度为30。单击"应用"按钮☑，完成特征的创建，如图5.139所示。

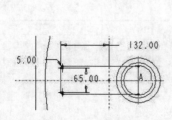

图5.138 绘制拉伸草图

图5.139 创建拉伸特征3

06 创建圆角。单击"工程特征"工具栏中的"倒圆角"按钮◣，打开"倒圆角"操控板。选取图5.140所示的棱边，在操控板上设置圆角半径为7.00，单击"应用"按钮☑。结果如图5.141所示。

图 5.140　选取棱边

图 5.141　创建圆角

07 创建基准平面 DTM1。单击"基准"工具栏中的"平面"按钮⬜，打开"基准平面"对话框。选择 TOP 基准平面作为参照向上偏移 122，创建基准平面 DTM1。

08 创建阶梯孔。

❶单击"基础特征"工具栏中的"旋转"按钮❀，打开"旋转"操控板。选择 DTM1 的基准平面作为草绘平面，绘制如图 5.142 所示的草图。单击"完成"按钮✔，退出草绘环境。

❷单击"移除材料"按钮◪，单击"应用"按钮✔，完成阶梯孔的创建。结果如图 5.143 所示。

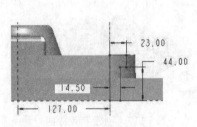

图 5.142　绘制阶梯孔草图

图 5.143　创建阶梯孔

09 阵列阶梯孔。

❶在模型树中单击"旋转 2"特征，单击"编辑特征"工具栏中的"阵列"按钮▦，打开阵列操控板。在阵列类型下拉表框中选择"方向"类型，"方向阵列"操控板如图 5.130 所示。

❷在模型树中单击"拉伸 2"特征，单击"编辑特征"工具栏中的"阵列"按钮▦，打开阵列操控板。在阵列类型下拉表框中选择"方向"类型，则弹出"方向阵列"操控板，参数设置步骤如图 5.144 所示。

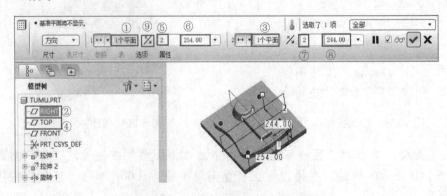

图 5.144　方向阵列的参数设置步骤

❸单击"应用"按钮☑，完成阵列操作。最终结果如图 5.131 所示。

5.7.5 "轴阵列"操控板简介

轴阵列就是特征绕旋转中心轴在圆周上进行阵列。圆周阵列第一方向的尺寸用于定义圆周方向上的角度增量，第二方向的尺寸用于定义阵列径向增量。

1．"轴阵列"操控板

在模型树中单击要阵列的特征，单击"编辑特征"工具栏中的"阵列"按钮▦，或者选择菜单栏中的"编辑"→"阵列"命令，在"阵列类型"下拉列表框中选取阵列类型为"轴"类型，则切换到"轴阵列"操控板，如图 5.145 所示。

图 5.145 "轴阵列"操控板

"轴阵列"操控板中的部分选项含义如下：

（1）● 选取 1 个项目 收集器：中心轴，选择要成为阵列中心的基准轴。

（2） 4 文本框：输入第一方向的阵列成员数。

（3） 90.00 ▼ 下拉列表框：设置阵列成员间的角度。

（4）△ 360.00 ▼ 下拉列表框：设置阵列的角度范围。成员数目将在指定的角度上均分。

（5） 2 1 文本框：输入第二方向的阵列成员数。

（6） 56.96 ▼ 下拉列表框：设置阵列成员间的径向距离。

2．下滑面板

"选项"下滑面板如图 5.146 所示。

"跟随轴旋转"复选框：勾选该复选框，对旋转平面中的阵列成员进行旋转，使其跟随轴旋转。

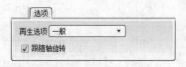

图 5.146 "选项"下滑面板

5.7.6 动手学——创建法兰盘

本小节通过法兰盘的创建来讲解轴阵列的创建步骤。首先通过"拉伸"和"旋转"命令创建法兰盘的主体结构，然后利用"拉伸"命令创建孔，最后再对孔进行轴阵列。法兰盘模型如图 5.147 所示。具体操作过程如下：

01 新建文件。单击"新建"按钮🗋，弹出"新建"对话框，输入零件名称为 falanpan，单击"确定"按钮，进入实体建模界面。

02 创建拉伸特征。

❶单击"基础特征"工具栏中的"拉伸"按钮🗗，打开"拉伸"操控板。选择 TOP 基准平面作为草绘平面，绘制如图 5.148 所示的草图。单击"完成"按钮✔，退出草绘环境。

❷拉伸方式选择"盲孔"⊥⊥，深度为 14。单击"应用"按钮☑，完成特征的创建，如图 5.149 所示。

扫一扫，看视频

图 5.147　法兰盘模型

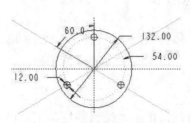

图 5.148　绘制拉伸草图

图 5.149　创建拉伸特征

03 创建拉伸切除特征 1。

❶重复"拉伸"命令，选择拉伸特征的上表面作为草绘平面，绘制如图 5.150 所示的草图。单击"完成"按钮✔，退出草绘环境。

❷设置拉伸方式为"穿透"⊒�。单击"应用"按钮☑，完成特征的创建，如图 5.151 所示。

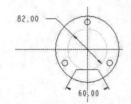

图 5.150　绘制拉伸切除草图 1

图 5.151　创建拉伸切除特征 1

04 阵列拉伸切除特征 1。

❶在模型树上选择"拉伸 1"切除特征。单击"编辑特征"工具栏中的"阵列"按钮▦，选择阵列类型为"轴"。操控板参数设置如图 5.152 所示。

❷单击"应用"按钮☑，阵列结果如图 5.153 所示。

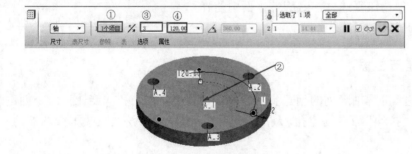

图 5.152　操控板参数设置

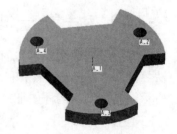

图 5.153　轴阵列

05 创建旋转特征。

❶单击"基础特征"工具栏中的"旋转"按钮✦，打开"旋转"操控板。选择 FRONT 基准平面作为草绘平面，绘制如图 5.154 所示的草图。单击"完成"按钮✔，退出草绘环境。

❷单击"应用"按钮☑，结果如图 5.155 所示。

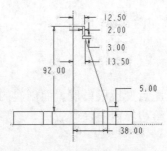

图 5.154　绘制旋转草图

图 5.155　创建旋转特征

06 创建旋转切除特征。

❶重复"旋转"命令，选择 FRONT 基准平面作为草绘平面，绘制如图 5.156 所示的草图。单击"完成"按钮✔，退出草绘环境。

❷单击"移除材料"按钮◢，单击"应用"按钮☑。结果如图 5.157 所示。

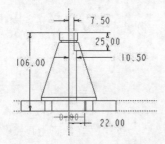

图 5.156　绘制旋转切除草图

图 5.157　创建旋转切除特征

07 创建基准平面 DTM1。单击"基准"工具栏中的"平面"按钮▱，打开"基准平面"对话框，选择 TOP 基准平面作为参照向上偏移 19，创建基准平面 DTM1。

08 创建拉伸切除特征 2。

❶单击"基础特征"工具栏中的"拉伸"按钮，打开"拉伸"操控板。选择 DTM1 基准平面作为草绘平面，绘制如图 5.158 所示的草图。单击"完成"按钮✔，退出草绘环境。

❷拉伸方式选择"盲孔"，深度为 54，单击"移除材料"按钮◢。单击"应用"按钮☑，完成特征的创建，如图 5.159 所示。

09 阵列拉伸切除特征 2。

❶在模型树上选择"拉伸 2"切除特征。单击"编辑特征"工具栏中的"阵列"按钮▦，选择阵列类型为"轴"，在绘图区选取如图 5.160 所示的中心轴。设置阵列数量为 6，夹角为 60°。

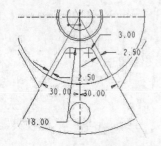

图 5.158　绘制拉伸切除草图 2

图 5.159　创建拉伸切除特征 2

图 5.160　选取阵列中心轴

151

❷单击"应用"按钮☑，完成阵列操作。最终结果如图 5.147 所示。

📖5.7.7 "填充阵列"操控板简介

填充阵列是根据栅格、栅格方向和成员间的间距从原点变换成员位置而创建的。草绘的区域和边界余量决定着将创建哪些成员。将创建中心位于草绘边界内的任何成员。边界余量不会改变成员的位置。

1. "填充阵列"操控板

在模型树中单击要阵列的特征，单击"编辑特征"工具栏中的"阵列"按钮▦，或者选择菜单栏中的"编辑"→"阵列"命令，在"阵列类型"下拉列表框中选取阵列类型为"填充"类型，则切换到"填充阵列"操控板，如图 5.161 所示。

图 5.161 "填充阵列"操控板

"填充阵列"操控板中的部分选项含义如下：

（1）🔲 ⦿选取 1 个项 收集器：选取或草绘填充的区域。

（2）▦ 设置栅格类型：包括"方形▦""菱形▨""六边形▨""同心圆◉""螺旋线◎"和"草绘曲线▦"六种类型。默认的栅格类型被设置为"方形"。

（3）⁙⁚56.96 ▾ （间距）下拉列表框：指定阵列成员间的间距值，可在输入框中输入一个新值、在图形窗口中拖动控制滑块，或者双击与"间距"相关的值并输入新值。

（4）░0.00 ▾ （边距）下拉列表框：指定阵列成员中心与草绘边界的距离，可在输入框中输入一个新值。使用负值可使中心位于草绘的外面。也可以在图形窗口中拖动控制滑块，或者双击与"边距"相关的值并输入新值。

（5）◿0.00 ▾ （角度）下拉列表框：指定栅格绕原点的旋转角度，可在输入框中输入一个值，也可以在图形窗口中拖动控制滑块，或者双击与"角度"相关的值并输入新值。

（6）⟋113.92 ▾ （径向间距）下拉列表框：指定圆形和螺旋形栅格的径向间隔，可在输入框中输入一个值，也可以在图形窗口中拖动控制滑块，或者双击与"径向间距"相关的值并输入新值。

2. 下滑面板

（1）"参照"下滑面板如图 5.162 所示，用于创建或编辑草绘截面。

定义... （定义）：用于创建草绘截面。

（2）"选项"下滑面板如图 5.163 所示。

➢ "使用替代原件"复选框：勾选该复选框，使用替代原件表示引线的中心。

➢ "跟随引线位置"复选框：勾选该复选框，使用相同距离作为阵列导引，从草绘平面中偏移阵列成员。

➢ "跟随曲面形状"复选框：勾选该复选框，定位成员以跟随选定曲面的形状。单击收集器将其激活，添加或删除要跟随的曲面。

> ➤　"跟随曲面方向"复选框：勾选该复选框，将空间中的成员定向为跟随曲面方向。
> ➤　"间距"：用于调整成员间距离的选项。
> > ↳　"按照投影"：将成员直接投影到曲面上。
> > ↳　"映射到曲面空间"：将成员映射到曲面空间。
> > ↳　"映射到曲面 UV 空间"：将成员映射到曲面 UV 空间。

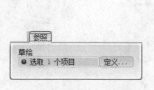

图 5.162　"参照"下滑面板

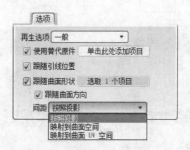

图 5.163　"选项"下滑面板

扫一扫，看视频

5.7.8　动手学——创建蒸屉

本小节通过蒸屉的创建来讲解填充阵列的创建步骤。首先通过"旋转"命令创建蒸屉的主体结构，然后利用"拉伸"命令创建孔，最后对孔进行填充阵列。蒸屉模型如图 5.164 所示。具体操作过程如下：

01 新建文件。单击"新建"按钮，弹出"新建"对话框，输入零件名称为 zhengti，单击"确定"按钮，进入实体建模界面。

02 旋转蒸屉实体。

❶单击"基础特征"工具栏中的"旋转"按钮，打开 "旋转"操控板。选择 TOP 基准平面作为草绘平面，绘制如图 5.165 所示的草图。单击"完成"按钮✔，退出草绘环境。

❷在操控板上设置旋转方式为"盲孔"，输入旋转角度为360°。

❸单击"应用"按钮，完成特征的创建，如图 5.166 所示。

图 5.164　蒸屉模型

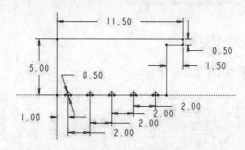

图 5.165　绘制草图

图 5.166　创建旋转蒸屉实体

03 创建蒸屉壳特征。

❶单击"工程特征"工具栏中的"壳"按钮，打开"壳"操控板。

❷选择旋转体上表面，输入壁厚为 0.20。

❸单击"应用"按钮，如图 5.167 所示。

04 创建气孔。

❶单击"基础特征"工具栏中的"拉伸"按钮◢，打开"拉伸"操控板。选择图 5.167 所示的底面作为草绘平面，绘制如图 5.168 所示的圆。单击"完成"按钮✔，退出草绘环境。

❷设置拉伸方式为"穿透"✸，单击"移除材料"按钮◿。单击"应用"按钮✔，完成特征的创建。结果如图 5.169 所示。

图 5.167　抽壳结果

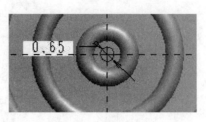

图 5.168　绘制草图

图 5.169　创建气孔

05 阵列气孔。

❶在模型树上选择"拉伸 1"切除特征。单击"编辑特征"工具栏中的"阵列"按钮▦，选择阵列类型为"填充"。

❷单击操控板上的"参照"按钮，参照图 5.170 所示的创建步骤进入草绘环境。

❸绘制填充区域草图，如图 5.171 所示。单击"完成"按钮✔，退出草绘环境。

图 5.170　进入草绘环境的操作步骤

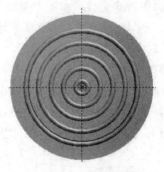

图 5.171　填充区域

❹返回操控板，参数设置如图 5.172 所示。

图 5.172　操控板的参数设置

⑤单击"应用"按钮✔，完成阵列操作。最终结果如图 5.164 所示。

5.8 镜像特征

前面讲的特征复制中的镜像操作只是针对特征进行操作的。在 Pro/ENGINEER Wildfire 5.0 中，还提供了单独的"镜像"命令，不仅能够镜像实体上的某一些特征，还能够镜像整个实体。"镜像"命令允许镜像诸如基准、面组和曲面等几何特征，也可在模型树中选取相应节点来镜像整个零件。

5.8.1 "镜像"操控板简介

"镜像"特征的操控板包括两部分内容："镜像"操控板和下滑面板。下面进行详细介绍。

1."镜像"操控板

选择要镜像的特征，单击"编辑特征"工具栏中的"镜像"按钮🔳，或者选择菜单栏中的"编辑"→"镜像"命令，打开"镜像"操控板，如图 5.173 所示。

图 5.173 "镜像"操控板

操控板中的选项含义如下：

镜像平面 ●选取 1 个项目 收集器：用于选取要镜像的平面。

2. 下滑面板

（1）"参照"下滑面板如图 5.174 所示。

●选取 1 个项目 列表框：用于选取要镜像的平面。

（2）"选项"下滑面板如图 5.175 所示。

"复制为从属项"复选框：使复制的特征尺寸从属于选定特征的尺寸。

图 5.174 "参照"下滑面板

图 5.175 "选项"下滑面板

扫一扫，看视频

5.8.2 动手学——创建管接头

本小节通过管接头的创建来讲解"镜像"命令的使用。首先利用"旋转"命令创建管子和法兰盘，然后创建法兰盘上的孔，并对其进行镜像操作，最后创建 90°方向的管子和法兰盘。管接头模型如图 5.176 所示。具体操作过程如下：

01 新建文件。单击"新建"按钮，弹出"新建"对话框，输入零件名称为 guanjietou，单击"确定"按钮，进入实体建模界面。

02 创建旋转实体。

❶ 单击"基础特征"工具栏中的"旋转"按钮✿，打开"旋转"操控板，选择 FRONT 基准平面作为草绘平面，绘制如图 5.177 所示的草图。单击"完成"按钮✔，退出草绘环境。

❷ 单击"应用"按钮✔，完成旋转体的创建，如图 5.178 所示。

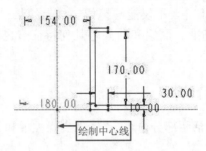

图 5.176　管接头模型　　　　　图 5.177　绘制旋转草图　　　　　图 5.178　创建旋转实体

03 创建孔特征。

❶ 单击"工程特征"工具栏中的"孔"按钮，选取图 5.178 旋转实体的上表面作为放置面，孔参数的设置步骤如图 5.179 所示。

❷ 单击"应用"按钮✔，完成孔的创建，如图 5.180 所示。

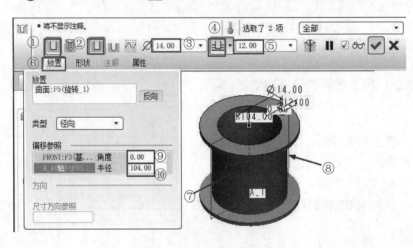

图 5.179　孔参数的设置步骤　　　　　　　　　　图 5.180　创建孔特征

04 阵列孔 1。在模型树中单击"孔 1"特征，单击"编辑特征"工具栏中的"阵列"按钮▦，在"阵列类型"下拉列表框中选取阵列类型为"轴"类型，则打开"轴阵列"操控板，选取 A1 轴作为阵列中心轴，阵列个数为 8，角度为 45°。结果如图 5.181 所示。

05 创建基准平面 DTM1。单击"基准"工具栏中的"平面"按钮▱，打开"基准平面"对话框，选择 TOP 基准平面作为参照向上偏移 95，创建基准平面 DTM1，如图 5.182 所示。

06 镜像孔。在模型树中单击"阵列 1/孔 1"特征，单击"编辑特征"工具栏中的"镜像"按钮▷ℭ，打开"镜像"操控板，选择 DTM1 作为镜像平面。结果如图 5.183 所示。

图 5.181　阵列孔 1

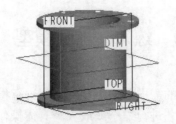

图 5.182　创建基准平面 DTM1

图 5.183　镜像结果

07 创建旋转特征。

❶单击"基础特征"工具栏中的"旋转"按钮✦，打开"旋转"操控板，选择 RIGHT 基准平面作为草绘平面，绘制如图 5.184 所示的草图。单击"完成"按钮✔，退出草绘环境。

❷单击"应用"按钮✔，完成旋转特征的创建。结果如图 5.185 所示。

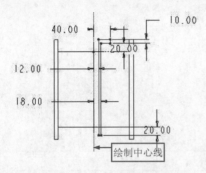

图 5.184　绘制旋转草图

图 5.185　创建旋转特征

08 拉伸孔特征。

❶单击"基础特征"工具栏中的"拉伸"按钮，打开"拉伸"操控板，选择图 5.185 所示的平面作为草绘平面，选择任意圆作为参照绘制草图，如图 5.186 所示。

❷单击"完成"按钮✔，退出草绘环境。

❸拉伸方式选择"盲孔"，深度为 12，单击"移除材料"按钮。单击"应用"按钮✔，完成特征的创建，如图 5.187 所示。

09 阵列孔 2。在模型树中单击"拉伸 1"特征，单击"编辑特征"工具栏中的"阵列"按钮，在"阵列类型"下拉列表框中选取阵列类型为"轴"类型，则打开"轴阵列"操控板，选取 A18 轴作为阵列中心轴，阵列个数为 6，角度为 60°。结果如图 5.188 所示。

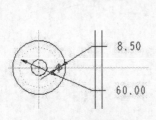

图 5.186　绘制草图

图 5.187　拉伸孔

图 5.188　阵列孔 2

5.9　练习：缩放模型

利用缩放模型命令可以按照用户的需求对整个零件造型进行指定比例的缩放操作。通过缩放模型命令可以按一定的比例对特征尺寸进行缩小或放大。具体操作过程如下：

01 打开文件。单击"打开"按钮，弹出"文件打开"对话框，打开"\源文件\原始文件\第 5 章\ falanpan"文件，并双击该模型的底座使之显示当前模型的尺寸，如图 5.189 所示。

02 缩放模型。

❶选择菜单栏中的"编辑"→"缩放模型"命令，则在消息输入窗口中输入模型的缩放比例为 3，如图 5.190 所示。

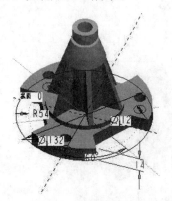

图 5.189　原模型　　　　　　　　　　　图 5.190　输入缩放比例

❷单击"接受值"按钮，系统弹出如图 5.191 所示的"确认"对话框。

❸在该对话框中显示了缩放操作的相关提示信息，单击"是"按钮，即可完成特征缩放操作，完成后模型尺寸处于不显示状态。

❹再次双击模型底座使之显示尺寸，如图 5.192 所示，此时模型被放大 3 倍。

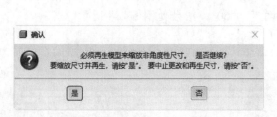

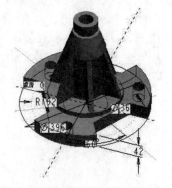

图 5.191　"确认"对话框　　　　　　　图 5.192　模型缩放

注意：

虽然在缩放时只选中了底座进行尺寸显示，但模型是整体进行缩放的。

5.10 综合实例——创建吹风机本体

本实例主要介绍吹风机本体的创建。首先绘制吹风机把手的截面，通过拉伸得到吹风机把手；接着创建倒圆角，选择绘制风筒的截面曲线，通过扫描混合得到风筒，再创建倒圆角；然后对风筒进行抽壳操作；最后拉伸出开关槽，旋转出后盖口和前盖口。

操作步骤

01 新建文件。单击"新建"按钮 ，弹出"新建"对话框，输入名称为 chuifengji，单击"确定"按钮，创建一个新文件。

02 拉伸吹风机把手。

❶单击"基础特征"工具栏上的"拉伸"按钮 ，打开 "拉伸"操控板。选取 FRONT 基准平面作为草绘平面，绘制如图 5.193 所示的截面并修改尺寸。单击"完成"按钮 ，退出草绘环境。

❷选择拉伸方式为"盲孔" ，输入拉伸深度为 200，单击操控板中的"应用"按钮 。结果如图 5.194 所示。

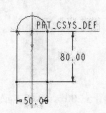

图 5.193 绘制截面

图 5.194 拉伸实体

03 绘制风筒曲线。

❶单击"基准"工具栏中的"草绘"按钮 ，选择 TOP 基准平面作为草绘平面，绘制如图 5.195 所示的风筒曲线 1。单击"完成"按钮 ，退出草绘环境。

❷单击"基准"工具栏中的"平面"按钮 ，打开"基准平面"对话框，选取 TOP 基准平面作为参考平面，输入偏移距离为 200.00，如图 5.196 所示，单击"确定"按钮，完成 DTM1 的创建。

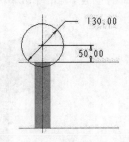

图 5.195 绘制风筒曲线 1

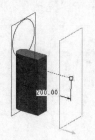

图 5.196 创建 DTM1

❸单击"基准"工具栏中的"平面"按钮 ，打开"基准平面"对话框，选取 TOP 基准平面为参考平面，输入偏移距离为-100.00，如图 5.197 所示，单击"确定"按钮，完成 DTM2 的创建。

❹单击"基准"工具栏中的"草绘"按钮，选择基准平面 DTM1 作为草绘平面，绘制如图 5.198 所示的风筒曲线 2。单击"完成"按钮，退出草绘环境。

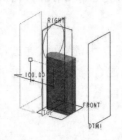

图 5.197　创建 DTM2

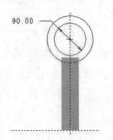

图 5.198　绘制风筒曲线 2

❺单击"基准"工具栏中的"草绘"按钮，选择基准平面 DTM2 作为草绘平面，绘制如图 5.199 所示的风筒曲线 3。单击"完成"按钮，退出草绘环境。

❻单击"基准"工具栏中的"草绘"按钮，选择基准平面 RIGHT 作为草绘平面。单击"草绘"工具栏中的"线"按钮，绘制如图 5.200 所示的扫描轨迹线。单击"完成"按钮，退出草绘环境。

图 5.199　绘制风筒曲线 3

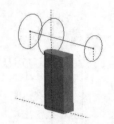

图 5.200　绘制扫描轨迹线

04　扫描风筒。

❶选择"插入"菜单栏中的"扫描混合"命令，打开"扫描混合"操控板。

❷选取图 5.200 中的草图作为参考轨迹。

❸在"截面"下滑面板中选中"所选截面"单选按钮，选取 DTM1 上的草图为截面 1；单击"插入"按钮，选取 TOP 上的草图为截面 2；单击"插入"按钮，选取 DTM2 上的草图为截面 3，如图 5.201 所示。

❹在操控板中单击"完成"按钮，完成本体风筒的创建，如图 5.202 所示。

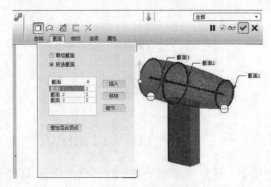

图 5.201　选取截面

图 5.202　创建本体风筒

05 创建倒圆角特征。

❶单击"工程特征"工具栏中的"倒圆角"按钮 🐦，打开"倒圆角"操控板，选取如图 5.203 所示的一条圆角边。

❷在操控板中输入 30.00 作为圆角的半径，单击"应用"按钮 ✅，完成圆角操作。

❸重复上述步骤，使用 Ctrl 键，选取图 5.204 所示的圆角边，输入半径为 5.00。结果如图 5.205 所示。

图 5.203 选取圆角边 1   图 5.204 选取圆角边 2   图 5.205 圆角处理

06 风筒抽壳。

❶单击"工程特征"工具栏中的"壳"按钮 ▣，打开"壳"操控板。

❷选择如图 5.206 所示的扫描混合的两个端面作为移除面。

❸在操控板中输入 4.00 作为壁厚，单击"应用"按钮 ✅，完成抽壳操作，如图 5.207 所示。

选取草绘
平面

图 5.206 选择端面   图 5.207 风筒抽壳

07 拉伸出开关槽。

❶单击"基础特征"工具栏中的"拉伸"按钮 ▱，打开"拉伸"操控板。选取如图 5.207 所示的平面作为草绘平面，绘制如图 5.208 所示的草图。单击"完成"按钮 ✔，退出草绘环境。

❷在操控板上选择"盲孔"深度选项 ⊥，在其后的文本框中输入 6.00，单击"移除材料"按钮 ◿，单击操控板中的"应用"按钮 ✅ 生成拉伸切除特征，如图 5.209 所示。

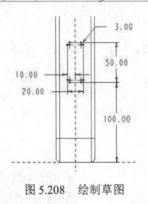

图 5.208　绘制草图

图 5.209　拉伸切除特征

08 旋转出后盖口。

❶单击"基础特征"工具栏中的"旋转"按钮 ，打开"旋转"操控板。选取 RIGHT 基准平面作为草绘平面，绘制如图 5.210 所示的截面草图，单击"完成"按钮 ，退出草绘环境。

❷在操控板中输入旋转角度为 360°，单击"移除材料"按钮 ，单击"应用"按钮 。结果如图 5.211 所示。

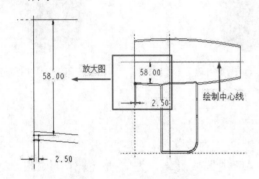

图 5.210　绘制后盖口草图

图 5.211　后盖口

09 旋转出前盖口。

❶单击"基础特征"工具栏中的"旋转"按钮 ，打开"旋转"操控板。选取 RIGHT 基准平面作为草绘平面，绘制如图 5.212 所示的截面草图，单击"完成"按钮 ，退出草绘环境。

❷在操控板中输入旋转角度为 360°，单击"移除材料"按钮 ，单击"应用"按钮 。最终结果如图 5.213 所示。

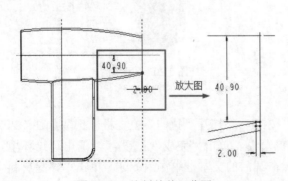

图 5.212　绘制前盖口草图

图 5.213　创建完成的吹风机本体

第 6 章 高级特征建立

内容简介

在前面介绍过零件的基础特征和工程特征之后，本章还将接续讲述零件建模的高级特征。一些复杂的零件造型只通过基础特征和工程特征是无法完成的，在这个过程中要用到高级特征，包括扫描、混合和螺旋扫描特征。

内容要点

➢ 扫描
➢ 混合
➢ 螺旋扫描

案例效果

6.1 扫 描 特 征

扫描特征是通过草绘或选取轨迹，然后沿该轨迹对草绘截面进行扫描来创建实体，如图 6.1 所示。常规截面扫描可使用特征创建时的草绘轨迹，也可使用由选定基准曲线或边组成的轨迹。作为一般规则，该轨迹必须有相邻的参照曲面或参照平面。在定义扫描时，系统检查指定轨迹的有效性，并建立法向曲面。法向曲面是指一个曲面，其法向用于建立该轨迹的 Y 轴。法向曲面存在模糊时，系统会提示选取一个法向曲面。

图 6.1　由扫描特征形成的零件

6.1.1　扫描菜单管理器简介

通过"扫描"命令不仅可以创建实体特征，还可以创建薄壁特征。本小节将分别讲述运用扫描工具创建实体特征和薄壁特征的操作。

1. "扫描-伸出项"菜单管理器

选择"插入"→"扫描"→"伸出项"命令，打开如图 6.2 所示的"扫描轨迹"菜单管理器和"伸出项：扫描"对话框。通过该菜单管理器用户可以设置扫描轨迹的获取方式。

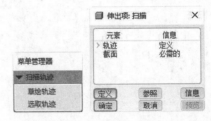

图 6.2　"扫描轨迹"菜单管理器和"伸出项：扫描"对话框

菜单管理器中的各选项含义如下：

（1）"草绘轨迹"：单击该选项，打开"设置草绘平面"菜单管理器和"选取"对话框，如图 6.3 所示。根据系统提示选取或创建一个草绘平面，绘制轨迹线草图。

（2）"选取轨迹"：单击该选项，打开"链"菜单管理器和"选取"对话框，如图 6.4 所示。根据系统提示从菜单选择链选项，选取已经绘制好的草图轨迹线。

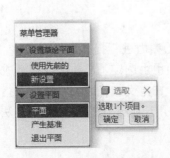

图 6.3　"设置草绘平面"菜单管理器和"选取"对话框　　图 6.4　"链"菜单管理器和"选取"对话框

2."扫描-薄板伸出项"菜单管理器

选择"插入"→"扫描"→"薄板伸出项"命令,打开如图 6.5 所示的"扫描轨迹"菜单管理器和"伸出项:扫描,薄板"对话框。

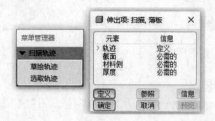

图 6.5 "扫描轨迹"菜单管理器和"伸出项:扫描,薄板"对话框

选项含义同上,这里不再赘述。

📖6.1.2 动手学——创建车轮端盖

本小节讲解如图 6.6 所示的车轮端盖的创建。车轮端盖的创建过程基本分为三步:首先利用"旋转"命令创建车轮端盖的主体结构;然后利用"拉伸"命令创建孔;最后利用"扫描"命令创建加强筋。

01 创建车轮端盖主体结构。

❶单击 "新建"按钮☐,弹出"新建"对话框,输入名称为chelunduangai,单击"确定"按钮,进入实体建模界面。

❷单击"基础特征"工具栏中的"旋转"按钮◈,弹出"旋转"操控板,选择 FRONT 基准平面作为草绘平面,单击"草绘"按钮,进入草绘界面。

❸绘制车轮端盖的旋转草图,如图 6.7 所示。单击"完成"按钮✔,退出草绘环境。

❹设置旋转角度为 360°。单击"应用"按钮✔,完成实体的创建。结果如图 6.8 所示。

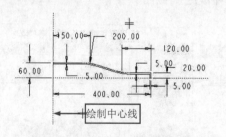

图 6.7 车轮端的盖旋转草图

图 6.8 创建实体

图 6.6 车轮端盖

02 创建孔。

❶单击"基础特征"工具栏中的"拉伸"按钮⬡,弹出"拉伸"操控板,选取如图 6.8 所示的平面作为草绘平面,进入草绘环境。

❷绘制孔草图,如图 6.9 所示。单击"完成"按钮✔,退出草绘环境。

❸选择拉伸方式为"对称"◳,深度为 100,单击"移除材料"按钮◪,单击"应用"按钮✔,完成特征的创建,如图 6.10 所示。

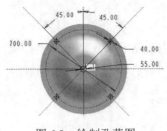

图 6.9　绘制孔草图

图 6.10　创建孔特征

03 创建投影曲线。

❶单击"草绘"按钮![icon]，选择 FRONT 基准平面作为草绘平面，创建如图 6.11 所示的草图。单击"完成"按钮✔，退出草绘环境。

❷选择"编辑"菜单栏中的"投影"命令，弹出"投影"操控板，在绘图区选取要投影的曲线（链）、曲面及方向参照，如图 6.12 所示。单击"应用"按钮![icon]，完成投影曲线的创建，生成的投影曲线如图 6.13 所示。

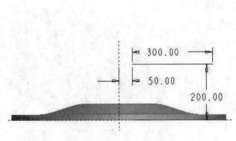

图 6.11　投影曲线草绘

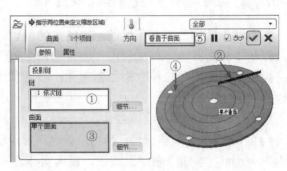

图 6.12　创建投影曲线

04 创建加强筋扫描特征。

❶选择"插入"菜单栏中的"扫描"→"伸出项"命令，打开"扫描轨迹"菜单管理器，参照如图 6.14 所示的步骤选取扫描轨迹并进入草绘环境绘制截面。

图 6.13　生成的投影曲线

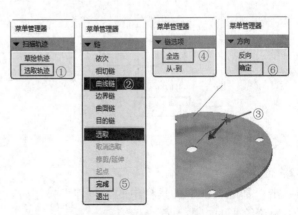

图 6.14　进入草绘环境的操作步骤

❷以草绘参照中心为圆心，绘制半圆形截面，如图 6.15 所示（注意截面的闭合）。单击"完成"按钮✔，退出草绘环境。

❸单击"伸出项：扫描"对话框中的"确定"按钮，完成扫描操作。结果如图 6.16 所示。

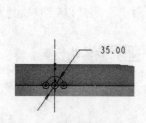

图 6.15　绘制半圆形截面草图

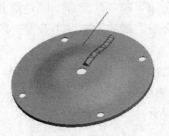

图 6.16　扫描实体

扫一扫，看视频

❹同理，创建其他 3 条加强筋，也可以采用"阵列"命令，进行轴阵列。结果如图 6.6 所示。

6.1.3　动手学——创建弯头

本小节通过弯头的创建来介绍"扫描"→"薄板伸出项"命令，首先绘制薄壁扫描特征，然后利用"拉伸"命令创建两端的法兰盘。具体操作过程如下：

01 新建文件。单击"新建"按钮□，弹出"新建"对话框，选择"零件"类型，在"名称"后的文本框中输入零件名称为 wantou。单击"确定"按钮，进入实体建模界面。

02 创建扫描薄壁特征。

❶选择"插入"菜单栏中的"扫描"→"薄板伸出项"命令，打开"伸出项：扫描，薄板"对话框和"扫描轨迹"菜单管理器。参数设置步骤如图 6.17 所示。

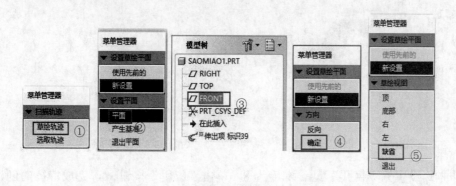

图 6.17　进入草绘环境的操作步骤

❷绘制如图 6.18 所示的扫描轨迹草图。单击"完成"按钮✔，退出扫描轨迹草绘。

❸进入扫描截面草绘，以草绘参照中心为圆心，绘制圆形扫描截面，如图 6.19 所示。单击"完成"按钮✔，退出草绘环境。

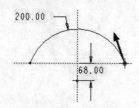

图 6.18　扫描轨迹草图

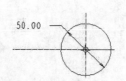

图 6.19　圆形扫描截面草图

❹打开"薄板选项"菜单管理器，选择添加材料的方向。如图 6.20 所示，图中箭头所指的方向为正向。若选择"确定"命令，则是沿着扫描截面向外添加材料；若要改变添加材料方向，则选择"反向"命令，箭头方向发生改变；若选择"两者"命令，则是以扫描截面为对称面，向两侧添加材料。

❺参数设置步骤如图 6.20 所示。单击"接受值"按钮✓完成各项设置。

❻单击"伸出项：扫描，薄板"对话框中的"确定"按钮，完成扫描操作。生成的薄壁扫描特征如图 6.21 所示。

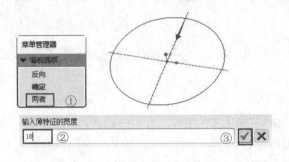

图 6.20　选择添加材料的方向　　　　　　　　图 6.21　薄壁扫描特征

03 创建法兰盘。

❶单击"基础特征"工具栏中的"拉伸"按钮，打开"拉伸"操控板，选取如图 6.22 所示的草绘平面，绘制如图 6.23 所示的草图。单击 "完成"按钮✓，退出草绘环境。

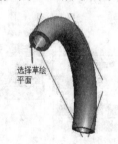

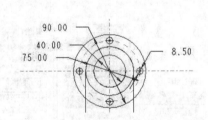

图 6.22　选取草绘平面　　　　　　　　图 6.23　绘制拉伸草图

❷拉伸方式设置为"盲孔"，深度为8，单击"应用"按钮✓，完成特征的创建。结果如图 6.24 所示。

❸同理，创建另一端的法兰盘。结果如图 6.25 所示。

图 6.24　法兰盘 1　　　　　　　　图 6.25　法兰盘 2

6.2　混 合 特 征

扫描特征是由截面沿着轨迹扫描而成的，但是截面形状单一，而混合特征是由两个或两个以上的平面截面组成，并通过将这些平面截面在其边沿处用过渡曲面连接形成的一个连续特征。混合特征可以实现在一个实体中出现多个不同的截面的要求。

混合特征有平行、旋转、一般三种类型，其各自的含义如下：

> 平行：所有混合截面都位于截面草绘中的多个平行平面上。
> 旋转：混合截面绕 Y 轴旋转，最大角度可达 120°。每个截面都单独草绘并使用截面坐标系对齐。
> 一般：一般混合截面可以绕 X 轴、Y 轴和 Z 轴旋转，也可以沿这三个轴平移。每个截面都单独草绘，并使用截面坐标系对齐。

6.2.1　混合菜单管理器简介

选择菜单栏中的"插入"→"混合"→"伸出项"命令，打开如图 6.26 所示的"混合选项"菜单管理器。通过该菜单管理器，用户可以设置混合的类型、截面的类型以及截面的获取方式等选项。

菜单管理器中的部分选项的含义如下：

（1）规则截面：特征使用草绘平面。

（2）投影截面：特征使用选定曲面上的截面投影，该选项只用于平行混合，而且只适用于在实体表面上投影。

（3）选取截面：选取截面图元，该选项对平行混合无效。

（4）草绘截面：草绘截面图元。

图 6.26　"混合选项"菜单管理器

扫一扫，看视频

6.2.2　动手学——创建吹风机前罩

本小节通过吹风机前罩的创建来讲解混合中的"一般"混合命令的使用。创建的吹风机前罩如图 6.27 所示。首先通过扫描混合出前罩的基体，然后创建倒圆角特征并对前罩进行抽壳的操作，最后拉伸切除前罩的安装口。具体操作过程如下：

01 新建文件。单击"新建"按钮□，弹出"新建"对话框，选择"零件"类型，在"名称"后的文本框中输入零件名称为 qianzhao，然后单击"确定"按钮，进入实体建模界面。

02 创建基准平面 DTM1 和 DTM2。

❶单击"基准"工具栏中的"平面"按钮⊿，打开"基准平面"对话框。

❷选择 RIGHT 基准平面作为偏移的起始平面。

❸在"基准平面"对话框中选择"偏移"作为约束类型。将 DTM1 按如图 6.28 所示的方向偏移 50.00。

❹创建 DTM2 与 RIGHT 基准平面的偏移距离为 10，使 DTM2 与 DTM1 相距 60，如图 6.29 所示。

图 6.27　吹风机前罩

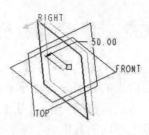

图 6.28　DTM1

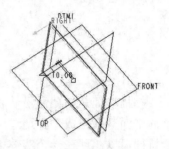

图 6.29　DTM2

03 绘制截面草图。

❶单击"基准"工具栏中的"草绘"按钮，打开"草绘"对话框，选择 DTM1 基准平面作为草绘平面，绘制半径为 45.00 的圆，并在象限点处将其截成 4 段，如图 6.30 所示。

❷单击"完成"按钮，退出草绘环境。

❸重复"草绘"命令，选择 DTM2 基准平面作为草绘平面，绘制如图 6.31 所示的截面。

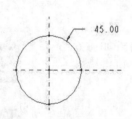

图 6.30　绘制截面 1 草图

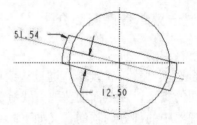

图 6.31　绘制截面 2 草图

04 创建前罩。

❶选择"插入"菜单栏中的"混合"→"伸出项"命令，打开"混合选项"菜单管理器。选取截面及起始点的操作步骤如图 6.32 所示。

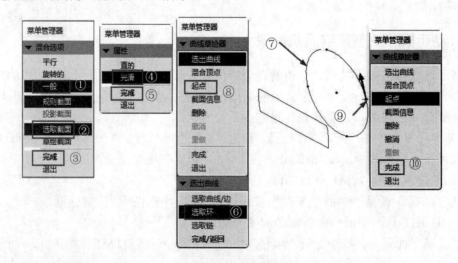

图 6.32　操作步骤

❷在"曲线草绘器"菜单管理器中选择"完成"选项，再次打开"曲线草绘器"菜单管理器，重复图 6.32 中的步骤⑥~⑩，选取截面 2 草图，如图 6.33 所示。

❸在"曲线草绘器"菜单管理器中选择"完成"选项，打开"确认"对话框，单击"否"按钮。

❹单击"伸出项：混合，一般，所选截面"对话框中的"确定"按钮，完成混合特征的创建。结果如图 6.34 所示。

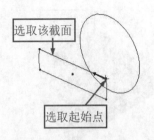

图 6.33 选取截面和起始点

图 6.34 混合特征

05 创建倒圆角特征。单击"工程特征"工具栏中的"倒圆角"按钮。按住 Ctrl 键，在扫描特征的侧面选择 4 条边，如图 6.35 所示。输入 8.00 作为圆角的半径。单击"应用"按钮，完成特征的创建。

06 创建抽壳特征。

❶单击"工程特征"工具栏中的"壳"按钮，打开"壳"操控板。

❷选择如图 6.36 所示的前后端面，选定的曲面将从零件上去掉。

图 6.35 选取倒角边

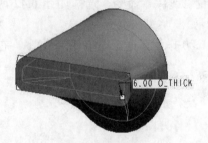

图 6.36 选择平面

❸输入 6.00 作为壁厚，单击"应用"按钮，完成特征的创建，如图 6.37 所示。

07 拉伸前罩安装口。

❶单击"基础特征"工具栏中的"拉伸"按钮，打开"拉伸"操控板，选取如图 6.38 所示的平面作为草绘平面。

图 6.37 抽壳特征

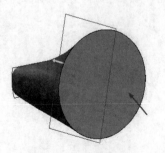

图 6.38 选取草绘平面

❷绘制如图 6.39 所示的草图。单击"完成"按钮 ✔，退出草绘环境。

❸单击"拉伸"操控板上的"移除材料"按钮 。选择拉伸方式为"盲孔" ，输入 3.00 作为深度值。

❹单击"应用"按钮 ✔，完成特征的创建，如图 6.40 所示。

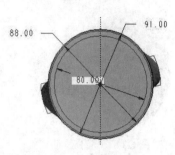

图 6.39　绘制草图

图 6.40　生成特征

08 拉伸出风网。

❶单击"基础特征"工具栏中的"拉伸"按钮 ，打开"拉伸"操控板。选取如图 6.40 所示的平面作为草绘平面，绘制如图 6.41 所示的同圆心圆弧。

❷选择图 6.41 绘制的草图，单击"镜像"按钮 ，然后选择竖直中心线作为镜像中心线。结果如图 6.42 所示。

❸重复"镜像"命令，选择如图 6.42 所示的图元，将其关于水平中心线进行镜像。结果如图 6.43 所示。

❹以 6.00 作为可变深度值切除材料，完成后的模型如图 6.44 所示。

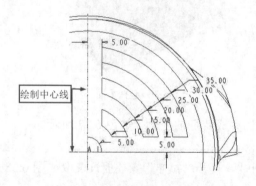

图 6.41　绘制同圆心圆弧草图

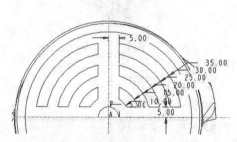

图 6.42　关于竖直中心线镜像

图 6.43　关于水平中心线镜像

图 6.44　拉伸切除特征

6.3　螺旋扫描特征

螺旋扫描就是通过沿着螺旋轨迹扫描截面来创建螺旋扫描特征。轨迹由旋转曲面的轮廓（定义螺旋特征的截面原点到其旋转轴的距离）与螺距（螺圈间的距离）两者来定义。轨迹和旋转曲面是不出现在生成几何中的作图工具。

通过"螺旋扫描"命令可以创建实体特征、薄壁特征及其对应的剪切材料特征。下面通过实例讲述运用螺旋扫描命令来创建实体特征——弹簧和创建剪切材料特征——螺纹的一般过程。通过"螺旋扫描"命令创建薄壁特征和其对应的剪切材料特征的过程与创建实体的过程基本一致，在此就不再讲述。

6.3.1　螺旋扫描菜单管理器简介

选择菜单栏中的"插入"→"螺旋扫描"→"伸出项/切口"命令，弹出"伸出项：螺旋扫描"对话框和"属性"菜单管理器，如图 6.45 和图 6.46 所示。

螺旋扫描对于实体和曲面均可用。在"属性"菜单管理器中，对以下成对出现的选项（只选其一）进行选择，来定义螺旋扫描特征。

（1）常数：螺距是常量。

（2）可变的：螺距是可变的并由某图形定义。

（3）穿过轴：横截面位于穿过旋转轴的平面内。

（4）垂直于轨迹：确定横截面方向，使之垂直于轨迹（或旋转面）。

（5）右手定则：使用右手规则定义轨迹。

（6）左手定则：使用左手规则定义轨迹。

图 6.45　"伸出项:螺旋扫描"对话框

图 6.46　"属性"菜单管理器

扫一扫，看视频

6.3.2　动手学——创建热流道

本小节通过热流道的创建介绍"螺旋扫描"命令的使用。首先利用"拉伸"命令创建要进行切割的实体，然后选择"螺旋扫描"命令绘制扫描轨迹线，最后绘制截面，生成热流道。具体操作过程如下：

01 创建新文件。单击"新建"按钮，弹出"新建"对话框。输入名称为 reliudao，单击"确定"按钮，创建新的零件文件。

02 创建拉伸实体。

❶单击"基础特征"工具栏中的"拉伸"按钮，打开"拉伸"操控板。

❷选择 TOP 基准平面作为草绘平面，绘制草图，如图 6.47 所示。单击 "完成"按钮✔，退出草绘环境。

❸在操控板中输入拉伸深度为 300，单击"应用"按钮。结果如图 6.48 所示。

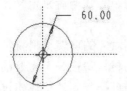

图 6.47　拉伸草图 1

图 6.48　拉伸特征 1

❹重复"拉伸"命令，选择图 6.48 所示的平面作为草绘平面，绘制图 6.49 所示的草图。

❺在操控板中输入拉伸深度为 40，单击"应用"按钮。结果如图 6.50 所示。

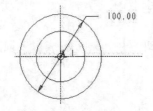

图 6.49　拉伸草图 2

图 6.50　拉伸特征 2

03 创建螺纹。

❶选择"插入"菜单栏中的"螺旋扫描"→"切口"命令，打开"螺旋扫描"对话框和"属性"菜单管理器，进入草绘环境的操作步骤如图 6.51 所示。

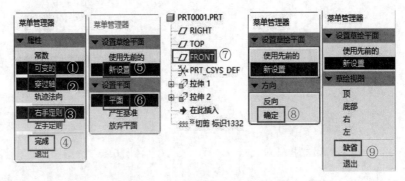

图 6.51　进入草绘环境的操作步骤

❷进入草绘环境，绘制螺旋扫描的轨迹，如图 6.52 所示，在点 1 和点 2 处打断。单击 "完成"按钮✔，退出草绘环境。

❸在消息输入窗口中输入节距值为 10，如图 6.53 所示。单击"接受值"按钮完成设置。

❹在消息输入窗口中输入螺旋扫描轨迹末端的节距值为 10。此时，弹出"控制曲线"菜单管理器。

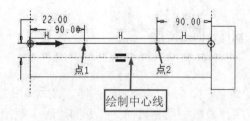

图 6.52 扫描轨迹线   图 6.53 消息输入窗口

❺在弹出的"控制曲线"菜单管理器中，选择"添加点"选项，如图 6.54 所示。

❻选择图 6.52 中的点 1，在弹出的消息输入窗口中输入节距值为 30。单击"接受值"按钮✔完成设置。

❼选择图 6.52 中的点 2，在弹出的消息输入窗口中输入节距值为 30。单击"接受值"按钮✔完成设置。

❽在 PITCH_GRAPH 窗口中显示如图 6.55 所示的控制曲线草图，在菜单管理器中选择"完成/返回"→"完成"命令，此时进入草绘环境。

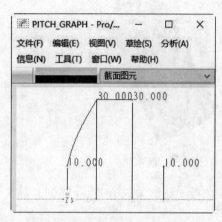

图 6.54 "控制曲线"菜单管理器   图 6.55 控制曲线草图

❾绘制如图 6.56 所示的截面草图。单击"完成"按钮✔，退出草绘环境。

❿在"切剪：螺旋扫描"对话框中，单击"确定"按钮，完成可变螺距的螺旋扫描曲面的创建。最终结果如图 6.57 所示。

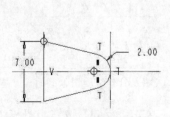

图 6.56 截面草图   图 6.57 热流道结果图

扫一扫，看视频

6.4 综合实例——创建暖水瓶

要创建的暖水瓶的外壳如图 6.58 所示。首先利用"旋转"命令创建暖水瓶主体，然后利用"拉伸"命令创建细节，接着利用"混合"命令创建暖水瓶嘴，最后利用"扫描"命令创建暖水瓶把。

操作步骤

01 新建文件。单击"新建"按钮 📄，弹出"新建"对话框，输入名称为 nuanshuiping，单击"确定"按钮，创建新的零件文件。

02 创建旋转主体。

❶单击"基础特征"工具栏中的"旋转"按钮 ⤧，打开"旋转"操控板，选取 RIGHT 基准平面作为草绘平面，绘制如图 6.59 所示的草图。

❷单击"完成"按钮 ✔，退出草绘环境。

图 6.58 暖水瓶

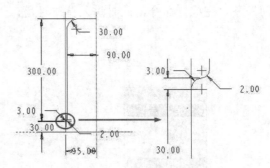

图 6.59 旋转主体草图

❸在操控板上设置旋转角度为 360°，单击"应用"按钮 ✔，完成旋转特征的创建。结果如图 6.60 所示。

03 创建拉伸切除特征 1。

❶单击"基础特征"工具栏中的"拉伸"按钮 🗗，打开"拉伸"操控板。

❷选取旋转特征的底面作为草绘平面，绘制如图 6.61 所示的草图，然后单击"完成"按钮 ✔，退出草绘环境。

图 6.60 旋转特征

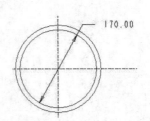

图 6.61 拉伸切除截面

❸在操控板上输入深度为 5，单击"移除材料"按钮 🗾，单击"反向"按钮，调整切除方向。

❹单击"应用"按钮 ✔，完成拉伸切除特征的创建，结果如图 6.62 所示。

04 创建拉伸切除特征 2。

❶重复"拉伸"命令，打开"拉伸"操控板。

❷选取旋转特征的上表面作为草绘平面，绘制如图 6.63 所示的草图，单击"完成"按钮✔，退出草绘环境。

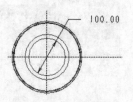

図 6.62　拉伸 1 切除材料　　　　　　　図 6.63　拉伸截面

❸在操控板上输入深度为 10，单击"移除材料"按钮，单击"反向"按钮，调整切除方向。单击"应用"按钮✔，完成拉伸切除特征的创建。结果如图 6.64 所示。

05 抽壳。

❶单击"工程特征"工具栏中的"壳"按钮，打开"壳"操控板。

❷单击操控板上的"参照"选项，选取曲面"拉伸 2"为移除的曲面。

❸单击"非默认厚度"选项下的收集器，按住 Ctrl 键选取实体的底面和旋转曲面，并设置其厚度分别为 10.00 和 5.00，下滑面板的设置和选取后的实体模型分别如图 6.65 和图 6.66 所示。

❹单击"应用"按钮✔，完成抽壳。结果如图 6.67 所示。

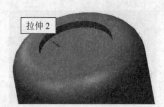

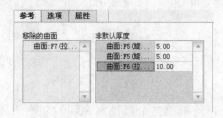

図 6.64　拉伸 2 切除材料　　　　　図 6.65　下滑面板的设置

06 创建倒圆角。

❶单击"基础特征"工具栏中的"倒圆角"按钮，打开"倒圆角"操控板。

❷选取底面与旋转体之间的过渡线，设置圆角半径为 5.00，如图 6.68 所示。单击"应用"按钮✔，完成倒圆角的创建。

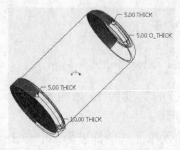

図 6.66　选取后的实体模型　　　図 6.67　抽壳　　　図 6.68　创建倒圆角

07 创建混合特征1。

❶选择"插入"菜单栏中的"混合"→"薄板伸出项"命令，打开"混合选项"菜单管理器，进入草绘环境的操作步骤如图6.69所示。

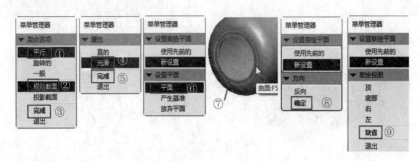

图6.69　进入草绘环境的操作步骤

❷进入截面草绘环境后，以参考线的交点为圆心绘制一个直径为100.00的圆，如图6.70所示。完成第一个截面的绘制。

❸在绘图区右击，在弹出的快捷菜单中选择"切换截面"命令，如图6.71所示，第一个截面图元变为灰色。

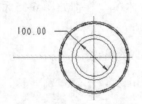

图6.70　第一个截面草图

图6.71　右键快捷菜单

❹同理，绘制第二个直径为80.00的圆。

❺同理，绘制第三个直径为70.00的圆，如图6.72所示。单击"完成"按钮✔，退出草绘环境。

❻打开"薄板选项"菜单管理器，选择向内添加材料为正向，如图6.73所示。

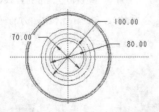

图6.72　包含三个圆的截面草图

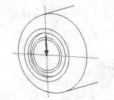

图6.73　添加材料方向

❼选择"正向"选项，在弹出的消息输入窗口中输入薄特征的宽度为5，如图6.74所示。单击"接受值"按钮✅，弹出"深度"菜单管理器，如图6.75所示。

❽选择"盲孔"→"完成"选项，在弹出的消息输入窗口中输入截面2的深度为20，单击"接受值"按钮✅，继续输入截面3的深度为5。

图 6.74 设置薄特征的宽度　　　　　　　　图 6.75 "深度"菜单管理器

❾单击"伸出项：混合，薄板，平行，规则截面"对话框中的"确定"按钮，创建的混合特征如图 6.76 所示。

08 创建混合特征 2。

❶重复"混合"命令，进入草绘环境的操作步骤如图 6.69 所示。其中，选取混合特征的上表面作为草绘平面，并以向上为正方向。弹出"参照"对话框，选取旋转曲面作为参照。

❷进入草绘环境后，以参考线的交点为圆心绘制一个直径为 60.00 的圆，如图 6.77 所示。

❸在绘图区右击，在弹出的快捷菜单中选择"切换截面"命令，第一个截面图元变为灰色。绘制第二个截面，如图 6.78 所示。

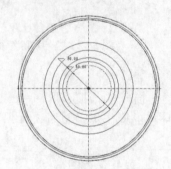
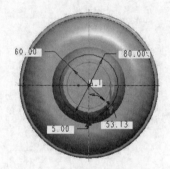

图 6.76 混合特征 1　　　　图 6.77 绘制第一个截面　　　　图 6.78 绘制第二个截面

❹右击，在弹出的快捷菜单中，选择两次"切换截面"命令，将截面切换到截面 1。由于两截面的图元数不等，需要先将截面 1 分解。

❺单击草绘工具栏中的"中心线"按钮┊，过参考线交点和截面 2 的点 1、2、3、4 绘制中心线。单击草绘工具栏中的"分割"按钮✂，将截面 1 在点 5、6、7、8 处截断，如图 6.79 所示。

❻单击"完成"按钮✔，退出草绘环境。选择向外添加材料为正向，材料厚度为 5。

❼在"深度"菜单管理器中选择"盲孔"→"完成"，输入截面间的距离为 20。

❽单击"伸出项：混合，薄板，平行，规则截面"对话框的"确定"按钮。结果如图 6.80 所示。

09 创建拉伸切除特征。

❶单击"基础特征"工具栏中的"拉伸"按钮⬚，选取 RIGHT 基准平面作为草绘平面，其他采用默认设置，单击"草绘"按钮，进入草绘环境。

❷绘制如图 6.81 所示的截面。单击"确定"按钮✔，退出草绘环境。

❸在操控板中单击"对称"按钮⬒，输入拉伸深度为 100，单击"移除材料"按钮◰。单击操控板中的"应用"按钮✔。结果如图 6.82 所示。

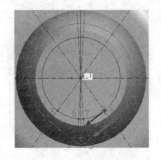

图 6.79　绘制中心线

图 6.80　混合特征 2

10 创建倒圆角。

❶单击"工程特征"工具栏中的"倒圆角"按钮，打开"倒圆角"操控板。

❷选取两次混合实体的内外过渡线，设置圆角半径为 3.00，如图 6.83 所示。

图 6.81　拉伸截面

图 6.82　拉伸切除特征

图 6.83　倒圆角

11 创建扫描特征。

❶选择"插入"菜单栏中的"扫描"→"伸出项"命令，弹出"伸出项：扫描"对话框和"扫描轨迹"菜单管理器，进入草绘环境的操作步骤如图 6.84 所示。

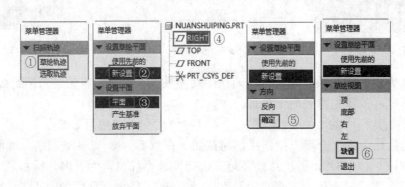

图 6.84　进入草绘环境的操作步骤

❷进入草绘环境后，单击"通过边创建图元"按钮，然后选取旋转部分的内壁，选取该直线作为草绘的边界，如图 6.85 所示，绘制扫描轨迹。

❸单击草绘工具栏中的"删除段"按钮，修剪掉图 6.85 中选取的直线。单击"完成"按钮，退出草绘环境。结果如图 6.86 所示。

❹在弹出的"属性"菜单管理器中选择"自由端"→"完成"选项，如图 6.87 所示，进入草绘环境。单击草绘工具栏中的"调色板"按钮，在弹出的"草绘器调色板"对话框中选择"I 形轮廓"，如图 6.88 所示。

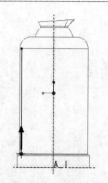

图 6.85　通过边创建图元

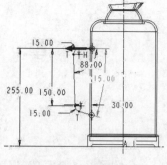

图 6.86　绘制扫描轨迹

图 6.87　"属性"选项设置

图 6.88　"草绘器调色板"对话框

❺双击该选项，然后移动鼠标至绘图平面两条参考线的交点处，并在该点单击，将轮廓放置在该处。

❻通过如图 6.89 所示的"移动和调整大小"对话框调整轮廓的大小和方向。调整好轮廓后，单击"完成"按钮✔，退出草绘环境。

❼单击"伸出项"对话框的"确定"按钮，完成扫描特征的创建，结果如图 6.90 所示。最终结果如图 6.58 所示。

图 6.89　"移动和调整大小"对话框

图 6.90　扫描特征

第 7 章　实体特征编辑

内容简介

在前面章节中，介绍了各种特征的创建方法，通过这些方法可以创建一些简单的零件。但直接创建的特征往往不能完全符合设计意图，这时就需要通过特征编辑命令对创建的特征进行编辑操作，使之符合要求。本章将讲解实体特征的各种编辑方法，希望读者通过本章的学习，能够熟练地掌握各种编辑命令及其使用方法。

内容要点

- ➤ 特征镜像
- ➤ 特征移动
- ➤ 重新排序
- ➤ 插入特征
- ➤ 特征的复制和粘贴
- ➤ 特征的删除、隐含、隐藏

案例效果

7.1　特征镜像

"特征镜像"命令位于"编辑"菜单栏中的"特征操作"命令下，选择"特征操作"命令，打开"特征"菜单管理器，如图 7.1 所示。该菜单管理器包含"复制""重新排序""插入模式"3 个命令，在"特征"菜单管理器中特征的复制操作可通过"镜像"和"移动"的方式来实现，本节主要介绍怎样通过"镜像"方式复制特征。

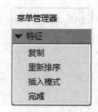

图 7.1 　"特征"菜单管理器

📖7.1.1　特征镜像命令简介

特征镜像就是将模型上的某些细节特征通过基准平面或平面进行镜像来生成对称的模型。通常采用"所有特征"和"选定特征"两种方式镜像特征。

（1）所有特征：此方式可复制特征并创建包含模型所有特征几何的合并特征，如图 7.2 所示。使用此方式时，必须在"模型树"选项卡中选取所有特征和零件节点。

（2）选定特征：此方式仅复制选定的特征，如图 7.3 所示。

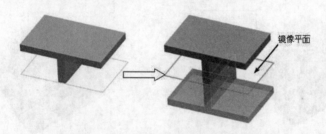

图 7.2 　镜像所有特征

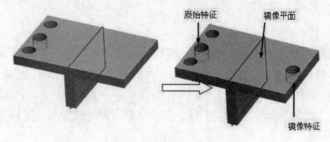

图 7.3 　镜像选定特征

📖7.1.2　动手学——创建变速齿轮箱体

扫一扫，看视频

本小节讲解变速齿轮箱体的创建。首先通过"拉伸""抽壳"命令创建箱体的主体结构，然后利用"拉伸"命令创建底板和一端的法兰盘，并对上述结构进行拉伸切除操作，最后利用"特征操作"命令对其进行特征镜像。具体操作过程如下：

01 新建文件。单击"新建"按钮□，弹出"新建"对话框。输入名称为 xiangti，单击"确定"按钮，创建新文件。

02 创建主体。

❶单击"基础特征"工具栏中的"拉伸"按钮☑，打开"拉伸"操控板。

❷选择 FRONT 基准平面作为草绘平面，绘制如图 7.4 所示的草图。单击"完成"按钮✔，退出草绘环境。

❸拉伸方式选择"对称" ⊟，深度为 260。单击"应用"按钮 ✔，完成主体的创建，如图 7.5 所示。

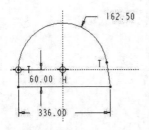

图 7.4　绘制主体草图

图 7.5　创建主体结构

03 创建抽壳特征。单击"工程特征"工具栏中的"壳"按钮 ▣，打开"壳"操控板，选取如图 7.6 所示的面作为要移除的面，输入抽壳厚度为 20.00，单击"应用"按钮 ✔，完成抽壳。结果如图 7.7 所示。

图 7.6　选取面

图 7.7　抽壳

04 创建底板。

❶单击"基础特征"工具栏中的"拉伸"按钮 🗗，打开"拉伸"操控板。

❷选择拉伸 1 作为草绘平面，绘制如图 7.8 所示的草图。单击"完成"按钮 ✔，退出草绘环境。

❸拉伸方式选择"盲孔" ⊥，深度为 35。单击"应用"按钮 ✔，完成底板的创建，如图 7.9 所示。

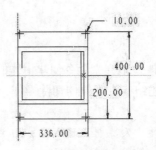

图 7.8　绘制底板草图

图 7.9　创建底板

05 创建法兰盘。

❶重复"拉伸"命令，选择图 7.9 所示的平面作为草绘平面，绘制如图 7.10 所示的草图。单击"完成"按钮 ✔，退出草绘环境。

❷拉伸方式选择"至平面" ⊥，选择图 7.9 所示的平面 1。单击"应用"按钮✔，完成法兰盘的创建，如图 7.11 所示。

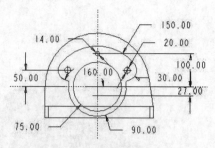

图 7.10　绘制法兰盘草图

图 7.11　创建法兰盘

06 创建圆角 1。单击"工程特征"工具栏中的"倒圆角"按钮 🔧，选取如图 7.12 所示的棱边，在操控板上设置圆角半径为 20.00，单击"应用"按钮✔。结果如图 7.13 所示。

图 7.12　选取棱边

图 7.13　创建圆角 1

07 创建特征组。

❶在模型树上选择拉伸 3 和倒圆角 1，右击，在弹出的快捷菜单中选择"组"命令，如图 7.14 所示。

❷在模型树上观察特征的更改，如图 7.15 所示。

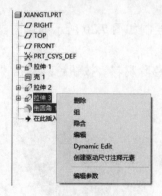

图 7.14　右键快捷菜单

图 7.15　创建组

08 镜像特征。

❶选择"编辑"菜单栏中的"特征操作"命令，打开"特征"菜单管理器。参数设置步骤如图 7.16 所示。

❷选择"特征"菜单管理器中的"完成"命令，即可完成特征镜像操作。结果如图 7.17 所示。

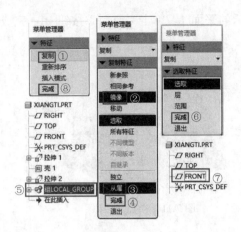

图 7.16　镜像特征的参数设置步骤

图 7.17　特征镜像结果

09　创建拉伸切除特征 1。

❶重复"拉伸"命令，选择法兰盘的端面作为草绘平面，绘制如图 7.18 所示的草图。单击"完成"按钮✔，退出草绘环境。

❷拉伸方式选择"穿透"▇▇，单击"移除材料"按钮◿，单击"应用"按钮✔，完成特征的创建，如图 7.19 所示。

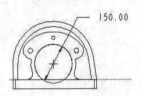

图 7.18　绘制草图 1

图 7.19　拉伸切除特征 1

10　创建拉伸切除特征 2。

❶重复"拉伸"命令，选择底面作为草绘平面，绘制如图 7.20 所示的草图。单击"完成"按钮✔，退出草绘环境。

❷拉伸方式选择"盲孔"▇▇，深度为 35，单击"移除材料"按钮◿，单击"应用"按钮✔，完成特征的创建，如图 7.21 所示。

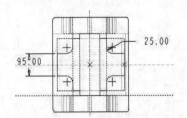

图 7.20　绘制草图 2

图 7.21　拉伸切除特征 2

11　创建圆角 2。单击"工程特征"工具栏中的"倒圆角"按钮◝，选取如图 7.22 所示的棱边，在操控板上设置圆角半径为 8.00，单击"应用"按钮✔。结果如图 7.23 所示。

图 7.22　选取棱边　　　　　　　　　　图 7.23　创建圆角 2

7.2　特征移动

在"特征"菜单管理器中,特征的复制操作可通过"镜像"和"移动"的方式来实现,而"移动"方式之下又分为"移动"和"旋转"两种方式,本节主要介绍怎样通过"移动"→"旋转"方式复制特征。

7.2.1　特征移动命令简介

特征移动就是将特征从一个位置移动到另外一个位置,特征移动可以使特征在平面内平行移动,也可以使特征绕某一轴做旋转运动。

7.2.2　动手学——创建方向盘

扫一扫,看视频

本小节创建方向盘,如图 7.24 所示。首先绘制轮辐的截面曲线,旋转曲线创建轮辐特征。方向盘的把手通过旋转创建。轮辐的创建需要先创建轮辐的轴线,然后通过扫描得到,接着创建倒圆角特征,将轮辐相关的特征组建成组,移动复制轮辐组得到最终的模型。

01 新建文件。单击"新建"按钮 □,弹出"新建"对话框。输入名称为 fangxiangpan,单击"确定"按钮,创建新文件。

02 创建轮辐。

❶单击"基础特征"工具栏中的"旋转"按钮 ◆,打开"旋转"操控板。

❷选择 RIGHT 基准平面作为草绘平面,绘制如图 7.25 所示的草图。单击"完成"按钮 ✔,退出草绘环境。

❸在操控板上设置旋转方式为"变量" ⬒。输入 360°作为旋转的变量角。单击"应用"按钮 ✔,完成特征的创建,如图 7.26 所示。

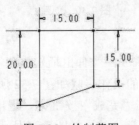

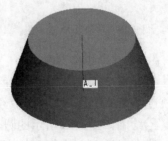

图 7.24　方向盘模型　　　　图 7.25　绘制草图　　　　图 7.26　轮辐

03 创建把手。

❶重复"旋转"命令，打开"旋转"操控板。

❷选择"使用先前的"命令作为草图绘制平面，绘制如图 7.27 所示的草图。单击"完成"按钮✔，退出草绘环境。

❸在操控板上设置旋转方式为"变量"⫱。输入 360°作为旋转的变量角。单击"应用"按钮☑，完成特征的创建，如图 7.28 所示。

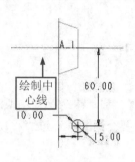

图 7.27　截面尺寸

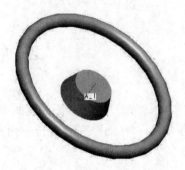

图 7.28　把手

04 创建轮幅曲线。

❶单击"基准"工具栏中的"草绘"按钮，选择 RIGHT 基准平面作为草绘平面。

❷选择"草绘"菜单栏中的"参照"命令，打开"参照"对话框，选择如图 7.29 所示的圆和梯形斜边作为参照。

❸单击"点"按钮✖，创建如图 7.30 所示的 3 个点。

❹单击"样条"按钮，创建如图 7.31 所示的样条曲线图元。单击"完成"按钮✔，退出草绘环境。

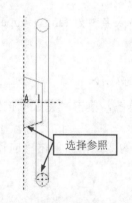

图 7.29　草绘环境和参照

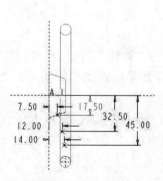

图 7.30　创建点

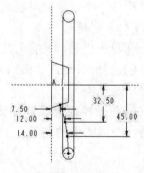

图 7.31　样条曲线

05 创建轮辐。

❶选择"插入"菜单栏中的"扫描"→"伸出项"命令，弹出"伸出项：扫描"对话框和"扫描轨迹"菜单管理器，进入草绘环境的操作步骤如图 7.32 所示。

❷绘制如图 7.33 所示的圆。单击"完成"按钮✔，退出草绘环境。

❸在对话框中单击"应用"按钮☑。结果如图 7.34 所示。

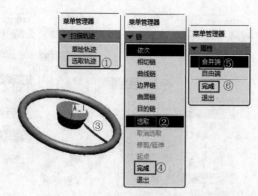

图 7.32　进入草绘环境的操作步骤

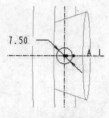

图 7.33　截面草图

图 7.34　轮辐

06 创建圆角特征。

❶单击"工程特征"工具栏中的"倒圆角"按钮🔘，打开"倒圆角"操控板。

❷在扫描特征的端面选择两条边，如图 7.35 所示。输入 2.50 作为圆角的半径。

07 创建特征组。

❶在模型树上选择草绘 1、伸出项标识和倒圆角 1，右击，在弹出的快捷菜单中选择"组"命令。

❷在模型树上观察特征的更改，如图 7.36 所示。

图 7.35　选取边

图 7.36　创建组

08 复制轮辐组。

❶选择"编辑"菜单栏中的"特征操作"命令，打开"特征"菜单管理器，操作步骤如图 7.37 和图 7.38 所示。

❷参数设置完成后，生成的旋转复制特征如图 7.39 所示。

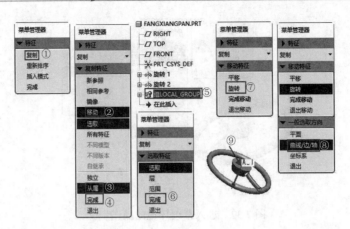

图 7.37　操作步骤 1

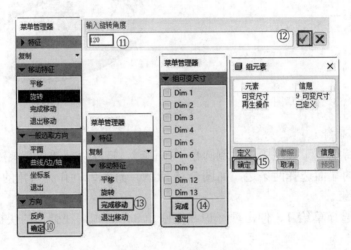

图 7.38　操作步骤 2

❸重复"特征复制"命令，创建第二个轮辐的副本，调整图 7.37 中的操作步骤⑨方向为反向。结果如图 7.40 所示。

图 7.39　旋转复制特征 1

图 7.40　旋转复制特征 2

7.3　重新排序

特征的顺序是指特征出现在"模型树"中的序列。在排序的过程中不能将子项特征排在父项特征的前面。同时，对现有特征重新排序可更改模型的外观。

重新排序有两种方法，一种是通过"编辑"→"特征操作"命令实现。还有一种更简单的重新排序方法：从"模型树"中选取一个或多个特征，然后通过鼠标拖动在特征列表中将所选的特征拖动到新位置即可。但是这种方法没有重新排序提示，有时可能会产生错误。

7.3.1 重新排序命令简介

选择"编辑"→"特征操作"命令，在打开的菜单管理器的"特征"菜单中选择"重新排序"命令，打开如图 7.41 所示的"选取特征"子菜单管理器。

菜单管理器中的各选项含义如下：

（1）"选取"：选择该项，打开"选取"对话框，此时需要在模型树上选择要进行重新排序的特征。从模型树中选取需要重新排序的特征，选择"选取特征"子菜单管理器中的"完成"命令，显示如图 7.42 所示的子菜单。

（2）"层"：选择该项，打开如图 7.43 所示的子菜单，可以选择要进行重新排序的层。

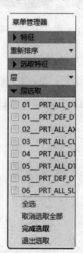

图 7.41 "选取特征"子菜单管理器　　图 7.42 "选取特征"子菜单　　图 7.43 "层选取"子菜单

（3）"范围"：选择该项，打开"输入起始特征的再生序号"对话框，如图 7.44 所示，输入起始特征的再生序号后按 Enter 键，会弹出"输入终止特征的再生序号"对话框，在其中输入终止特征的再生序号，完成后，起始特征的再生序号重新排序到终止特征的再生序号的后面。

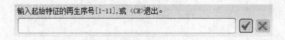

图 7.44 "输入起始特征的再生序号"对话框

7.3.2 动手学——重新排序的操作步骤

本小节通过实例介绍"重新排序"命令的使用。首先利用模型树上的"设置"下拉菜单中的"树列"命令，打开"模型树列"对话框，然后将"树列"添加到"显示"列表，最后对模型树中的特征进行重新排序。

创建重新排序的具体操作过程如下：

01 打开文件。单击"打开"按钮，弹出"文件打开"对话框，打开"\源文件\原始文件\

扫一扫，看视频

第 7 章\pidailun"文件。原始模型如图 7.45 所示。

02 重新排序。

❶单击模型树上方的"设置"按钮 ，从其下拉菜单选择"树列"命令，打开如图 7.46 所示的"模型树列"对话框。

图 7.45 原始模型 图 7.46 "模型树列"对话框

❷在"模型树列"对话框中的"类型"下方的列表框中选择"特征#"选项，然后单击 按钮将"特征#"选项添加到"显示"列表框中，如图 7.47 所示。

❸单击"确定"按钮，则在模型树中即显示特征的"特征#"属性，如图 7.48 所示。

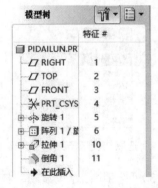

图 7.47 添加显示选项 图 7.48 显示"特征#"属性的模型树

❹选择菜单栏中的"编辑"→"特征操作"命令，打开"特征"菜单管理器，选择"重新排序"命令，打开"选取特征"菜单，之后的操作步骤如图 7.49 所示。

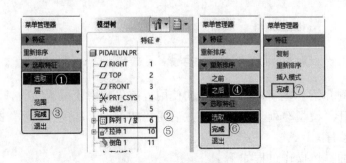

图 7.49 操作步骤

❺选择"完成"命令。结果如图 7.50 所示。

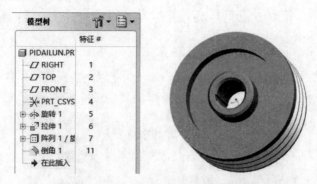

图 7.50　重新排序后的模型树和图形

从图 7.50 中可以看出，虽然没有修改特征，也没有添加或删除特征，但是由于重新排序，模型树发生了变化。

⚠️ 注意：

> 有些特征不能重新排序，如 3D 注释的隐含特征。如果试图将一个子零件移动到比其父零件更高的位置，父零件将随子零件相应移动，且保持父/子关系。此外，如果将父零件移动到另一位置，子零件也将随父零件相应移动，以保持父/子关系。

7.4　插 入 特 征

在进行零件设计的过程中，有时候建立了一个特征后需要在该特征或几个特征之前先建立其他特征，这时就需要启用插入特征模式。

插入特征有两种方法：一种是通过"编辑"→"特征操作"命令实现；还有一种是使用单击插入定位符，按住鼠标左键并拖动指针到所需的位置，插入定位符随着指针移动，释放鼠标左键，插入定位符将置于新位置，并且会保持当前视图的模型方向，模型不会复位到新位置。

📖7.4.1　插入模式命令简介

选择菜单栏中的"编辑"→"特征操作"命令，在弹出的菜单管理器的"特征"菜单中选择"插入模式"命令，打开"插入模式"子菜单管理器，如图 7.51 所示。

选择"插入模式"子菜单中的"激活"命令，然后从模型树中选取某个特征，则"在此插入"定位符就会移动到该特征之后。同时位于"在此插入"定位符之后的特征在绘图区中暂时不显示。

图 7.51　"插入模式"
子菜单管理器

扫一扫，看视频

📖7.4.2　动手学——插入特征的操作步骤

本小节介绍插入特征的操作步骤。首先打开已经创建好的源文件，然后利用"特征"菜单管理器中的"插入模式"命令，选择需要插入特征的位置，创建新特征。

插入特征的具体操作过程如下：

01 打开文件。单击"打开"按钮 ，弹出"文件打开"对话框，打开"\源文件\原始文件\第 7 章\pidailun"文件。

02 插入特征。

❶选择菜单栏中的"编辑"→"特征操作"命令，打开"特征"菜单管理器，选择"插入模式"命令，打开"插入模式"子菜单。之后的操作步骤如图 7.52 所示。

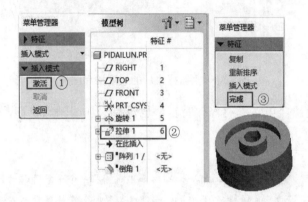

图 7.52　操作步骤

❷选择"特征"菜单管理器中的"完成"命令即可完成操作，然后就可以在当前位置进行新特征的建立。这里创建"拉伸 2"特征，建立完成后可以通过右击"在此插入"定位符并选择弹出的"取消"命令，弹出"确认"对话框，如图 7.53 所示。单击"是"按钮，则在此插入的定位符就返回到默认位置，并且图形恢复隐藏的特征，如图 7.54 所示。

图 7.53　"确认"对话框

图 7.54　插入特征后的图形

7.5　特征的复制和粘贴

"复制"命令和"粘贴"命令所操作的对象是特征生成的步骤，并非特征本身，也就是说，通过特征的生成步骤，可以生成不同尺寸的相同特征。"复制"命令和"粘贴"命令可以用在不同的模型文件之间，也可以用在同一模型上。

7.5.1　复制和粘贴命令简介

复制、粘贴和选择性粘贴命令可以在"编辑"工具栏中打开，也可以在"编辑"菜单栏中打开。该命令平时处于灰色，只有选中特征后，才激活"复制"命令。

1."粘贴"命令

选取要复制的特征，单击"编辑"工具栏中的"复制"按钮，或者选择菜单栏中的"编辑"→"复制"命令。

单击"编辑"工具栏中的"粘贴"按钮，或者选择菜单栏中的"编辑"→"粘贴"命令，打开如图 7.55 所示的操控板。

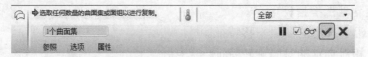

图 7.55　"复制粘贴"操控板

（1）"复制粘贴"操控板。

"复制粘贴"操控板中常用选项的含义如下。

 收集器：用于添加或删除参照。

（2）下滑面板。

➤ "参照"下滑面板如图 7.56 所示。用于添加或删除要复制的曲面。

➤ "选项"下滑面板如图 7.57 所示。使用该下滑面板可进行下列操作：

　↳ 按原样复制所有曲面：复制所选的所有曲面，此为默认选项。

　↳ 排除曲面并填充孔：复制所有的曲面后，用户可排除某些曲面，并可将曲面内部的孔洞自动填补上曲面。

　↳ 复制内部边界：若用户仅需要复制原先所选的曲面中的部分曲面，则选中此单选按钮，选取所要复制的曲面的边线，形成封闭的循环即可。

图 7.56　"参照"下滑面板

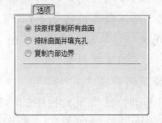

图 7.57　"选项"下滑面板

➤ "属性"下滑面板：显示复制完成的曲面的特征，包含曲面的名称以及各项特征信息。

2."选择性粘贴"命令

选取要复制的特征，单击"编辑"工具栏中的"复制"按钮，或者选择菜单栏中的"编辑"→"复制"命令。

单击"编辑"工具栏中的"选择性粘贴"按钮，或者选择菜单栏中的"编辑"→"选择性粘贴"命令，打开"选择性粘贴"对话框，如图 7.58 所示。勾选"对副本应用移动/旋转变换"

复选框或"高级参照配置"复选框，单击"确定"按钮，打开如图 7.59 所示的"选择性粘贴"操控板。

图 7.58 "选择性粘贴"对话框　　　　　　图 7.59 "选择性粘贴"操控板

（1）"选择性粘贴"操控板。

➤ ⟷平移：沿着选定的参照平移特征。

➤ ⟳旋转：相对选定的参照旋转特征。

➤ 无项目 选取框：该框用于选取要进行平移或旋转的特征。

（2）下滑面板。

"变换"下滑面板：用于设置移动/旋转的方向参照和距离，如图 7.60 所示。

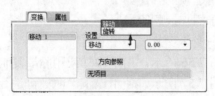

图 7.60 "变换"下滑面板

扫一扫，看视频

7.5.2　动手学——创建高尔夫球

本小节通过高尔夫球的创建来讲解复制粘贴命令的使用。首先利用"旋转"命令创建旋转实体和旋转切除特征，然后对旋转切除特征进行阵列，最后再利用复制粘贴命令，完成高尔夫球下半部分的创建。具体操作过程如下：

01 新建文件。单击"新建"按钮📄，弹出"新建"对话框，输入零件名称为 golf，单击"确定"按钮，进入实体建模界面。

02 创建旋转曲面 1。

❶单击"基础特征"工具栏中的"旋转"按钮🔹，打开"旋转"操控板，选择 FRONT 基准平面作为草绘平面，绘制如图 7.61 所示的草图。

❷单击"应用"按钮✓。结果如图 7.62 所示。

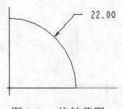　　　　　　

图 7.61　旋转草图 1　　　　　　图 7.62　旋转曲面 1

03 创建旋转曲面 2。

❶单击"基准"工具栏中的"平面"按钮 ▱ ，以 FRONT 基准平面和 A_1 基准轴为参照，旋转 45°，创建 DTM1 基准平面，如图 7.63 所示。

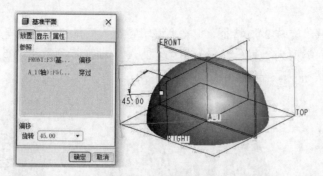

图 7.63　创建 DTM1

❷同理，旋转-45°，创建 DTM2 基准平面，如图 7.64 所示。

❸单击"基准"工具栏中的"草绘"按钮 ，选择 DTM1 基准平面作为草绘平面，绘制如图 7.65 所示的草图。

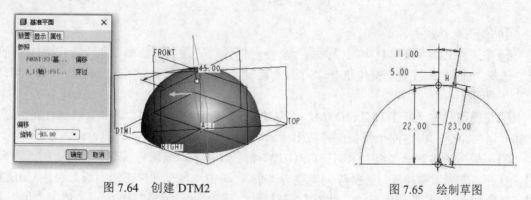

图 7.64　创建 DTM2　　　　　　　　　　图 7.65　绘制草图

❹选择"工具"菜单栏中的"关系"命令，弹出"关系"对话框，输入关系式 a=sd7，如图 7.66 所示。

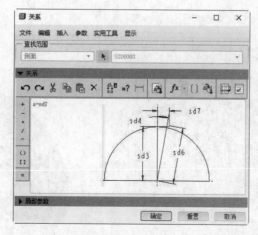

图 7.66　输入关系式

❺单击"基础特征"工具栏中的"旋转"按钮 ⍦，打开"旋转"操控板，选择 DTM1 基准平面作为草绘平面，绘制如图 7.67 所示的草图。

❻在操控板上单击"移除材料"按钮 ▨，单击"应用"按钮 ☑。结果如图 7.68 所示。

04 创建轴阵列。

❶在模型树中选择"旋转 2"特征，单击"编辑特征"工具栏中的"阵列"按钮 ▦，弹出"阵列"操控板，选择阵列类型为"轴"，在绘图区选取 A_1 轴，阵列数量为 5，角度为 72°。

❷单击"应用"按钮 ☑。结果如图 7.69 所示。

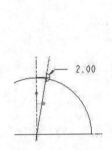

图 7.67 旋转草图 2

图 7.68 旋转曲面 2

图 7.69 创建轴阵列

05 创建表阵列。

❶选择"工具"菜单栏中的"关系"命令，打开"关系"对话框，在"查找范围"下拉列表框中选择"特征"，在模型树中选择"阵列 1/旋转 2"特征，输入关系式 p17=a 和 d14=360/a，如图 7.70 所示。

❷在模型树中选择 DTM1、DTM2、"草绘 1""阵列 1/旋转 2"，右击，在弹出的快捷菜单中选择"组"命令，将这四个特征创建成组。

❸在模型树中选择"组 LOCAL_GROUP"特征，单击"编辑特征"工具栏中的"阵列"按钮 ▦，打开"阵列"操控板，选择阵列类型为"表"，单击"表尺寸"下滑面板，按住 Ctrl 键，在绘图区选取如图 7.71 所示的尺寸，此时，"表尺寸"下滑面板如图 7.72 所示。单击"编辑"按钮，弹出 Pro/TABLE 对话框，在对话框中输入变量数值，如图 7.73 所示。

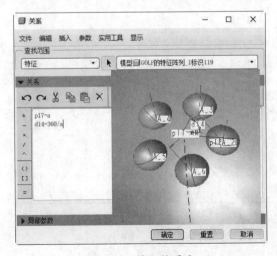

图 7.70 输入关系式

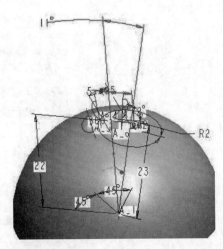

图 7.71 选取尺寸

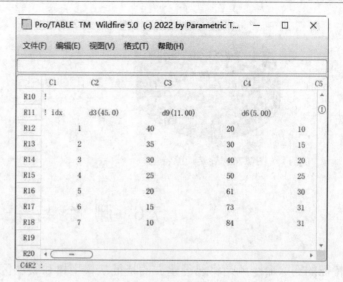

图 7.73 Pro/TABLE 对话框

图 7.72 "表尺寸"下滑面板

❹单击"应用"按钮☑。结果如图 7.74 所示。

06 创建旋转特征。

❶单击"基础特征"工具栏中的"旋转"按钮❈，打开"旋转"操控板，选择 DTM1 基准平面作为草绘平面，绘制如图 7.75 所示的草图。

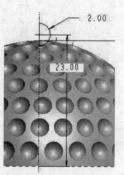

图 7.74 表阵列结果

图 7.75 旋转切除草图

❷在操控板上单击"移除材料"按钮◪，单击"应用"按钮☑。结果如图 7.76 所示。

07 复制特征。

❶在模型树中选择"旋转 1""阵列 2/LOCAL_GROUP""旋转 24"，单击"编辑"工具栏中的"复制"按钮🗐，然后单击"编辑"工具栏中的"选择性粘贴"按钮🗐，打开"选择性粘贴"对话框，取消勾选"使副本从属于原件尺寸"复选框，勾选"对副本应用移动/旋转变换"复选框，单击"确定"按钮，打开"选择性粘贴"操控板，单击"旋转"按钮⟳。

❷单击"基准"工具栏中的"轴"按钮╱，打开"基准轴"对话框，按住 Ctrl 键选取 TOP 和 FRONT 基准平面，创建基准轴，该轴作为旋转复制的旋转中心轴。单击"确定"按钮，返回操控板，单击继续按钮▶，输入旋转角度为 180°。

❸单击"应用"按钮☑。结果如图 7.77 所示。

图 7.76　旋转切除特征

图 7.77　复制特征

7.6　删　除　特　征

特征的删除命令就是将已经建立的特征从模型树和绘图区中删除。

如果要删除该模型中的"镜像 1"特征，可以在模型树上选取该特征，然后右击弹出如图 7.78 所示的快捷菜单。

图 7.78　右键快捷菜单

从快捷菜单中选择"删除"命令。如果所选的特征没有子特征，则会弹出如图 7.79 所示的"删除"对话框，同时选中的特征在模型树上和绘图区中会加亮显示。单击"确定"按钮，即可删除该特征。

如果像本例中选取的特征"镜像 1"存在子特征这样，则选择"删除"命令后就会出现如图 7.80 所示的"删除"对话框，同时该特征及其所有的子特征都在模型树上和绘图区中加亮显示，如图 7.81 所示。

图 7.79　"删除"对话框 1

图 7.80　"删除"对话框 2

单击"确定"按钮，即可删除该特征及其所有子特征。也可以单击"选项"按钮，从弹出的"子项处理"对话框中对子特征进行处理，如图 7.82 所示。

图 7.81 加亮显示所选特征

图 7.82 "子项处理"对话框

7.7 隐 含 特 征

隐含特征类似于将特征从再生中暂时删除。不过，可以随时解除已隐含（恢复）的特征。可以隐含零件上的特征来简化零件模型，并减少再生时间。例如，当对轴肩的一端进行处理时，可能希望隐含轴肩另一端的特征。类似地，当处理一个复杂组件时，可以隐含一些当前组件过程并不需要的特征和零件。在设计过程中隐含某些特征，具有多种作用，例如：

➢ 隐含其他区域的特征后可更专注于当前工作区。

➢ 隐含当前不需要的特征可以使更新内容较少而加速了修改过程。

➢ 隐含特征可以使显示内容较少而加速了显示过程。

➢ 隐含特征可以起到暂时删除特征，尝试不同的设计迭代的作用。

从模型树中选择"拉伸 3"特征，然后右击弹出如图 7.83 所示的快捷菜单。从快捷菜单中选择"隐含"命令，则弹出"隐含"对话框，如图 7.84 所示，同时，选取的特征在模型树和绘图区中会加亮显示。

单击"隐含"对话框中的"确定"按钮，则将选取的特征进行隐含，如图 7.85 所示。

图 7.83 右键快捷菜单

图 7.84 "隐含"对话框

图 7.85 隐含特征后的模型

一般情况下，模型树上是不显示被"隐含"的特征的。如果要显示隐含特征，可以从导航选项卡中选择"设置"→"树过滤器"命令，打开"模型树项目"对话框，如图 7.86 所示。

在"模型树项目"对话框的"显示"选项组下，勾选"隐含的对象"复选框，然后单击"确定"按钮，这样隐含对象就将在模型树中列出，并带有一个项目符号，表示该特征被隐含，如图 7.87 所示。

如果要恢复隐含特征，可以在模型树中选取要恢复的一个或多个隐含特征。然后选择菜单栏中的"编辑"→"恢复"→"恢复上一个集"命令，则对象将显示在模型树中，并且不带项目符号，表示该特征已经取消隐含，同时在绘图区显示该特征。

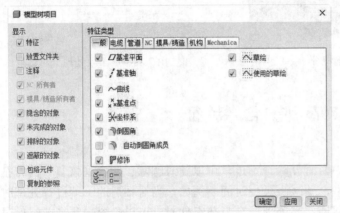

图 7.86　"模型树项目"对话框

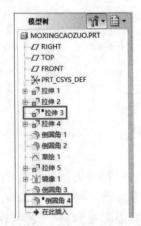

图 7.87　显示隐含特征

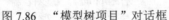 **注意：**

> 与其他特征不同，基本（第一个）特征不能隐含。如果对基本特征不满意，可以重定义特征截面，或将其删除并重新开始。

7.8　隐　藏　特　征

Pro/ENGINEER 允许在当前进程中的任何时间即时隐藏和取消隐藏所选的模型图元。使用"隐藏"和"取消隐藏"命令可以节约宝贵的设计时间。

使用"隐藏"命令无须将图元分配到某一层中并遮蔽整个层。可以隐藏和重新显示单个基准特征，如基准平面和基准轴，而无须同时隐藏或重新显示所有基准特征。下列项目类型可以即时隐藏：

> 单个基准平面（与同时隐藏或显示所有基准平面相对）。
> 基准轴。
> 含有轴、平面和坐标系的特征。
> 分析特征（点和坐标系）。
> 基准点（整个阵列）。
> 坐标系。
> 基准曲线（整条曲线，不是单个曲线段）。

> 面组（整个面组，不是单个曲面）。
> 组件和零件。

如果要隐藏某一特征或项目，可以右击模型树或绘图区中的某一项目或多个项目，将弹出如图 7.88 所示的快捷菜单。

从该快捷菜单选择"隐藏"命令即可将该特征隐藏。隐藏某一项目时，Pro/ENGINEER 将该项目从图形窗口中删除。隐藏的项目仍存在于模型树的列表中，其图标以灰色显示，表示该项目处于隐藏状态，如图 7.89 所示。

如果要取消隐藏，可以在绘图区或模型树中，选择要隐藏的项目，然后右击，在弹出的快捷菜单中选择"隐藏"命令即可。取消隐藏某一项目后，其图标会正常显示（不灰显），该项目在绘图区中重新显示。

图 7.88　右键快捷菜单　　　　图 7.89　隐藏项目在模型树中的显示

还可以使用模型树的搜索功能（"编辑"→"查找"）选取某一指定类型的所有项目（如某一组件内所有零件中的相同类型的全部特征），然后选择菜单栏中的"视图"→"可见性"→"隐藏"命令将其隐藏。

当使用"模型树"手动隐藏项目或创建异步项目时，这些项目会自动添加到被称为"隐藏项目"的层中（如果该层已存在）。如果该层不存在，系统将自动创建一个名为"隐藏项目"的层，并将隐藏项目添加到其中。该层始终被创建在"层树"列表的顶部。

7.9　综合实例——创建减速器下箱体

扫一扫，看视频

本实例要创建的减速器下箱体模型如图 7.90 所示。在创建比较复杂的零件之前，需要对零件的结构进行分析，根据零件的结构特点初步规划出零件的创建方法与步骤。本实例要创建的箱体结构具有两个特点：一是左右对称，二是三个轴承凸台结构相似，因此创建箱体一侧的主要特征，再使用复制和镜像工具快速而高效地创建实体模型。首先创建箱体的主体结构；然后在箱体上增加轴孔结构，通过镜像复制的方法创建两侧的轴孔；接着添加箱体的上下边沿特征；最后完成筋、圆角等一些辅助特征的创建。

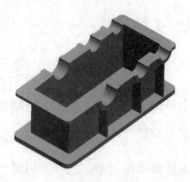

图 7.90　减速器下箱体模型

操作步骤

01 新建文件。单击"新建"按钮 🗋，弹出"新建"对话框，输入名称为 xiaxiangti。单击"确定"按钮，创建一个新的零件文件。

02 创建箱体壳。

❶单击"基础特征"工具栏中的"拉伸"按钮 🗗，打开"拉伸"操控板。选择 TOP 基准平面作为草绘平面，绘制如图 7.91 所示的草图。单击"完成"按钮 ✔，退出草绘环境。

❷在操控板中单击"加厚草绘"按钮 □，拉伸方式选择"盲孔" 也，深度为 200，厚度为 8，如图 7.92 所示。单击"应用"按钮 ✔，完成箱体壳的创建，如图 7.93 所示。

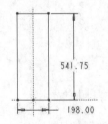

图 7.91　箱体壳草图

图 7.92　操控板参数设置

03 创建凸台。

❶重复"拉伸"命令，选择如图 7.93 所示的平面作为草绘平面，绘制如图 7.94 所示的草图。单击"完成"按钮 ✔，退出草绘环境。

图 7.93　创建箱体壳

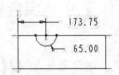

图 7.94　凸台草图

❷拉伸方式选择"盲孔" 也，深度为 44，单击"应用"按钮 ✔，完成凸台的创建，如图 7.95所示。

❸重复"拉伸"命令，选择 RIGHT 基准平面作为草绘平面，绘制如图 7.96 所示的草图。单

击"完成"按钮 ✔，退出草绘环境。

❹拉伸方式选择"穿透" 』｜，单击"移除材料"按钮 ◢，单击"应用"按钮 ✔，完成孔的创
建，如图 7.97 所示。

图 7.95　拉伸凸台

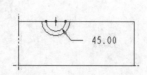
图 7.96　凸台孔草图

图 7.97　创建孔

04 移动复制凸台。

❶单击"编辑"菜单栏中的"特征操作"命令，打开"特征"菜单管理器，参数设置步骤如
图 7.98 和图 7.99 所示。单击"组元素"对话框中的"确定"按钮。结果如图 7.100 所示。

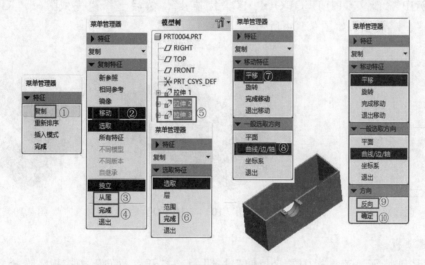
图 7.98　操作步骤 1

图 7.99　操作步骤 2

❷重复上一步操作，复制凸台 2。修改偏移距离为 327，凸台的内外半径分别为 41 和 26。结
果如图 7.101 所示。

05 创建顶唇。

❶单击"基础特征"工具栏中的"拉伸"按钮 ◢，打开"拉伸"操控板。选择图 7.101 所示
的平面作为草绘平面，绘制如图 7.102 所示的草图。单击"完成"按钮 ✔，退出草绘环境。

图 7.100　复制凸台 1

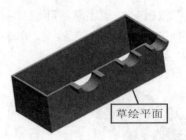

图 7.101　复制凸台 2

❷拉伸方式选择"盲孔"，深度为 40，单击"应用"按钮，完成顶唇的创建，如图 7.103 所示。

06 镜像顶唇。选择"编辑"菜单栏中的"特征操作"命令，打开"特征"菜单管理器。依次选择"复制"→"镜像"→"从属"→"完成"，选择模型树中的"拉伸 2""拉伸 3""组 COPIED_GROUP""组 COPIED_GROUP_1""拉伸 4"，然后选择"完成"→"RIGHT 基准平面"→"完成"。镜像结果如图 7.104 所示。

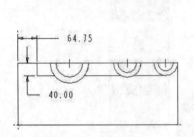

图 7.102　顶唇草图

图 7.103　创建顶唇

图 7.104　镜像顶唇

07 创建顶板。

❶单击"基础特征"工具栏中的"拉伸"按钮，打开"拉伸"操控板。选择箱体的顶面作为草绘平面，绘制如图 7.105 所示的草图。单击"完成"按钮，退出草绘环境。

❷拉伸方式选择"盲孔"，深度为 12，方向为向下，单击"应用"按钮，完成顶板的创建，如图 7.106 所示。

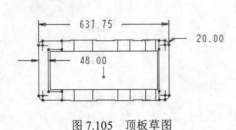

图 7.105　顶板草图

图 7.106　创建顶板

08 创建底板。

❶重复"拉伸"命令，打开"拉伸"操控板。选择 TOP 基准平面作为草绘平面，绘制如图 7.107 所示的草图。单击"完成"按钮，退出草绘环境。

❷拉伸方式选择"盲孔"⊥，深度为 20，方向为向下，单击"应用"按钮☑，完成底板的创建，如图 7.108 所示。

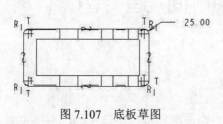
图 7.107　底板草图

图 7.108　创建底板

09 创建加强筋。

❶重复"拉伸"命令，打开"拉伸"操控板。选择 TOP 基准平面作为草绘平面，绘制如图 7.109 所示的草图。单击"完成"按钮☑，退出草绘环境。

❷拉伸方式选择"盲孔"⊥，深度为 40，单击"应用"按钮☑，完成加强筋的创建，如图 7.110 所示。

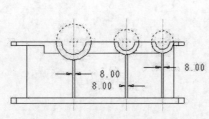
图 7.109　加强筋草图

图 7.110　创建加强筋

10 镜像加强筋。选中模型树上的"拉伸 7"特征，单击"编辑特征"工具栏中的"镜像"按钮〗[，选择 RIGHT 基准平面作为镜像平面。结果如图 7.111 所示。

11 创建倒圆角特征。

❶单击"工程特征"工具栏中的"倒圆角"按钮〗，选取图 7.112 所示的棱边创建倒圆角，设置倒圆角半径为 5。

❷重复"圆角"命令，选取图 7.113 所示的棱边创建倒圆角，设置圆角半径为 12，完成倒圆角特征的创建。最终结果如图 7.90 所示。

图 7.111　镜像加强筋

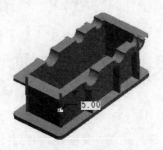
图 7.112　选取棱边 1

图 7.113　选取棱边 2

第8章 曲面造型

内容简介

在 Pro/ENGINEER 中，曲面特征是一种非常有用的特征。特别是为那些外形复杂的零件建模时，通过实体特征创建模型往往十分困难，而采用曲面造型，先创建合适的曲面面组，然后再转化为实体零件模型，这样不但操作简单，而且还能创建出比较复杂、美观的零件模型。本章主要介绍一些简单曲面的创建。

内容要点

- ➢ 拉伸曲面、旋转曲面
- ➢ 可变截面扫描、边界混合曲面
- ➢ 填充曲面、扫描曲面
- ➢ 扫描混合曲面、螺旋扫描曲面
- ➢ 混合曲面

案例效果

8.1 拉 伸 曲 面

利用"拉伸"工具，通过在垂直于草绘平面的方向上将已草绘的截面拉伸到指定深度，可创建拉伸曲面。拉伸曲面可具有开放端或封闭端，要创建具有封闭体积块的拉伸曲面，可在"选项"下滑面板中选择"封闭端"选项，创建一个附加曲面来封闭该特征。"封闭端"（Capped Ends）选项需要一个闭合截面。

📖8.1.1 拉伸曲面操控板简介

单击"基础特征"工具栏中的"拉伸"按钮✍，或者选择菜单栏中的"插入"→"拉伸"命令，打开"拉伸"操控板，单击"曲面"模式▣，如图 8.1 所示。

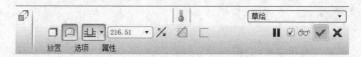

图 8.1 "拉伸"操控板

操控板中各选项的含义在 4.1.1 节已详细介绍过，这里不再赘述。唯一不同的是：创建曲面时，"深度"选项只有"⊥盲孔""日对称""⊥到选定项"三项可选。

📖8.1.2 动手学——创建棘轮

本小节介绍棘轮的创建。首先利用"拉伸"命令创建棘轮主体，接着利用"拉伸"命令创建棘齿，最后对棘齿进行阵列。具体操作过程如下：

01 新建文件。单击"新建"按钮▯，弹出"新建"对话框，输入零件名称为 jilun，单击"确定"按钮，进入实体建模界面。

02 创建拉伸曲面特征。

❶单击"基础特征"工具栏中的"拉伸"按钮✍，打开"拉伸"操控板，在操控板上单击"曲面"按钮▣，设置拉伸类型为"曲面"。进入草绘环境的操作步骤如图 8.2 所示。

❷绘制如图 8.3 所示的草图。单击"完成"按钮✔，退出草绘环境。

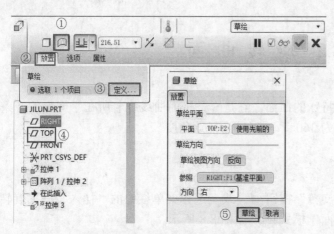

图 8.2 进入草绘环境的操作步骤

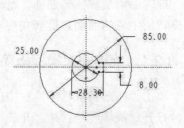

图 8.3 拉伸特征草图

❸在"选项"下滑面板中勾选"封闭端"复选框。

❹拉伸方式选择"盲孔"⊥，深度为 10。单击"应用"按钮☑，完成拉伸曲面特征的创建，如图 8.4 所示。

03 创建棘齿。

❶重复"拉伸"命令，在操控板上单击"曲面"按钮▣，设置拉伸类型为"曲面"。选择 TOP 基准平面作为草绘平面，绘制如图 8.5 所示的草图。

图 8.4　拉伸曲面特征（封闭端）

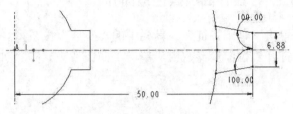

图 8.5　绘制棘齿草图

❷拉伸方式选择"盲孔"▇，深度为 10。单击"应用"按钮▇，完成棘齿的创建，如图 8.6 所示。

04 阵列棘齿。

❶在模型树中单击要阵列的特征，单击"编辑特征"工具栏中的"阵列"按钮▦，打开"阵列"操控板。选择阵列类型为"轴"，设置阵列个数为 18，阵列夹角为 20°。

❷单击"应用"按钮▇，阵列结果如图 8.7 所示。

图 8.6　创建棘齿

图 8.7　阵列棘齿

8.2　旋　转　曲　面

旋转曲面又称回转曲面，是一类特殊的曲面，它是一条平面曲线绕着所在平面上的一条中心线旋转所生成的曲面。旋转角度可以为 360°，也可以为任意角度。

8.2.1　旋转曲面操控板简介

单击"基础特征"工具栏中的"旋转"按钮▇，或者选择菜单栏中的"插入"→"旋转"命令，打开"旋转"操控板，单击"曲面"模式▇，如图 8.8 所示。

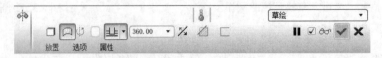

图 8.8　"旋转"操控板

操控板中各选项的含义在 4.2.1 小节已详细介绍过，这里不再赘述。在这里要注意的是：旋转实体在创建时，绘制的草图必须为封闭草图；而旋转曲面在创建时，草图可以是封闭的，也可以是开放的。

8.2.2 动手学——创建焊接器

本小节介绍焊接器的创建。首先利用"旋转"命令创建焊接器主体结构，接着利用"拉伸"命令创建把手，最后利用"拉伸"命令创建散热孔。具体操作过程如下：

01 新建文件。单击"新建"按钮□，弹出"新建"对话框，输入零件名称为 hanjieqi，单击"确定"按钮，进入实体建模界面。

02 创建旋转特征 1。

❶单击"基础特征"工具栏中的"旋转"按钮❖，打开"旋转"操控板，在操控板上单击"曲面"按钮□，设置旋转类型为"曲面"。选择 FRONT 基准平面作为草绘平面，进入草绘环境。

❷绘制如图 8.9 所示的草图。单击"完成"按钮✔，退出草绘环境。

❸单击"应用"按钮☑，完成旋转曲面特征的创建，如图 8.10 所示。

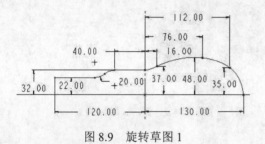

图 8.9 旋转草图 1　　　　　　　　　　图 8.10 旋转曲面 1

03 创建旋转特征 2。

❶重复"旋转"命令，在操控板上单击"曲面"按钮□，设置旋转类型为"曲面"。选择 FRONT 基准平面作为草绘平面，绘制如图 8.11 所示的草图。单击"完成"按钮✔，退出草绘环境。

❷单击"应用"按钮☑，完成旋转曲面特征的创建，如图 8.12 所示。

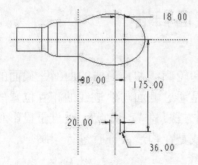

图 8.11 旋转草图 2　　　　　　　　　　图 8.12 旋转曲面 2

04 创建拉伸特征。

❶单击"基础特征"工具栏中的"拉伸"按钮☑，打开"拉伸"操控板，选择 FRONT 基准平面作为草绘平面，绘制如图 8.13 所示的草图。

❷拉伸方式设置为"对称"日，深度值设置为 200。单击"面组"按钮 面组 1个项目 ，在绘图区选取旋转曲面 1，单击操控板上的"反向"按钮％，调整箭头方向，如图 8.14 所示，单击"应用"按钮☑。结果如图 8.15 所示。

❸在学习了曲面编辑后可以对创建的两个旋转曲面进行修剪。

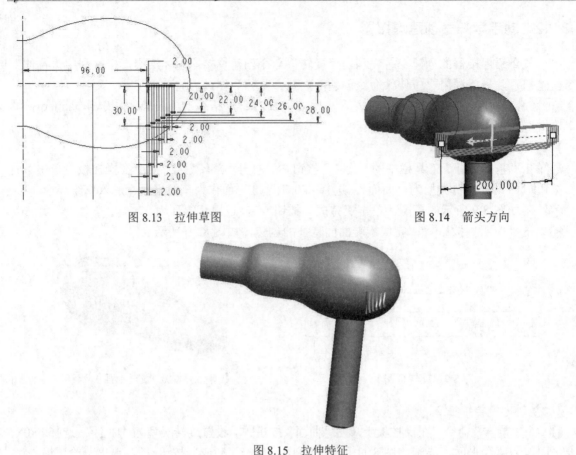

图 8.13　拉伸草图　　　　　　　　图 8.14　箭头方向

图 8.15　拉伸特征

8.3　可变截面扫描

所谓可变截面扫描，是指特征截面沿着轨迹线和轮廓线扫描而成的曲面，截面的形状随着轨迹线和轮廓线的变化而变化。可变截面扫描的特征是通过截面与轨迹线的相互位置的变形创建灵活、复杂的特征。可变截面扫描提供了三种截面控制方法：垂直于轨迹、垂直于投影和恒定法向。扫描用的轨迹线或轮廓线可以选择现有的基准曲线或是在构造特征时进行绘制。

8.3.1　可变截面扫描操控板简介

单击"基础特征"工具栏中的"可变截面扫描"按钮 ，或者选择菜单栏中的"插入"→"可变截面扫描"命令，打开"可变截面扫描"操控板，单击"曲面"模式 ，如图 8.16 所示。

图 8.16　"可变截面扫描"操控板

操控板中各选项的含义在前面 4.4.1 小节已详细介绍过，这里不再赘述。

扫一扫，看视频

8.3.2　动手学——创建灯管

本小节通过灯管的创建来介绍可变截面扫描命令。首先采用方程绘制基准曲线，然后将曲线旋转180°，接着将曲线光顺连接，最后使用"可变截面扫描"命令绘制扫描截面，生成可变截面扫描曲面。具体操作过程如下：

01 新建文件。单击"新建"按钮□，弹出"新建"对话框，输入零件名称为 dengguan，单击"确定"按钮，进入实体建模界面。

02 绘制基准曲线1。

❶单击"基准"工具栏中的"基准曲线"按钮～，打开"曲线选项"菜单管理器，操作步骤如图 8.17 所示。

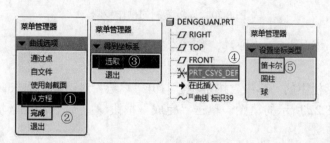

图 8.17　绘制基准曲线 1 的操作步骤

❷设置为笛卡儿坐标系后会弹出记事本，用于编辑方程，在记事本中输入方程 x = 20 * cos (t * 360 *2)、z =20 * sin (t * 360 *2)、y = 50*t，如图 8.18 所示。

❸单击"文件"→"保存"命令后退出记事本，再单击"曲线：从方程"对话框中的"确定"按钮，完成基准曲线的绘制，如图 8.19 所示。

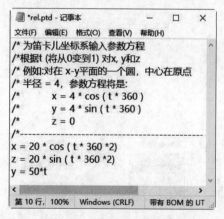

图 8.18　输入方程

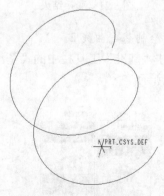

图 8.19　绘制基准曲线 1

03 旋转复制。

❶在模型树中选择步骤 **02** 创建的基准曲线特征。

❷单击"标准"工具栏中的"复制"按钮，再单击"选择性粘贴"按钮，弹出"选择性粘贴"对话框，操作步骤如图 8.20 所示。

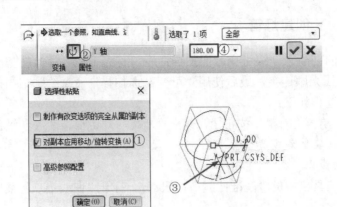

图 8.20　旋转复制的操作步骤

❸单击"完成"按钮☑，完成变换，如图 8.21 所示。

04 绘制草图。

单击"基准"工具栏中的"草绘"按钮，打开"草绘"对话框，选取 RIGHT 基准平面作为草绘平面，绘制如图 8.22 所示的草图。单击"完成"按钮☑，退出草绘环境。

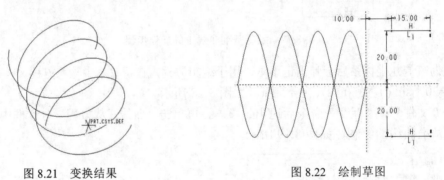

图 8.21　变换结果

图 8.22　绘制草图

05 绘制基准曲线 2。

❶单击"基准"工具栏中的"基准曲线"按钮～，打开"曲线选项"菜单管理器，操作步骤如图 8.23 所示。

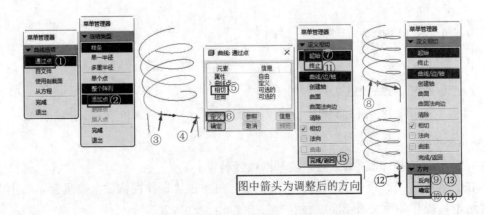

图 8.23　绘制基准曲线 2 的操作步骤

❷单击"曲线：通过点"对话框中的"确定"按钮，如图 8.24 所示。

06 绘制基准曲线 3。采用与步骤 **05** 相同的方法，在另一侧绘制相切基准曲线，如图 8.25 所示。

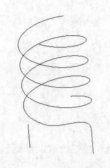

图 8.24　绘制基准曲线 2

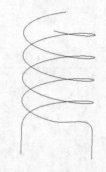

图 8.25　绘制基准曲线 3

07 创建基准平面。

❶单击"基准"工具栏中的"平面"按钮 ▱，打开"基准平面"对话框，如图 8.26 所示。

❷选取 TOP 基准平面作为参照，输入平移距离为 55，单击"确定"按钮，完成基准平面 DTM1 的创建，如图 8.27 所示。

图 8.26　"基准平面"对话框

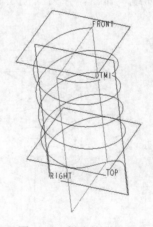

图 8.27　创建基准平面

08 绘制草图。

❶单击"基准"工具栏中的"草绘"按钮 ≋，打开"草绘"对话框，选取 DTM1 基准平面作为草绘平面，RIGHT 基准平面作为参照，参照方向为向右，单击"草绘"按钮，进入草绘环境。

❷单击草绘工具栏中的"圆弧"按钮 ⌒，绘制草图，如图 8.28 所示。单击"确定"按钮 ✔，完成草图绘制。

09 绘制基准曲线 4。

❶单击"基准"工具栏中的"基准曲线"按钮 ∿，在弹出的"曲线选项"菜单管理器中选择"通过点"→"完成"命令。

❷打开"曲线：通过点"对话框和"连接类型"菜单管理器，选择"样条"→"添加点"命令。选取如图 8.29 所示的点作为曲线通过点，然后选择"完成"命令。

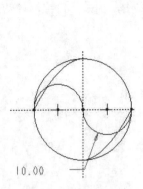

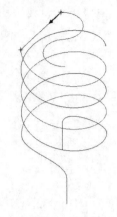

图 8.28 绘制圆弧　　　　　　　　　　　　　图 8.29 选取曲线通过点

❸在"曲线：通过点"对话框中选择"相切"选项后，单击"定义"按钮，在弹出的"定义相切"菜单管理器中选择"相切"命令，在视图中选取如图 8.30 所示的曲线，使绘制的曲线与其在起点处相切。同理，选取如图 8.31 所示的曲线，使绘制的曲线与其在终点处相切，单击对话框中的"确定"按钮。结果如图 8.32 所示。

10 绘制基准曲线 5。

重复"基准曲线"命令，在另一侧绘制曲线，如图 8.33 所示。

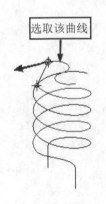

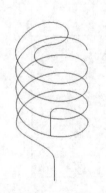

图 8.30 选取起点处曲线　　　图 8.31 选取终点处曲线　　　图 8.32 绘制基准曲线 4　　　图 8.33 绘制基准曲线 5

11 绘制可变截面扫描曲面。

❶单击"基础特征"工具栏中的"可变截面扫描"按钮，打开"可变截面扫描"操控板。

❷单击"参照"下滑面板中的"细节"按钮，打开"链"对话框，按 Ctrl 键选取如图 8.34 所示的曲线作为原点轨迹线，单击"确定"按钮。

❸在操控板中单击"草绘"按钮，进入截面的绘制，单击草绘工具栏中的"圆心和点"按钮，绘制直径为 5.00 的圆，如图 8.35 所示。单击"确定"按钮，完成草图绘制。

❹在操控板中单击"完成"按钮，完成可变截面扫描操作。最终结果如图 8.36 所示。

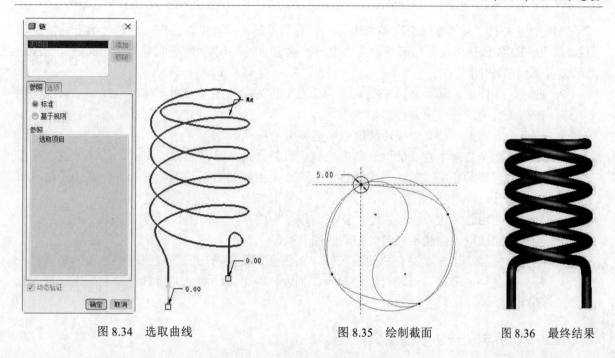

图 8.34　选取曲线　　　　图 8.35　绘制截面　　　　图 8.36　最终结果

8.4　边界混合曲面

　　边界混合曲面是指利用边线作为边界混合而成的一类曲面。边界混合曲面是最常用的曲面建立方式，既可以由同一个方向上的边界混合曲面，也可以由两个方向上的边界混合曲面。可以用建立的参照曲线为依据，获得比较精确的曲面，但是需要明白的是，曲面不是完完全全绝对精确地通过参照曲线的，它只是在一定精度范围内通过参照曲线的拟合曲面。为了更精确地控制所要混合的曲面，可以加入影响曲线，可以设置边界约束条件或者设置控制点等。为了曲面质量的需要可能会重新拟合参照曲线。

8.4.1　边界混合曲面操控板简介

　　单击"基础特征"工具栏中的"边界混合"按钮，或者选择菜单栏中的"插入"→"边界混合"命令，打开"边界混合"操控板，如图 8.37 所示。

图 8.37　"边界混合"操控板

　　"边界混合"操控板中各选项的含义如下。

　　（1）　选取项目　（第一方向链收集器）：可以选取任意数量的曲线或边链。选取任何一条曲线，通过右侧向上或向下的箭头调整曲线的混合顺序。

　　（2）　单击此处添加项目　（第二方向链收集器）：可以选取任意数量的曲线或边链。选取任何一条曲线，通过右侧向上或向下的箭头调整曲线的混合顺序。

在每个方向上，必须连续选取参考图元，可对参考图元进行重新排序。为边界混合曲面选取曲线时，Pro/ENGINEER 允许在第一和第二方向上选取曲线。此外，可选取混合曲面的附加曲线。选取参考图元的规则如下：

> ➤ 曲线、零件边、基准点、曲线或边的端点可作为参考图元使用。基准点或顶点只能出现在列表框的最前面或最后面。

> ➤ 在每个方向上，都必须按连续的顺序选择参考图元。

> ➤ 对于在两个方向上定义的混合曲面来说，其外部边界必须形成一个封闭的环。这意味着外部边界必须相交。若边界不终止于相交点，系统将自动修剪这些边界，并使用与其有关的部分。

> ➤ 如果要使用连续边或一条以上的基准曲线作为边界，可按住 Shift 键选取曲线链。

> ➤ 为混合而选取的曲线不能包含相同的图元数。

> ➤ 当指定曲线或边定义混合曲面形状时，系统会记住参考图元选取的顺序，并为每条链分配一个适当的号码。可通过在"参考"列表框中单击曲线集并将其拖动到所需位置来调整顺序。

扫一扫，看视频

📖 8.4.2 动手学——创建油烟机内腔

本小节通过油烟机内腔的创建来讲解"边界混合"命令的使用。首先创建曲线，然后利用"边界混合"命令创建曲面，再利用"镜像"命令对其进行镜像操作。具体操作过程如下：

01 新建文件。单击"新建"按钮 🗋，弹出"新建"对话框，输入零件名称为 you-yan-ji-nei-qiang，单击"确定"按钮，进入实体建模界面。

02 创建边界曲线。

❶单击"基准"工具栏中的"草绘"按钮 🔶，选取 FRONT 基准平面作为草绘平面，绘制如图 8.38 所示的曲线。单击"完成"按钮 ✔，退出草绘环境。

❷单击"基准"工具栏中的"平面"按钮 ◿，打开"基准平面"对话框。选取 FRONT 基准平面作为参照，向上偏移 200.00，如图 8.39 所示，然后单击"确定"按钮，完成基准平面 DTM1 的创建。

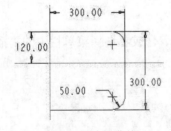

图 8.38　边界曲线

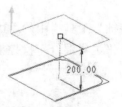

图 8.39　基准平面 DTM1

❸单击"基准"工具栏中的"草绘"按钮 🔶，打开"草绘"对话框，选择 DTM1 基准平面作为草绘平面，绘制如图 8.40 所示的圆弧，单击"完成"按钮 ✔，退出草绘环境。

❹单击"基础特征"工具栏中的"造型"按钮 📖，或者依次单击"插入"→"造型"，进入造型模块。系统默认以 TOP 基准平面为活动平面。

❺单击"造型工具"工具栏中的"设置活动平面"按钮 ▦，然后选择 RIGHT 基准平面作为

活动平面，如图 8.41 所示。

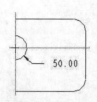

图 8.40 绘制的上轮廓线

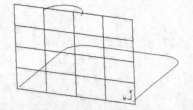

图 8.41 设置活动平面

❻单击"创建曲线"按钮～，在弹出的操控板中单击"创建平面曲线"按钮⟡，如图 8.42 所示。

❼按住 Shift 键，单击如图 8.43 所示的两点，绘制曲线，然后单击操控板中的"应用"按钮✔完成设置。

图 8.42 "创建曲线"操控板

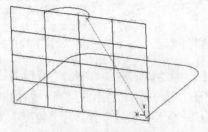

图 8.43 绘制曲线

❽选中上一步绘制的曲线，单击"编辑曲线"按钮✎，在弹出的操控板中单击"更改为平面曲线"按钮⟡，如图 8.44 所示。选中曲线上部的端点，如图 8.45 所示。

❾单击操控板中的"相切"按钮，在"约束"栏中的"第一"下拉列表框中选择"自由"，输入"长度"为 50，"角度"为 180°，如图 8.46 所示。

图 8.44 "编辑曲线"操控板

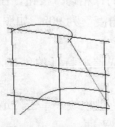

图 8.45 选取上端点

图 8.46 设置上端点的约束类型和参数

⑩ 选中曲线下部的端点，如图 8.47 所示。在"约束"栏中的"第一"下拉列表框中选择"自由"，输入"长度"为 60，"角度"为 90°，如图 8.48 所示。单击操控板中的"应用"按钮✔完成设置。

⑪同理，绘制左侧曲线，如图 8.49 所示。

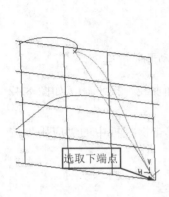

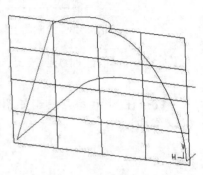

图 8.47　选取下端点　　　图 8.48　设置下端点的约束类型和参数　　　图 8.49　绘制左侧曲线

⑫选中上一步绘制的曲线，单击"编辑曲线"按钮，在弹出的操控板中单击"更改为平面曲线"按钮，选中曲线上部的端点，如图 8.50 所示。在"约束"栏中的"第一"下拉列表框中选择"自由"，输入"长度"为 30，"角度"为 0°，如图 8.51 所示。单击操控板中的"应用"按钮✔完成设置。

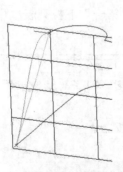

图 8.50　选取上端点　　　图 8.51　设置上端点的约束类型和参数

⑬选中曲线下部的端点，如图 8.52 所示。单击操控板中的"相切"按钮，在"约束"栏中的"第一"下拉列表框中选择"自由"，输入"长度"为 50，"角度"为 90°，如图 8.53 所示。单击操控板中的"应用"按钮✔完成设置。

⑭单击"造型工具"工具栏中的"完成"按钮✔，完成造型特征的创建。结果如图 8.54 所示。

⑮单击"基础特征"工具栏中的"造型"按钮，进入造型模块。单击"造型工具"工具栏中的"设置活动平面"按钮，选择 TOP 基准平面作为活动平面。

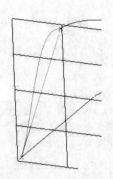

图 8.52　选取下端点

图 8.53　设置下端点的约束类型和参数

⓰单击"创建曲线"按钮～，在弹出的操控板中单击"创建平面曲线"按钮⬚。按住 Shift 键绘制曲线，如图 8.55 所示。单击操控板中的"应用"按钮✔完成设置。

图 8.54　创建的造型特征

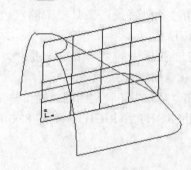

图 8.55　绘制曲线

⓱选中上一步绘制的曲线，单击"编辑曲线"按钮✎，在弹出的操控板中单击"更改为平面曲线"按钮⬚，选中曲线上部的端点，如图 8.56 所示。单击操控板中的"相切"按钮，在"约束"栏中的"第一"下拉列表框中选择"自由"，输入"长度"为 90，"角度"为 90°，如图 8.57 所示。单击操控板中的"应用"按钮✔完成设置。

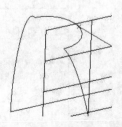

图 8.56　选取设置约束的上端点

图 8.57　设置上端点的约束类型和参数

⓲选中曲线下部的端点，如图 8.58 所示。然后单击操控板中的"相切"按钮，在"约束"栏中的"第一"下拉列表框中选择"自由"，输入"长度"为 80，"角度"为 0°，如图 8.59 所示。

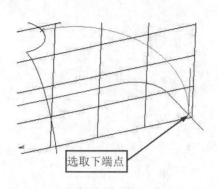

图 8.58　选取设置约束的下端点

图 8.59　设置下端点的约束类型和参数

⓳单击"造型工具"工具栏中的"完成"按钮，完成造型特征的创建。结果如图 8.60 所示。

03 创建边界混合曲面。

❶单击"基础特征"工具栏中的"边界混合"按钮，弹出"边界混合"操控板，操作步骤如图 8.61 所示。

❷单击操控板中的"应用"按钮，完成边界混合曲面的创建。结果如图 8.62 所示。

04 镜像曲面。

❶单击"基准"工具栏中的"轴"按钮，打开"基准轴"对话框，按住 Ctrl 键，在绘图区点选基准平面 FRONT 和 RIGHT，如图 8.63 所示，单击"确定"按钮，完成基准轴 A_1 的创建。

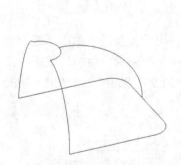

图 8.60　创建的造型特征

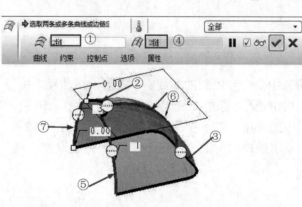

图 8.61　操作步骤

图 8.62　创建的曲面

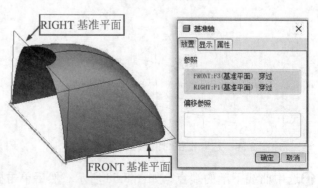

图 8.63　选取参照平面

❷单击"基准"工具栏中的"基准平面"按钮◻，打开"基准平面"对话框。按住 Ctrl 键，在绘图区选取 A_1 轴和 FRONT 基准平面作为参照，输入旋转角度为 30°，如图 8.64 所示。单击"确定"按钮，完成基准平面 DTM2 的创建。

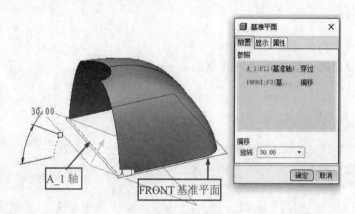

图 8.64　选取参照轴和基准平面

❸单击"基础特征"工具栏中的"拉伸"按钮，或者依次单击"插入"→"拉伸"，在弹出的操控板内单击"曲面"按钮，单击"移除材料"按钮，选择 DTM2 基准平面作为草绘平面，绘制如图 8.65 所示的椭圆。单击"完成"按钮✔，退出草绘环境。

❹选择拉伸方式为"穿透"，单击"面组"按钮 面组 ● 选取 1 ，在绘图区选取边界混合曲面，单击操控板中的"应用"按钮✔。结果如图 8.66 所示。

05 镜像曲面。按住 Ctrl 键，在模型树中选择"边界混合 1"和"拉伸 1"特征。单击"编辑特征"工具栏中的"镜像"按钮，选取 RIGHT 基准平面作为镜像平面，单击操控板中的"应用"按钮✔。结果如图 8.67 所示。

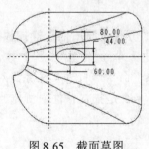

图 8.65　截面草图

图 8.66　拉伸切除结果

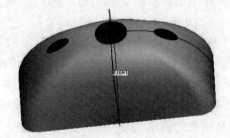

图 8.67　镜像结果

8.5　填　充　曲　面

填充曲面是指平整的闭环边界截面（即在某一个平面上的封闭截面），注意任何填充特征必须包括一个平整的封闭环草绘特征。填充特征用于生成平面。填充特征需要通过对平面的边界作草绘，用于实现对平面的定义。创建填充曲面，既可以选择已存在的平整的闭合基准曲线，也可以进入内部草绘器定义新的封闭截面。

8.5.1 填充曲面操控板简介

选择菜单栏中的"编辑"→"填充"命令，打开如图 8.68 所示的"填充"操控板。

1．"填充"操控板

"填充"操控板中部分选项的含义如下。

"草绘"列表框：用于选取已绘制的草图。

2．下滑面板

"参照"下滑面板如图 8.69 所示。

图 8.68　"填充"操控板

图 8.69　"参照"下滑面板

"定义"按钮：用于创建新草绘。

扫一扫，看视频

8.5.2 动手学——创建果盘

本小节通过果盘的创建介绍填充曲面的使用。首先绘制扫描轨迹线，然后启动"可变截面扫描"命令创建可变截面扫描曲面，最后创建填充曲面。具体操作过程如下：

01 新建文件。单击"新建"按钮，弹出"新建"对话框，输入零件名称为 guopan，单击"确定"按钮，进入实体建模界面。

02 绘制扫描轨迹线。单击"基准"工具栏中的"草绘"按钮，选取 TOP 基准平面作为草绘平面，绘制如图 8.70 所示的直线作为轨迹线。

03 创建可变截面扫描曲面。

❶单击"基础特征"工具栏中的"可变截面扫描"按钮，打开"可变截面扫描"操控板。

❷选取如图 8.70 所示的曲线作为轨迹线。单击"草绘"按钮，进入草绘环境。

❸绘制如图 8.71 所示的截面草图。选择"工具"菜单栏中的"关系"命令，打开"关系"对话框，输入关系式 sd5=42+5*sin(trajpar*360*12)，如图 8.72 所示。其中，sd5 是扫描截面圆弧端点高度值的内部尺寸标记。单击"完成"按钮，完成草图绘制。

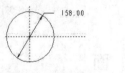

图 8.70　轨迹线

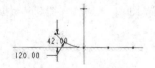

图 8.71　截面草图

❹单击"应用"按钮，完成曲面的绘制，隐藏坐标系和基准平面。结果如图 8.73 所示。

04 创建填充曲面。

❶选取"编辑"→"填充"命令，打开"填充"操控板。选择图 8.70 绘制的圆，单击"完成"按钮，退出草绘环境。

❷单击"应用"按钮，完成填充曲面的创建。最终结果如图 8.74 所示。

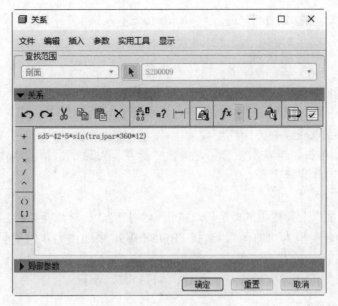

图 8.72　"关系"对话框

图 8.73　可变截面扫描曲面

图 8.74　创建的果盘

8.6　扫 描 曲 面

扫描曲面就是通过菜单栏中的"插入"→"扫描"→"曲面"命令来建立曲面特征。

8.6.1　扫描曲面菜单管理器简介

选择菜单栏中的"插入"→"扫描"→"曲面"命令，打开如图 8.75 所示的"扫描轨迹"菜单管理器和"曲面：扫描"对话框。通过该菜单管理器，用户可以设置扫描轨迹的获取方式。

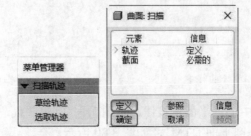

图 8.75　"扫描轨迹"菜单管理器和"曲面：扫描"对话框

菜单管理器中各功能在 6.1.1 小节已详细介绍过，这里不再赘述。

扫一扫，看视频

8.6.2 动手学——创建茶壶

本小节通过茶壶的创建来讲解"扫描"命令的使用。首先利用"旋转"命令创建壶身，然后利用"边界混合"命令创建半片壶嘴并对其进行镜像操作，再利用"扫描"命令创建壶把，最后利用"填充"命令创建壶底。具体操作过程如下：

01 新建文件。单击"新建"按钮，弹出"新建"对话框，输入零件名称为 chahu，单击"确定"按钮，进入实体建模界面。

02 创建壶身。

❶单击"基础特征"工具栏中的"旋转"按钮，打开"旋转"操控板，在操控板上单击"曲面"按钮，设置旋转类型为"曲面"。选择 FRONT 基准平面作为草绘平面，进入草绘环境。

❷绘制如图 8.76 所示的草图。单击"完成"按钮✔，退出草绘环境。

❸单击"应用"按钮✔，完成壶身的创建，如图 8.77 所示。

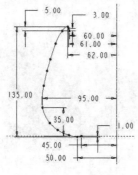

图 8.76　旋转草图

图 8.77　创建的壶身

03 创建壶嘴。

❶单击"基准"工具栏中的"草绘"按钮，选取 FRONT 基准平面作为草绘平面，绘制如图 8.78 所示的曲线 1，单击"完成"按钮✔，退出草绘环境。

❷重复"草绘"命令，选取 FRONT 基准平面作为草绘平面，绘制如图 8.79 所示的曲线 2，单击"完成"按钮✔，退出草绘环境。

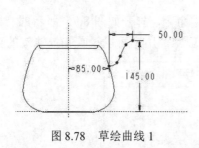

图 8.78　草绘曲线 1

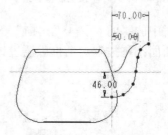

图 8.79　草绘曲线 2

❸单击"基准"工具栏中的"平面"按钮，打开"基准平面"对话框，以 RIGHT 基准平面为参照向右偏移 85 创建基准平面 DTM1，如图 8.80 所示。

❹单击"基准"工具栏中的"草绘"按钮，选取 DTM1 基准平面作为草绘平面，绘制如

图 8.81 所示的曲线 3，单击"完成"按钮 ✔，退出草绘环境。

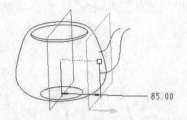

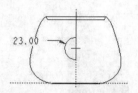

图 8.80　创建 DTM1　　　　　　　　图 8.81　草绘曲线 3

❺单击"基准"工具栏中的"平面"按钮 ▱，打开"基准平面"对话框，以 TOP 基准平面为参照向上偏移 145 创建基准平面 DTM2，如图 8.82 所示。

❻ 单击"基准"工具栏中的"草绘"按钮 ↖，选取 DTM2 基准平面作为草绘平面，绘制如图 8.83 所示的曲线 4，单击"完成"按钮 ✔，退出草绘环境。

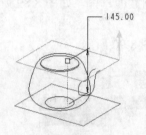

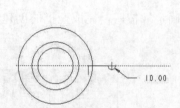

图 8.82　创建 DTM2　　　　　　　　图 8.83　草绘曲线 4

❼单击"基础特征"工具栏中的"边界混合"按钮 ⬮，打开"边界混合"操控板。参数设置步骤如图 8.84 所示。为了方便选取曲线，可以先将旋转曲面隐藏起来。

❽单击"应用"按钮 ☑，边界混合曲面如图 8.85 所示。

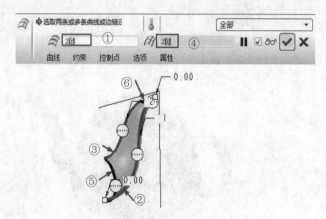

图 8.84　单边界曲面的参数设置步骤　　　　图 8.85　边界混合曲面

❾在模型树中选中"边界混合 1"特征，单击"编辑特征"工具栏中的"镜像"按钮 ⬮▮，选择 FRONT 基准平面作为镜像中心平面，单击"应用"按钮 ☑。镜像结果如图 8.86 所示。

04 创建壶把。

❶将隐藏的旋转曲面取消隐藏。单击"基准"工具栏中的"草绘"按钮 ，选取 FRONT 基准平面作为草绘平面，绘制如图 8.87 所示的曲线，单击"完成"按钮 ，退出草绘环境。

图 8.86　镜像结果

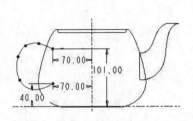

图 8.87　轨迹线草图

❷选择菜单栏中的"插入"→"扫描"→"曲面"命令，打开"曲面：扫描"对话框和菜单管理器。进入草绘环境的操作步骤如图 8.88 所示，绘制截面草图，如图 8.89 所示。单击"完成"按钮 ，退出草绘环境。

❸单击"确定"按钮，完成壶把的创建。结果如图 8.90 所示。

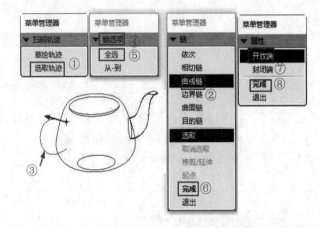

图 8.88　进入草绘环境的操作步骤

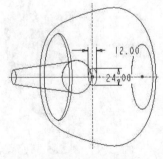

图 8.89　截面草图

图 8.90　创建的壶把

05 创建壶底。

❶单击"基准"工具栏中的"草绘"按钮 ，选取 TOP 基准平面作为草绘平面，绘制如

图 8.91 所示的曲线。

❷选择菜单栏中的"编辑"→"填充"命令，打开"填充"操控板。选择图 8.91 绘制的圆，单击"应用"按钮☑，完成茶壶的创建。最终结果如图 8.92 所示。

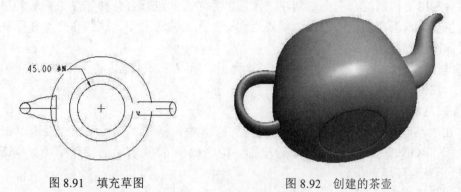

图 8.91　填充草图　　　　　　　　图 8.92　创建的茶壶

8.7　扫描混合曲面

扫描混合曲面是指该曲面同时具有扫描和混合特征。在建立扫描混合曲面时，需要有轨迹线、轮廓线和截面，轨迹线和轮廓线可通过草绘基准曲线或选择相应的基准线或边来实现。

📖8.7.1　扫描混合曲面操控板简介

单击"基础特征"工具栏中的"扫描混合"按钮🪝，或者选择菜单栏中的"插入"→"扫描混合"命令，打开"扫描混合"操控板，单击"曲面"模式⌒，如图 8.93 所示。

图 8.93　"扫描混合"操控板

操控板及下滑面板中的各功能在 4.3.1 小节均已详细介绍过，这里不再赘述。

⚠ 注意：

扫描混合曲面有如下限制条件：

（1）截面不能位于"原始轨迹"的尖点处。

（2）对于封闭的轨迹轮廓，在起点和至少一个其他的位置上有草绘截面。

（3）对于开放的轨迹轮廓，必须在起点和中止点创建截面，在这些点没有可以跳过截面的选项。

（4）截面不能标注尺寸到模型，因为在修改轨迹时，会使这些尺寸无效。

（5）不能选择复合基准曲面来定义扫描的混合截面。

（6）如果选择了"轴向方向"和"选取截面"方式，那么所有选取的截面，必须位于与"轴心方向"平行的平面上。

扫一扫，看视频

8.7.2 动手学——创建鼓风机壳

本小节通过鼓风机壳的创建讲解"扫描混合"命令的使用。首先利用"旋转"命令创建主体外壳，然后利用"扫描混合"命令创建鼓风筒，并对曲面进行合并和加厚，最后利用"拉伸"命令创建法兰盘。本例在创建的过程中需要用到一些曲面编辑命令，这些命令将在第9章进行详细介绍。具体操作过程如下：

01 新建文件。单击"新建"按钮 🗅，弹出"新建"对话框，输入零件名称为 gufengji，单击"确定"按钮，进入实体建模界面。

02 创建旋转曲面。

❶单击"基础特征"工具栏中的"旋转"按钮 ✦，打开"旋转"操控板，单击"曲面"模式 ◻，选择 FRONT 基准平面作为草绘平面，绘制如图 8.94 所示的旋转草图。单击"完成"按钮 ✔，退出草绘环境。

❷单击"应用"按钮 ✔，完成旋转曲面的创建，如图 8.95 所示。

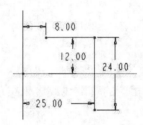

图 8.94　旋转草图

图 8.95　旋转曲面

03 创建扫描混合曲面。

❶选择菜单栏中的"插入"→"扫描混合"命令，打开"扫描混合"操控板，单击"曲面"模式 ◻。

❷单击"基准"工具栏中的"草绘"按钮 ▨，选择 TOP 基准平面作为草绘平面，绘制原始轨迹线，并将其截断，如图 8.96 所示。单击"完成"按钮 ✔，退出草绘环境。

❸单击"继续"按钮 ▶，进入设计扫描混合曲面特征的界面。选择刚创建的曲线作为草绘轨迹线，如图 8.96 所示。

❹绘制截面 1 草图，操作步骤如图 8.97 所示。

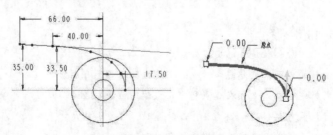

图 8.96　绘制轨迹线

❺进入草绘状态，绘制如图 8.98 所示的截面 1 草图。

❻单击"完成"按钮 ✔，返回操控板。接下来创建截面 2 草图，操作步骤如图 8.99 所示。

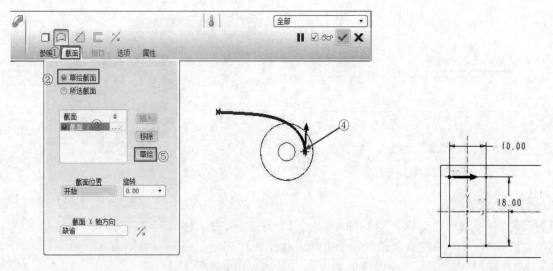

图 8.97 绘制截面 1 草图的操作步骤

图 8.98 截面 1 草图

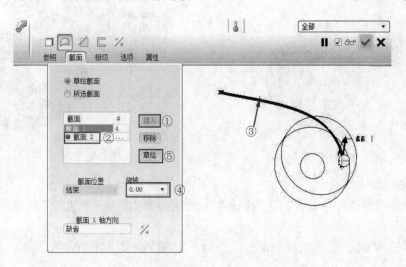

图 8.99 绘制截面 2 草图的操作步骤

❼进入草绘状态，绘制如图 8.100 所示的截面 2 草图。单击"完成"按钮 ✔，返回操控板。接下来绘制截面 3 草图，操作步骤同上，选取如图 8.101 所示的点插入截面 3。

❽绘制截面 3 草图，如图 8.102 所示。单击"完成"按钮 ✔，返回操控板。

❾单击"应用"按钮 ✔，完成扫描混合曲面的创建，如图 8.103 所示。

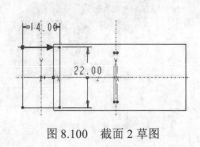

图 8.100 截面 2 草图

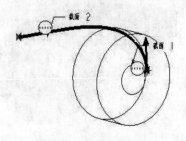

图 8.101 截面插入点

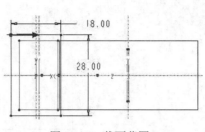

图 8.102　截面草图 3

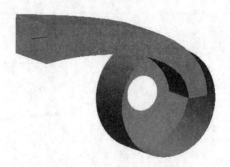

图 8.103　扫描混合曲面

04 合并曲面。

❶在模型树中选中"旋转 1"和"扫描混合 1"特征，单击"编辑特征"工具栏中的"合并"按钮，打开"合并"操控板，调整箭头方向，如图 8.104 所示。

❷单击"应用"按钮，完成曲面的合并，如图 8.105 所示。

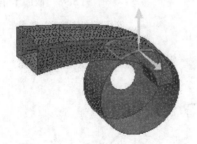

图 8.104　调整箭头方向

图 8.105　合并曲面

05 加厚曲面。

❶在模型树中选中"合并 1"特征，选择菜单栏中的"编辑"→"加厚"命令，打开"加厚"操控板。

❷设置加厚值为 1.5，双侧加厚，单击"应用"按钮，如图 8.106 所示。

06 创建拉伸特征。

❶单击"基础特征"工具栏中的"拉伸"按钮，打开"拉伸"操控板，选择图 8.107 所示的平面作为草绘平面，绘制拉伸截面草图，如图 8.108 所示。单击"完成"按钮，退出草绘环境。

❷设置拉伸方式为"盲孔"，深度为 1.5，单击"应用"按钮。结果如图 8.109 所示。

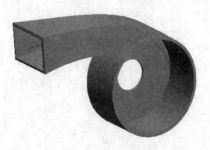

图 8.106　加厚曲面

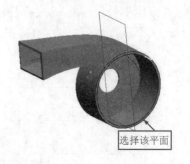

选择该平面

图 8.107　选择草绘平面

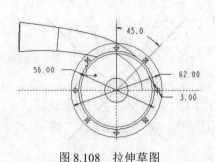

图 8.108　拉伸草图

图 8.109　拉伸特征

8.8　螺旋扫描曲面

8.8.1　螺旋扫描曲面简介

螺旋扫描曲面是沿着一条螺旋轨迹扫描产生螺旋状态的曲面特征。特征的建立需要有属性、扫描轨迹、螺距、截面四个要素。

选择菜单栏中的"插入"→"螺旋扫描"→"曲面"命令，打开如图 8.110 所示的"曲面：螺旋扫描"对话框和图 8.111 所示的"属性"菜单管理器。在进行螺旋扫描时，应在图 8.111 所示的"属性"菜单管理器中设置螺旋的特征属性。

"属性"菜单管理器中各命令的含义如下。

（1）常数：螺距为常数。

（2）可变的：螺距是可变的并由某些图形定义。

（3）穿过轴：横截面位于穿过旋转轴的平面内。

（4）垂直于轨迹：确定横截面的方向，使之垂直于轨迹。

（5）右手定则：使用右手定则来定义轨迹。

（6）左手定则：使用左手定则来定义轨迹。

图 8.110　"曲面：螺旋扫描"对话框

图 8.111　"属性"菜单管理器

8.8.2　动手学——创建沥水篮

本小节通过沥水篮的创建讲解"螺旋扫描"命令的使用。首先利用"螺旋扫描"→"曲面"命令创建螺旋扫描曲面，该曲面作为下一步操作的扫描轨迹，然后利用"可变截面扫描"命令创

扫一扫，看视频

建篮筐曲面，最后利用"旋转""拉伸"和"阵列"命令创建篮底曲面。具体操作过程如下：

01 新建文件。单击"新建"按钮，弹出"新建"对话框，输入零件名称为 lishuilan，单击"确定"按钮，进入实体建模界面。

02 创建螺旋扫描曲面。

❶选择菜单栏中的"插入"→"螺旋扫描"→"曲面"命令，弹出"曲面：螺旋扫描"对话框和"属性"菜单管理器。绘制轨迹线的操作步骤如图 8.112 所示，进入草绘环境。

❷绘制如图 8.113 所示的轨迹线，注意曲线的起点和方向。单击"完成"按钮 ✔，退出草绘环境。

❸弹出"输入节距值"输入框，输入节距值为 10，如图 8.114 所示。

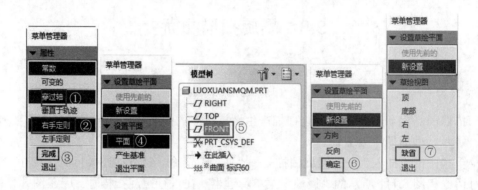

图 8.112 绘制轨迹线的操作步骤

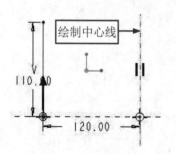

图 8.113 轨迹线

图 8.114 "输入节距值"输入框

❹单击"接受值"按钮，进入草绘环境。

❺单击"基准"工具栏中的"参照"按钮，打开"参照"对话框，如图 8.115 所示。在模型树中选取 TOP 基准平面和坐标系，单击"确定"按钮。

❻绘制如图 8.116 所示的草图。注意，其中的尺寸 40.00 是直线和 TOP 基准平面的距离；120.00 是圆弧端点与 TOP 基准平面的距离，且圆弧的下端点与 TOP 基准平面重合。选择菜单栏中的"工具"→"关系"命令，打开"关系"对话框，输入关系式 sd9=40+40*sin(360*trajpar*36)，如图 8.117 所示。单击"完成"按钮 ✔，退出草绘环境。（注意：关系式要用"关系"对话框中的"插入"→"函数"命令进行插入。）

❼单击"曲面：螺旋扫描"对话框中的"确定"按钮，最后得到的图形如图 8.118 所示。

图 8.115　"参照"对话框

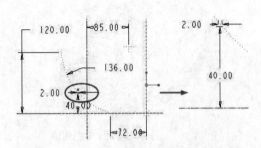

图 8.116　绘制穿过轴和截面草图

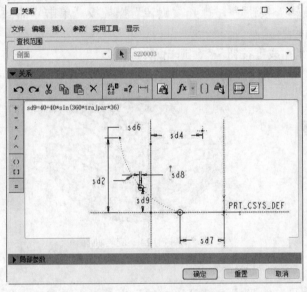

图 8.117　"关系"对话框

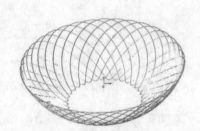

图 8.118　螺旋扫描曲面

03 创建可变截面扫描曲面。

❶ 单击"基础特征"工具栏中的"可变截面扫描"按钮 ，打开"可变截面扫描"操控板，单击"曲面"模式 ，选取如图 8.119 所示的扫描轨迹线。

❷ 单击"创建或编辑扫描截面"按钮 ，绘制截面草图，如图 8.120 所示。单击"完成"按钮 ✓，退出草绘环境。

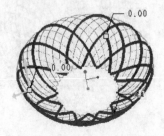

图 8.119　选取扫描轨迹线

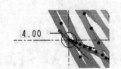

图 8.120　截面草图

❸单击"应用"按钮✅，完成可变截面扫描曲面的创建，如图 8.121 所示。

❹同理，创建剩余的曲面。结果如图 8.122 所示。

图 8.121　部分可变截面扫描曲面

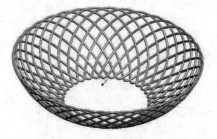

图 8.122　可变截面扫描曲面

04　创建旋转曲面。

❶单击"基础特征"工具栏中的"旋转"按钮⊕，打开"旋转"操控板，单击"曲面"模式🖾，选取 FRONT 基准平面作为草绘平面。

❷绘制如图 8.123 所示的草图，单击"完成"按钮✔，退出草绘环境。

❸单击"应用"按钮✅，完成旋转曲面的创建，如图 8.124 所示。

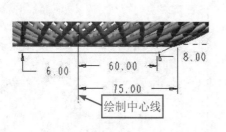

图 8.123　旋转截面草图

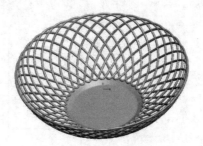

图 8.124　旋转曲面

05　创建拉伸切除特征。

❶单击"基础特征"工具栏中的"拉伸"按钮🗗，打开"拉伸"操控板，单击"曲面"模式🖾，选取旋转曲面的底面作为草绘平面。

❷绘制如图 8.125 所示的草图，单击"完成"按钮✔，退出草绘环境。

❸单击"移除材料"按钮，在绘图区选取旋转曲面作为切除曲面。拉伸方式设置为"穿透"╬，单击"应用"按钮✅，完成拉伸切除特征的创建，如图 8.126 所示。

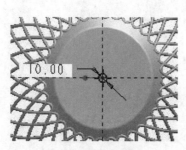

图 8.125　拉伸截面

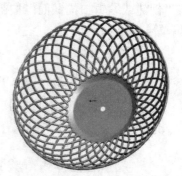

图 8.126　拉伸切除特征

06 阵列孔。

❶在模型树中选中"拉伸1"特征,单击"编辑特征"工具栏中的"阵列"按钮🁢,打开"阵列"操控板,设置阵列类型为"填充"。

❷单击"参照"→"定义"按钮,选择旋转曲面的底面作为草绘平面。绘制如图8.127所示的草图作为填充边界。单击"完成"按钮✔,退出草绘环境。

❸返回"阵列"操控板,单击"选项"下滑面板,勾选"跟随曲面形状"复选框,并在绘图区选取旋转曲面,如图8.128所示。操控板上其他参数设置如图8.129所示。

❹单击"应用"按钮✔,完成阵列。结果如图8.130所示。

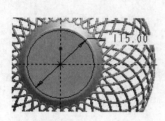

图 8.127 填充边界

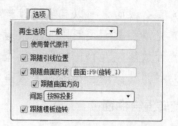

图 8.128 "选项"下滑面板

图 8.129 阵列参数设置

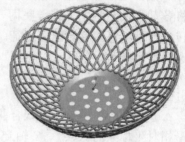

图 8.130 阵列结果

8.9 混合曲面

由数个截面混合出的曲面特征称为混合曲面,按混合方式分为三种不同的形式:平行混合曲面、旋转混合曲面、一般混合曲面。

在进行混合操作时,首先在系统显示的"混合选项"菜单管理器中,选择混合的形式以及截面的绘制形式,如图8.131所示。

(1)平行:选择此项为平行混合方式,所有截面相互平行。

(2)旋转的:选择此项为旋转混合方式,截面绕Y轴旋转。

(3)一般:选择此项为一般混合方式,截面可沿X、Y、Z轴旋转或平移。

(4)规则截面:以绘图区所绘制的面或由现有零件选取的面作为混合面。

(5)投影截面:草绘截面投影到实体模型表面作为混合截面。

(6)选取截面:选择已有的截面作为混合截面。

(7)草绘截面:在草绘环境中绘制混合截面。

图 8.131 "混合选项"菜单管理器

📖 8.9.1 混合曲面命令简介

1. 平行混合曲面

图 8.132　"属性"菜单管理器

平行混合曲面是混合曲面中最简单的一种，平行混合曲面的特点是：所有的截面都相互平行，所有的截面都在同一窗口中绘制，截面绘制完成后，设定截面间的距离即可。

选择"混合选项"菜单管理器中的"平行"命令，选择"完成"命令后，打开"属性"菜单管理器，用于确定截面的混合方式，如图 8.132 所示。

（1）直：截面之间以直线过渡连接。

（2）光滑：截面之间以光滑过渡连接。

（3）开放端：混合出的曲面模型端面是开放的。

（4）封闭端：混合出的曲面模型端面是封闭的。

2. 旋转混合曲面

旋转混合曲面的特点：参与旋转混合的曲面间彼此成一定角度。在绘制旋转混合曲面时，每一截面必须在草绘模式下建立一个相对坐标系，并标注该坐标系与其基准面间的位置尺寸，将各截面的坐标系，统一在同一平面上，然后将坐标系的 Y 轴作为旋转轴，定义截面绕 Y 轴的转角，即可建立旋转混合特征。旋转混合曲面有开放和封闭两种类型，在"属性"菜单管理器中选择混合类型。

3. 一般混合曲面

一般混合曲面是三种混合曲面中使用最为灵活、功能最强的混合曲面。参与混合的截面，可沿相对坐标系的 X、Y、Z 轴旋转或平移，其操作步骤类似于建立旋转混合曲面的操作步骤。

📖 8.9.2 动手学——创建电源插头

扫一扫，看视频

本小节通过电源插头的创建来介绍"混合曲面"命令的使用。首先利用"混合曲面"命令创建电源插头的主体部分，绘制轨迹线；然后利用"旋转"命令创建连接部分，再利用"扫描"命令创建电源线；最后利用"拉伸"命令创建插片部分。具体操作过程如下：

01 新建文件。单击"新建"按钮 🗋，弹出"新建"对话框，输入零件名称为 dianyuanchatou，单击"确定"按钮，进入实体建模界面。

02 创建混合曲面。

❶选择菜单栏中的"插入"→"混合"→"曲面"命令，弹出"混合选项"菜单管理器。进入草绘环境的操作步骤，如图 8.133 所示。

❷绘制草图 1，如图 8.134 所示，注意曲线的起点和方向。

❸在绘图区右击，在弹出的快捷菜单中选择"切换截面"命令，如图 8.135 所示。继续绘制草图 2，如图 8.136 所示。单击"完成"按钮 ✔，退出草绘环境。

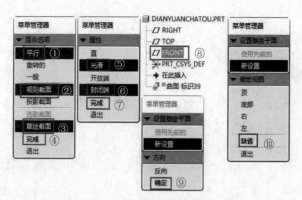

图 8.133 进入草绘环境的操作步骤

❹打开"深度"菜单管理器,如图 8.137 所示。选择"盲孔"→"完成"命令,弹出"输入截面 2 的深度"输入框,输入深度为 30,如图 8.138 所示,单击"接受值"按钮☑完成设置。

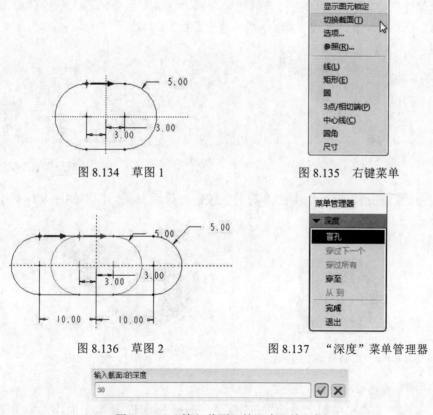

图 8.134 草图 1　　　　　　　　　图 8.135 右键菜单

图 8.136 草图 2　　　　　　　　　图 8.137 "深度"菜单管理器

图 8.138 "输入截面 2 的深度"输入框

❺单击"曲面:混合"对话框中的"确定"按钮,最后得到的图形如图 8.139 所示。

(03) 创建旋转曲面。

❶单击"基础特征"工具栏中的"旋转"按钮♠,打开"旋转"操控板,在操控板上单击"曲面"按钮,设置旋转类型为"曲面"。选择 RIGHT 基准平面作为草绘平面,绘制如图 8.140 所示的草图。单击"完成"按钮✔,退出草绘环境。

图 8.139 垂直轨迹螺旋扫描

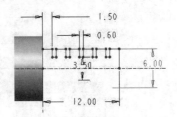

图 8.140 旋转草图

❷设置旋转角度为 360°，单击"应用"按钮☑，完成旋转曲面的创建，如图 8.141 所示。

04 创建扫描曲面。

❶选择菜单栏中的"插入"→"扫描"→"曲面"命令，打开"扫描轨迹"菜单管理器。依次选择"草绘轨迹"→"平面"，在模型树中选择 RIGHT 基准平面后，选择"确定"→"缺省"命令，进入草绘环境。

❷绘制如图 8.142 所示的扫描轨迹线，单击"完成"按钮✔，退出草绘环境。

❸打开"属性"菜单管理器，选择"封闭端"→"完成"命令，进入草绘环境，绘制截面草图，如图 8.143 所示。单击"完成"按钮✔，退出草绘环境。

图 8.141 旋转曲面

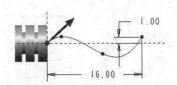

图 8.142 绘制扫描轨迹线

❹单击"曲面：扫描"对话框中的"确定"按钮，最后得到的图形如图 8.144 所示。

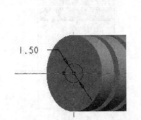

图 8.143 绘制截面草图

图 8.144 扫描曲面

05 创建拉伸曲面。

❶单击"基准"工具栏中的"平面"按钮▱，选择 RIGHT 基准平面作为参考平面，偏移距离为 9，创建基准平面 DTM1。

❷单击"基础特征"工具栏中的"拉伸"按钮，打开"拉伸"操控板，在操控板上单击"曲面"按钮，设置拉伸类型为"曲面"。选择 DTM1 基准平面作为草绘平面，绘制如图 8.145 所示的草图。

❸设置拉伸方式为"盲孔"，深度为 1，方向为向内。单击"应用"按钮☑，完成拉伸曲面的创建，如图 8.146 所示。

❹在模型树中选择"拉伸 1"特征，单击"编辑特征"工具栏中的"镜像"按钮❙❙，选择 RIGHT 基准平面作为镜像平面。结果如图 8.147 所示。

图 8.145　拉伸草图　　　　　图 8.146　拉伸曲面　　　　　图 8.147　镜像特征

8.10　综合实例——创建喷头

本综合实例主要练习曲面的基本造型、关系式建模以及曲面编辑。首先分析要创建的模型的特征，在喷头尾部和喷头头部之间通过增加辅助点的方法增加辅助扫描曲面；然后采用边界扫描的方法对曲面进行过渡，在喷头头部的制作过程中采用了曲面切割的方法。最终生成的模型如图 8.148 所示。

图 8.148　喷头模型

🛠操作步骤

01 新建文件。单击"新建"按钮🗋，弹出"新建"对话框，输入零件名称为 pentou，单击"确定"按钮，进入实体建模界面。

02 创建喷头头部草绘曲线。单击"基准"工具栏中的"草绘"按钮🖾，选择 TOP 基准平面作为草绘平面，进入草绘模式，绘制如图 8.149 所示的草图。单击"完成"按钮✔，退出草绘环境。

03 创建喷头尾部草绘曲线。

❶单击"基准"工具栏中的"平面"按钮▱，打开"基准平面"对话框，参数设置如图 8.150 所示。创建基准平面 DTM1，如图 8.151 所示。

❷单击"基准"工具栏中的"草绘"按钮🖾，选择 DTM1 基准平面作为草绘平面，绘制如图 8.152 所示的草图。单击"完成"按钮✔，退出草绘环境。

❸将视图方向改为标准方向，生成的草绘曲线如图 8.153 所示。

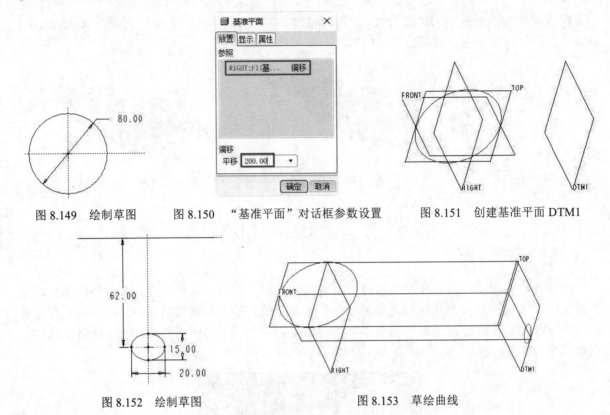

图 8.149　绘制草图　　图 8.150　"基准平面"对话框参数设置　　图 8.151　创建基准平面 DTM1

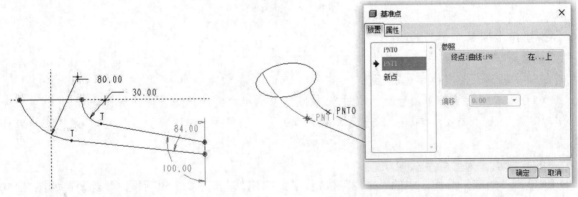

图 8.152　绘制草图　　　　　　　　　　　　图 8.153　草绘曲线

04 创建喷头侧面轮廓曲线。单击"基准"工具栏中的"草绘"按钮，选择 FRONT 基准平面作为草绘平面，绘制如图 8.154 所示的草图。

05 创建侧面的辅助截面。

❶单击"基准"工具栏中的"点"按钮，打开"基准点"对话框。选择如图 8.155 所示的两点，单击"确定"按钮，完成基准点的创建。

图 8.154　侧面轮廓曲线　　　　　　　　　图 8.155　"基准点"对话框

❷单击"基准"工具栏中的"平面"按钮，打开"基准平面"对话框，参数设置步骤如图 8.156 所示。单击"确定"按钮，完成基准平面 DTM2 的创建。

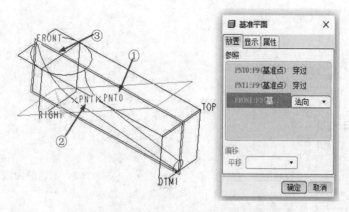

图 8.156 创建 DTM2 的参数设置步骤

❸单击"基准"工具栏中的"草绘"按钮![草绘图标]，选择 DTM2 基准平面作为草绘平面，绘制如图 8.157 所示的圆。

❹单击"完成"按钮✔，完成草图的绘制，生成的曲线如图 8.158 所示。

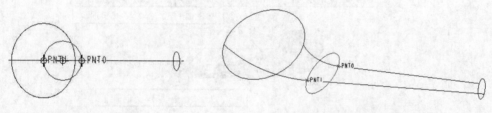

图 8.157 绘制圆　　　　　　　　　　图 8.158 草绘曲线

❺单击"基准"工具栏中的"平面"按钮![平面图标]，选择 RIGHT 基准平面作为参照平面，输入偏移值为 130，生成基准平面 DTM3，如图 8.159 所示。

❻单击"基准"工具栏中的"点"按钮![点图标]，按住 Ctrl 键，选择 DTM3 和"曲线 1"生成基准点 PNT2。

❼使用同样的方法，选择 DTM3 和"曲线 2"生成基准点 PNT3，如图 8.160 所示。

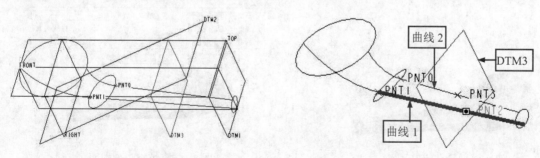

图 8.159 生成的基准平面　　　　　　图 8.160 生成基准点

❽单击"基准"工具栏中的"草绘"按钮![草绘图标]，选择 DTM3 基准平面作为草绘平面，绘制如图 8.161 所示的草图，使基准点 PNT2、PNT3 在椭圆的边线上。

❾单击"完成"按钮✔，完成草图的绘制。结果如图 8.162 所示。

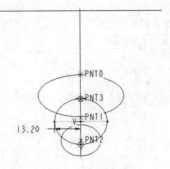

图 8.161　绘制的椭圆

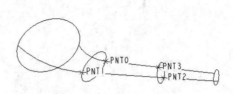

图 8.162　创建的曲线

06 用边界混合方式创建喷头曲面。

❶单击"基础特征"工具栏中的"边界混合"按钮 ，弹出"边界混合"操控板。参数设置步骤如图 8.163 所示。

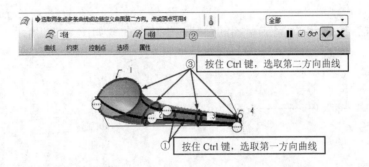

图 8.163　边界混合的参数设置步骤

❷单击"应用"按钮 ，完成边界混合曲面的设计，如图 8.164 所示。

07 创建填充曲面。

❶选择菜单栏中的"编辑"→"填充"命令，打开"填充曲面"操控板。

❷选择如图 8.165 所示的曲线，单击"应用"按钮 ，完成头部端面的填充。

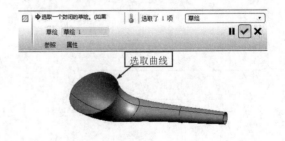

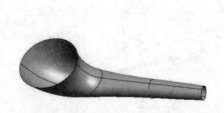

图 8.164　边界混合曲面

图 8.165　填充头部端面

❸以同样的方式填充喷头的尾部端面。结果如图 8.166 所示。

08 合并曲面。改变选取方式为"几何"，按住 Ctrl 键，选择喷头"填充 1"和"边界混合 1"曲面，单击"编辑特征"工具栏中的"合并"按钮 ，打开"合并"操控板，如图 8.167 所示，接受系统的默认设置。单击"应用"按钮 ，完成曲面的合并。以同样的方式将"合并 1"与"填充 2"合并。

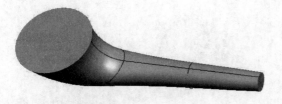

图 8.166 创建填充曲面

图 8.167 "合并"操控板

09 将曲面实体化。选中"合并 2",选择菜单栏中的"编辑"→"实体化"命令，打开如图 8.168 所示的"实体化"操控板。保持默认设置，单击操控板中的"应用"按钮☑，完成曲面的实体化。

图 8.168 "实体化"操控板

10 创建喷头喷水部特征。

❶单击"基础特征"工具栏中的"旋转"按钮，打开"旋转"操控板。单击"放置"→"定义"按钮，打开"草绘"对话框，选择 FRONT 基准平面作为草绘平面。绘制如图 8.169 所示的草图。单击"完成"按钮✔，退出草绘环境。

❷单击"应用"按钮☑，生成的模型如图 8.170 所示。

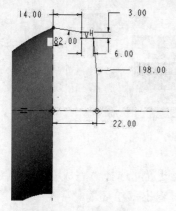

图 8.169 草绘截面

图 8.170 旋转特征曲面

11 创建倒圆角。

❶单击"工程特征"工具栏中的"倒圆角"按钮，打开"倒圆角"操控板，参数设置如图 8.171 所示。

❷选择如图 8.172 所示的边线。单击"应用"按钮☑，完成倒圆角特征的创建。

12 创建扫描切剪特征。

❶选择菜单栏中的"插入"→"扫描"→"切口"命令，打开如图 8.173 所示的"切剪：扫描"对话框和"扫描轨迹"菜单管理器。

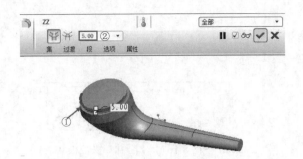

图 8.171 倒圆角参数设置

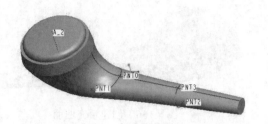

图 8.172 创建倒圆角后的模型

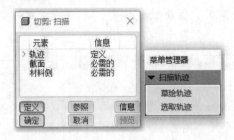

图 8.173 "切剪：扫描"对话框和"扫描轨迹"菜单管理器

❷进入草绘环境的参数设置步骤如图 8.174 所示。进入草绘环境，绘制如图 8.175 所示的圆弧轨迹。单击"完成"按钮 ✓，退出草绘环境。

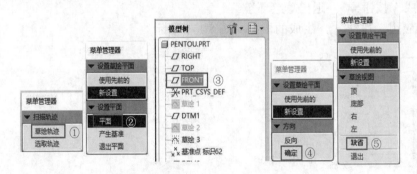

图 8.174 参数设置步骤

❸打开"属性"菜单管理器，如图 8.176 所示。保持默认设置，选择"完成"命令。进入草绘环境，绘制如图 8.177 所示的圆弧。单击"完成"按钮 ✓，退出草绘环境。

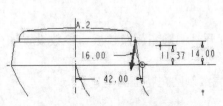

图 8.175 绘制的圆弧轨迹

图 8.176 "属性"菜单管理器

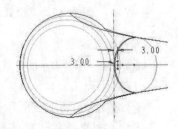

图 8.177 扫描截面

❹打开"方向"菜单管理器，操作步骤如图 8.178 所示，生成的切剪特征如图 8.179 所示。

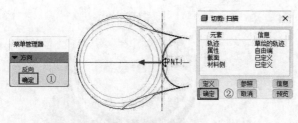

图 8.178 操作步骤

图 8.179 生成切剪特征

13 阵列切剪特征。

❶选中上一步创建的切剪特征，单击"编辑特征"工具栏中的"阵列"按钮▦，打开"阵列"操控板，参数设置步骤如图 8.180 所示。

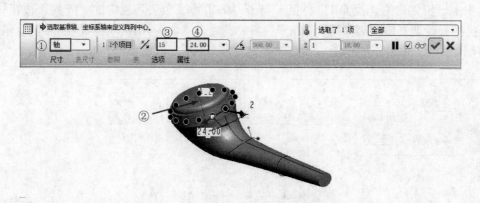

图 8.180 "阵列"操控板参数设置步骤

❷单击"应用"按钮✓，生成的模型如图 8.181 所示。

14 创建出水孔。

❶单击"基础特征"工具栏中的"拉伸"按钮，打开"拉伸"操控板，操作步骤如图 8.182 所示，进入草绘环境。

❷绘制如图 8.183 所示的圆。单击"完成"按钮✓，退出草绘环境。

❸单击"移除材料"按钮，拉伸方式设置为穿透，单击"应用"按钮✓，完成出水孔的创建，如图 8.184 所示。

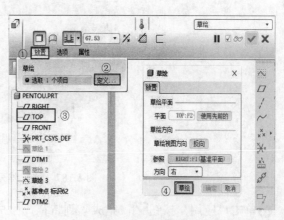

图 8.181 阵列后的模型

图 8.182 "拉伸"操控板

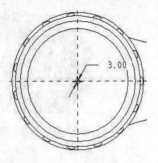

图 8.183　绘制出水孔草图

图 8.184　出水孔

15 阵列出水孔。

❶选中上一步创建的"拉伸 1"特征，单击"编辑特征"工具栏中的"阵列"按钮▦，打开"阵列"操控板，选择阵列类型为"填充"，参数设置步骤如图 8.185 所示，进入草绘环境。

❷绘制如图 8.186 所示的草图。单击"完成"按钮✓，退出草绘环境。

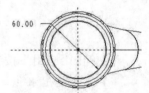

图 8.185　"阵列"操控板参数设置步骤

图 8.186　绘制阵列草图

❸填充阵列参数设置步骤如图 8.187 所示。

图 8.187　填充阵列参数设置步骤

❹单击"应用"按钮✓，完成阵列特征，生成的模型如图 8.188 所示。

16 隐藏草绘线。在模型树中按住 Ctrl 键选中所有的草绘曲线，右击，在弹出的快捷菜单中选择"隐藏"命令，将其隐藏。最终模型如图 8.189 所示。

图 8.188　阵列出水孔

图 8.189　喷头

第9章 曲面编辑

内容简介

在前面章节中我们学习了各种曲面的创建方法,通过这些方法我们可以创建一些简单的零件。但直接创建的曲面往往不能完全符合我们的设计意图,这时就需要通过曲面编辑命令对创建的曲面进行编辑操作,使之符合要求。本章将讲解曲面的各种编辑方法,通过本章的学习,希望读者能够熟练地掌握各种编辑命令及其使用方法。

内容要点

- ➤ 曲面修剪
- ➤ 曲面合并
- ➤ 曲面加厚
- ➤ 曲面偏移
- ➤ 曲面延伸
- ➤ 曲面实体化

案例效果

9.1 曲面修剪

曲面修剪就是通过新生成的曲面或者利用曲线、基准平面等来切割、剪裁已存在的曲面。
曲面修剪的方式主要有下列两种:
（1）以相交面作为分割面进行修剪。当使用曲面作为修剪另一曲面的参照时,可以用一定的厚度修剪，需要使用薄修剪模式，如图9.1所示。

（2）以曲面上的曲线作为分割线进行修剪，如图9.2所示。

（a）原始的两个相交曲面　　　　　　（b）修剪过程　　　　　　（c）修剪后的效果

图9.1　曲面修剪方式1

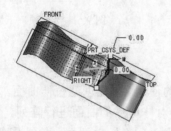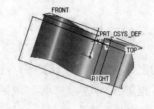

图9.2　曲面修剪方式2

9.1.1　"修剪"操控板简介

选择要修剪的曲面组，单击"编辑特征"工具栏中的"修剪"按钮，或者选择菜单栏中的"编辑"→"修剪"命令，打开"修剪"操控板，如图9.3所示。"修剪"操控板包括两部分内容："修剪"操控板和下滑面板。下面进行详细介绍。

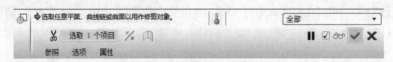

图9.3　"修剪"操控板

1."修剪"操控板

"修剪"操控板中的常用功能介绍如下。

（1）选取1个项目 （修剪曲面）：收集用于修剪的曲面、曲线链或平面。

（2）（反向）：在要保留的修剪曲面的一侧、另一侧或两侧之间反向。

（3）（侧投影修剪）：使用侧面投影的方法修剪面组，视图方向垂直于参照平面。

2. 下滑面板

（1）"参照"下滑面板如图9.4所示。

"修剪的面组"收集器和"修剪对象"收集器：选择的对象均会收集在相应的收集器中，在收集器中单击可将其激活；若右击收集器，可以调出快捷菜单，选择"移除"命令，可删除不需要的对象。

（2）"选项"下滑面板如图9.5所示。

当修剪对象为曲线时，不需要使用该下滑面板。而当修剪对象为相交面时，可以打开该下滑面板，指定是否保留修剪曲面、是否定义薄修剪等。如果要定义薄修剪，则可以选择"薄修剪"控制选项，输入薄修剪的厚度，并可以指定排除曲面（不进行薄修剪的曲面）。

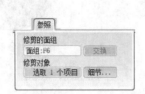

图 9.4　"参照"下滑面板

图 9.5　"选项"下滑面板

扫一扫，看视频

9.1.2　动手学——创建风车

本小节通过风车的创建来讲解"修剪"命令的使用。首先创建拉伸曲面，然后绘制修剪曲线，启动"修剪"命令，对拉伸曲面进行修剪，最后对修剪后的曲面进行阵列。具体操作过程如下：

01 新建文件。单击"新建"按钮，弹出"新建"对话框，输入零件名称为 fengche，单击"确定"按钮，进入实体建模界面。

02 创建拉伸曲面。

❶单击"基准"工具栏中的"草绘"按钮，选择 FRONT 基准平面作为草绘平面，绘制如图9.6所示的草图。单击"完成"按钮，退出草绘界面。

❷单击"基础特征"工具栏中的"拉伸"按钮，打开"拉伸"操控板，单击"曲面"模式，在绘图区选取图9.6所示的草图。

❸拉伸方式选择"盲孔"，深度为150。单击"应用"按钮，完成拉伸曲面特征的创建，如图9.7所示。

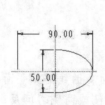

图 9.6　拉伸草图

图 9.7　拉伸曲面

03 修剪曲面。

❶在绘图区中选择"草绘1"曲线，选择菜单栏中的"编辑"→"偏移"命令，打开"偏移"操控板，操作步骤如图9.8所示。单击"应用"按钮，完成曲线的偏移，如图9.9所示。

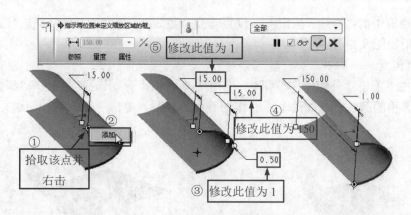

图 9.8　偏移曲线的操作步骤

❷选取拉伸曲面，单击"编辑特征"工具栏中的"修剪"按钮，打开"修剪"操控板。选取上一步创建的偏移曲线作为修剪工具，调整箭头方向，如图 9.10 所示。单击"应用"按钮，完成曲面的修剪，如图 9.11 所示。

图 9.9　偏移曲线

图 9.10　修剪曲面

04 创建组特征。在模型树中选择"拉伸 1"特征、"偏移 1"特征和"修剪 1"特征后右击，在弹出的快捷菜单中选择"组"选项，将三个特征创建为一个组，如图 9.12 所示。

图 9.11　修剪结果

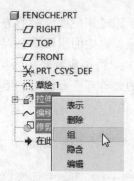

图 9.12　创建组

05 阵列特征。

❶选中上一步创建的组特征，单击"编辑特征"工具栏中的"阵列"按钮，打开"阵列"操控板，选择阵列类型"轴"。

❷单击"基准"工具栏中的"轴"按钮，按住 Ctrl 键，选取 RIGHT 和 FRONT 基准平面，创建基准轴 A1。单击"确定"按钮，返回操控板。

❸单击操控板中的"继续"按钮▶️，设置阵列个数为4，角度为90°，单击"应用"按钮✔️，完成阵列。结果如图9.13所示。

06 着色模型。

❶在工具栏中单击"外观库"按钮●，打开外观面板，分别选择"红色""绿色""黄色"和"蓝色"作为着色的颜色，选取整个零件作为着色的参照，单击"确定"按钮进行着色。结果如图9.14所示。

图9.13　阵列结果　　　　　　　　　　图9.14　着色结果

❷隐藏线条。在工具栏中单击"图层"按钮▤，在模型树中找到03___PRT_ALL_CURVES图层，右击，在弹出的快捷菜单中选择"隐藏"命令，即可将线条隐藏。

🖋 **注意：**

> 在进行阵列时，需要将特征创建成组特征，否则，阵列会失败。因为需要阵列的结果是由多个特征综合而成的，所以必须将组成阵列结果的多个特征创建成组，变成一个特征后才能进行阵列。另外，在阵列时，创建了临时性基准轴，不能在创建要阵列的特征之后创建轴，因为参照要比阵列大。

9.2　曲　面　合　并

合并工具用于通过相交或连接的方式来合并两个面组。它所生成的面组将是一个单独的面组，即使删除合并特征，原始面组依然会保留。合并面组有以下两种模式：

（1）相交模式，两个曲面有交线但没有共同的边界线，合并两个相交的面组，然后创建一个由两个相交面组的修剪部分所组成的面组。

（2）连接模式，合并两个相邻面组，其中一个面组的一个侧边必须在另一个面组上。

📖9.2.1　"合并"操控板简介

"合并"操控板包括两部分内容："合并"操控板和下滑面板。下面进行详细介绍。

1. "合并"操控板

按住Ctrl键，选择要合并的两个曲面，单击"编辑特征"工具栏中的"合并"按钮⬚，或者选择菜单栏中的"编辑"→"合并"命令，打开"合并"操控板，如图9.15所示。

"合并"操控板中选项的含义如下：

╳（反向）：用于调整两个曲面的保留侧。

图 9.15　"合并"操控板

2．下滑面板

（1）"参照"下滑面板如图 9.16 所示。

"面组"列表框：列出了用于合并的曲面。

（2）"选项"下滑面板如图 9.17 所示。

➢ 相交：当两个曲面相互交错时，选择相交形式进行合并，通过单击"反向"按钮 ⚞ 为每个面组指定某一部分包括在合并特征中。

➢ 连接：当一个曲面的边位于另一个曲面的表面时，使用该选项，将与边重合的曲面合并在一起。

图 9.16　"参照"下滑面板

图 9.17　"选项"下滑面板

9.2.2　动手学——创建果盘

本小节继续对第 8 章创建的果盘进行编辑。首先打开源文件，创建一个扫描曲面，然后选择"合并"命令，将其与果盘进行合并，最后对合并曲面进行阵列。具体操作过程如下：

01 打开文件。单击"打开"按钮 📂，弹出"文件打开"对话框，打开"\源文件\原始文件\第 9 章\guopan.prt-hebing"文件，如图 9.18 所示。

图 9.18　原始曲面

02 创建扫描曲面。

❶选择"插入"菜单栏中的"扫描"→"曲面"命令，打开"曲面：扫描"对话框和"扫描

轨迹"菜单管理器，依次选择"草绘轨迹"→"平面"，在模型树中选择 FRONT 基准平面，依次单击"确定"→"缺省"，进入草绘环境。

❷绘制如图 9.19 所示的扫描轨迹草图。单击"完成"按钮✔，退出草绘环境。

❸在弹出的"属性"菜单管理器中选择"开放端"→"完成"，进入草绘环境。

❹绘制扫描截面草图，如图 9.20 所示。单击"完成"按钮✔，退出草绘环境。

图 9.19 扫描轨迹草图

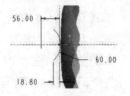
图 9.20 扫描截面草图

❺单击"曲面：扫描"对话框中的"确定"按钮，结果如图 9.21 所示。

03 阵列扫描曲面。

❶选择上一步创建的扫描曲面，单击"编辑特征"工具栏中的"阵列"按钮▦，打开"阵列"操控板，选择阵列类型为"轴"。

❷单击"基准"工具栏中的"轴"按钮∕，按住 Ctrl 键，选取 RIGHT 和 FRONT 基准平面，创建基准轴 A1。单击"确定"按钮，返回操控板。

❸单击操控板中的"继续"按钮▶，设置阵列个数为 12，角度为 30°，单击"应用"按钮☑，完成阵列。结果如图 9.22 所示。

图 9.21 扫描截面

图 9.22 阵列曲面

04 合并曲面。

❶在模型树中选择 Var Sect Sweep1 和"曲面 标识 168"两个曲面，单击"编辑特征"工具栏中的"合并"按钮⬚，打开"合并"操控板。单击操控板中的"反向"按钮✄，调整箭头方向，如图 9.23 所示。

❷同理，合并其他曲面。结果如图 9.24 所示。

图 9.23 调整箭头方向

图 9.24 合并曲面

ⓘ 注意：

　　如果选择保留的方向不同，得到的合并效果也不同。

9.3　曲面加厚

加厚特征用于将曲面或面组特征生成实体薄壁，或者移除薄壁材料，可以由曲面直接创建实体。因此，加厚特征可用于创建复杂的薄实体特征，以提供比实体建模更复杂的曲面造型。加厚特征通常用于为设计者提供这类需求，并为设计带来极大的灵活性。

9.3.1　"加厚"操控板简介

"加厚"操控板包括两部分内容："加厚"操控板和下滑面板。下面进行详细介绍。

1."加厚"操控板

选择要加厚的曲面，选择菜单栏中的"编辑"→"加厚"命令，打开"加厚"操控板，如图 9.25 所示。

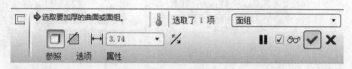

图 9.25　"加厚"操控板

操控板中各选项的含义如下。

（1）▢（实体）：用实体材料填充加厚的面组。

（2）▨（移动材料）：从加厚的面组中移除材料。

（3）⊢▭（厚度）：总加厚偏移值。

（4）▨（反向）：反转结果几何的方向。

2.下滑面板

（1）"参照"下滑面板如图 9.26 所示。该下滑面板用于添加或删除要加厚的曲面。

（2）"选项"下滑面板如图 9.27 所示。使用该下滑面板可进行下列操作：

➤　垂直于曲面：垂直于原始曲面增加均匀厚度。

➤　自动拟合：系统根据自动决定的坐标系缩放相关的厚度。

➤　控制拟合：在指定坐标系下将原始曲面进行缩放并沿指定轴给出厚度。

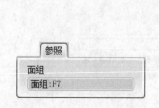

图 9.26　"参照"下滑面板

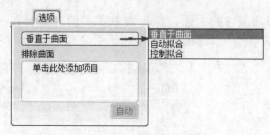

图 9.27　"选项"下滑面板

9.3.2 动手学——创建加厚果盘

本小节继续对 9.2.2 小节创建的果盘进行加厚操作。首先选择要加厚的曲面，然后选择"加厚"命令，进行参数设置，完成曲面的加厚。具体操作过程如下：

01 打开文件。单击"打开"按钮，弹出"文件打开"对话框，打开"\源文件\原始文件\第 9 章\ guopan-jiahou.prt"文件。

02 加厚曲面。在模型树中选择"合并 13"，选择"编辑"菜单栏中的"加厚"命令，打开"加厚"操控板，设置厚度值为 2，加厚方向为双侧，如图 9.28 所示，单击"应用"按钮。结果如图 9.29 所示。

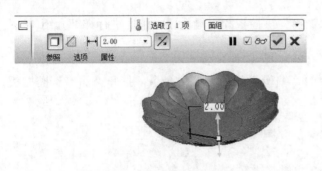

图 9.28　设置加厚参数

图 9.29　加厚曲面

9.4　曲面偏移

偏移特征可以用于曲线特征，也可以用于曲面特征。曲面偏移也是一个很重要的曲面特征，使用偏移工具，通过将一个曲面、一条曲线偏移恒定或可变距离，就可以创建一个新的偏移特征。然后，再使用此偏移曲面来构建几何或创建阵列几何，同时也可以使用偏移曲线构建一组可在以后用于构建曲面的曲线。

9.4.1 "偏移"操控板简介

"偏移"操控板包括两部分内容："偏移"操控板和下滑面板。下面进行详细介绍。

1. "偏移"操控板

选择要偏移的曲面，选择菜单栏中的"编辑"→"偏移"命令，打开"偏移"操控板，如图 9.30 所示。

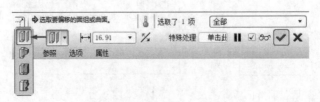

图 9.30　"偏移"操控板

"偏移"操控板中常用功能的含义如下：

（1）"偏移类型"：在曲面偏移方面，偏移工具将提供以下 4 种选项。

➤ ▥（标准偏移特征）：偏移一个面组、曲面或实体面。

➤ ▨ [具有拔模特征的偏移（斜偏移）]：此类偏移包括在草绘内部的面组或曲面区，以及拔模侧曲面。还可以使用此选项创建直的或相切侧曲面轮廓。

➤ ▥（展开特征）：在封闭面组或实体草绘的选定面之间，创建连续的体积块；当使用"草绘区域"选项时，将在开放面组或实体曲面的选定面之间，创建连续的体积块。这个功能通常可以用于在曲面上打上商标等一些标记。

➤ ▨（替换偏移）：用面组或基准平面替换实体面。

（2）⊢ 25.66 ▼（偏移距离）：用于输入偏移距离值。

2．下滑面板

（1）"参照"下滑面板如图 9.31 所示。用于收集面组或曲面，然后添加或替换参照。

（2）"选项"下滑面板如图 9.32 所示。在打开的面板中有三种控制偏移的方式。

➤ 垂直于曲面：垂直于原始曲面偏移曲面。

➤ 自动拟合：系统根据自动决定的坐标系缩放相关的曲面。

➤ 控制拟合：在指定坐标系下将原始曲面进行缩放并沿指定轴移动。

图 9.31 "参照"下滑面板

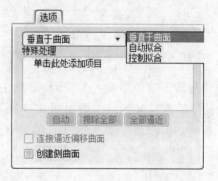

图 9.32 "选项"下滑面板

扫一扫，看视频

9.4.2 动手学——创建遥控器上盖

本小节通过遥控器上盖的创建来介绍曲面偏移的使用。首先创建填充曲面并对其进行圆角和镜像，然后利用"偏移"命令创建偏移曲面，最后利用"拉伸"命令创建孔特征并对孔进行阵列等操作。具体操作过程如下：

01 新建文件。单击"新建"按钮 🗋，弹出"新建"对话框，输入零件名称为 yaokongqishanggai，单击"确定"按钮，进入实体建模界面。

02 创建填充曲面。

❶选择菜单栏中的"编辑"→"填充"命令，在弹出的操控板内单击"参照"→"定义"，打开"草绘"对话框，选择 FRONT 基准平面作为草绘平面，进入草绘环境。

❷绘制如图 9.33 所示的截面形状，单击"完成"按钮 ✔，退出草绘环境。

❸单击操控板中的"应用"按钮 ✔。结果如图 9.34 所示。

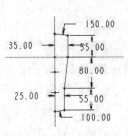

图 9.33　草绘截面

图 9.34　创建的填充曲面

❹选择菜单栏中的"插入"→"高级"→"顶点倒圆角"命令，打开"曲面裁剪：顶点倒圆角"对话框，如图 9.35 所示。

❺选取刚刚创建的曲面为要裁剪的曲面，然后按住 Ctrl 键依次选取如图 9.36 所示的两个顶点作为要修剪的顶点。

图 9.35　"曲面裁剪：顶点倒圆角"对话框

图 9.36　选取顶点 1

❻在消息输入窗口中输入半径为 5，单击"接受值"按钮✓，单击"曲面裁剪：顶点倒圆角"对话框中的"确定"按钮。结果如图 9.37 所示。

❼以相同的方法对如图 9.38 所示的顶点进行倒圆角，圆角半径为 50。结果如图 9.39 所示。

图 9.37　顶点倒圆角 1

图 9.38　选取顶点 2

图 9.39　顶点倒圆角 2

03 创建镜像特征。

❶按住 Ctrl 键选中模型树中的三个特征后右击，从弹出的快捷菜单中选择"组"命令，如图 9.40 所示。

❷选择刚刚创建的组特征，单击"编辑特征"工具栏中的"镜像"按钮，选择 RIGHT 基准平面作为镜像平面。单击"应用"按钮✓，如图 9.41 所示。

❸按住 Ctrl 键选取如图 9.42 所示的两个曲面，单击"合并"按钮，打开"合并"操控板，单击"应用"按钮✓，完成合并。

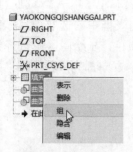

合并此两曲面

图 9.40　创建组　　　　　图 9.41　镜像结果　　　　　图 9.42　选取曲面

04 创建偏移特征。

❶选中上一步合并的曲面，选择菜单栏中的"编辑"→"偏移"命令，打开"偏移"操控板，在操控板中单击"具有拔模特征的偏移"按钮 。

❷依次单击"参照"→"定义"，打开"草绘"对话框，选择 FRONT 基准平面作为草绘平面，进入草绘环境。

❸绘制如图 9.43 所示的草图，单击"完成"按钮 ，退出草绘环境。

❹在操控板中输入偏移距离为 1.8，拔模角度为 45°，如图 9.44 所示。单击操控板中的"应用"按钮 。结果如图 9.45 所示。

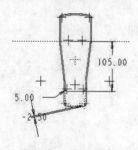

图 9.43　草绘图形　　　　　　　　图 9.44　偏移设置

05 创建孔特征。

❶单击"基础特征"工具栏中的"拉伸"按钮 ，单击"曲面"按钮 ，选择 FRONT 基准平面作为草绘平面，进入草绘环境。

❷绘制如图 9.46 所示的圆，单击"完成"按钮 ，退出草绘环境。

❸在操控板中单击"移除材料"按钮 ，选择拉伸方式为"穿透" ，选择偏移曲面为修剪对象，单击"应用"按钮 。结果如图 9.47 所示。

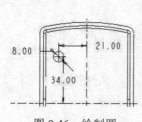

图 9.45　偏移结果　　　　图 9.46　绘制圆　　　　　图 9.47　创建孔特征

❹选中刚刚创建的孔特征，单击"编辑特征"工具栏中的"阵列"按钮▦，打开"阵列"操控板。选择阵列方式为"尺寸"，在"尺寸"下滑面板中单击"方向 1"列表框中的选取项目，在绘图区中选择数值 21，输入增量为-14；单击"方向 2"列表框中的选取项目，在绘图区中选择数值 34，输入增量为-14，如图 9.48 所示。在操控板中输入阵列个数，两个方向都为 4，单击"应用"按钮✔。结果如图 9.49 所示。

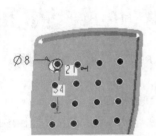

图 9.48　设置阵列尺寸　　　　　　　　　图 9.49　阵列结果

❺单击"基础特征"工具栏中的"拉伸"按钮，单击"曲面"按钮，选择 FRONT 基准平面作为草绘平面，进入草绘环境。

❻绘制如图 9.50 所示的圆和 5 个相同的椭圆，单击"完成"按钮✔，退出草绘环境。

❼在操控板内单击"移除材料"按钮，选择拉伸方式为"穿透"，选择偏移曲面为修剪对象，单击"应用"按钮✔。结果如图 9.51 所示。

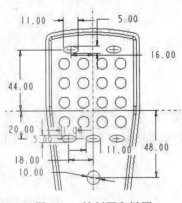

图 9.50　绘制圆和椭圆　　　　　　　　　图 9.51　拉伸切除结果

❽重复"拉伸"命令，选择 FRONT 基准平面作为草绘平面，绘制如图 9.52 所示的截面草图，单击"完成"按钮✔，退出草绘环境。

❾在操控板内单击"移除材料"按钮，选择拉伸方式为"穿透"，选择偏移曲面为修剪对象，单击"应用"按钮✔。结果如图 9.53 所示。

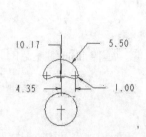

图 9.52 草绘截面

图 9.53 拉伸切除结果

⑩选中刚刚创建的孔特征，单击"编辑特征"工具栏中的"阵列"按钮▦，选择阵列方式为"轴"，选择如图 9.54 所示的 A_17 轴作为参照，输入阵列个数为 4，旋转角度为 90°，单击"应用"按钮☑。结果如图 9.55 所示。

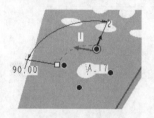

图 9.54 阵列参照轴

图 9.55 阵列结果

⑪单击"基础特征"工具栏中的"拉伸"按钮◪，单击"曲面"按钮▨，选择 FRONT 基准平面作为草绘平面，进入草绘环境。绘制如图 9.56 所示的截面草图，单击"完成"按钮✔，退出草绘环境。

⑫在操控板中选择拉伸方式为"盲孔"▟，输入拉伸长度为 10，单击"应用"按钮☑。结果如图 9.57 所示。

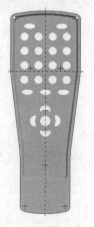

图 9.56 草绘截面

图 9.57 拉伸结果

9.5 曲面延伸

曲面延伸的方法包括四种，分别是同一曲面类型的延伸、延伸曲面到指定的平面、与原曲面相切延伸、与原曲面逼近延伸。

9.5.1 "延伸"操控板简介

"延伸"操控板包括两部分内容："延伸"操控板和下滑面板。下面进行详细介绍。

1."延伸"操控板

要激活"延伸"工具，必须先选取要延伸的边界边链，选择菜单栏中的"编辑"→"延伸"命令，打开"延伸"操控板，如图 9.58 所示。

图 9.58　"延伸"操控板

"延伸"操控板中常用选项的含义如下：

（1）　（沿原始曲面延伸）：将曲面沿着原始曲面进行延伸，延伸距离通过"延伸距离"输入框进行设置。

（2）　（将曲面延伸到参照平面）：将曲面延伸到选定的参照平面。选择该类型时，"量度"和"选项"下滑面板不可用。

（3）　（延伸距离）：可输入曲面延伸的距离。

（4）　（反向）：可改变曲面延伸的方向。

2. 下滑面板

（1）"参照"下滑面板如图 9.59 所示。在该面板中，用户可更改曲面延伸的参考边。

（2）"量度"下滑面板如图 9.60 所示。在该面板中，用户可添加、删除或设置延伸的相关配置。在该面板中右击，在打开的快捷菜单中选择"添加"命令，可在延伸特征的参考边中添加一个控制点。

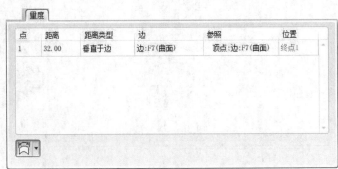

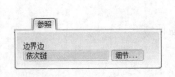

图 9.59　"参照"下滑面板　　　　　　　　图 9.60　"量度"下滑面板

单击"量度"下滑面板中图标 ⬚ ▾ 后的下拉按钮 ▾，打开两个测量距离的方式。

➤ ⬚：测量参考曲面中的延伸距离。

➤ ⬚：测量选定平面中的延伸距离。

每种测量方式分别有四种距离类型，如图 9.61 所示。

➤ 垂直于边：垂直于边测量延伸距离。

➤ 沿边：沿测量边测量延伸距离。

➤ 至顶点平行：在顶点处开始延伸边并平行于测量边。

➤ 至顶点相切：在顶点处开始延伸边并与下一单侧边相切。

（3）"选项"下滑面板如图 9.62 所示。以沿曲面方法延伸曲面时，有三种沿曲面的方式，即相同、相切和逼近，前两种方式在日常设计中较为常用。

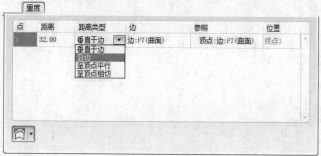

图 9.61　四种测量方式

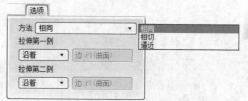

图 9.62　"选项"下滑面板

➤ 相同：创建相同延伸类型的延伸作为原始曲面，即通过选定的边界，以相同类型延伸原始曲面，所述的原始曲面可以是平面、圆柱面、圆锥面或样条曲面。根据"延伸"的方向，将以指定距离并经过其选定边界延伸原始曲面，或以指定距离对其进行修剪，如图 9.63 所示。

➤ 相切：创建与原始曲面相切的直纹曲面，如图 9.64 所示。

➤ 逼近：以逼近选定边界的方式创建边界混合曲面。另外，可以通过"量度"下滑面板中增加一些测量点，并设置这些测量点的距离类型和距离值，可以创建一些复杂的延伸曲面，如图 9.65 所示。

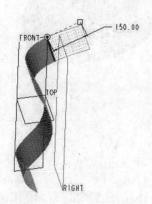

图 9.63　"相同"方式

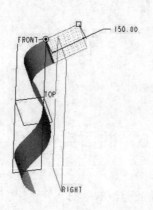

图 9.64　"相切"方式

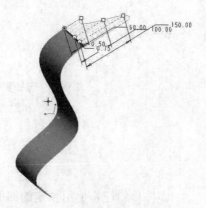

图 9.65　具有多测量值的延伸曲面

9.5.2 动手学——创建延伸曲面

本小节介绍延伸曲面的创建。首先选择要延伸的曲面边界，然后选择"延伸"命令，进行参数设置，完成曲面的延伸。具体操作过程如下：

01 打开文件。单击"打开"按钮 ，弹出"文件打开"对话框，打开"\源文件\原始文件\第 9 章\yanshenqm.prt"文件，如图 9.66 所示。

02 创建延伸曲面。

❶将选取过滤设置为"几何"，选择要延伸的曲面边界，如图 9.67 所示。

❷选择菜单栏中的"编辑"→"延伸"命令，打开"延伸"操控板，参数设置步骤如图 9.67 所示。

❸单击"应用"按钮 ，完成曲面的延伸。结果如图 9.68 所示。

图 9.66　原始曲面

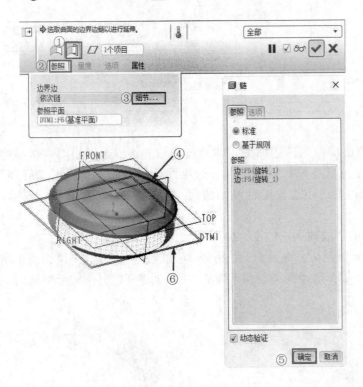

图 9.67　选择要延伸的曲面

图 9.68　曲面延伸结果

9.6　曲面实体化

实体化特征将使用预定的曲面特征或面组对实体进行修改，曲面实体化是将曲面直接创建实体的命令，其中包括添加、删除或替换实体材料。实体化特征可以充分利用曲面造型的灵活性，实现复杂的几何建模。

9.6.1　"实体化"操控板简介

"实体化"操控板包括两部分内容："实体化"操控板和下滑面板。下面进行详细介绍。

1."实体化"操控板

选择好曲面或面组之后，选择菜单栏中的"编辑"→"实体化"命令，打开"实体化"操控板，如图 9.69 所示。

图 9.69　"实体化"操控板

"实体化"操控板中各选项的含义如下。

（1）□（伸出项实体）：使用曲面或面组作为边界填充实体材料。

（2）◰（移除材料）：使用曲面或面组作为边界移除面组内侧或外侧的材料。

（3）◳（替换/曲面修补）：使用曲面或面组替换指定的曲面部分。需要注意的是，只有当选定的曲面或面组边界位于实体几何上时才可用。"伸出项"选项其实是此选项的一个特例，可以用此选项来代替。

（4）％（反向）：更改刀具操作方向。

2．下滑面板

"参照"下滑面板如图 9.70 所示。用于选取或替换生成伸出项、切口或曲面片的面组。

图 9.70　"参照"下滑面板

扫一扫，看视频

9.6.2　动手学——创建苹果

本小节通过苹果的创建来讲解实体化命令的使用。首先利用"可变截面扫描"命令创建苹果，再利用"扫描混合"命令创建苹果把，然后利用"扫描"曲面和"修剪"命令创建叶子，最后对苹果主体进行实体化，对叶子进行加厚操作。具体操作过程如下：

01 新建文件。单击"新建"按钮□，弹出"新建"对话框，输入零件名称为 pingguo，单击"确定"按钮，进入实体建模界面。

02 创建可变截面扫描曲面 1。

❶单击"基准"工具栏中的"草绘"按钮，选取 TOP 基准平面作为草绘平面，绘制如图 9.71 所示的扫描轨迹线草图。单击"确定"按钮，退出草绘环境。

❷单击"基础特征"工具栏中的"可变截面扫描"按钮，打开"可变截面扫描"操控板。

❸选取刚刚绘制的草图作为轨迹线，单击"创建或编辑扫描截面"按钮，绘制扫描截面草图，单击草绘工具栏中的"样条"按钮，绘制草图如图 9.72 所示。

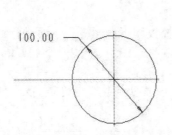

图 9.71　绘制扫描轨迹线草图

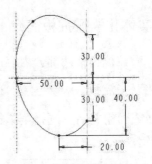

图 9.72　绘制扫描截面草图

❹选择菜单栏中的"工具"→"关系"命令，打开"关系"对话框，选取 sd12=40 的尺寸作为可变尺寸，并输入方程 sd12=2*sin(trajpar*360*5)+40（其中的 sd12 是系统尺寸标记，数字可能会有变化），如图 9.73 所示。单击"确定"按钮关闭对话框。单击"完成"按钮✔，完成草图绘制。

❺在"选项"下滑面板中选择"可变截面"选项，单击"应用"按钮✔，生成的扫描曲面如图 9.74 所示。

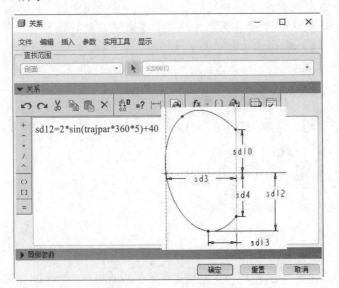

图 9.73　输入方程进行控制

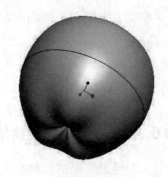

图 9.74　方程控制的扫描结果

✋ 注意：

在输入方程 sd12=2*sin(trajpar*360*5)+40 时，方程左边是要被控制的尺寸标记，方程右边是带有变量的函数关系式，trajpar 是系统默认变量，在 0~1 之间变化，因此，sin(trajpar*360*5)就在−1~1 之间变化，并且是周期性变化，周期为 5 次。40 是初相，如果没有 40，当 trajpar=0 时，sd12=0，则导致图形急剧变化，造成创建图形失败。

03 创建扫描混合曲面。

❶单击"基准"工具栏中的"草绘"按钮 ，选取 RIGHT 基准平面作为草绘平面，绘制如图 9.75 所示的扫描混合轨迹线。单击"完成"按钮✔，退出草绘环境。

❷选择菜单栏中的"插入"→"扫描混合"命令，打开"扫描混合"操控板。选取刚刚绘

制的圆弧作为扫描轨迹线。单击"截面"按钮，打开"截面"下滑面板，选取圆弧的下端点，如图 9.76 所示。单击"草绘"按钮，进入草绘环境。绘制一个直径为 1 的圆，绘制完成后，单击"完成"按钮✔，退出草绘环境。

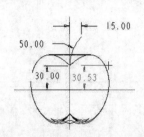

图 9.75 绘制扫描混合轨迹线

图 9.76 选取下端点

❸单击"截面"下滑面板中的"插入"按钮，选取圆弧的上端点，如图 9.77 所示。单击"草绘"按钮，绘制直径为 5 的圆。单击"完成"按钮✔，退出草绘环境。

❹在"选项"下滑面板中勾选"封闭端点"复选框，单击"应用"按钮✔，完成扫描混合曲面的创建，如图 9.78 所示。

04 创建可变截面扫描曲面 2。

❶单击"基准"工具栏中的"草绘"按钮✎，选取 FRONT 基准平面作为草绘平面，绘制如图 9.79 所示的扫描轨迹线。单击"完成"按钮✔，退出草绘环境。

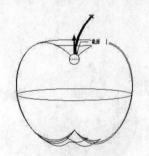

图 9.77 选取上端点

图 9.78 扫描混合曲面

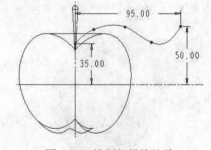

图 9.79 绘制扫描轨迹线

❷单击"基础特征"工具栏中的"可变截面扫描"按钮↘，打开"可变截面扫描"操控板。

❸选取刚刚绘制的草图作为轨迹线，单击"创建或编辑扫描截面"按钮☑，绘制扫描截面草图，如图 9.80 所示。单击"完成"按钮✔，退出草绘环境。

❹在操控板中单击"曲面"按钮📖，单击"完成"按钮✔。结果如图 9.81 所示。

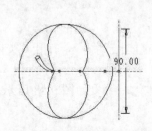

图 9.80 绘制扫描截面草图

图 9.81 可变截面扫描曲面

05 修剪曲面。

❶单击"基准"工具栏中的"草绘"按钮 ，选取 TOP 基准平面作为草绘平面，绘制如图 9.82 所示的投影线并修改尺寸。单击"确定"按钮 ，退出草绘环境。

❷选中上一步绘制的两条曲线，选择菜单栏中的"编辑"→"投影"命令，打开"投影"操控板，如图 9.83 所示。

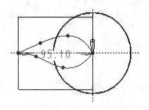

图 9.82　绘制投影线

图 9.83　"投影"操控板

❸选取可变截面扫描曲面作为投影曲面，投影方向默认为草绘平面的法向方向。投影结果如图 9.84 所示。

❹在模型树中选择上一步创建的叶子可变截面扫描曲面。单击"编辑特征"工具栏中的"修剪"按钮 ，打开"修剪"操控板。

❺选取刚刚绘制的投影线作为修剪工具，单击"应用"按钮 。修剪结果如图 9.85 所示。

06 镜像曲面。选择过滤器中的"几何"选项，再选取刚刚修剪的曲面几何。单击"编辑特征"工具栏中的"镜像"按钮 ，打开"镜像"操控板，选取 RIGHT 基准平面作为镜像平面。镜像结果如图 9.86 所示。

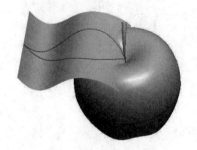 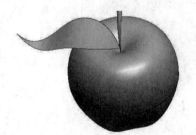 

图 9.84　创建投影曲面　　　　图 9.85　修剪曲面　　　　图 9.86　镜像曲面

注意：

> 在绘制如图 9.86 所示的镜像曲面时，选取的过滤器为"几何"，并选取曲面几何，则镜像的是曲面几何；如果选取的是曲面特征，则镜像的是特征。此处由于特征是由多个特征组成的，如果要执行镜像，必须将多个特征创建成组，否则容易镜像失败。

07 实体化。

❶选取苹果主体曲面，选择菜单栏中的"编辑"→"实体化"命令，打开"实体化"操控板，如图 9.87 所示。

❷重复"实体化"命令，选取苹果梗曲面，将其实体化，结果如图 9.88 所示。

图 9.87　"实体化"操控板

图 9.88　实体化曲面

9.7　综合实例——创建电热水壶

本实例创建的电热水壶模型如图 9.89 所示。首先创建电热水壶的主体曲面、出水口，以及对主体进行修饰；然后创建电热水壶的把手、底面；最后创建电热水壶的底座。

图 9.89　电热水壶的最终模型

9.7.1　创建电热水壶主体的曲面

01 新建文件。单击"新建"按钮 □，弹出"新建"对话框，输入零件名称为 dianreshuihu，单击"确定"按钮，创建一个新的零件文件。

02 创建混合曲面。

❶单击"基准"工具栏中的"草绘"按钮 ，选择 FRONT 基准平面作为草绘平面，绘制如图 9.90 所示的草图。

❷单击"基准"工具栏中的"平面"按钮 □，参数设置步骤如图 9.91 所示，单击"确定"按钮，完成基准平面 DTM1 的创建。

❸单击"基准"工具栏中的"草绘"按钮 ，选择 DTM1 面作为草绘平面，绘制如图 9.92 所示的截面形状。

❹单击"基础特征"工具栏中的"造型"按钮 ，进入造型模块。系统默认以 TOP 基准平面作为活动平面，如图 9.93 所示。

❺单击"造型工具"工具栏中的"曲线"按钮 ，选择"平面"选项，然后绘制如图 9.94 的两条曲线。

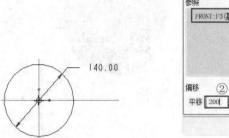

图 9.90 绘制草图 　图 9.91 "基准平面"对话框设置 　图 9.92 绘制截面形状

 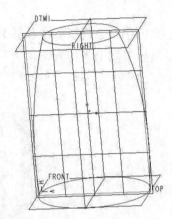

图 9.93 设置活动平面 　　　　　图 9.94 绘制曲线

⑥单击"造型工具"工具栏中的"曲线编辑"按钮，在打开的"编辑曲线"操控板中单击"更改为平面曲线"按钮，如图 9.95 所示。选取上一步绘制的曲线，用鼠标选中曲线的控制点，按住鼠标左键拖动鼠标，调整曲线的形状，如图 9.96 所示。

 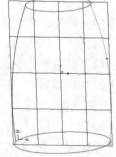

图 9.95 "编辑曲线"操控板 　　　　　图 9.96 调整曲线

⑦单击"基础特征"工具栏中的"边界混合"按钮，在打开的操控板中单击"曲线"按钮，操作步骤如图 9.97 所示，单击"应用"按钮。结果如图 9.98 所示。

⚠ 注意：

　　选取多个图素时一定要按住 Ctrl 键。

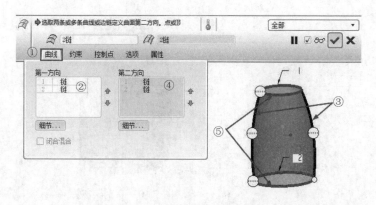

图 9.97　边界混合操作步骤

图 9.98　创建的曲面

9.7.2　创建电热水壶的出水口

01 创建扫描曲面。

❶单击"基准"工具栏中的"草绘"按钮，选择 TOP 基准平面作为草绘平面，绘制如图 9.99 所示的扫描轨迹。改变视角后的扫描轨迹如图 9.100 所示。

图 9.99　绘制扫描轨迹

图 9.100　改变视角后的扫描轨迹

❷选择菜单栏中的"插入"→"扫描"→"曲面"命令，在"扫描轨迹"菜单管理器中的参数设置步骤如图 9.101 所示。进入草绘环境，绘制如图 9.102 所示的草图，单击"曲面：扫描"对话框的"确定"按钮。结果如图 9.103 所示。

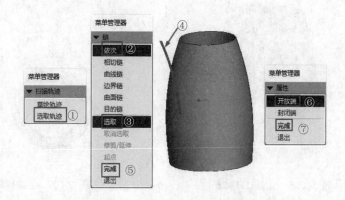

图 9.101　进入草绘环境的参数设置步骤

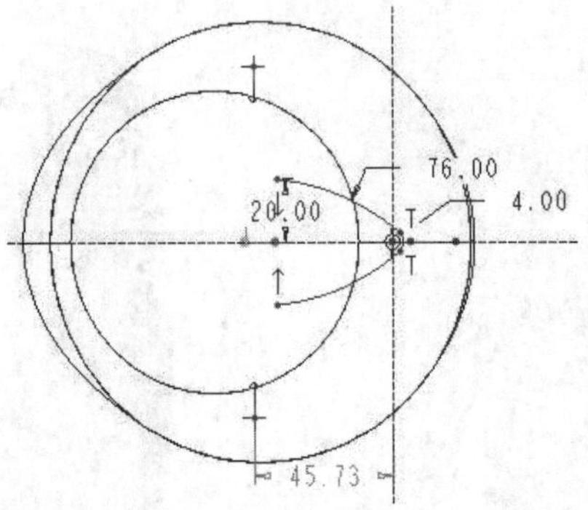

图 9.102　绘制草图

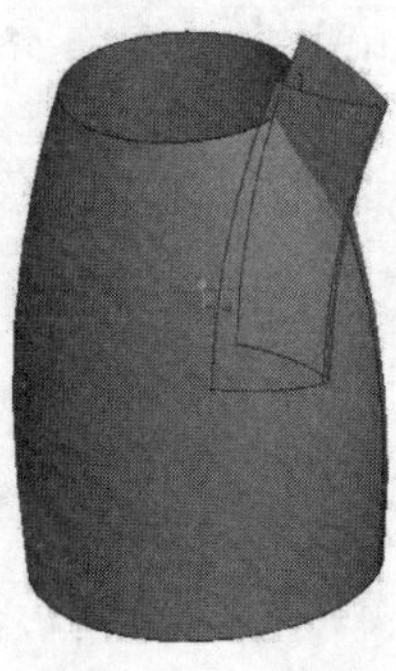

图 9.103　扫描结果

02 合并曲面。按住 Ctrl 键，选择如图 9.104 所示的曲面，单击“编辑特征”工具栏中的“合并”按钮，单击“反向”按钮。结果如图 9.105 所示。

03 创建填充平面。

❶单击“基准”工具栏中的“平面”按钮，打开“基准平面”对话框。选择如图 9.106 所示的曲线作为参照，单击“确定”按钮，完成基准平面 DTM2 的创建。

❷单击“基准”工具栏中的“草绘”按钮，打开“草绘”对话框，选择 DTM2 基准平面作为草绘平面，绘制如图 9.107 所示的草图。

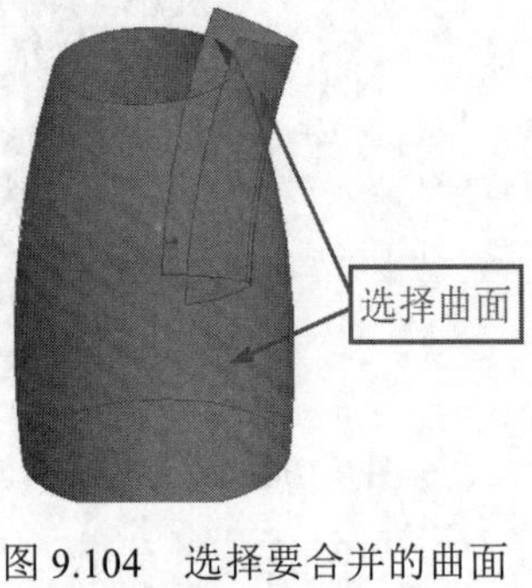

图 9.104　选择要合并的曲面

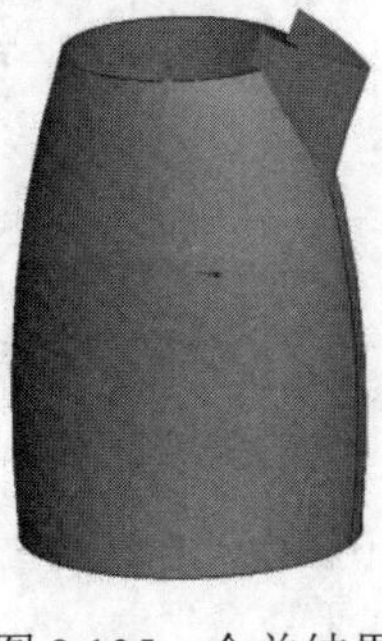

图 9.105　合并结果

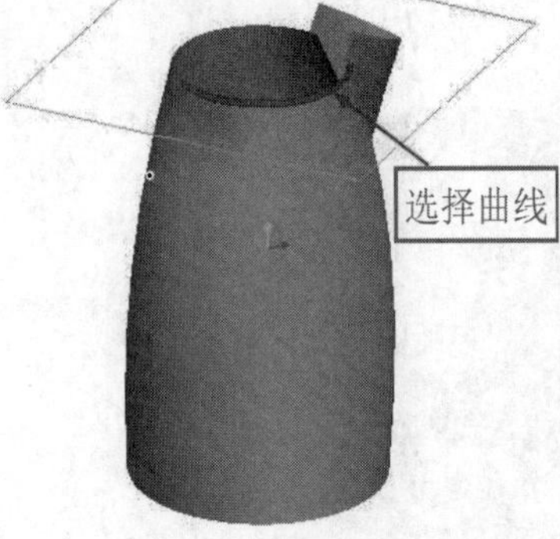

图 9.106　创建 DTM2

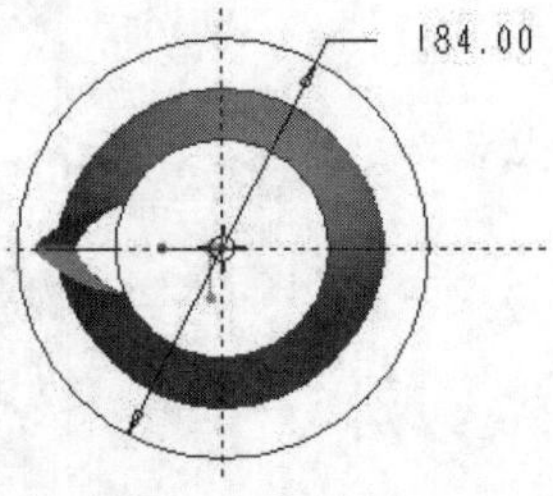

图 9.107　绘制草图

❸选择菜单栏中的“编辑”→“填充”命令，选择上一步绘制的草图，创建填充平面。结

果如图 9.108 所示。

04 修剪曲面。在模型树中选择"合并 1"特征，单击"编辑特征"工具栏中的"修剪"按钮 ，然后选择如图 9.109 所示的曲面，单击"反向"按钮 。结果如图 9.110 所示。

05 倒圆角。隐藏填充曲面。单击"工程特征"工具栏中的"倒圆角"按钮 ，选择如图 9.110 所示的棱边，输入圆角半径为 15.00。

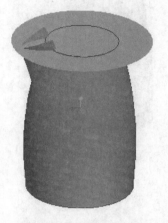

图 9.108　创建填充平面

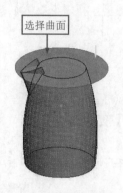

图 9.109　选择修剪曲面

图 9.110　选择倒圆角棱边

📖 9.7.3　创建电热水壶主体的修饰特征

01 偏移曲面 1。选择绘图区中的曲面，然后选择菜单栏中的"编辑"→"偏移"命令，选择偏移类型为"具有拔模特征的偏移" ，然后依次单击"参照"→"定义"按钮，打开"草绘"对话框，参数设置如图 9.111 所示。绘制如图 9.112 所示的草图，输入偏移距离为 1，拔模角度为 10°。结果如图 9.113 所示。

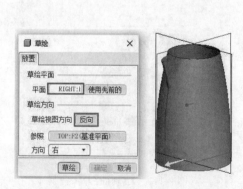

图 9.111　进入草绘环境的参数设置

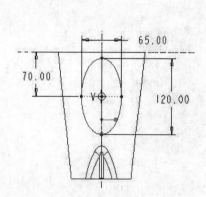

图 9.112　绘制草图 1

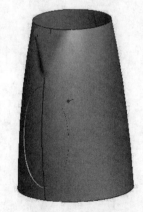

图 9.113　偏移曲面 1

02 偏移曲面 2。重复上一步操作，选择 TOP 基准平面作为草绘平面，绘制如图 9.114 所示的草图，然后重复上一步的偏移操作。结果如图 9.115 所示。

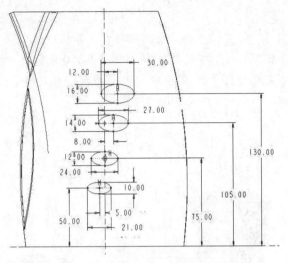

图 9.114　绘制草图 2

图 9.115　偏移曲面 2

9.7.4　创建电热水壶的把手

01 创建可变截面扫描曲面。

❶单击"基准"工具栏中的"平面"按钮◻，打开"基准平面"对话框。选择 RIGHT 基准平面作为参照，输入偏移距离为 30，然后单击"确定"按钮，完成基准平面 DTM3 的创建，如图 9.116 所示。

❷单击"基础特征"工具栏中的"造型"按钮▣，进入造型模块。系统默认以 TOP 基准平面作为活动平面。

❸单击"造型工具"工具栏中的"曲线"按钮～，在打开的操控板中单击"创建平面曲线"按钮～，绘制如图 9.117 所示的两条曲线。

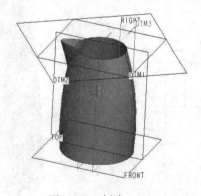

图 9.116　创建 DTM3

图 9.117　绘制曲线

❹单击"造型工具"工具栏中的"曲线编辑"按钮，在打开的操控板中单击"更改为平面曲线"按钮。选择上一步创建的曲线，用鼠标选中曲线的控制点，按住鼠标左键拖动鼠标，调整曲线的形状，如图 9.118 所示。

❺单击"基础特征"工具栏中的"可变截面扫描"按钮，在打开的操控板中单击"曲面"按钮。单击"参照"按钮，打开"参照"下滑面板，选择如图 9.119 所示的曲线作为"原点"

"链 1"的轨迹线。单击"创建或编辑扫描截面"按钮 ⊠，进入草绘环境，绘制如图 9.120 所示的圆形扫描截面。结果如图 9.121 所示。

图 9.118 调整曲线形状

图 9.119 选取轨迹线

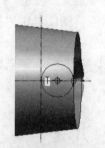

图 9.120 绘制图形扫描截面

图 9.121 创建的可变截面扫描曲面

02 合并曲面。按住 Ctrl 键，在绘图区中选择"合并 1"曲面和可变截面扫描曲面，单击"编辑特征"工具栏中的"合并"按钮 ⟲，单击"反向"按钮 ╱ 调整方向，如图 9.122 所示，单击"应用"按钮 ☑。结果如图 9.123 所示。

图 9.122 选择要合并的曲面

图 9.123 合并结果

9.7.5 创建电热水壶主体的底面

01 填充曲面。选择菜单栏中的"编辑"→"填充"命令，然后依次单击"参照"→"定义"按钮，打开"草绘"对话框，选择 FRONT 基准平面作为草绘平面，绘制如图 9.124 所示的截面形状草图，单击"应用"按钮 ☑。结果如图 9.125 所示。

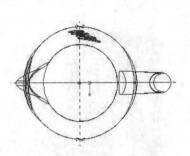

图 9.124　绘制截面形状草图

图 9.125　填充曲面结果

02 偏移曲面。

❶选择"填充 2"曲面，选择菜单栏中的"编辑"→"偏移"命令，在打开的操控板中单击"具有拔模特征的偏移"按钮 。然后依次单击"参照"→"定义"按钮，打开"草绘"对话框，选择 FRONT 基准平面作为草绘平面，绘制如图 9.126 所示的草图。单击"完成"按钮 ，退出草绘环境。

❷输入偏移距离为 1.5，拔模角度为 10°，单击"应用"按钮 。结果如图 9.127 所示。

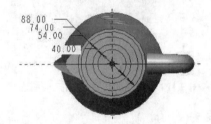

图 9.126　绘制草图

图 9.127　偏移曲面结果

03 合并曲面。按住 Ctrl 键，在绘图区选择如图 9.128 所示的曲面，单击"编辑特征"工具栏中的"合并"按钮 。单击"应用"按钮 ，生成"合并 3"。

04 创建倒圆角。单击"工程特征"工具栏中的"倒圆角"按钮 ，选择如图 9.129 所示的棱边。输入圆角半径为 5，单击"应用"按钮 ，生成倒圆角。

图 9.128　选择要合并的曲面

图 9.129　选择倒圆角棱边

9.7.6　创建电热水壶底座的轮廓线

01 创建投影曲线。

❶单击"基准"工具栏中的"草绘"按钮，选择 TOP 基准平面作为草绘平面，绘制如图 9.130 所示的直线。

❷选中刚刚创建的直线，选择菜单栏中的"编辑"→"投影"命令，选择如图 9.131 所示的曲面作为投影曲面，单击"应用"按钮，生成投影曲线 1。

图 9.130　绘制直线　　　　　　　　　　　图 9.131　选择投影曲面

❸选中刚刚创建的曲线，重复"投影"命令，选择如图 9.132 所示的曲面作为投影曲面。结果如图 9.133 所示。

图 9.132　选择投影曲面　　　　　　　　　图 9.133　投影结果

02 创建造型曲线。

❶单击"基准"工具栏中的"平面"按钮，打开"基准平面"对话框。选择 FRONT 基准平面作为参照，输入偏移距离为 10.00，如图 9.134 所示，完成基准平面 DTM4 的创建。

❷重复"平面"命令，打开"基准平面"对话框。选择如图 9.135 所示的曲线作为参照，完成基准平面 DTM5 的创建。

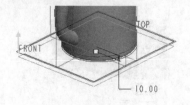

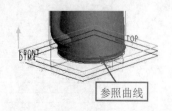

图 9.134　创建 DTM4　　　　　　　　　　图 9.135　创建 DTM5

❸单击"基准"工具栏中的"草绘"按钮🔅，选择 DTM5 基准平面作为草绘平面，绘制如图 9.136 所示的截面。

❹重复"草绘"命令，选择 DTM5 基准平面作为草绘平面，绘制如图 9.137 所示的截面（将第❸步绘制的截面向外偏移 2）。

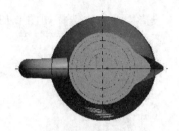

图 9.136　绘制截面 1　　　　　　　　　　　　图 9.137　绘制截面 2

❺重复"草绘"命令，选择 DTM4 基准平面作为草绘平面，绘制如图 9.138 所示的截面（将第❸步绘制的截面向外偏移 10）。

❻单击"基础特征"工具栏中的"造型"按钮📖，进入造型模块。系统默认以 TOP 基准平面作为活动平面。

❼单击"造型工具"工具栏中的"曲线"按钮〜，在打开的操控板中单击"创建平面曲线"按钮〜，绘制如图 9.139 所示的曲线。

图 9.138　绘制截面 3　　　　　　　　　　　　图 9.139　绘制曲线

❽选择第❼步绘制的曲线，单击"造型工具"工具栏中的"曲线编辑"按钮✎，在打开的操控板中单击"更改为平面曲线"按钮🔷。选择曲线的上端点，然后单击操控板中的"相切"按钮，参数设置步骤如图 9.140 所示。结果如图 9.141 所示。选择曲线的下端点，然后单击操控板中的"相切"按钮，参数设置如图 9.142 所示。结果如图 9.143 所示。

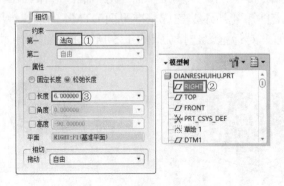

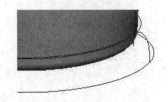

图 9.140　参数设置步骤　　　　　　　　　　　　图 9.141　约束结果

图 9.142　参数设置步骤　　　　　　　　　　　图 9.143　约束结果

❾使用同样的方法创建左侧的曲线。结果如图 9.144 所示。

❿在工具栏中单击"设置活动基准平面"按钮 ，然后选择 RIGHT 基准平面作为活动平面，选择 TOP 和 DTM5 基准平面作为参照。使用同样的方法绘制出如图 9.145 所示的两条曲线。

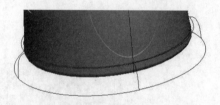

图 9.144　创建左侧曲线　　　　　　　　　图 9.145　电热水壶底座的轮廓线

📖 9.7.7　创建电热水壶底座的曲面

01 创建边界混合曲面。单击"基础特征"工具栏中的"边界混合"按钮，在操控板中单击"曲线"按钮，操作步骤如图 9.146 所示。结果如图 9.147 所示。

02 填充曲面。选择菜单栏中的"编辑"→"填充"命令，选择"草绘 12"。结果如图 9.148 所示。

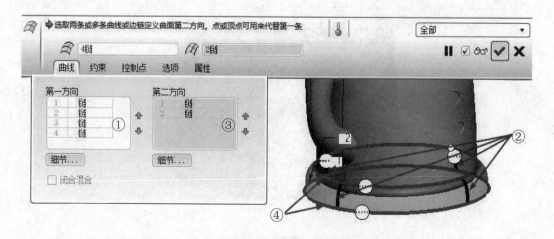

图 9.146　选择曲线

图9.147　创建边界混合曲面　　　　　　　　图9.148　填充曲面

03 合并曲面。按住 Ctrl 键，选择"边界混合 2"和"填充 3"特征，单击"编辑特征"工具栏中的"合并"按钮🕀。单击"应用"按钮✓，生成"合并 4"。

04 拉伸曲面。单击"基础特征"工具栏中的"拉伸"按钮🗗，打开"拉伸"操控板。单击"曲面"按钮🗐，选择拉伸方式为"盲孔"🖳，输入拉伸长度为 20。然后选择"放置"→"定义"命令，打开"草绘"对话框，选择 DTM4 基准平面作为草绘平面，绘制如图 9.149 所示的截面。结果如图 9.150 所示。

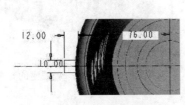

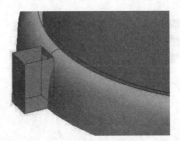

图9.149　绘制截面　　　　　　　　　　　图9.150　拉伸结果

05 阵列曲面。选择"拉伸 1"，单击"编辑特征"工具栏中的"阵列"按钮▦，打开"阵列"操控板，参数设置步骤如图 9.151 所示，单击"应用"按钮✓。结果如图 9.152 所示。

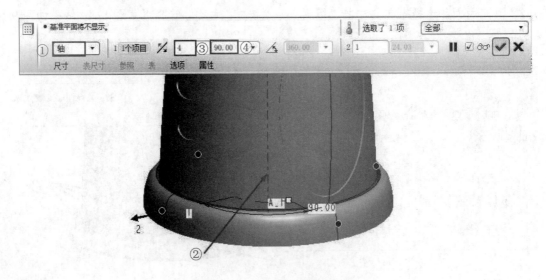

图9.151　阵列参数设置步骤

06 合并曲面。

❶按住 Ctrl 键，选择"拉伸 1"和"合并 4"特征，单击"编辑特征"工具栏中的"合并"按钮，单击"反向"按钮，单击"应用"按钮。结果如图 9.153 所示。

❷使用同样的方法合并其他三个特征。结果如图 9.154 所示。

图 9.152　阵列结果

图 9.153　合并结果

图 9.154　创建的底座修饰特征

9.7.8　加厚曲面并创建倒圆角

01 加厚曲面。将选取过滤设置为"面组"，选取如图 9.155 所示的曲面，然后选择菜单栏中的"编辑"→"加厚"命令，在操控板中输入加厚厚度为 2。结果如图 9.156 所示。

选取曲面

图 9.155　选取曲面

图 9.156　加厚结果

02 倒圆角处理。

❶单击"工程特征"工具栏中的"倒圆角"按钮，选取如图 9.157 所示的棱边，输入圆角半径为 6.00。

❷重复"倒圆角"命令，选取如图 9.158 所示的棱边，输入圆角半径为 8.00。

❸重复"倒圆角"命令，选取如图 9.159 所示的棱边，输入圆角半径为 1.00。

❹重复"倒圆角"命令，选取如图 9.160 所示的偏移特征下部的棱边，输入圆角半径为 1.00。

图 9.157　选取倒圆角棱边 1

图 9.158　选取倒圆角棱边 2

图 9.159　选取倒圆角棱边 3

图 9.160　选取倒圆角棱边 4

03 加厚曲面。选取如图 9.161 所示的曲面，然后选择菜单栏中的"编辑"→"加厚"命令，在操控板中输入加厚厚度为 2。结果如图 9.162 所示。

选取曲面

图 9.161　选取曲面

图 9.162　加厚结果

第 10 章　零件实体装配

内容简介

在 Pro/ENGINEER Wildfire 5.0 中，设计的单个零件（元件）需要通过装配的方式形成组件，组件再通过一定的约束方式将多个零件合并到一个文件中。零件之间的位置关系可以进行设定和修改，从而满足用户的设计要求。本章将讲解装配零件的过程、零件之间的约束关系以及爆炸图的生成，从而更清晰地表现出各零件之间的位置关系。

内容要点

➢ 装配基础
➢ 装配约束
➢ 连接类型的定义
➢ 爆炸图的生成

案例效果

10.1　装 配 基 础

📖 10.1.1　装配简介

零件装配是 Pro/ENGINEER 中非常重要的功能之一。装配环境的布局和设计零件时的布局基本一致，只是在"工程特征"工具栏中多了以下三个工具按钮。

（1）🖳（装配）：打开已有的零件并将其添加到当前的装配体中。

（2）🖳（Manikin）：将 Manikin 添加到零件中。

（3）![创建图标]（创建）：在当前装配体环境下新建零件并将其添加到当前的装配体中。

📖10.1.2 创建装配图

如果要创建一个装配体模型，首先要创建一个装配体模型文件。单击"文件"工具栏中的"新建"按钮![图标]，或者选择菜单栏中的"文件"→"新建"命令，打开"新建"对话框。操作步骤如图 10.1 所示。

因为前面已经设置了默认模板，因此这里就可以直接使用默认模板。单击"确定"按钮，进入组件设计环境，此时在图形区有三个默认的基准平面，如图 10.2 所示。这三个基准平面相互垂直，是默认的装配基准平面，用来作为放置零件时的基准，尤其是第一个零件。

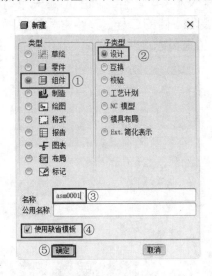

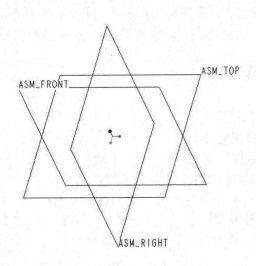

图 10.1　新建装配体模型文件的操作步骤　　　　图 10.2　默认的基准平面

📖10.1.3 装配下滑面板

本小节将对零件之间的装配约束关系进行讲解。在开始创建装配之前，应该决定哪一零件要用来作为第一零件，此基础零件应是不想从装配中删除的。由默认基准（ASM_RIGHT、ASM_TOP、ASM_FRONT、ASM_DEF_CSYS）开始装配有以下好处：

➤ 可从装配中删除第一个零件，但也必须打断它与所有其他零件参考的子关系。

➤ 可在装配中重定零件顺序到第一个零件之前，在重排序之前必须打断子参考。

➤ 可在装配中陈列第一个零件。

➤ 可以重新定义第一个零件在装配中的位置。

选择"插入"菜单栏中的"元件"→"装配"命令或单击"工程特征"工具栏中的"装配"按钮![图标]，打开如图 10.3 所示的"打开"对话框，对话框中显示了当前工作目录下所有的零件及装配件。选取一个供装配使用的零件后，系统将在装配区中显示该零件，并打开"装配"操控板，如图 10.4 所示。

"装配"操控板由下列项目组成。

1．操控板

操控板包括"连接类型"下拉列表框、"约束类型"下拉列表框和"元件放置位置"下拉列表框。
在操控板中有一个重要的按钮，即"指定约束时在单独的窗口中显示元件"按钮 。导入零件后，单击该按钮可以打开零件窗口，在该窗口中可以调整零件的大小和角度，也可以选取约束参照。再次单击该按钮，可以关闭零件窗口。

2．下滑面板

下滑面板包括"放置"下滑面板、"移动"下滑面板、"挠性"下滑面板和"属性"下滑面板。

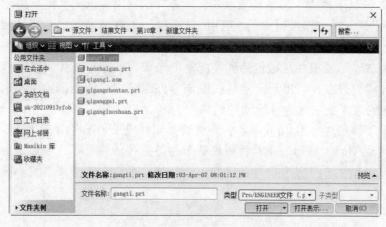

图 10.3 "打开"对话框

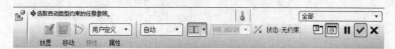

图 10.4 "装配"操控板

（1）"放置"下滑面板如图 10.5 所示。"装配"操控板中的"放置"下滑面板主要用于添加或删除约束类型、查看或更改每个约束用到的参照、设置偏移类型等。当一个约束条件不能将零件安装到位时，常用该面板增加新的约束条件。

图 10.5 "放置"下滑面板

当引入零件放置到装配中时，默认选择"自动"放置约束类型，接下来可以执行下列操作：
➤ 为零件和装配选择参照，定义放置约束，选择一对有效的参照之后，系统将自动选择合适的约束类型，且约束已启动。

➤ 从"约束类型"下拉列表框中选择类型以改变约束类型，或在"类型"框中单击当前约束，启动该列表框，接着可从"偏移"下拉列表框中选择偏移类型，"重合"为默认偏距。对应不同的约束类型，可能还有"偏距"和"定向"选项，也可在"偏距"框中输入偏距值。

➤ 定义约束后，图10.5中的"新建约束"按钮被激活，然后可重复定义另一个约束。可按需要的数量定义约束。定义约束时，每个约束都在"约束"区域下列出，而零件的当前状态在选取参照时显示在"状态"区域中。用户可在任何时候选择"约束类型"下拉列表框中所列的某个约束，并改变约束类型。

➤ "状态"：该显示栏用于显示约束状态，当零件的状态显示为"完全约束""部分约束"或"无约束"时，单击操控板中的"应用"按钮✔，系统就在当前约束的情况下放置零件；如果状态显示为"约束无效"，则应重新完成约束定义。如果约束不完整，可以使零件处于包装状态。包装零件是指包括到装配中但未放置的零件。如果约束有冲突，可以重新开始或继续放置零件。重新开始将拭除该零件原先定义的全部约束，也可在约束表中取消选中的约束，使它成为非活动的约束。

（2）"移动"下滑面板如图10.6所示。系统调入零件或子装配件后，会将其放在一个默认位置并显示，用户可以使用"移动"下滑面板来调节待装配件的位置以方便添加装配约束。一共有四种移动类型：定向模式、平移、旋转和调整，选择移动类型后，必须选取参照来移动零件或子装配件。

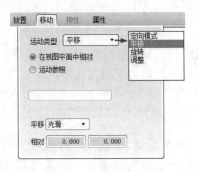

图 10.6　"移动"下滑面板

➤ 运（移）动类型有以下四种。

　↻ 定向模式：使用定向模式移动零件或子装配件。单击零件，然后按住鼠标中键移动鼠标，可以对零件进行定向。

　↻ 平移：根据所选的移动参照移动零件或子装配件。单击鼠标，零件会跟随鼠标指针移动，再次单击鼠标可将其固定在当前位置。

　↻ 旋转：沿所选的移动参照旋转零件或子装配件。在某个位置单击鼠标，移动鼠标，零件会围绕单击位置旋转。

　↻ 调整：相当于一个临时约束，它用来将两个参照对齐。一般会有匹配、匹配偏距、对齐、对齐偏距等约束功能。

➤ 运动参照。在绘图区中直接选取参照。

➤ 运动增量。系统提供了两种运动增量方式，分别是平移和旋转。其中，平移包含以下两种选项。

↳ 光滑：连续平移。

↳ 1、5、10：不连续平移，以1°、5°或10°为单位跳跃式移动。

旋转包含以下两种选项。

↳ 光滑：连续旋转。

↳ 5、10、30、45、90：不连续旋转，以5°、10°、30°、45°或90°为单位跳跃式旋转。

➢ 相对。移动零件相对其初始位置所平移的距离或旋转的角度。

（3）"挠性"下滑面板。进行挠性装配后，在左侧的模型树上右击挠性零件，选择挠性命令激活"挠性"下滑面板。利用下滑面板中的"可变项目"命令，可以修改挠性零件的尺寸。

（4）"属性"下滑面板。使用该下滑面板可以编辑特征名，并在Pro/ENGINEER浏览器中打开特征信息。

10.2 装 配 约 束

前面简单介绍了零件的装配过程，在这个过程中零件之间的相对位置的确定需要配合关系，这个关系就称为装配约束。为了能够控制和确定零件之间的相对位置，往往需要设置多种约束条件。在Pro/ENGINEER的"约束类型"下拉列表框中设置了11种约束类型，如图10.7所示。每种约束类型的具体含义如下。

（1）自动：由系统通过猜测来设置适当的约束类型，如配对、对齐等。在使用过程中，用户只需选择零件和相应的组建立参照即可。

（2）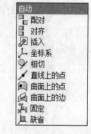（配对）：使两个参照"面对面"，法向方向相互平行并且方向相反，约束的参照类型必须相同（如平面对平面、旋转对旋转、点对点、轴对轴等）。配对的类型分为定向、偏移和重合三种。

（3）（对齐）：使两个参照"对齐"，法向方向相互平行并且方向相同，约束的参照类型必须相同（如平面对平面、旋转对旋转、点对点、轴对轴等）。

图10.7 约束类型

（4）（插入）：将一个旋转曲面插入另一个旋转曲面中，且使它们各自的轴同轴。当轴选取无效或不方便时可以使用这个约束。

（5）（坐标系）：通过两个零件上的某一个坐标系相互重合从而完成约束，包括原点和各坐标轴分别重合。

（6）（相切）：使不同零件上的两个参照呈相切状态。

（7）（直线上的点）：使一个零件的参照点落于另一个图元参照线上，可以位于该线上，也可以位于该线的延长线上。

（8）（曲面上的点）：使一个零件上作为参照的基准点或顶点落在另一个图元的某一参照面上，或者该面的延伸面上。

（9）（曲面上的边）：使一个零件上作为参照的边落在另一个图元的某一参照面上，或者该面的延伸面上。

（10）（固定）：在目前位置直接固定零件的相互位置，使之达到完全约束状态。

（11）（缺省）：使两个零件的默认坐标系相互重合并固定相互位置，使之达到完全约束状态。

放置约束指定了一对参照的相对位置。放置约束时应该遵守下面的一般原则：

（1）配对和对齐约束的参照的类型必须相同（如平面对平面、旋转对旋转、点对点、轴对轴等）。

（2）为配对和对齐约束输入偏移值时，系统会显示偏移方向。要选取相反的方向，请输入一个负值或在绘图区中拖动控制柄。

（3）一次添加一个约束。不能使用一个单一的对齐约束选项将一个零件上两个不同的孔与另一个零件上两个不同的孔对齐。必须定义两个单独的对齐约束。

（4）放置约束集用于完全定义放置和方向。例如，可以将一对曲面约束为配对，另一对约束为插入，还有一对约束为对齐。

（5）旋转曲面是指通过旋转一个截面，或者拉伸圆弧/圆而形成的曲面。可在放置约束中使用的曲面仅限于平面、圆柱面、圆锥面、环面和球面。

（6）术语"相同曲面"（same-surface）是指包括一个曲面和通过人工边连接的所有曲面的曲面集。例如，通过拉伸或旋转创建的圆柱面是由两个通过两条人工边连接的曲面构成的。圆柱面、圆锥面、球面和环面是可用的曲面。

📖10.2.1　配对约束

使用配对约束可以定位两个选定的参照，使其彼此相对。一个配对约束可以将两个选定的参照配对为偏移、定向或重合。

如果要使用配对约束，可以在"放置"下滑面板中的"约束类型"下拉列表框中选择"配对"，"偏移"下拉列表框中就可以有三个选项：偏移、定向和重合，如图10.8所示。

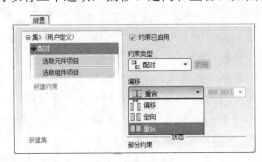

图 10.8　选择配对约束

偏移约束可使两个平面平行并相对。偏移值决定了两个平面之间的距离。使用偏移拖动控制滑块来更改偏移距离，也可以单击"偏移"下拉列表框后面的文本框，在该文本框中输入偏移值，如果要反向偏移就在文本框中输入负值。

扫一扫，看视频

📖10.2.2　动手学——轴和键的装配

本小节通过轴和键的装配来介绍配对约束的使用。首先采用默认设置完成阶梯轴的调入，然后对键的底面和键槽的底面进行配对重合约束，再将键的侧面和键槽的侧面进行配对重合约束，最后将键的圆头面与键槽的圆头面进行配对重合约束。具体操作过程如下：

01 新建文件。单击"新建"按钮🗋，打开"新建"对话框。在"类型"选项组下选择"组件"，在"子类型"选项组下选择"设计"。在"名称"文本框中输入新建文件的名称为 peidui，单击"确定"按钮，进入装配界面。

02 创建配对约束 1。

❶单击"装配"按钮🔧，打开"打开"对话框，打开"\源文件\原始文件\第 10 章\ 配对约束\jietizhou"零件，并打开"装配"操控板，如图 10.9 所示。保持默认设置，单击"应用"按钮✔，轴零件添加完成。

图 10.9　添加轴零件

❷单击"装配"按钮🔧，打开"打开"对话框，添加键零件，如图 10.10 所示。

图 10.10　添加键零件

❸单击"放置"按钮，打开下滑面板，单击"指定约束时在单独的窗口中显示元件"按钮🔳，打开小窗口，方便选取约束面。在"约束类型"下拉列表框中选择"配对"，在"偏移"下拉列表框中选择"重合"，参数设置步骤如图 10.11 所示。此时新插入的零件就会移动到约束设定的位置，如图 10.12 所示。

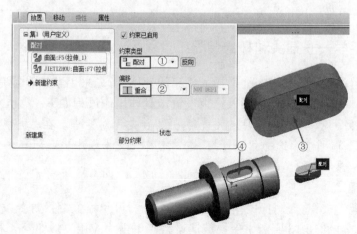

图 10.11　配对约束的参数设置步骤

03 创建配对约束 2 和配对约束 3。

❶在"放置"下滑面板中单击"新建约束"按钮，在"约束类型"下拉列表框中选择"配对"，在"偏移"下拉列表框中选择"重合"，在绘图区选取如图 10.13 所示的两个面。

图 10.12　配对约束

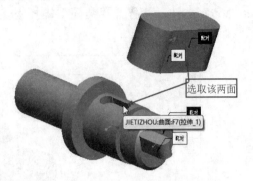

图 10.13　选取配对平面

❷在"放置"下滑面板中单击"新建约束"按钮，在"约束类型"下拉列表框中选择"配对"，在"偏移"下拉列表框中选择"重合"，在绘图区选取如图 10.14 所示的两个面。

❸单击"应用"按钮✅，阶梯轴和键装配完成，如图 10.15 所示。

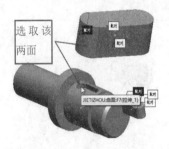

图 10.14　选取配对平面

图 10.15　装配结果

📖10.2.3　插入约束

使用插入约束可将一个旋转曲面插入另一个旋转曲面中，且使它们各自的轴同轴。当轴选取无效或不方便时可以使用这个约束。

📖10.2.4　动手学——插头和杆的装配

本小节通过插头和杆的装配来介绍插入约束的使用。首先采用默认设置完成插头零件的装配，然后组装杆零件，在操控板上进行插入约束设置。具体操作过程如下：

01 新建文件。单击"新建"按钮🗋，打开"新建"对话框。在"类型"选项组下选择"组件"，在"子类型"选项组下选择"设计"。在"名称"文本框中输入新建文件的名称 chatou，单击"确定"按钮，进入装配界面。

02 创建装配。

❶单击"装配"按钮🗃，打开"打开"对话框，打开"\源文件\原始文件\第 10 章\插入约束\chatou"零件，如图 10.16 所示。保持默认设置，单击"应用"按钮✅，插头零件添加完成。

❷单击"装配"按钮🗃，打开"打开"对话框，添加杆零件，如图 10.17 所示。

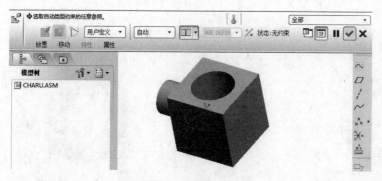

图 10.16 添加插头零件

图 10.17 添加杆零件

❸在"放置"下滑面板中的"约束类型"下拉列表框中选择"插入",参数设置步骤如图 10.18 所示,单击"应用"按钮✔。结果如图 10.19 所示。

图 10.18 插入约束的参数设置步骤

图 10.19 装配结果

10.2.5 相切约束

使用相切约束可以控制两个曲面在相切点的接触。该约束的功能与配对约束的功能相似,因为该约束配对曲面,而不对齐曲面。该约束的一个应用实例为轴承的滚珠与其轴承内外套之间的接触点。

10.2.6 动手学——轴承内圈和轴承滚珠的装配

本小节通过轴承内圈和轴承滚珠的装配来介绍相切约束的使用。首先采用默认设置完成轴承内圈零件的装配,然后组装轴承滚珠零件,并在操控板上进行相切约束设置,最后对创建的轴承滚珠进行阵列。具体操作过程如下:

01 新建文件。单击"新建"按钮▯,打开"新建"对话框。在"类型"选项组下选择"组件",在"子类型"选项组下选择"设计"。在"名称"文本框中输入新建文件的名称 xiangqie,单击"确定"按钮,进入装配界面。

02 创建相切约束 1。

❶单击"装配"按钮▯,打开"打开"对话框,打开"\源文件\原始文件\第 10 章\相切约束\zcnq"零件,如图 10.20 所示。保持默认设置,单击"应用"按钮✔,轴承内圈零件添加完成。

❷单击"装配"按钮▯,打开"打开"对话框,添加轴承滚珠零件,如图 10.21 所示。

❸在"放置"下滑面板中的"约束类型"下拉列表框中选择"相切",参数设置步骤如图 10.22 所示,单击"应用"按钮✔。结果如图 10.23 所示。

扫一扫,看视频

图 10.20　添加轴承内圈零件　　　　　　　图 10.21　添加轴承滚珠零件

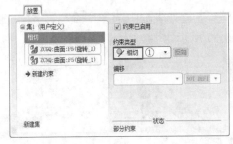

图 10.22　相切约束的参数设置步骤

03 创建阵列。在模型树中选择 ZCGQ.PRT 零件，单击"编辑特征"工具栏中的"阵列"按钮▦，打开"阵列"操控板，设置阵列类型为"轴"，选取轴承内圈的中心轴，设置阵列个数为 12，角度为 30°，单击"应用"按钮☑。结果如图 10.24 所示。

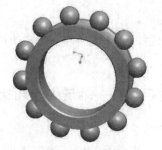

图 10.23　装配结果　　　　　　　　　　图 10.24　阵列结果

📖 10.2.7　对齐约束

使用对齐约束可以使两个零件的平面、轴线、点或边线对齐，从而使两个部件共面、共线、平行或重合。对齐约束可以将两个选定的参照对齐为偏移、定向或重合，可使两个平面共面（重合并朝向相同），两条轴线同轴，或两个点重合，可以对齐旋转曲面或边。与配对约束一样，对齐约束也有偏移、定向和重合三种类型。

📖 10.2.8　动手学——礼堂的装配

本小节通过礼堂模型的装配来介绍对齐约束的使用。首先采用默认设置完成礼堂主体的装配，

扫一扫，看视频

然后添加大门，并对大门进行对齐重合、配对重合和对齐偏移，在操控板上进行对齐约束设置。
具体操作过程如下：

01 新建文件。单击"新建"按钮，打开"新建"对话框。在"类型"选项组下选择"组
件"，在"子类型"选项组下选择"设计"。在"名称"文本框中输入新建文件的名称 duiqi，单击
"确定"按钮，进入装配界面。

02 创建装配约束。

❶单击"工程特征"工具栏中的"装配"按钮，打开"打开"对话框，打开"\源文件\原
始文件\第 10 章\对齐约束\litang.prt"零件。

❷在默认位置装配零件，单击"应用"按钮，如图 10.25 所示。

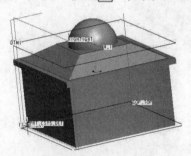

图 10.25　装配零件

❸单击"工程特征"工具栏中的"装配"按钮，打开 damen.prt 零件，参数设置步骤如
图 10.26 所示。对齐约束结果如图 10.27 所示。

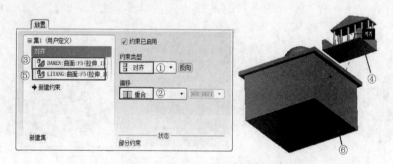

图 10.26　对齐约束的参数设置步骤

❹单击"新建约束"按钮，创建"配对"约束，偏移类型为"重合"，选取如图 10.28 所示的
两个平面。结果如图 10.29 所示。

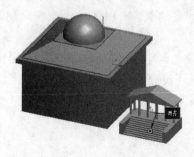

图 10.27　对齐约束

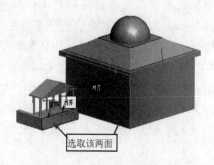

图 10.28　选取配对约束平面

❺单击"新建约束"按钮，创建"对齐"约束，偏移类型为"偏移"，选取如图 10.30 所示的面，偏移距离为 450，此时形成完全约束。单击"应用"按钮☑。结果如图 10.31 所示。

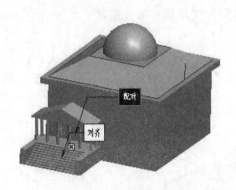

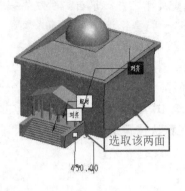

图 10.29　配对重合约束　　　　　　　图 10.30　选取对齐约束平面

03 创建阵列。

❶在模型树中选择 damen.prt 零件，单击"编辑特征"工具栏中的"阵列"按钮▦，打开"阵列"操控板，设置阵列类型为"轴"。

❷单击"基准"工具栏中的"轴"按钮╱，打开"基准轴"对话框，选取如图 10.32 所示的圆球的边，创建中心轴。设置阵列个数为 4，角度为 90°，单击"应用"按钮☑。结果如图 10.33 所示。

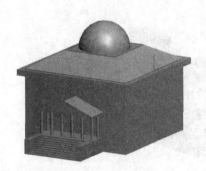

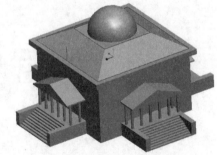

图 10.31　对齐偏移约束　　　　图 10.32　选取边　　　　图 10.33　装配结果

📖10.2.9　坐标系约束

使用坐标系约束，可通过将零件的坐标系与组件的坐标系对齐（既可以使用组件坐标系又可以使用零件坐标系），将该零件放置在组件中。即将两个坐标系的 X、Y 和 Z 轴重合在一起，将零件装配到组件，在此要注意 X、Y 和 Z 轴的方向。

使用"搜索"工具根据名称选取坐标系，从组件和零件中选取坐标系，或者即时创建坐标系。通过对齐所选坐标系的相应轴来装配零件。图 10.34 所示是还没有进行约束时两个零件之间的位置关系，在图中有三个坐标系，一个是组件系统自带坐标系，一个是零件坐标系，还有一个是先前插入的组件的坐标系。约束后如图 10.35 所示。

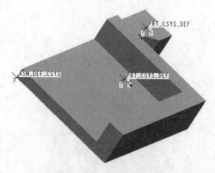

图 10.34 未约束前的图形关系

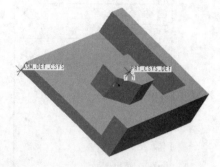

图 10.35 添加坐标系约束后的图形关系

扫一扫，看视频

10.2.10 动手学——气缸体和气缸盖的装配

本小节通过气缸体和气缸盖的装配来介绍坐标系约束的使用。首先采用默认设置完成气缸体零件的装配，然后添加气缸盖零件，并对气缸盖创建新的坐标系，最后进行坐标系约束设置。具体操作过程如下：

01 新建文件。单击"新建"按钮□，打开"新建"对话框。在"类型"选项组下选择"组件"，在"子类型"选项组下选择"设计"。在"名称"文本框中输入新建文件的名称 zuobiaoxi，单击"确定"按钮，进入装配界面。

02 创建装配约束。

❶单击"装配"按钮🖳，打开"打开"对话框，打开 qigangti 零件，采用默认设置，单击"应用"按钮☑，气缸体装配完成。单击"基准显示"工具栏中的"坐标系显示"按钮※，如图 10.36 所示。

❷单击"装配"按钮🖳，打开"打开"对话框，打开 qiganggai 零件，如图 10.37 所示。从图中可知气缸盖的零件坐标系和气缸体的零件坐标系 X、Y、Z 轴的方向完全相同，而装配时需要两个零件的 Z 轴方向相反。此时，需要创建坐标系。

图 10.36 添加 qigangti 零件

图 10.37 添加 qiganggai 零件

❸在模型树中选择 qiganggai 零件，右击，在弹出的快捷菜单中选择"打开"命令，打开气缸盖零件图。

❹单击"基准"工具栏中的"坐标系"按钮※，打开"坐标系"对话框，在绘图区中选择气缸盖的零件坐标系，使坐标系绕 Y 轴旋转 180°，如图 10.38 所示。

❺在模型树中选中零件坐标系，右击，在弹出的快捷菜单中选择"隐藏"命令，此时气缸盖坐标系如图 10.39 所示。

❻单击"文件"工具栏中的"保存"按钮🖫，保存完毕关闭气缸盖零件图，返回装配图。

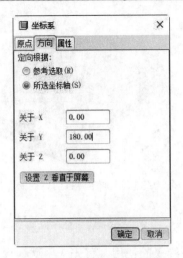

图 10.38 "坐标系"对话框

图 10.39 气缸盖坐标系

❼在模型树中选择 QIGANGGAI.PRT 零件，右击，在弹出的快捷菜单中选择"编辑定义"命令，打开"装配"操控板。

❽在"放置"下滑面板中的"约束类型"下拉列表框中选择"坐标系"，参数设置步骤如图 10.40 所示，单击"应用"按钮✔。结果如图 10.41 所示。

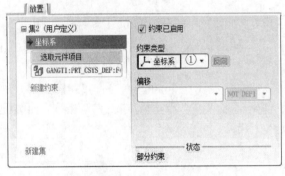

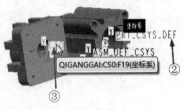

图 10.40 坐标系约束的参数设置步骤

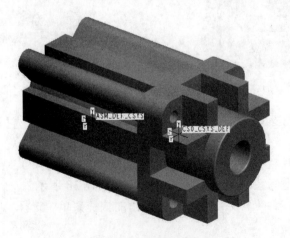

图 10.41 装配结果

10.2.11 自动约束

使用自动约束时，用户只需要通过鼠标选取零件和组件上的参照，系统就会自动给出适当的约束。这种方式是系统默认的约束方式。一般情况下，自动约束只适用于比较简单的装配，对于复杂的装配常常会出现失误。表10.1列出了系统如何定义最佳猜测约束类型，以使选定的参照与另一个参照配对。

表10.1 系统的自动约束

用户选取的参照类型	系统配对的参照类型
平面/曲面	用于"配对"或"对齐"的平面或曲面
轴	用于"对齐"的轴（可能是线性边）
坐标系	用于"对齐"的坐标系
旋转曲面	用于"插入"的旋转曲面
圆柱面	用于"插入"的旋转曲面，用于"相切"的圆柱面、球面或平面
圆锥面	用于"插入"的旋转曲面，用于"配对"的圆锥面

10.2.12 其他约束

前面介绍的几种约束方式是比较常用的，还有几种不常用的约束类型，这里简单介绍一下。

1. 直线上的点约束

使用直线上的点约束可以控制边、轴或基准曲线与点之间的接触。在图 10.42 所示的示例中，控制了直线上的点与边对齐。

2. 曲面上的点约束

使用曲面上的点约束可以控制曲面与点之间的接触。在图 10.43 所示的示例中，系统将块的曲面约束到三角形上的一个基准点。可以用零件或组件的基准点、曲面特征、基准平面或零件的实体曲面作为参照。

3. 曲面上的边约束

使用曲面上的边约束可以控制曲面与平面边界之间的接触。在图 10.44 所示的示例中，系统将一条线性边约束至一个平面。可以用基准平面、平面零件或组件的曲面特征，或者任何平面零件的实体曲面作为参照。

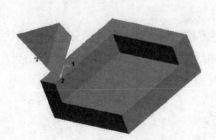
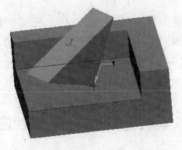

图 10.42 直线上的点约束　　　图 10.43 曲面上的点约束　　　图 10.44 使边与曲面对齐

4. 缺省约束

使用缺省约束可以将系统创建的零件的默认坐标系与系统创建的组件坐标系对齐。系统只放置原始组件中的零件，如图 10.45 所示。该约束类型通常用在首个被导入的零件上。

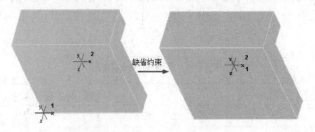

图 10.45　缺省约束

当在零件装配过程中勾选"允许假设"复选框时（默认情况），系统会自动作出约束定向假设。例如，要将螺栓完全约束至板上的孔，只需要一个对齐约束和一个配对约束。在孔和螺栓的轴之间定义了对齐约束，并在螺栓底面和板的顶面之间定义了配对约束后，系统将假设第三个约束。该约束控制轴的旋转，这样就完全约束了该零件。

在取消勾选"允许假设"复选框后，必须要定义第三个约束，才会将零件视为受到完全约束。可以将螺栓保持封装状态，也可以创建另一个约束，明确地约束螺栓旋转的自由度。

当"允许假设"被禁用时，可以使用"移动"下滑面板将零件从先前假定的位置移出，零件将保持在新位置。当再次勾选"允许假设"复选框时，零件会自动回到假设位置。

10.3　连接类型的定义

在 Pro/ENGINEER Wildfire 5.0 中，零件的放置还有一种装配方式——连接装配。使用连接装配，可在利用 Pro/Mechanism（机构）模块时直接执行机构的运动分析与仿真，它使用上一节讲的各种约束条件来限定零件的运动方式及其自由度。连接类型如图 10.46 所示，连接类型的意义在于：

（1）定义一个零件在机构中可能具有的自由度。

（2）限制主体之间的相对运动，减少系统可能的总自由度。

10.3.1　刚性

图 10.46　连接类型

刚性是指刚性连接。自由度为零，零件装配处于完全约束状态。

刚性连接中的连接零件和附着零件间没有任何相对运动，它们构成一个单一的主体。创建刚性连接时，可以添加重合、平行等普通装配约束，但无论添加的约束是否使零件完全固定，完成连接后的零件始终会与附着零件相对固定。刚性连接不提供平移自由度和旋转自由度。

10.3.2　动手学——轴承座底板和支撑座的刚性连接

本小节通过轴承座底板和支撑座的装配来介绍刚性连接的使用。首先采用默认（缺省）设置添加底板，然后采用刚性连接装配支撑，最后设置约束方式，形成装配。具体操作过程如下：

01 新建文件。单击"新建"按钮□，打开"新建"对话框。在"类型"
选项组下选择"组件"，在"子类型"选项组下选择"设计"。在"名称"文本
框中输入新建文件的名称 gangxing，单击"确定"按钮，进入装配界面。

02 创建刚性连接。

图 10.47　约束类型

❶单击"工程特征"工具栏中的"装配"按钮□，打开"打开"对话框，
打开"\源文件\原始文件\第 10 章\刚性\diban.prt"零件。在"约束类型"中选
择"缺省"约束，如图 10.47 所示，添加固定零件。单击"应用"按钮☑，完
成底板的装配。

❷单击"工程特征"工具栏中的"装配"按钮□，打开"打开"对话框，
打开 zhicheng.prt 零件。连接类型选择"刚性"，如图 10.48 所示。

图 10.48　选择"刚性"连接

❸单击操控板中的"放置"按钮，在"约束类型"下拉列表框中选择"配对"，在"偏移"
下拉列表框中选择"重合"，然后选取如图10.49所示的平面。结果如图10.50所示。

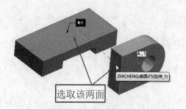

图 10.49　选取重合面

图 10.50　配对重合约束

❹单击"视图"工具栏中的"拖动零件"按钮✋，单击选取装配零件，拖动鼠标尝试移动连
接零件，发现连接零件不能移动，说明刚性连接的自由度为零。

❺在"放置"下滑面板中单击"新建约束"按钮，在"约束类型"下拉列表框中选择"对齐"，
在"偏移"下拉列表框中选择"偏移"，在绘图区选取如图 10.51 所示的两个面，输入偏移距离为
112.50。

❻在"放置"下滑面板中单击"新建约束"按钮，在"约束类型"下拉列表框中选择"对齐"，
在"偏移"下拉列表框中选择"偏移"，在绘图区选取如图 10.52 所示的两个面，输入偏移距离为
-60.00。单击"应用"按钮☑，完成刚性连接的定义。

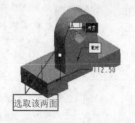

图 10.51　选取旋转轴

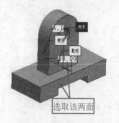

图 10.52　刚性连接

10.3.3 销钉

销钉是指销钉连接，就是一个转动副。具有一个旋转自由度，允许零件沿指定轴旋转。

连接类型选择"销钉"时，"放置"下滑面板包含两个基本的预定义约束：轴对齐和平移，在两个约束定义完成后，增加了旋转轴约束，如图 10.53 所示。

下面介绍一下这三个约束的含义。

（1）轴对齐：轴对齐的默认约束类型为"对齐"，偏移为"重合"，该约束用于约束两零件的轴线重合，如图 10.54 所示。

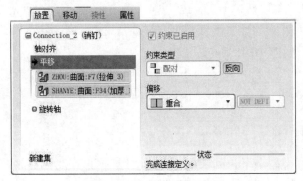

图 10.53 "放置"下滑面板

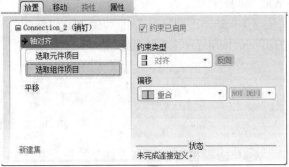

图 10.54 轴对齐约束

（2）平移：平移的默认约束类型为"配对"，偏移为"重合"，也可以选择"偏移"下拉列表框中的"偏移"选项，此时可以设置两个面有一定的距离，如图 10.55 所示。

（3）旋转轴：第三个旋转轴约束可选择定义，不定义时默认销钉可以进行圆周旋转；定义时销钉只能旋转定义的角度。

选择两个参考平面后，会显示当前位置的角度，如图 10.56 所示。单击"设置零位置"按钮和"将当前位置设置为再生值"按钮   ＞＞   ，将当前位置设置为再生值。

➢ 设置零位置：指把当前的位置设置为零度。

➢ 启用再生值：指再生时零件的位置。

➢ 最小限制：指两面限制的最小夹角。

➢ 最大限制：指两面限制的最大夹角。

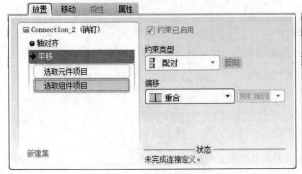

图 10.55 平移约束

图 10.56 旋转轴约束

📖 10.3.4 动手学——扇叶和轴的销钉连接

本小节通过扇叶和轴的装配来介绍销钉连接的使用。首先创建装配文件，并打开轴零件，将其添加到装配文件中；然后添加扇叶零件，选取约束参考，形成装配。具体操作过程如下：

01 新建文件。单击"新建"按钮，打开"新建"对话框。在"类型"选项组下选择"组件"，在"子类型"选项组下选择"设计"。在"名称"文本框中输入新建文件的名称 xiaoding，单击"确定"按钮，进入装配界面。

02 创建销钉连接。

❶单击"工程特征"工具栏中的"装配"按钮，打开"打开"对话框，打开"\源文件\原始文件\第 10 章\销钉连接\zhou.prt"零件。在"约束类型"中选择"缺省"约束，添加固定零件。单击"应用"按钮，完成轴的装配，如图 10.57 所示。

❷单击"工程特征"工具栏中的"装配"按钮，打开"打开"对话框，打开 shanye.prt 零件，连接类型选择"销钉"。

❸单击"放置"按钮，从弹出的下滑面板中可以看出销钉连接包含两个基本的预定义约束：轴对齐和平移。

❹为"轴对齐"选择参考。分别选择如图 10.58 所示的两条轴线，此时，所得图形和"放置"下滑面板如图 10.59 所示。

图 10.57 添加轴装配

图 10.58 选择轴线

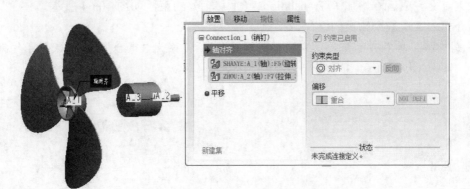

图 10.59 所得图形和"放置"下滑面板

❺为平移约束选择参照平面。分别选择如图 10.60 所示的轴端面和内孔端面作为参照平面，此时，"约束类型"为灰色，不可编辑。设置"偏移"为"重合"，所得图形如图 10.61 所示，此时

"放置"下滑面板如图 10.62 所示。

❻此时下滑面板中出现旋转轴约束，因为扇叶需要进行圆周旋转，所以不进行定义。装配结果如图 10.63 所示。

图 10.60　选择参照平面

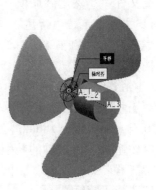

图 10.61　平移约束

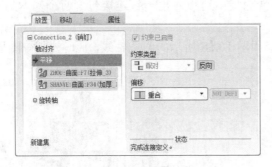

图 10.62　平移"放置"下滑面板

图 10.63　销钉连接

📖10.3.5　滑动杆

滑动杆是指滑动连接。滑动杆连接具有一个平移自由度为允许零件沿轴线方向平移。

连接类型选择"滑动杆"时，"放置"下滑面板包含两个基本的预定义约束：轴对齐和旋转，在两个约束定义完成后，增加了 Translation1（平移轴）约束，如图 10.64 所示。

下面介绍一下这三个约束的含义。

（1）轴对齐：轴对齐的默认约束类型为"对齐"，偏移为"重合"，该约束用于约束两零件的轴线重合，如图 10.65 所示。

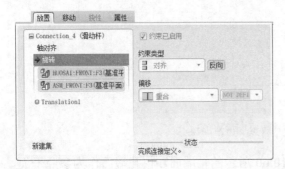

图 10.64　"放置"下滑面板

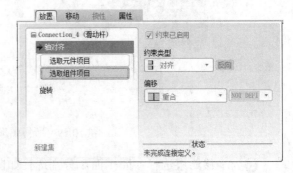

图 10.65　轴对齐约束

（2）旋转：旋转的默认约束类型为"配对"或"对齐"，偏移为"重合"，也可以选择"偏移"下拉列表框中的"偏移"选项，此时可以设置两个面有一定的距离（注意："反向"按钮是"配对"和"对齐"的切换开关），如图 10.66 所示。

（3）平移轴：平移轴约束与 10.3.3 小节的旋转轴一样可选择定义，不定义时默认滑动杆可以无限平移，定义时滑动杆只能平移指定的距离。

选择两个参考平面后，会显示当前位置的距离，如图 10.67 所示。单击"设置零位置"按钮和 ▶▶ 按钮，将当前位置设置为再生值。

➢ 设置零位置：指将当前的位置设置为零位。

➢ 启用再生值：指再生时零件的位置。

➢ 最小限制：指两面限制的最小距离。

➢ 最大限制：指两面限制的最大距离。

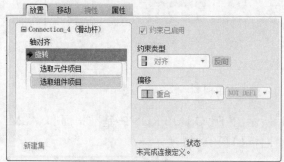

图 10.66　旋转约束

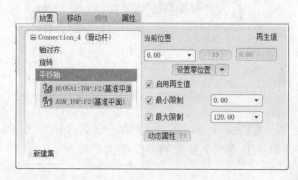

图 10.67　平移轴约束

扫一扫，看视频

10.3.6　动手学——仿真液压缸和活塞的滑动杆连接

本小节通过仿真液压缸和活塞的装配来介绍滑动杆连接的使用。首先添加液压缸零件，然后添加活塞零件，并对活塞位置进行调整，最后设置连接类型和约束。具体操作过程如下：

01 新建文件。单击"新建"按钮□，打开"新建"对话框。在"类型"选项组下选择"组件"，在"子类型"选项组下选择"设计"。在"名称"文本框中输入新建文件的名称 huadonggan，单击"确定"按钮，进入装配界面。

02 创建滑动杆连接。

❶单击"工程特征"工具栏中的"装配"按钮👝，打开"打开"对话框，打开"\源文件\原始文件\第 10 章\滑动杆连接\yeyagang.prt"零件。在"约束类型"中选择"缺省"约束，添加固定零件。单击"应用"按钮☑，完成液压缸的装配，如图 10.68 所示。

❷单击"工程特征"工具栏中的"装配"按钮👝，打开"打开"对话框，打开 huosai.prt 元件。

❸单击"移动"按钮，在弹出的下滑面板中选择运动类型为"旋转"，在绘图区调整活塞的位置，如图 10.69 所示。

❹连接类型选择"滑动杆"，单击"放置"按钮，从弹出的下滑面板中可以看出滑动杆包含两个预定义的约束：轴对齐和旋转。

❺为"轴对齐"选择参照。分别选择如图 10.70 所示的两条轴线，此时，所得图形和"放置"下滑面板如图 10.71 所示。

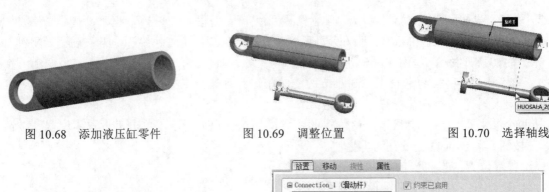

图 10.68 添加液压缸零件	图 10.69 调整位置	图 10.70 选择轴线

图 10.71 所得图形和"放置"下滑面板

❻为旋转约束选择参照。分别选择如图 10.72 所示的 HUOSAI:FRONT 基准平面和 ASM_FRONT 基准平面作为参照平面，此时"放置"下滑面板如图 10.73 所示。

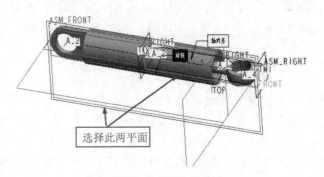

图 10.72 选择旋转参照

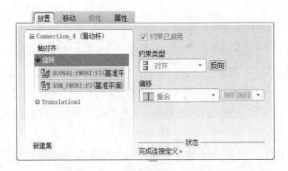

图 10.73 旋转约束

❼此处还可以定义滑动杆平移的距离。在"放置"下滑面板中单击第三个约束 Translation1 并重命名为"平移轴"，分别选择如图 10.74 所示的 HUOSAI:TOP 基准平面和 ASM_TOP 基准平面，

然后单击"设置零位置"按钮,将"最小限制"设置为 0,"最大限制"设置为 120,此时"放置"下滑面板如图 10.75 所示。单击"应用"按钮✔,完成滑动杆的连接定义。此时单击工具栏中的"拖动零件"按钮,然后单击活塞,移动鼠标即可看到圆柱可在一定范围内滑动。

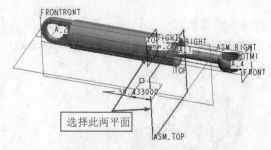

图 10.74　选择平移参照

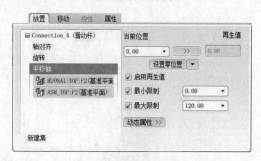

图 10.75　设置平移轴约束

10.3.7　圆柱

圆柱是指圆柱连接,具有一个平移自由度与一个旋转自由度,允许零件沿指定的轴平移并相对该轴旋转。选择参照平面后,其操控板如图 10.76 所示。

"放置"下滑面板中的 Translation1(平移轴)与 Rotation1(旋转轴)可以设置旋转角度和平移距离,其设置方法与前面讲到的方法一样,这里不再赘述。

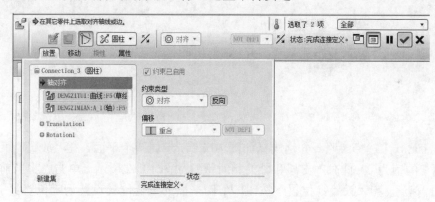

图 10.76　"圆柱连接"操控板

10.3.8　动手学——支架和轴的圆柱连接

扫一扫,看视频

本小节通过支架和轴的装配来介绍圆柱连接的使用。首先在装配环境中添加支架零件,然后再次添加轴零件,最后对轴进行圆柱连接设置,完成装配。具体操作过程如下:

01 新建文件。单击"新建"按钮,打开"新建"对话框。在"类型"选项组下选择"组件",在"子类型"选项组下选择"设计"。在"名称"文本框中输入新建文件的名称 yuanzhu,单击"确定"按钮,进入装配界面。

02 创建滑动杆连接。

❶单击"工程特征"工具栏中的"装配"按钮,打开"打开"对话框,打开"\源文件\原始文件\第 10 章\圆柱连接\ zhijia.prt"零件,在"约束类型"中选择"缺省"约束,添加固定零件。单击"应用"按钮✔,完成支架的装配,如图 10.77 所示。

❷单击"工程特征"工具栏中的"装配"按钮 ，打开"打开"对话框，打开 zhou.prt 零件，连接类型选择"圆柱"。

❸单击操控板中的"放置"按钮，从弹出的下滑面板中可以看出圆柱包含一个预定义的约束：轴对齐。

❹为"轴对齐"选择参照。分别选择如图 10.78 所示的两条轴线，所得图形如图 10.79 所示。此时，默认约束类型为"对齐"，偏移为"重合"，并且在"放置"下滑面板中增加了 Translation1 和 Rotation1 两个约束，如图 10.80 所示。

图 10.77　添加零件

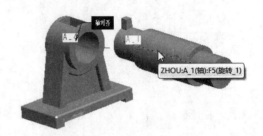

图 10.78　选择轴对齐参数

图 10.79　添加轴对齐约束

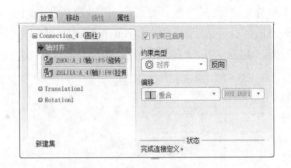

图 10.80　"放置"下滑面板

❺为 Translation1 选择参照。分别选择如图 10.81 所示的两个平面，在"放置"下滑面板中修改"当前位置"的值为 0，此时，支架和轴的相对位置如图 10.82 所示。单击"将当前位置设置为再生值"按钮 >> 和"设置零位置"按钮，将两平面的重合位置设置为零位置。

图 10.81　选择参照平面

图 10.82　支架和轴的相对位置

❻勾选"启用再生值""最小限制""最大限制"复选框，设置"最小限制"为 0，"最大限制"为 70。单击"视图"工具栏中的"拖动零件"按钮 ，单击选择轴零件，拖动鼠标，连接零件在 0~70 范围内移动。

❼为 Rotation1 选择参照。分别选择如图 10.83 所示的轴的 TOP 基准平面和 ASM_TOP 基准平面作为参照平面，在"放置"下滑面板中修改"当前位置"的值为 0，单击"将当前位置设置为再生值"按钮   ≫   和"设置零位置"按钮，将两平面的重合位置设置为零位置。

❽勾选"启用再生值""最小限制""最大限制"复选框，设置"最小限制"为-10，"最大限制"为 10。单击"视图"工具栏中的"拖动零件"按钮 ，单击选择轴零件，拖动鼠标，连接零件在-10~10 范围内旋转。

❾单击"应用"按钮 ，完成支架和轴的连接定义。结果如图 10.84 所示。

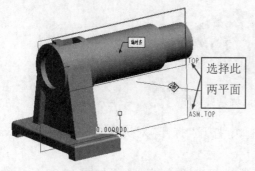

图 10.83　选择参照平面

图 10.84　圆柱连接

10.3.9　平面

平面是指平面连接。具有一个旋转自由度和两个平移自由度，零件可在某一平面内自由移动，也可绕该平面的轴旋转。选择参照平面后，其操控板如图 10.85 所示。

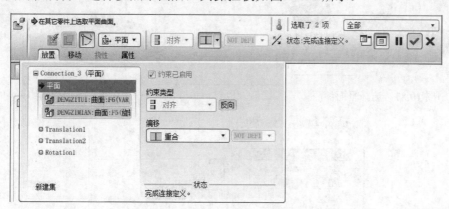

图 10.85　"平面连接"操控板

"放置"下滑面板有 Translation1 和 Translation2 两个平移轴与一个 Rotation1 旋转轴，分别用于设置平面的平移距离和旋转角度，可选定义，其设置方法与前面讲到的方法一样，这里不再赘述。

10.3.10　动手学——电动玩偶和玩具盘的平面连接

扫一扫，看视频

本小节通过电动玩偶和玩具盘的装配来介绍平面连接的使用。首先将玩具盘添加到装配文件中，然后添加电动玩偶，最后进行平面连接的设置，完成连接定义。具体操作过程如下：

01 新建文件。单击"新建"按钮，打开"新建"对话框。在"类型"选项组下选择"组件"，在"子类型"选项组下选择"设计"。在"名称"文本框中输入新建文件的名称 pingmian，单击"确定"按钮，进入装配界面。

02 创建平面连接。

❶ 单击"工程特征"工具栏中的"装配"按钮，打开"打开"对话框，打开"\源文件\原始文件\第 10 章\平面连接\ wanjupan.prt"零件。在"约束类型"中选择"缺省"约束，添加固定零件，单击"应用"按钮，完成玩具盘的装配，如图 10.86 所示。

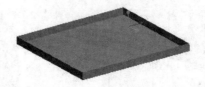

图 10.86　装配玩具盘零件

❷ 单击"工程特征"工具栏中的"装配"按钮，打开"打开"对话框，打开 diandongwanou.prt 零件，连接类型选择"平面"。

❸ 单击操控板中的"放置"按钮，为"平面"选择参照。分别选择如图 10.87 所示的两个平面，所得图形如图 10.88 所示。"放置"下滑面板中的"约束类型"默认为"配对"，"偏移"为"重合"，此时"放置"下滑面板如图 10.89 所示。

图 10.87　选择平面参照

图 10.88　添加平面约束

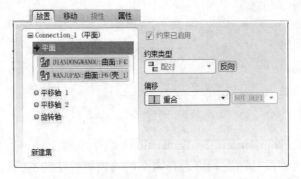

图 10.89　平面约束"放置"下滑面板

❹ 为"平移轴 1"选择参照。分别选择如图 10.90 所示的电动玩偶的 RIGHT 基准平面和玩具盘的 ASM_RIGHT 基准平面作为参照平面，在"放置"下滑面板中修改"当前位置"的值为 0，此时，电动玩偶和玩具盘的相对位置如图 10.91 所示。单击"将当前位置设置为再生值"按钮和"设置零位置"按钮，将两平面的重合位置设置为零位置。

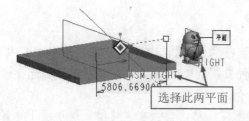

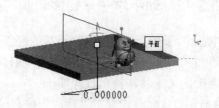

图 10.90 选择参照平面　　　　　　　图 10.91 相对位置

❺勾选"启用再生值""最小限制""最大限制"复选框，设置"最小限制"为-3000，"最大限制"为 3000。单击"视图"工具栏中的"拖动零件"按钮，单击选择玩偶零件，拖动鼠标，连接零件在-3000~3000 范围内移动。

❻为"平移轴 2"选择参照平面，分别选择如图 10.90 所示的电动玩偶的 FRONT 基准平面和玩具盘的 ASM_FRONT 基准平面作为参照平面。其他操作同步骤❹和❺。

❼因为玩偶的转动是绕轴线的圆周运动，所以这里不用设置"旋转轴"约束。

❽单击"应用"按钮，完成平面连接的定义。结果如图 10.92 所示。

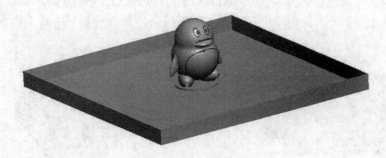

图 10.92 平面连接

10.3.11 球

球是指球连接。具有三个旋转自由度，但没有平移自由度。装配后两个零件具有一个公共旋转中心点，可以绕该中心点作任意方向的自由旋转，但不能进行任何方向的平移。该类型需满足"点对齐"约束关系。其操控板如图 10.93 所示。

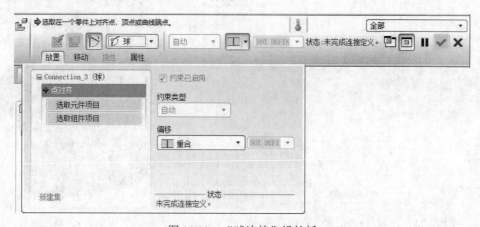

图 10.93 "球连接"操控板

10.3.12 动手学——阀体和阀芯的球连接

本小节通过球阀的阀体和阀芯的连接来介绍球连接的使用。首先在装配环境中添加阀体零件，然后添加阀芯零件，在这里要注意，阀体和阀芯零件要提前创建基准点，最后进行球连接设置，完成连接定义。具体操作过程如下：

01 新建文件。单击"新建"按钮□，打开"新建"对话框。在"类型"选项组下选择"组件"，在"子类型"选项组下选择"设计"。在"名称"文本框中输入新建文件的名称 qiu，单击"确定"按钮，进入装配界面。

02 创建球连接。

❶单击"工程特征"工具栏中的"装配"按钮，打开"打开"对话框，打开"\源文件\原始文件\第 10 章\球连接\fati.prt"零件。在"约束类型"中选择"缺省"约束，添加固定零件，单击"应用"按钮。

❷单击"工程特征"工具栏中的"装配"按钮，打开"打开"对话框，打开 faxin.prt 零件，连接类型选择"球"。

❸单击"放置"下滑面板，分别选择 FATI:APNT1 和 FAXIN:PNT0 两个基准点作为点对齐约束的两个点，如图 10.94 所示，所得图形如图 10.95 所示，其"放置"下滑面板如图 10.96 所示。

图 10.94 选择基准点 　　　　图 10.95 添加点对齐约束

❹单击"应用"按钮，完成球连接的定义，如图 10.97 所示。

❺单击"视图"工具栏中的"拖动零件"按钮，单击选择装配零件，拖动鼠标尝试旋转阀芯零件，发现阀芯可以向任意方向旋转。

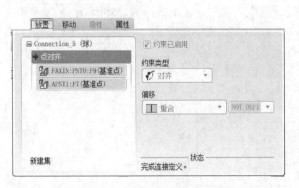

图 10.96 点对齐"放置"下滑面板 　　　　图 10.97 球连接

10.3.13 焊缝

焊缝是指将两个零件粘接在一起，连接零件和附着零件间没有任何相对运动。它只能是坐标系约束，其操控板如图 10.98 所示。从图 10.98 中可以看出焊缝连接的默认约束类型为坐标系，也就是说，只需要创建坐标系约束即可完成焊缝连接。

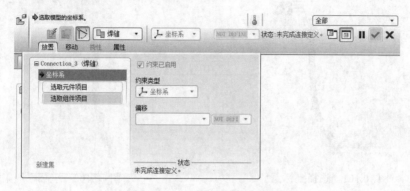

图 10.98 "焊缝连接"操控板

10.3.14 动手学——凳子面和凳子腿的焊缝连接

扫一扫，看视频

本小节通过凳子面和凳子腿的装配来介绍焊缝连接的使用。首先将凳子面零件添加到装配文件中，然后添加凳子腿零件，并创建焊缝连接，最后对凳子腿进行阵列。具体操作过程如下：

01 新建文件。单击"新建"按钮，打开"新建"对话框。在"类型"选项组下选择"组件"，在"子类型"选项组下选择"设计"。在"名称"文本框中输入新建文件的名称 hanfeng，单击"确定"按钮，进入装配界面。

02 创建焊缝连接。

❶单击"工程特征"工具栏中的"装配"按钮，打开"打开"对话框，打开"\源文件\原始文件\第 10 章\焊缝连接\dengzimian.prt"零件。在"约束类型"中选择"缺省"约束，添加固定零件，单击"应用"按钮。

❷单击"基准"工具栏中的"坐标系"按钮，打开"坐标系"对话框，选择凳子面的零件坐标系，设置参数如图 10.99 所示。单击"确定"按钮，创建坐标系 ACS0，如图 10.100 所示。

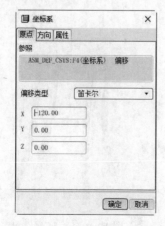

图 10.99 "坐标系"对话框

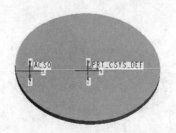

图 10.100 创建 ACS0 坐标系

❸单击"工程特征"工具栏中的"装配"按钮📌，打开"打开"对话框，打开"\源文件\原始文件\第 10 章\焊缝连接\dengzitui.prt"零件，连接类型选择"焊缝"。

❹单击"放置"下滑面板，选择"坐标系"约束的两个坐标系，分别选择固定零件上的两个坐标系，如图 10.101 所示。所得图形如图 10.102 所示，其"放置"下滑面板如图 10.103 所示。

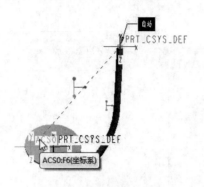

图 10.101　选择坐标系

图 10.102　坐标系约束

图 10.103　焊缝"放置"下滑面板

❺单击"应用"按钮✔，完成焊缝连接的定义。

03 创建阵列。

在模型树中选择 DENGZITUI.PRT 特征，单击"编辑特征"工具栏中的"阵列"按钮▦，选择阵列类型为"轴"，在绘图区选择如图 10.104 所示的轴线，设置阵列个数为 4，夹角为 90°，单击"应用"按钮✔，完成阵列。结果如图 10.105 所示。

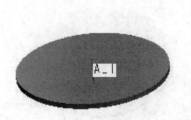

图 10.104　选择轴线

图 10.105　阵列结果

10.3.15 轴承

轴承是指轴承连接，是球连接和滑动杆连接的组合，连接零件既可以在约束点上沿任何方向旋转，也可以沿对齐的轴线移动。具有三个旋转自由度和一个平移自由度。其约束为点对齐约束，选择约束参照后，其操控板如图 10.106 所示。

图 10.106 "轴承连接"操控板

"放置"下滑面板中的"平移轴"可以设置点在轴上的平移距离，可选择定义，其设置方法与前面讲到的方法类似，这里不再赘述。

10.3.16 动手学——轴瓦和球轴的轴承连接

本小节通过轴瓦和球轴的装配来介绍轴承连接的使用。首先将轴瓦零件添加到装配文件中，然后添加球轴零件，最后进行连接设置，完成连接定义。具体操作过程如下：

01 新建文件。单击"新建"按钮 □，打开"新建"对话框。在"类型"选项组下选择"组件"，在"子类型"选项组下选择"设计"。在"名称"文本框中输入新建文件的名称 zhoucheng，单击"确定"按钮，进入装配界面。

02 创建轴承连接。

❶单击"工程特征"工具栏中的"装配"按钮 ，打开"打开"对话框，打开"\源文件\原始文件\第 10 章\轴承连接\zhouwa.prt"零件。在"约束类型"中选择"缺省"约束，添加固定零件，单击"应用"按钮 ✔，如图 10.107 所示。

❷单击"工程特征"工具栏中的"装配"按钮 ，打开"打开"对话框，打开 qiuzhou.prt 零件，连接类型选择"轴承"。

❸单击"放置"下滑面板，选择"点对齐"约束的两个点，分别选择固定零件上的一条基准轴和连接零件上的一个点，如图 10.108 所示，所得图形如图 10.109 所示，其"放置"下滑面板如图 10.110 所示。

图 10.107 添加轴瓦零件

图 10.108 选择点和轴

图 10.109 轴承约束

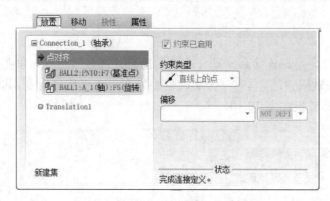

图 10.110　点对齐"放置"下滑面板

❹为 Translation1 选择参照，选择如图 10.111 所示的平面，单击"设置零位置"按钮，将该位置放置为零位置。

❺勾选"启用再生值""最小限制""最大限制"复选框，设置"最小限制"为 0，"最大限制"为 15。此时，"放置"下滑面板如图 10.112 所示。

❻单击"视图"工具栏中的"拖动零件"按钮，单击选择轴零件，拖动鼠标，连接零件在 0~15 范围内移动。

❼单击"应用"按钮，完成轴承连接的定义。拖动连接零件可以看到，它可以在约束点上沿任何方向相对于附着零件旋转，也可以沿对齐的轴线移动，如图 10.113 所示。

图 10.111　选择参照平面

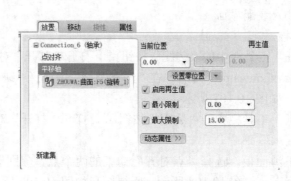

图 10.112　平移轴"放置"下滑面板

图 10.113　轴承连接

10.3.17　槽

槽是指槽连接，将连接零件上的点约束在凹槽中心的曲线上形成槽连接。从动件上的一点始终在主动件上的曲线（3D）上运动。槽连接只使两个主体按所指定的要求运动，不检查两个主体之间是否互相干涉，点和曲线可以是零件实体以外的基准点和基准曲线，也可以在实体内部。槽连接具有一个旋转自由度和一个平移自由度。定义完"直线上的点"的约束参照后，其操控板如图 10.114 所示。

"放置"下滑面板中的"槽轴"用于定义球在凹槽内的运动范围，可选择定义。

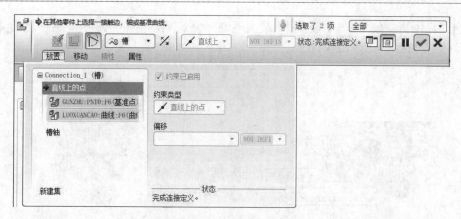

图 10.114　"槽连接"操控板

扫一扫，看视频

10.3.18　动手学——螺旋槽和滚珠的槽连接

本小节通过螺旋槽和滚珠的装配来介绍槽连接的使用。首先将螺旋槽零件添加到装配文件中，然后添加滚珠零件，最后进行槽连接设置，完成连接定义。具体操作过程如下：

01 新建文件。单击"新建"按钮□，打开"新建"对话框。在"类型"选项组下选择"组件"，在"子类型"选项组下选择"设计"。在"名称"文本框中输入新建文件的名称 cao，单击"确定"按钮，进入装配界面。

02 创建槽连接。

❶单击"工程特征"工具栏中的"装配"按钮□，打开"打开"对话框，打开"\源文件\原始文件\第 10 章\槽连接\ luoxuancao.prt"零件。在"约束类型"中选择"缺省"约束，添加固定零件，单击"应用"按钮✔，如图 10.115 所示。

❷单击"工程特征"工具栏中的"装配"按钮□，打开"打开"对话框，打开 gunzhu.prt 零件，连接类型选择"槽"。

❸单击"放置"按钮，为"直线上的点"选择如图 10.116 所示的点和曲线，所得图形如图 10.117 所示。

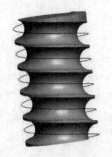

图 10.115　添加螺旋槽零件

图 10.116　选择点和曲线

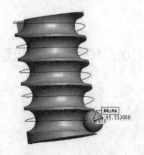

图 10.117　槽连接

❹为"槽轴"选择如图 10.118 所示的点，单击"将当前位置设置为再生值"按钮 >> 和"设置零位置"按钮，将该位置设置为零位置。

❺单击"基准"工具栏中的"点"按钮×ₓ，打开"基准点"对话框，在曲线上创建两个基准点，如图 10.119 所示。

❻勾选"启用再生值""最小限制""最大限制"复选框，单击"最小限制"后的文本框，在绘图区选择图 10.119 所示的 APNT0 点。

图 10.118　选择点　　　　　　　　　图 10.119　创建基准点

❼单击"最大限制"后的文本框，在绘图区选择图 10.119 所示的 APNT1 点。此时，"放置"下滑面板如图 10.120 所示。

❽单击"应用"按钮✅，完成槽连接的定义。通过拖动滚珠可以看到球在凹槽内运动，运动范围在 APNT0~ APNT1 之间。

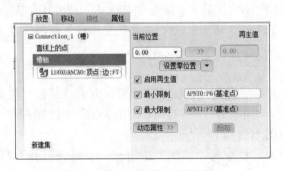

图 10.120　"放置"下滑面板

10.4　爆炸图的生成

📖10.4.1　关于爆炸图

组件的爆炸图也称为分解视图，用于将模型中每个零件与其他零件分开表示。使用"视图管理器"中的"分解"命令可创建分解视图。分解视图仅影响组件外观，设计意图以及装配零件之间的实际距离不会改变。可创建分解视图来定义所有零件的分解位置。对于每个分解视图，可执行以下操作：

> 打开和关闭零件的分解视图。

> 更改零件的位置。

> 创建偏移线。

可以为每个组件定义多个分解视图，然后可以随时使用任意一个已保存的视图。还可以为组件的每个绘图视图设置一个分解状态。每个零件都具有一个由放置约束确定的默认分解位置。默认情况下，分解视图的参照零件是父组件（顶层组件或子组件）。

使用分解视图时，请牢记以下规则：

➢ 如果在更高级组件范围内分解子组件，则子组件中的零件不会自动分解。可以为每个子组件指定要使用的分解状态。

➢ 关闭分解视图时，将保留与零件分解位置有关的信息。打开分解视图后，零件将返回至其上一分解位置。

➢ 所有组件均具有一个默认分解视图，该视图是使用零件放置规范创建的。

➢ 在分解视图中多次出现的同一组件在更高级组件中可以具有不同的特性。

📖10.4.2　动手学——新建爆炸图

在组件环境下如果要建立爆炸图，可以选择菜单栏中的"视图"→"分解"→"分解视图"命令，如图 10.121 所示。具体操作过程如下：

01 打开文件。单击"打开"按钮📂，弹出"文件打开"对话框，打开"\源文件\原始文件\第 10 章\联轴器\lianzhouqi.asm"文件，如图 10.122 所示。

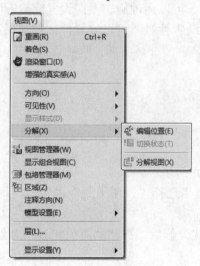

图 10.121　分解菜单

图 10.122　打开装配图

02 创建爆炸图。单击"视图"→"分解"→"分解视图"命令，系统就会根据使用的约束产生一个默认的分解视图，如图 10.123 所示。

图 10.123　默认的分解视图

📖10.4.3　编辑爆炸图

默认的分解视图的产生非常简单，但是默认的分解视图通常无法贴切地表现出各个零件之间的相对位置，因此常常需要通过编辑零件位置来调整爆炸图。要编辑爆炸图，可以选择菜单栏中的"视图"→"分解"→"编辑位置"命令，打开如图 10.124 所示的"分解位置"操控板。

图 10.124　"分解位置"操控板

1．"分解位置"操控板

（1）在"分解位置"操控板中提供了三种运动类型。

➤ 　（平移）：使用"平移"类型移动零件时，可以通过平移参照设置移动方向。

➤ 　（旋转）：使用"旋转"类型移动零件时，可以通过旋转参照设置旋转方向。

➤ 　（视图平面）：使用"视图平面"类型移动零件时，可以将零件拖动到任意位置。

（2）　（切换）：单击该按钮，可以切换选定零件的分解状态，即在最初位置与编辑后的位置之间进行切换。

（3）　（分解线）：用于显示分解组件的对齐方式。

2．下滑面板

（1）"参照"下滑面板如图 10.125 所示。

➤ "要移动的元件"列表框：用于收集要进行移动的零件。

➤ "移动参照"列表框：用于收集参照几何。当选择"视图平面"类型时，此项不可用。

（2）"选项"下滑面板如图 10.126 所示。

➤ "复制位置"按钮：单击该按钮，当组件被分解后，被移动对象和参照对象仍然保持最初的相对位置。

➤ "运动增量"输入框：用于输入移动的具体数值。

➤ "随子项移动"复选框：勾选该复选框，则子零件与选定零件一起移动。

（3）"分解线"下滑面板如图 10.127 所示。该下滑面板用于设置默认线造型，以及编辑线造型。

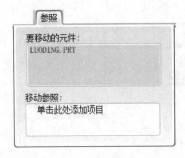

图 10.125　"参照"下滑面板

图 10.126　"选项"下滑面板

图 10.127　"分解线"下滑面板

10.4.4 动手学——编辑爆炸图

本小节介绍编辑爆炸图的操作步骤。首先打开已经创建好的爆炸图文件，然后选择"编辑位置"命令进行参数设置，编辑零部件位置。具体操作过程如下：

01 打开文件。单击"打开"按钮 📂，弹出"文件打开"对话框，打开"\源文件\原始文件\第 10 章\联轴器\baozha.asm"文件。

02 编辑爆炸图。

❶选择菜单栏中的"视图"→"分解"→"编辑位置"命令，打开"分解位置"操控板。

❷单击操控板中的"视图平面"按钮 📄，选择图中的一个螺钉并将其拖动到新位置。结果如图 10.128 所示。

图 10.128 移动一个螺钉

❸单击"选项"按钮，打开下滑面板，参数设置步骤如图 10.129 所示。

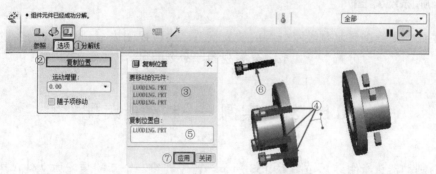

图 10.129 复制位置的参数设置步骤

❹单击"应用"按钮 ✔。结果如图 10.130 所示。

图 10.130 复制一个螺钉

10.4.5　保存爆炸图

建立爆炸图后，如果想在下一次打开文件时还可以看到相同的爆炸图，就需要对产生的爆炸图进行保存。选择菜单栏中的"视图"→"视图管理器"命令，打开"视图管理器"对话框，然后切换到"分解"选项卡，如图 10.131 所示。

在该对话框中单击"新建"按钮，在"名称"文本框中输入爆炸图的名称，默认的名称是"Exp000#"，其中的"#"是按顺序编列的数字，如图 10.132 所示，单击"关闭"按钮即可完成爆炸图的保存。

图 10.131　"视图管理器"对话框

图 10.132　输入名称并保存

10.4.6　删除爆炸图

可以将生成的爆炸图恢复到没有分解的装配状态。要将视图恢复到之前未分解的状态，选择菜单栏中的"视图"→"分解"→"取消分解视图"命令即可。

扫一扫，看视频

10.5　综合实例——制动器装配

本实例对制动器进行组装，如图 10.133 所示。首先创建一个新的装配体文件；然后依次装配阀体、轴、盘、键、挡板及臂；最后对其进行分解爆炸并编辑爆炸位置。

图 10.133　制动器

10.5.1 创建装配图

01 新建文件。单击"新建"按钮▢，打开"新建"对话框。在"类型"选项组下选择"组件"，在"子类型"选项组下选择"设计"。在"名称"文本框中输入新建文件的名称 zhidongqi，单击"确定"按钮，进入装配界面。

02 添加阀体。单击"工程特征"工具栏中的"装配"按钮▤，打开"打开"对话框，打开 fati.prt 零件。打开"元件放置"操控板，单击"应用"按钮☑，放置零件，如图 10.134 所示。

图 10.134 添加阀体

03 装配轴。

❶单击"工程特征"工具栏中的"装配"按钮▤，打开 zhou.prt 零件，参数设置步骤如图 10.135 所示。

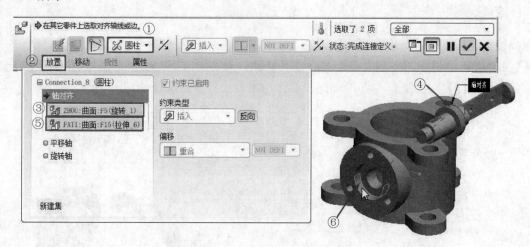

图 10.135 圆柱连接的参数设置步骤

❷单击"新建集"按钮，参数设置步骤如图 10.136 所示。

❸单击"应用"按钮☑。结果如图 10.137 所示。

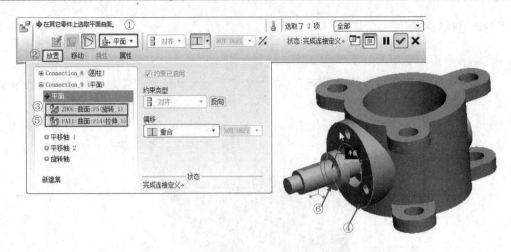

图 10.136　平面连接的参数设置步骤

图 10.137　装配轴

04 装配盘。

❶在模型树中选择 FATI.PRT 零件，将其隐藏。单击"工程特征"工具栏中的"装配"按钮，打开"打开"对话框，打开 pan.prt 零件，参数设置步骤如图 10.138 所示。

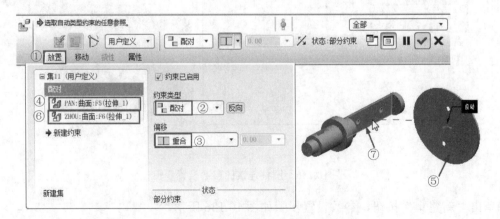

图 10.138　配对重合约束的参数设置步骤

❷单击"新建约束"按钮，参数设置步骤如图 10.139 所示。

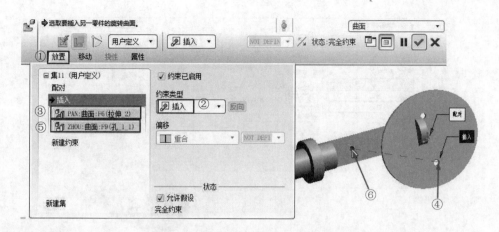

图 10.139　插入重合约束的参数设置步骤

❸单击"新建约束"按钮，参数设置步骤如图 10.140 所示。

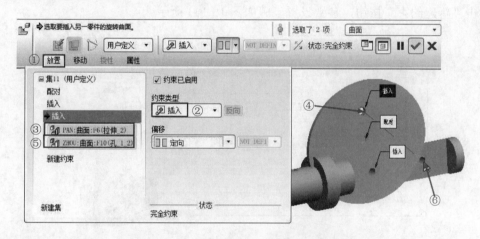

图 10.140　插入定向约束的参数设置步骤

❹此时零件完全约束，单击"应用"按钮☑。结果如图 10.141 所示。

图 10.141　装配盘

（05）装配键。

❶单击"工程特征"工具栏中的"装配"按钮，打开 jian.prt 零件，参数设置步骤如图 10.142 所示。

12:中文版 *Pro/ENGINEER Wildfire 5.0 从入门到精通（实战案例版）*

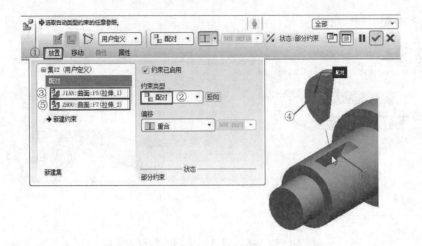

图 10.142　配对重合约束的参数设置步骤

❷单击"新建约束"按钮，参数设置步骤如图 10.143 所示。

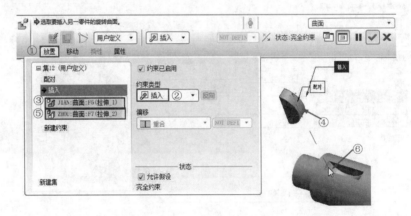

图 10.143　插入重合约束的参数设置步骤

❸单击"新建约束"按钮，参数设置步骤如图 10.144 所示。

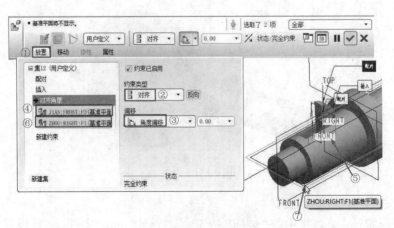

图 10.144　对齐角度偏移约束的参数设置步骤

❹此时零件完全约束，单击"应用"按钮✅，在模型树中选择 FATI.PRT 零件，取消隐藏。结果如图 10.145 所示。

图 10.145　装配键

06 装配挡板。

❶单击"工程特征"工具栏中的"装配"按钮📒，打开"打开"对话框，打开 dangban.prt 零件，参数设置步骤如图 10.146 所示。

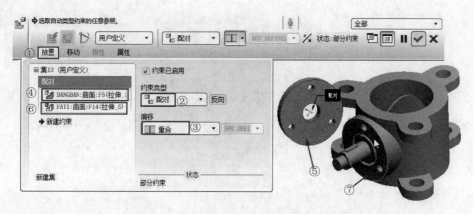

图 10.146　配对重合约束的参数设置步骤

❷单击"新建约束"按钮，参数设置步骤如图 10.147 所示。

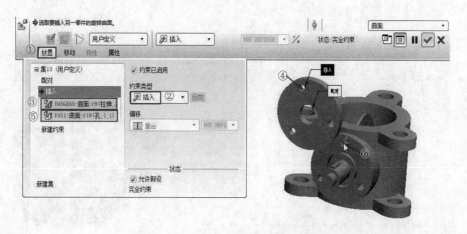

图 10.147　插入重合约束的参数设置步骤

❸单击"新建约束"按钮，参数设置步骤如图10.148所示。

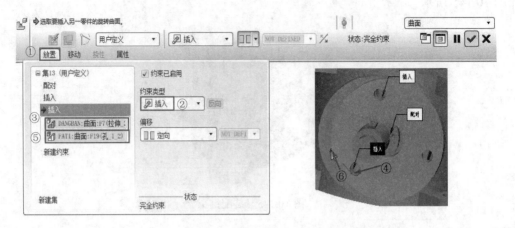

图 10.148 插入定向约束的参数设置步骤

❹此时，零件完全约束，单击"应用"按钮☑。结果如图10.149所示。

图 10.149 装配挡板

07 装配臂。

❶单击"工程特征"工具栏中的"装配"按钮🖫，打开"打开"对话框，打开 bi.prt 零件，参数设置步骤如图 10.150 所示。

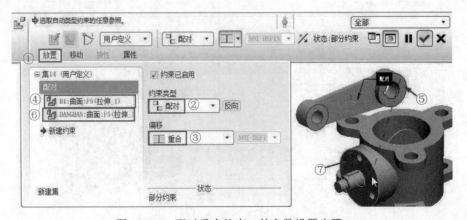

图 10.150 配对重合约束 1 的参数设置步骤

❷单击"新建约束"按钮，参数设置步骤如图 10.151 所示。

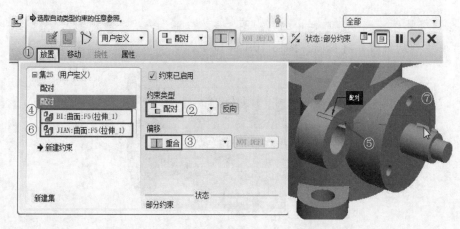

图 10.151　配对重合约束 2 的参数设置步骤

❸单击"新建约束"按钮，参数设置步骤如图 10.152 所示。

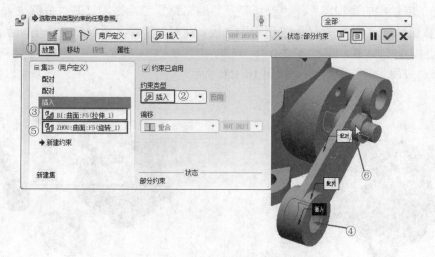

图 10.152　插入重合约束的参数设置步骤

❹当零件完全约束时，单击"应用"按钮☑，完成后的模型如图 10.153 所示。

图 10.153　装配臂

📖10.5.2 创建爆炸图

01 创建爆炸图。选择菜单栏中的"视图"→"分解"→"分解视图"命令，系统会根据使用的约束产生一个默认的分解视图，如图 10.154 所示。

图 10.154 默认的分解视图

02 编辑爆炸图。

❶选择菜单栏中的"视图"→"分解"→"编辑位置"命令，打开"分解位置"操控板。单击"平移"按钮💟，选取如图 10.155 所示的挡板。此时，零件上会显示一个坐标系，将其沿 X 轴拖动到新位置。同理，拖动其他零件。

❷单击"应用"按钮✅。结果如图 10.156 所示。

图 10.155 移动一个螺钉

图 10.156 爆炸图

第 11 章　钣 金 设 计

内容简介

钣金是金属薄板的一种综合加工工艺，包括剪、冲压、折弯、成形、焊接、拼接等。钣金技术已经广泛地应用于汽车、家电、计算机、家庭用品、装饰材料等各种相关领域，钣金加工已经成为现代工业中一种重要的加工方法。

在钣金设计中，壁类结构是创建其他钣金特征的基础，任何复杂的特征都是从创建第一壁开始的。但是要想设计出复杂的钣金件，仅仅掌握钣金件的基本成形模式是不够的，还需要掌握高级成形模式。在第一壁的基础上继续创建其他钣金壁特征，以完成整个零件的创建。

内容要点

- ➢ 基本钣金特征的创建
- ➢ 高级钣金特征的创建
- ➢ 后继钣金特征的创建

案例效果

11.1　基本钣金特征的创建

在钣金设计中，需要先创建第一壁，然后在第一壁的基础上创建后继的钣金壁和其他特征。第一壁的基本创建方法主要有拉伸、平整、旋转等。

📖 11.1.1　钣金切口

钣金模块中钣金切口特征的创建与实体模块中的拉伸切除材料特征的创建相似，拉伸的实质是绘制钣金件的二维截面，然后沿草绘面的法线方向增加材料，生成一个拉伸特征。

1．"拉伸"操控板

打开钣金文件，或在绘制了第一壁的情况下，单击"钣金件"工具栏中的"拉伸"按钮，或者选择菜单栏中的"插入"→"拉伸"命令，打开如图 11.1 所示的"拉伸"操控板。

图 11.1 "拉伸"操控板

"拉伸"操控板中各选项的含义如下：

（1）□（实体）：建立钣金切口特征。

（2）□（曲面）：建立拉伸曲面特征。

（3）□（深度）：按给定的深度自草绘平面沿一个方向拉伸。单击其旁边的下拉按钮▼，有几种其他拉伸模式可供选用。

（4）％（反向）：将拉伸的深度方向更改为草绘的另一侧。

（5）◿（移除材料）：当该按钮处于未选中状态时，将添加拉伸特征；当该按钮处于选中状态时，将建立拉伸切除特征，从已有的模型中移除材料。

（6）△（垂直）：开关按钮，用于设置是否移除与曲面垂直的材料。打开该按钮，才能激活以下 3 个按钮：

➢ ⊁（二者）：同时垂直于驱动曲面和偏移曲面移除材料。

➢ ⊁（驱动）：垂直于驱动曲面移除材料。默认情况下会选取此选项。

➢ ⊁（偏移）：垂直于偏移曲面移除材料。

2．下滑面板

此处"拉伸"操控板中的下滑面板同 4.1.1 小节已经介绍过的"拉伸"操控板中的下滑面板相同，这里不再赘述。

扫一扫，看视频

📖11.1.2 动手学——创建手机支架切口

本小节介绍利用"拉伸"命令创建钣金切口的方法。首先打开已创建好的第一壁，然后选择"拉伸"命令，设置参数，生成钣金切口。具体操作过程如下：

01 打开文件。单击"打开"按钮，弹出"文件打开"对话框，打开"\源文件\原始文件\第 11 章\shoujizhijia.prt"文件，如图 11.2 所示。

02 创建拉伸切口特征。

❶单击"钣金件"工具栏中的"拉伸"按钮，打开"拉伸"操控板，参数设置步骤如图 11.3 所示，进入草绘环境。

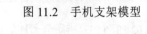

图 11.2 手机支架模型

❷绘制如图 11.4 所示的草图。

❸在操控板内选择拉伸方式为"盲孔"，拉伸深度为 10。单击"反向"按钮％，调整移除材料方向如图 11.5 所示，单击"应用"按钮。结果如图 11.6 所示。

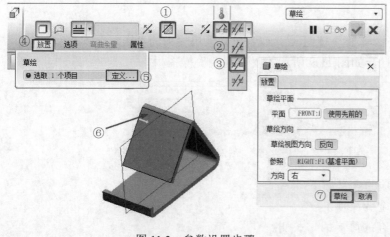

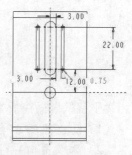

图 11.3 参数设置步骤

图 11.4 绘制草图

图 11.5 调整移除材料方向

图 11.6 创建的拉伸切口特征

03 创建圆角特征。选择菜单栏中的"插入"→"倒圆角"命令，选择如图 11.7 所示的棱边，设置圆角半径为 4.00。结果如图 11.8 所示。

图 11.7 选择棱边

图 11.8 创建的手机支架切口

11.1.3 分离的平整壁

平整壁是钣金件的平面/平滑/展平的部分。它可以是主要壁（设计中的第一个壁），也可以是从属于主要壁的次要壁。平整壁可采用任何平整形状。

1. "平整壁"操控板

单击"钣金件"工具栏中的"平整"按钮，或者选择菜单栏中的"插入"→"钣金件壁"→"分离的"→"平整"命令，打开如图 11.9 所示的"平整壁"操控板。

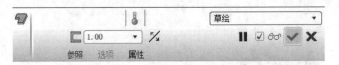

图 11.9 "平整壁"操控板

"平整壁"操控板中各选项的含义如下：

（1）▯（厚度）：设置钣金的厚度。

（2）％（反向）：设置钣金的厚度的增长侧。

（3）❚❚（暂停）：暂时中止使用当前的特征工具，以访问其他可用的工具。

（4）☑ ∞（预览）：模型预览。若预览时出错，表明特征的构建有误，需要重定义。

（5）☑（应用）：确认当前特征的建立或重定义。

（6）✗（关闭）：取消特征的建立或重定义。

2．下滑面板

（1）"参照"下滑面板如图 11.10 所示。确定绘图平面和参考平面。

（2）"属性"下滑面板如图 11.11 所示。显示特征的名称、信息。

图 11.10 "参照"下滑面板

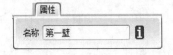

图 11.11 "属性"下滑面板

扫一扫，看视频

📖11.1.4 动手学——创建簸箕

本小节通过簸箕的创建来介绍分离的平整壁的使用。首先利用"拉伸"命令创建簸箕的四围壁，然后利用"平整"命令创建簸箕底，最后利用"拉伸切除"命令切除特征。具体操作过程如下：

01 新建文件。单击"新建"按钮▢，打开"新建"对话框，在"类型"选项组下选择"零件"，在"子类型"选项组下选择"钣金件"。在"名称"文本框中输入新建文件的名称 boji，单击"确定"按钮，进入钣金界面。

02 创建拉伸壁。

❶单击"钣金件"工具栏中的"拉伸"按钮▢，弹出"拉伸"操控板，单击"放置"→"定义"按钮，打开"草绘"对话框，选择 TOP 基准平面作为草绘平面，绘制如图 11.12 所示的草图。单击"完成"按钮✔，退出草绘环境。

❷返回"拉伸"操控板，参数设置如图 11.13 所示，单击"应用"按钮☑。结果如图 11.14 所示。

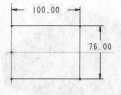

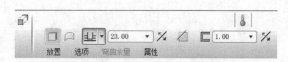

图 11.12 绘制拉伸草图

图 11.13 "拉伸"操控板

03 创建分离的平整壁。

❶单击"钣金件"工具栏中的"平整"按钮 ，打开"平整壁"操控板，进入草绘环境的操作步骤如图 11.15 所示。

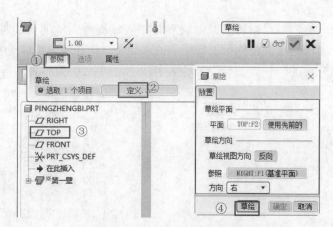

图 11.14 拉伸壁

图 11.15 进入草绘环境的操作步骤

❷绘制如图 11.16 所示的草图，单击"完成"按钮 ，返回"平整壁"操控板。钣金厚度默认为与"拉伸壁"厚度相同。单击"反向"按钮 ，调整增厚方向为向上，单击"应用"按钮 。结果如图 11.17 所示。

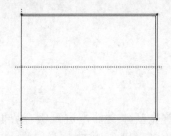

图 11.16 绘制草图

图 11.17 创建的分离的平整壁特征

🛈 **注意：**

分离的平整壁特征的草图必须是闭合的。

04 创建切除的拉伸壁。

❶单击"钣金件"工具栏中的"拉伸"按钮 ，打开"拉伸"操控板，选择 FRONT 基准平面作为草绘平面，绘制如图 11.18 所示的草图。单击"完成"按钮 ，退出草绘环境。

❷在操控板中单击"移除材料"按钮 ，设置拉伸方式为"对称" ，拉伸深度为 100，单击"应用"按钮 。结果如图 11.19 所示。

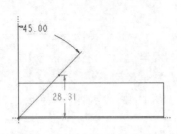

图 11.18　绘制拉伸切除草图　　　　　　　　图 11.19　创建的簸箕

11.1.5　旋转壁

旋转壁是由特征截面绕旋转中心线旋转而成的一类特征，它适用于构造回转体零件特征。

单击"钣金件"工具栏中的"旋转"按钮，或者选择菜单栏中的"插入"→"钣金件壁"→"分离的"→"旋转"命令，打开如图 11.20 所示的"第一壁：旋转"对话框。

图 11.20　"第一壁：旋转"对话框

"第一壁：旋转"对话框内各选项的含义如下：

➢ 属性：包括两个选项"单侧"和"双侧"，用于设置生成的三维实体是相对于草绘一侧还是两侧进行旋转。

➢ 截面：定义草绘平面，进入草绘环境绘制截面。

➢ 厚度：定义钣金加厚时的材料增长方向。

➢ 方向：定义特征的旋转方向。

➢ 角度：定义特征的旋转角度。

11.1.6　动手学——创建双层隔热碗

本小节通过双层隔热碗的创建来介绍旋转壁的使用。首先新建文件，进入钣金界面；然后选择"旋转"命令，绘制草图，设置参数，生成旋转壁。具体操作过程如下：

01 新建文件。单击"新建"按钮，打开"新建"对话框，在"类型"选项组下选择"零件"，在"子类型"选项组下选择"钣金件"。在"名称"文本框中输入新建文件的名称 gerewan，单击"确定"按钮，进入钣金界面。

02 创建旋转壁。

❶单击"钣金件"工具栏中的"旋转"按钮，打开"第一壁：旋转"对话框和"属性"菜单管理器，参照如图 11.21 所示的步骤进入草绘环境。

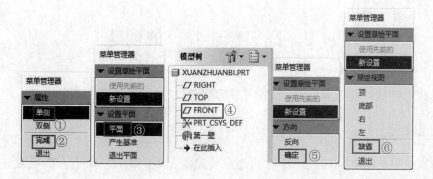

图 11.21　进入草绘环境的操作步骤

❷绘制如图 11.22 所示的草绘截面。单击"完成"按钮✔，退出草绘环境。

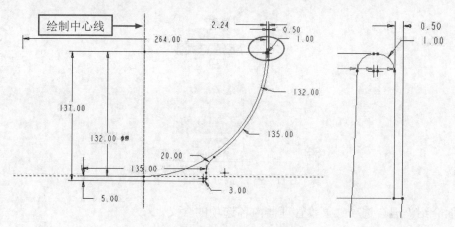

图 11.22　旋转特征截面及放大图

🛈 注意：

　　一定要绘制一条中心线作为旋转特征的旋转轴。

❸打开"方向"菜单管理器，参数设置步骤如图 11.23 所示。

❹单击"第一壁：旋转"对话框中的"确定"按钮。结果如图 11.24 所示。

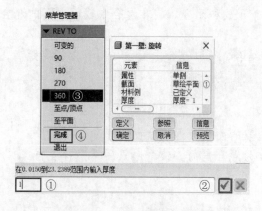

图 11.23　参数设置步骤

图 11.24　创建的双层隔热碗

11.2 高级钣金特征的创建

本节主要介绍创建可变截面扫描特征、扫描混合特征以及自边界特征的方法。

11.2.1 混合壁

混合壁特征就是多个截面通过一定方式连在一起而产生的特征。混合壁特征要求至少有两个截面。

单击“钣金件”工具栏中的“混合”按钮，或者选择菜单栏中的“插入”→“钣金件壁”→“分离的”→“混合”命令，打开如图 11.25 所示的“混合选项”菜单管理器。

图 11.25 “混合选项”菜单管理器

下面介绍“混合选项”菜单管理器内各选项的含义。

1. 混合钣金特征

（1）平行：所有混合截面相互平行，并且所有截面都在同一绘图窗口中绘制，截面绘制完成后，要指定混合截面间的距离。另外，Pro/ENGINEER 还提供了一个后继选项来创建平滑和直的混合，用以控制混合截面的连接条件。

（2）旋转的：旋转混合是通过一定的角度绘制两个或多个截面创建的。在每个截面上，用户都必须创建坐标系，坐标系定义了每个截面的转动点，而截面是绕坐标系的 Y 轴转动的，混合特征的属性除了可以设置直的和光滑的之外，还要选择开放和闭合。旋转混合中截面之间的混合角度最大不超过 120°。

（3）一般：一般混合是平行混合和旋转混合的结合，一般混合中截面之间可以指定距离，且截面可以同时绕 X、Y、Z 轴混合，一般混合的每个截面都必须创建坐标系。

2. 混合特征截面类型

（1）规则截面：使用草绘平面或由现有零件选取的面作为混合截面。

（2）投影截面：使用选定曲面上的截面投影作为混合截面。该命令只用于平行混合。

3. 定义混合截面的方法

（1）选取截面：选择截面图元。该命令对平行混合无效。

（2）草绘截面：草绘截面图元。

在混合特征的建立过程中，草绘截面时应该注意以下几点：

（1）在平行混合中，如果要绘制两个以上的截面，可以通过"草绘"→"特征工具"→"切换截面"命令或者右键快捷菜单中的"切换截面"命令来添加新的截面，该命令可以在各截面之间切换。

（2）在绘制旋转混合和一般混合时，截面是在不同的草绘中进行的，绘制每个截面时必须添加一个参考坐标系，否则无法成功生成混合特征。参考坐标系的作用是确定每个截面之间的相对位置。添加参考坐标系的方法是单击"草绘"工具栏中的"坐标系"按钮 。

（3）在绘制混合特征时，所有截面的边数必须相同。如果各截面的边数不同，可以通过不同的方法来编辑截面。如果某一截面是圆或圆弧，则可以通过单击"草绘"工具栏中的"分割"按钮 ，将圆弧分成几部分，然后再进行混合。如果是直线型截面，但是边数不同，则可以通过添加混合顶点的方式来使边数相同，添加混合顶点可以看作增加一条边长为 0 的边，混合顶点以小圆圈表示。

11.2.2　动手学——创建汤锅

本小节通过汤锅的创建来介绍混合壁的使用。首先利用"混合"命令中的"平行"命令创建汤锅的锅圈，然后利用"平整"命令创建锅底，利用"旋转"命令创建上圈，最后利用"混合"命令中的"旋转的"命令创建锅把手，并对其进行镜像操作。具体操作过程如下：

01 新建文件。单击"新建"按钮 ，打开"新建"对话框。在"类型"选项组下选择"零件"，在"子类型"选项组下选择"钣金件"，输入文件名称 tangguo，单击"确定"按钮，进入钣金界面。

02 创建平行混合壁特征。

❶单击"钣金件"工具栏中的"混合"按钮 ，打开"混合选项"菜单管理器。进入草绘环境的操作步骤如图 11.26 所示。

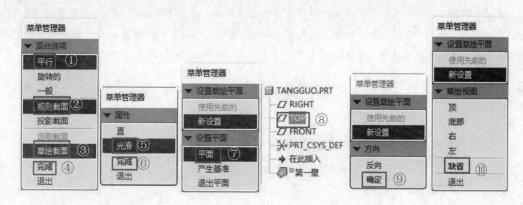

图 11.26　进入草绘环境的操作步骤

❷绘制如图 11.27 所示的截面，作为混合的第一个截面。

❸在空白处右击，在弹出的快捷菜单中选择"切换截面"命令，如图 11.28 所示。

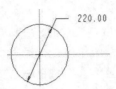

图 11.27　第一个截面　　　　　　　　　　图 11.28　右键快捷菜单

❹此时第一个截面灰化，可以进行第二个截面的绘制，截面草图如图 11.29 所示。

❺同理，绘制第三个截面和第四个截面，如图 11.30 和图 11.31 所示。单击"完成"按钮✔，退出草绘环境。

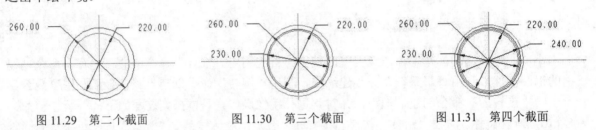

图 11.29　第二个截面　　　　　　图 11.30　第三个截面　　　　　　图 11.31　第四个截面

ⓘ 注意：

　　若要继续绘制截面，重复步骤❸和❹切换截面，并绘制下一个特征截面，如此反复，可绘制多个混合特征截面。若要重新回到第一个特征截面，在绘图区右击，选择两次"切换截面"命令即可。

　　创建混合特征过渡曲面时，系统连接截面的起点并继续沿顺时针方向连接该截面的顶点。改变混合子截面的起点位置和方向，形成的混合特征就会有很大的差距。默认的起点是在子截面中草绘的第一个点。如果要改变起点位置，选取另一端点，被选中的端点为红色，然后右击，在弹出的快捷菜单中选择"起点"命令或者选择菜单栏中的"草绘"→"特征工具"→"起点"命令，可以将起点放置在另一个端点上。如果要改变起点方向，选取该起点，然后重复上述命令即可。

❻打开"方向"菜单管理器，参数设置步骤如图 11.32 所示。完成平行混合特征的创建。结果如图 11.33 所示。

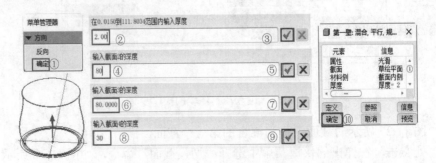

图 11.32　平行混合的参数设置步骤

03 创建分离的平整壁特征。

❶单击"钣金件"工具栏中的"平整"按钮 ⬚ ，打开"平整壁"操控板，选择 TOP 基准平面作为草绘平面，绘制如图 11.34 所示的草图。

图 11.33 平行混合特征

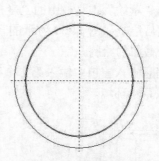

图 11.34 平整壁草图

❷单击"完成"按钮 ✔ ，返回"平整壁"操控板。钣金厚度默认为与"混合壁"厚度相同。单击"反向"按钮 ⚹ ，调整增厚方向为向上，单击"应用"按钮 ☑ 。结果如图 11.35 所示。

04 创建旋转壁特征。

❶单击"钣金件"工具栏中的"旋转"按钮 ▥ ，打开"分离壁：旋转"对话框和"属性"菜单管理器，依次选择"单侧"→"完成"，选择 FRONT 基准平面作为草绘平面，绘制如图 11.36 所示的草图。单击"完成"按钮 ✔ ，退出草绘环境。

图 11.35 分离的平整壁特征

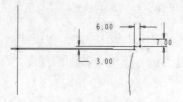

图 11.36 旋转壁草图

❷单击"应用"按钮 ☑ 。结果如图 11.37 所示。

05 创建旋转混合壁特征。

❶单击"基准"工具栏中的"平面"按钮 ▱ ，以 RIGHT 基准平面为参照，偏移 110，创建 DTM1 基准平面，如图 11.38 所示。

图 11.37 旋转壁特征

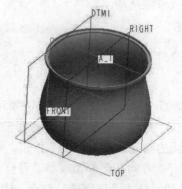

图 11.38 创建 DTM1 基准平面

❷单击"钣金件"工具栏中的"混合"按钮 🧽，打开"混合选项"菜单管理器。依次选择"旋转的"→"规则截面"→"草绘截面"→"完成"→"光滑"→"完成"→"平面"→"DTM1 基准面"→"确定"→"缺省"，进入草绘环境。

❸单击"草绘"工具栏中的"坐标系"按钮 ↟，建立一个相对坐标系，并标注此坐标系的位置尺寸，然后绘制如图 11.39 所示的直径为 12.00 的圆作为第一个截面。单击"完成"按钮 ✔，完成第一个截面的绘制。

❹在消息输入窗口中输入第二个截面旋转的角度值 90，如图 11.40 所示。单击"接受值"按钮 ✅，进入草绘环境。

图 11.39　第一个截面

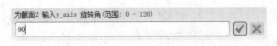

图 11.40　输入第二个截面的旋转角度

❺绘制第二个截面。方法与绘制第一个截面草图相同。结果如图 11.41 所示。

📑 **说明：**

> 　　第二个截面的草绘平面是由第一个截面的草绘平面绕 Y 轴旋转 90° 得到的；第一个截面的草绘平面绕 Y 轴旋转 90° 后，其参照坐标系与第二个截面的参照坐标系将是重合的。

❻单击"完成"按钮 ✔，完成第二个截面的绘制。系统弹出如图 11.42 所示的"确认"对话框，确认是否进行下一个截面的绘制，单击"是"按钮，进行下一个截面的绘制。

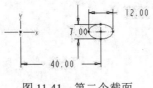

图 11.41　第二个截面

图 11.42　"确认"对话框

❼在消息输入窗口中输入第三个截面旋转的角度值 90，如图 11.43 所示。单击"接受值"按钮 ✅，进入草绘环境。

图 11.43　输入第三个截面的旋转角度

❽绘制第三个截面，如图 11.44 所示。

❾单击"完成"按钮 ✔，完成第三个截面的绘制。系统弹出"确认"对话框，确认是否进行下一个截面的绘制。单击"否"按钮，结束绘制。

❿打开"方向"菜单管理器，设置加厚方向如图 11.45 所示。单击"方向"菜单管理器中的"确定"按钮，单击"分离壁：混合，旋转的"对话框中的"确定"按钮。结果如图 11.46 所示。

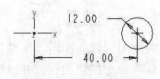

图 11.44　第三个截面

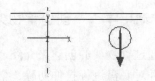

图 11.45　加厚方向

⓫在模型树中选中上一步创建的旋转混合壁，选择"编辑"菜单栏中的"镜像"命令，选择 RIGHT 基准平面作为镜像平面。结果如图 11.47 所示。

图 11.46　旋转混合壁特征

图 11.47　创建的汤锅

11.2.3　扫描混合

扫描混合命令使用一条轨迹线与几个截面创建一个实体特征，这种特征同时具有扫描与混合的效果。

选择菜单栏中的"插入"→"钣金件壁"→"分离的"→"扫描混合"命令，弹出如图 11.48 所示的"混合选项"菜单管理器。

1. 扫描混合截面

扫描混合截面有选取和草绘两种方式。

（1）选取截面：选择已有的边线作为草绘截面。采用该方式时，所选边链或基准线链应位于同一平面内，若截面定位采用"枢轴方向"的方式，则实体链所在平面应与枢轴方向平行,选取的第一个截面应与原点轨迹线起点相对应（轨迹线无须一定在截面上）。

图 11.48　"混合选项"菜单管理器

（2）草绘截面：绘制草绘截面。

2. 扫描混合类型

扫描混合钣金特征共有垂直于原始轨迹、枢轴方向和垂直于轨迹三种不同的类型，且各截面须与轨迹线相交。

（1）垂直于原始轨迹：截面垂直于原始轨迹线上该截面放置点的切矢量，即确定 Z 轴。

（2）枢轴方向：截面垂直于原始轨迹线，并沿指定的方向扫描。

（3）垂直于轨迹：截面垂直于法向轨迹上与截面交点处的切矢量。

扫一扫，看视频

📖11.2.4　动手学——创建置物架

本小节通过置物架的创建来介绍"扫描混合"命令的使用。首先利用"平整"命令创建置物架的底盘，并对底盘进行拉伸切除；然后利用"扫描混合"命令创建护栏，并对护栏进行拉伸切除；最后利用"拉伸"命令创建护栏栏杆。具体操作过程如下：

01 新建文件。单击"新建"按钮 □，打开"新建"对话框。在"类型"选项组下选择"零件"，在"子类型"选项组下选择"钣金件"，输入名称 zhiwujia，单击"确定"按钮，进入钣金界面。

02 创建平整壁特征。

❶单击"钣金件"工具栏中的"平整"按钮 ❥，打开"平整壁"操控板，选择 TOP 基准平面作为草绘平面，绘制如图 11.49 所示的草图。单击"完成"按钮 ✔，返回"平整壁"操控板。

❷设置平整壁的厚度为 1，单击"应用"按钮 ✔。结果如图 11.50 所示。

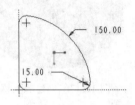

图 11.49　平整壁草图

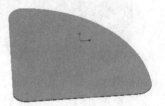

图 11.50　平整壁特征

03 创建拉伸切除特征。

❶单击"基准"工具栏中的"草绘"按钮 ❧，选择平整壁的顶面作为草绘平面，绘制如图 11.51 所示的草图。

❷单击"钣金件"工具栏中的"拉伸"按钮 ❑，打开"拉伸"操控板，选择 TOP 基准平面作为草绘平面，绘制如图 11.52 所示的草图。单击"完成"按钮 ✔，退出草绘环境。

❸返回"拉伸"操控板，单击"移除材料"按钮 ▧，设置拉伸方式为"穿透" ❙❙，单击"应用"按钮 ✔。结果如图 11.53 所示。

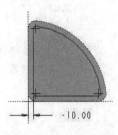

图 11.51　填充草图

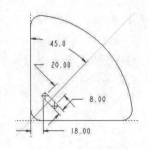

图 11.52　拉伸草图

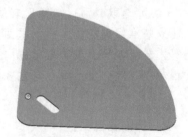

图 11.53　拉伸切除特征

04 创建阵列特征。

❶在模型树中选中"拉伸 1"特征，选择菜单栏中的"编辑"→"阵列"命令，打开"阵列"操控板，设置阵列方式为"填充"，填充草图选择"草绘 2"，阵列图形选择"方形" ▦，间距为30.00，如图 11.54 所示。

❷单击"应用"按钮 ✔。结果如图 11.55 所示。

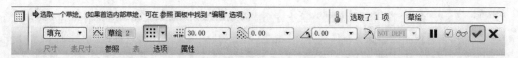

图 11.54　"阵列"操控板

05 创建扫描混合特征。

❶单击"基准"工具栏中的"平面"按钮 ⬜，以 TOP 基准平面为参照，向上平移 25，创建 DTM1 基准平面，如图 11.56 所示。

图 11.55　阵列特征

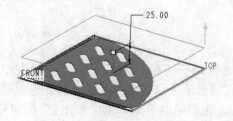

图 11.56　创建 DTM1 基准平面

❷选择菜单栏中的"插入"→"钣金件壁"→"分离的"→"扫描混合"命令，打开"混合选项"菜单管理器，参照如图 11.57 所示的步骤进入草绘环境。

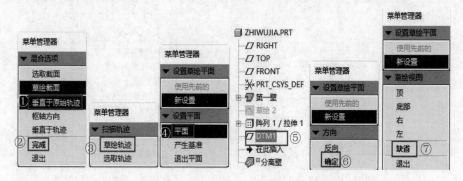

图 11.57　进入草绘环境的操作步骤

❸绘制如图 11.58 所示的曲线。单击"完成"按钮 ✔，退出草绘环境。打开"确认选择"菜单管理器，选择"接受"命令，如图 11.59 所示。

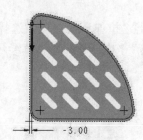

图 11.58　绘制扫描轨迹

图 11.59　"确认选择"菜单管理器

🖐 **注意：**
原始轨迹建立后，系统提示用户选择将要放置截面的点，开放链的两端点和闭合链起点必须放置截面，无须选择。在闭合链中间，用户必须选择至少一个点放置截面以结合起点截面生成特征。系统以绿色高亮显示开放链两端点或闭合链起点，再将中间的可选基准点和顶点依次以红色加亮显示，在图 11.59 所示的"确认选择"菜单管理器中选择"接受"命令，指定在当前红色加亮点放置截面或选择"下一项"或"上一个"切换至下或上一个可选点。

❹在消息输入窗口中输入截面的旋转角度值 0，如图 11.60 所示。单击"接受值"按钮☑，进入草绘环境。

为截面1 输入 z_axis 旋转角度（范围：+-120）

0. 00

图 11.60　输入旋转角度

❺绘制如图 11.61 所示的截面。单击"完成"按钮✔，退出草绘环境。

❻在消息输入窗口中输入截面的旋转角度值 0，单击"接受值"按钮☑，进入草绘环境。绘制截面 2，图形同截面 1。单击"完成"按钮✔，退出草绘环境。

❼同理，绘制其他截面，图形与截面 1 相同。

ⓘ 注意：

> 默认情况下，这个截面的起点方向与上两个截面不同，可以通过选中要作为起点的点，然后右击，在弹出的快捷菜单中选择"起点"命令，如图 11.62 所示。

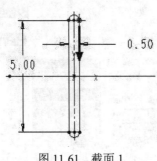

图 11.61　截面 1　　　　　　　　图 11.62　右击快捷菜单

❽完成截面的绘制后打开"方向"菜单管理器，单击"反向"按钮，调整材料方向为向内。扫描混合壁的壁厚默认与平整壁相同，完成的扫描混合特征如图 11.63 所示。

06 创建拉伸切除特征。

❶单击"钣金件"工具栏中的"拉伸"按钮，弹出"拉伸"操控板，选择平整壁的上表面作为草绘平面，绘制如图 11.64 所示的草图。单击"完成"按钮✔，退出草绘环境。

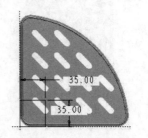

图 11.63　扫描混合特征　　　　　图 11.64　绘制拉伸草图

❷返回"拉伸"操控板，单击"移除材料"按钮 ，设置拉伸方式为"盲孔" ，深度设置为50，单击"应用"按钮 。结果如图11.65所示。

07 创建拉伸壁特征。

❶重复"拉伸"命令，打开"拉伸"操控板，选择平整壁的上表面作为草绘平面，绘制如图11.66所示的草图。单击"完成"按钮 ✔，退出草绘环境。

❷返回"拉伸"操控板，设置拉伸方式为"盲孔" ，深度设置为22.5，单击"应用"按钮 。结果如图11.67所示。

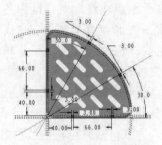
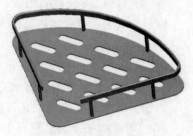

图 11.65 拉伸切除特征　　　　图 11.66 绘制拉伸壁草图　　　　图 11.67 创建的置物架

11.2.5 可变截面扫描

可变截面扫描命令用于建立一个可变化的截面，此截面将沿着轨迹线和轮廓线进行扫描操作。截面的形状大小将随着轨迹线和轮廓线的变化而变化。在给定的截面较少、轨迹线的尺寸很明确且轨迹线较多的场合，则较适合使用可变截面扫描。可选择现有的基准线作为轨迹线或轮廓线，也可在构造特征时绘制轨迹线或轮廓线。

选择菜单栏中的"插入"→"钣金件壁"→"分离的"→"可变截面扫描"命令，弹出如图11.68所示的"扫描选项"菜单管理器。

1. "扫描选项"菜单管理器

有三种可变截面控制形式供用户选择。

（1）垂直于原始轨迹：截面平面在整个轨迹长度上保持与轨迹的原点垂直。可指定截面方向和旋转角度。对于这种方法，必须选取轨迹的原点和"X轨迹"。"X轨迹"定义截面的水平向量。截面原点（十字叉丝）总是位于"原始轨迹"上，而X轴指向"X轨迹"。

（2）枢轴方向：沿"枢轴方向"看去，截面平面保持与"原始轨迹"垂直。截面的向上方向保持与"枢轴方向"平行。截面Y轴总是垂直于选定方向。通过将"枢轴方向"的"原始轨迹"向一个垂直于"枢轴方向"平面投影，来确定截面法向轨迹。对于这种方法，必须选取"原点轨迹"，并定义"枢轴方向"。

（3）垂直于轨迹：必须选取两个轨迹来决定该截面的位置和方向。"原始轨迹"决定沿该特征长度的截面原点。在沿该特征的长度上，该截面平面保持与"法向轨迹"垂直。对于这种方法，必须选取"原点轨迹"和与截面垂直的轨迹。

2. "第一壁：可变截面扫描"对话框

依次选择"垂直于原始轨迹"→"完成"命令，系统弹出"第一壁：可变截面扫描，垂直于原点轨迹"对话框，如图11.69所示。

图 11.68　"扫描选项"菜单管理器　　　　图 11.69　"第一壁：可变截面扫描，垂直于原点轨迹"对话框

"第一壁：可变截面扫描，垂直于原点轨迹"对话框中各选项的含义如下：

（1）原点轨迹：此轨迹线是需要首先指定的轨迹线，该线确定了截面原点位置并限定截面原点扫描轨迹，该线可以由多条线段组成，但这些线段必须是相切的。

（2）X 轨迹：此轨迹线用于确定截面 X 轴方向并限定截面 X 轴扫描轨迹。在轨迹列表中勾选 X 栏中的对应框即可指定该属性，原始轨迹线不可以指定为"X 轨迹"。

（3）轨迹：指定义在选取曲线链作为轨迹线时需要注意以下原则。

➢ 若截面控制为"垂直于轨迹"方式，则原点轨迹线内各段必须相切；若为"垂直于投影"方式，则原点轨迹线的投影线必须相切，而原点轨迹线内各段不必一定相切。

➢ 辅助轨迹线端点可落在原点轨迹线上，但不可与原点轨迹线相交。

➢ 所有轨迹必须能与扫描截面相交，若各轨迹长度不一致，则系统按最短原则确定扫描起点和终点。

（4）截面：绘制扫描截面。

（5）厚度：定义钣金厚度。

11.2.6　动手学——创建振动筛

扫一扫，看视频　　　本小节通过振动筛的创建来讲解"可变截面扫描"命令的使用。首先利用"可变截面扫描"命令创建料斗储存仓，然后利用"混合"命令创建连接仓，再利用"拉伸"命令创建接头，最后利用"平整"命令创建筛箩。具体操作过程如下：

01 新建文件。单击"新建"按钮，打开"新建"对话框。在"类型"选项组下选择"零件"，在"子类型"选项组下选择"钣金件"，输入名称 zhendongshai，单击"确定"按钮，进入钣金界面。

02 创建可变截面扫描壁特征。

❶选择菜单栏中的"插入"→"钣金件壁"→"分离的"→"可变截面扫描"命令，弹出"扫描选项"菜单管理器，参照如图 11.70 所示的步骤进入草绘环境。

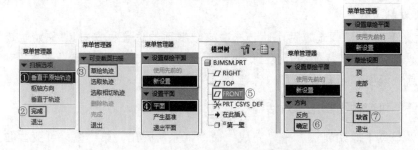

图 11.70　进入草绘环境的操作步骤

❷绘制如图 11.71 所示的线段。单击"完成"按钮 ✔，退出草绘环境。

❸打开"可变截面扫描"菜单管理器，选择"草绘轨迹"命令，进入草绘环境的参数设置步骤同图 11.70。绘制如图 11.72 所示的曲线。单击"完成"按钮 ✔，退出草绘环境。

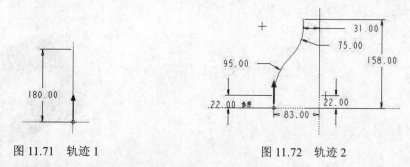

图 11.71　轨迹 1　　　　　　　　　　　图 11.72　轨迹 2

❹返回"可变截面扫描"菜单管理器，选择"草绘轨迹"命令，选取 FRONT 基准平面作为草绘平面，进入草绘环境。绘制如图 11.73 所示的曲线。单击"完成"按钮 ✔，退出草绘环境。

❺返回"可变截面扫描"菜单管理器，选择"草绘轨迹"命令，选取 RIGHT 基准平面作为草绘平面，进入草绘环境。绘制如图 11.74 所示的曲线。单击"完成"按钮 ✔，退出草绘环境。

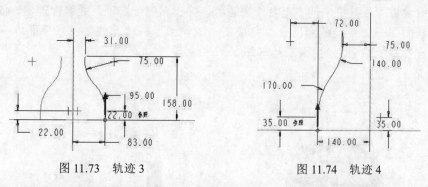

图 11.73　轨迹 3　　　　　　　　　　　图 11.74　轨迹 4

❻返回"可变截面扫描"菜单管理器，选择"草绘轨迹"命令，选取 RIGHT 基准平面作为草绘平面，进入草绘环境。绘制如图 11.75 所示的曲线。单击"完成"按钮 ✔，退出草绘环境。

❼返回"可变截面扫描"菜单管理器，单击"完成"按钮，进入草绘环境。绘制如图 11.76 所示的截面草图，注意矩形的长边和短边分别落在两条轨迹线上。单击"完成"按钮 ✔，退出草绘环境。

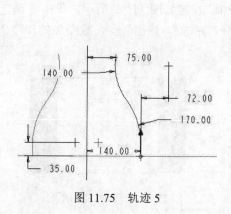

图 11.75　轨迹 5

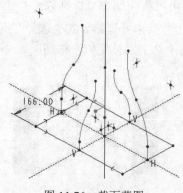

图 11.76　截面草图

❽弹出"输入新材料厚度"输入框，在输入框中输入钣金厚度为 1，如图 11.77 所示。单击"接受值"按钮☑。

❾单击"第一壁：可变截面扫描，垂直于原点轨迹"对话框中的"确定"按钮，完成可变截面扫描特征的创建。结果如图 11.78 所示。

图 11.77　输入钣金厚度

图 11.78　可变截面扫描特征

03 创建混合壁特征。

❶单击"基准"工具栏中的"平面"按钮▱，以 TOP 基准平面为参照，向上偏移 158，创建 DTM1 基准平面，如图 11.79 所示。

❷单击"钣金件"工具栏中的"混合"按钮◪，弹出"混合选项"菜单管理器。依次选择"平行"→"规则截面"→"草绘截面"→"完成"→"光滑"→"完成"→"平面"→"DTM1 基准面"→"确定"→"缺省"，进入草绘环境。

❸绘制截面 1，如图 11.80 所示。

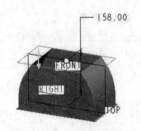

图 11.79　创建 DTM1 基准平面

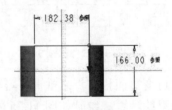

图 11.80　截面 1

❹在空白处右击，在弹出的快捷菜单中选择"切换截面"命令。绘制截面 2，如图 11.81 所示。单击"完成"按钮✔，退出草绘环境。

❺系统弹出"方向"菜单管理器，设置材料加厚方向如图 11.82 所示。单击"确定"按钮，系统弹出"深度"菜单管理器，依次选择"盲孔"→"完成"，弹出"输入截面 2 的深度"输入框，输入深度为 68，单击"接受值"按钮☑。

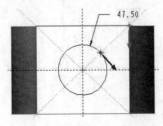

图 11.81　截面 2

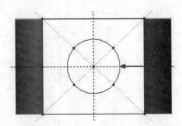

图 11.82　设置材料加厚方向

❻参数设置完毕，单击"分离壁：混合，平行，规则"对话框中的"确定"按钮，完成混合壁特征的创建。结果如图 11.83 所示。

04 创建拉伸壁特征。

❶单击"基准"工具栏中的"平面"按钮 ▱，以 TOP 基准平面为参照，向上偏移 226，创建 DTM2 基准平面。

❷单击"钣金件"工具栏中的"拉伸"按钮 ，弹出"拉伸"操控板，选择 DTM2 基准平面作为草绘平面，绘制如图 11.84 所示的草图。单击"完成"按钮 ✔，退出草绘环境。

图 11.83 混合壁特征

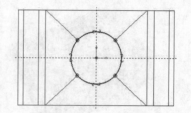

图 11.84 拉伸壁草图

❸返回"拉伸"操控板，拉伸方式设置为"盲孔" ，设置拉伸深度为 25，单击"应用"按钮 。结果如图 11.85 所示。

05 创建平整壁特征。

❶单击"钣金件"工具栏中的"平整"按钮 ，弹出"平整壁"操控板，选择 DTM1 基准平面作为草绘平面。绘制如图 11.86 所示的草图，单击"完成"按钮 ✔，返回"平整壁"操控板。

图 11.85 拉伸壁特征

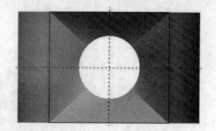

图 11.86 平整壁草图

❷钣金厚度默认与"拉伸壁"厚度相同。单击"反向"按钮 ，调整增厚方向为向上，单击"应用"按钮 。结果如图 11.87 所示。

06 创建拉伸切除特征。

❶单击"钣金件"工具栏中的"拉伸"按钮 ，弹出"拉伸"操控板，选择 DTM1 基准平面作为草绘平面，绘制如图 11.88 所示的草图。单击"完成"按钮 ✔，退出草绘环境。

图 11.87 平整壁特征

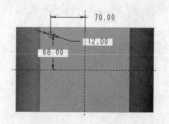

图 11.88 拉伸草图

❷返回"拉伸"操控板，拉伸方式设置为"盲孔"⊥⊥，设置拉伸深度为5，单击"应用"按钮✓。结果如图11.89所示。

07 创建阵列。

❶在模型树中选中"拉伸 2"特征，选择"编辑"菜单栏中的"阵列"命令，弹出"阵列"操控板，设置阵列方式为"填充"。

❷选择"参照"→"定义"命令，选择平整壁的上表面作为草绘平面，绘制填充边界，如图11.90所示。单击"完成"按钮✓，退出草绘环境。

图11.89　拉伸切除特征

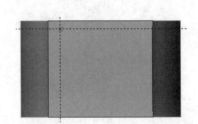

图11.90　绘制填充边界

❸返回操控板，阵列图形选择"方形"⊞⊞，间距为16.00，距离草绘边界的距离为5.00，如图11.91所示，单击"应用"按钮✓。结果如图11.92所示。

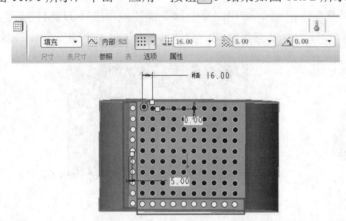

图11.91　阵列参数设置

图11.92　创建的振动筛

11.2.7　自边界

自边界特征是利用边界线来创建钣金件的。当曲面的形状比较复杂时，可以利用边界线来创建钣金。因此在创建自边界特征时需要先绘制边界曲线。

选择菜单栏中的"插入"→"钣金件壁"→"分离的"→"自边界"命令，弹出"边界选项"菜单管理器，如图11.93所示。

下面介绍"边界选项"菜单管理器中各选项的含义。

1. 自边界特征的类型

（1）混合曲面：通过定义一个方向或两个方向的边界曲线，从而混合生成壁分曲面特征。

（2）圆锥曲面：通过选取边界线及控制线建立截面为二次方的平滑曲面，即曲面的每一个截面都为二次曲线。

（3）N 侧曲面：通过至少五条边界线建立多边形（至少五边形）的曲面，并且所选的边界线必须形成一个封闭的循环，才能形成封闭的多边形。

2. 控制曲面的控制线

选择"边界选项"菜单管理器中的"圆锥曲面"命令，此时"边界选项"菜单管理器如图 11.94 所示。

图 11.93　"边界选项"菜单管理器 1　　　图 11.94　"边界选项"菜单管理器 2

肩曲线或相切曲线是控制线控制曲面的两种方式。这两种方式的区别如下：

（1）肩曲线：当控制线为肩曲线时，截面将通过此肩曲线，该线可视为二次方曲线的马鞍线。

（2）相切曲线：当控制线为切曲线时，截面两侧的渐开线的交点通过此曲线。

11.2.8　动手学——创建轮毂

扫一扫，看视频

本小节通过轮毂的创建来介绍自边界钣金壁的使用。首先利用"拉伸"命令创建轮毂的外圈，再利用"自边界"命令创建一个自边界钣金壁，并对自边界钣金壁进行阵列；然后利用"平整"命令创建两端的端盖；最后利用"拉伸"命令创建减振孔，并对其进行阵列。具体操作过程如下：

01 新建文件。单击"新建"按钮，打开"新建"对话框。在"类型"选项组下选择"零件"，在"子类型"选项组下选择"钣金件"，输入名称 lungu，单击"确定"按钮，进入钣金界面。

02 创建拉伸壁特征。

❶单击"钣金件"工具栏中的"拉伸"按钮，弹出"拉伸"操控板，选择 TOP 基准平面作为草绘平面，绘制如图 11.95 所示的草图。单击"完成"按钮✔，退出草绘环境。

❷返回"拉伸"操控板，拉伸方式设置为"对称"，深度为 80，壁厚为 2，单击"应用"按钮✔。结果如图 11.96 所示。

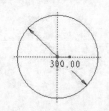

图 11.95　绘制拉伸草图　　　　　　　　图 11.96　拉伸壁特征

03 绘制曲线。

❶单击"基准"工具栏中的"平面"按钮▱，弹出"基准平面"对话框，以 TOP 基准平面为参照，分别向两侧偏移 35，创建 DTM1 和 DTM2 基准平面。

❷单击"基准"工具栏中的"草绘"按钮▨，选择 DTM1 基准平面作为草绘平面。选择拉伸壁的内壁作为参照，绘制如图 11.97 所示的曲线 1。单击"完成"按钮✔，退出草绘环境。

❸重复"草绘"命令，选择 DTM2 基准平面作为草绘平面。选择拉伸壁的内壁作为参照，绘制如图 11.98 所示的曲线 2。单击"完成"按钮✔，退出草绘环境。

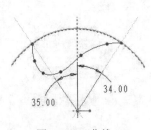

图 11.97　曲线 1

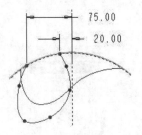

图 11.98　曲线 2

❹单击"基准"工具栏中的"曲线"按钮～，在弹出的"曲线选项"菜单管理器中选择"通过点"→"完成"命令，弹出"连接类型"菜单管理器，按住 Ctrl 键，在绘图区选取如图 11.99 所示的点 1 和点 2。选择"连接类型"菜单管理器中的"完成"命令，再单击"曲线：通过点"对话框中的"确定"按钮，完成曲线 3 的绘制。

❺同理，绘制曲线 4，如图 11.100 所示。

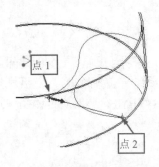

图 11.99　选取两点绘制曲线 3

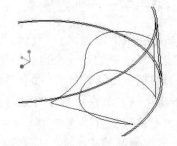

图 11.100　曲线 4

04 投影曲线。

❶选择菜单栏中的"编辑"→"投影"命令，弹出"投影"操控板，单击"参照"下滑面板。

❷单击"链"下拉列表框，在绘图区选取曲线 3。单击"曲面"下拉列表框，在绘图区选取拉伸壁的内壁。单击"方向参照"下拉列表框，在绘图区选取 FRONT 基准平面，并单击其后的"反向"按钮，此时"参照"下滑面板和图形如图 11.101 所示。

❸单击"应用"按钮☑。结果如图 11.102 所示。

❹同理，选择曲线 4，创建投影曲线 2。结果如图 11.103 所示。

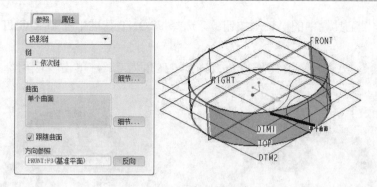

图 11.101 投影参数设置

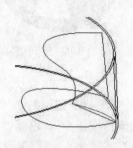

图 11.102 投影曲线 1

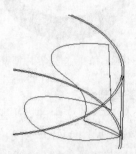

图 11.103 投影曲线 2

05 创建自边界特征壁。

❶将模型树中的"曲线 标识 117"和"曲线 标识 120"隐藏。

❷选择菜单栏中的"插入"→"钣金件壁"→"分离的"→"自边界"命令，弹出"边界选项"菜单管理器。参数设置步骤如图 11.104 所示。

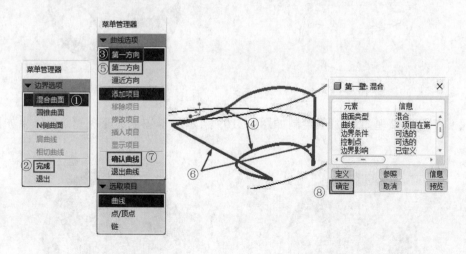

图 11.104 自边界曲面的参数设置步骤

❸单击"确定"按钮，完成自边界特征的创建。结果如图 11.105 所示。

06 创建阵列。

❶在模型树中选中"分离壁"特征，选择菜单栏中的"编辑"→"阵列"命令，弹出"阵列"操控板，设置阵列方式为"轴"。

❷单击"基准"工具栏中的"轴"按钮，选择 FRONT 基准平面和 RIGHT 基准平面，创建基准轴。

❸单击"继续"按钮，设置阵列个数为 5，夹角为 72°，单击"应用"按钮。结果如图 11.106 所示。

图 11.105　自边界特征壁

图 11.106　阵列结果

07 创建平整壁特征。

❶单击"钣金件"工具栏中的"平整"按钮，弹出"平整壁"操控板，选择 DTM1 基准平面作为草绘平面，绘制如图 11.107 所示的草图，单击"完成"按钮，返回"平整壁"操控板。

❷钣金厚度默认与"拉伸壁"厚度相同。单击"反向"按钮，调整增厚方向为向上，单击"应用"按钮。结果如图 11.108 所示。

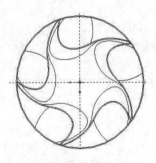

图 11.107　草绘 1

图 11.108　平整壁 1

❸同理，在 DTM2 基准平面上绘制如图 11.109 所示的草图创建平整壁 2。结果如图 11.110 所示。

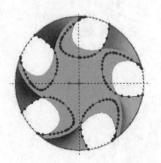

图 11.109　草绘 2

图 11.110　平整壁 2

08 创建拉伸壁特征。

❶单击"钣金件"工具栏中的"拉伸"按钮🗗，弹出"拉伸"操控板，选择 TOP 基准平面作为草绘平面，绘制如图 11.111 所示的草图。单击"完成"按钮✔，退出草绘环境。

❷返回"拉伸"操控板，拉伸方式设置为"对称"🗗，深度为 100，单击"移除材料"按钮，单击"应用"按钮✅。结果如图 11.112 所示。

09 创建阵列特征。

❶在模型树中选中"拉伸 2"特征，选择菜单栏中的"编辑"→"阵列"命令，弹出"阵列"操控板，设置阵列方式为"轴"。

❷单击"基准"工具栏中的"轴"按钮/，选择 FRONT 基准平面和 RIGHT 基准平面，创建基准轴。

❸单击"继续"按钮▶，设置阵列个数为 5，夹角为 72°，单击"应用"按钮✅。结果如图 11.113 所示。

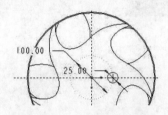

图 11.111　绘制拉伸草图

图 11.112　拉伸壁特征

图 11.113　阵列结果

11.3　后继钣金特征的创建

在创建钣金零件的过程中，创建完第一壁后，还需要在第一壁的基础上继续创建其他的钣金壁特征，以完成整个零件的创建。本节将介绍常用的后继壁，包括平整壁、法兰壁、偏移壁、扭转壁、延伸壁和合并壁特征。

📖11.3.1　平整壁

平整壁只能附着在已有钣金壁的直线边上，壁的长度可以等于、大于或小于被附着壁的长度。

1."平整壁"操控板

单击"钣金件"工具栏中的"平整"按钮🍴，或者选择菜单栏中的"插入"→"钣金件壁"→"平整"命令。系统打开"平整壁"操控板，如图 11.114 所示。

"平整壁"操控板中常用功能的含义如下。

（1）矩形 ▼（截面形状）：用于设置平整壁截面形状。系统预设四种平整壁形状，分别为矩形、梯形、L 和 T，如图 11.115 所示。这四种形状的平整壁截面预览如图 11.116 所示。

图 11.114　"平整壁"操控板

图 11.115　平整壁截面形状

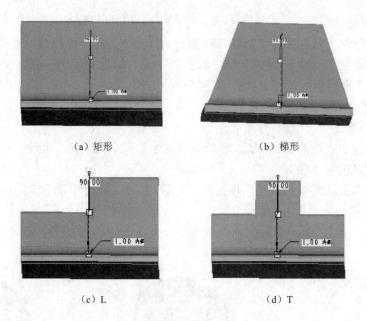

（a）矩形　　　　　　　　　（b）梯形

（c）L　　　　　　　　　　（d）T

图 11.116　预设的平整壁截面形状预览

（2） 90.00 （角度）：用于设置平整壁折弯角度。

（3）（厚度）：用于设置平整壁厚度。

（4）（反向）：调整厚度方向。

（5） 2.00 （在连接边上添加折弯）：用于设置平整壁在连接边上的圆角半径。

（6）（标注折弯）：用于设置标注折弯曲面，包括标注折弯的外部曲面和标注折弯的内部曲面。

2. 下滑面板

（1）"放置"下滑面板如图 11.117 所示。用于定义平整壁的附着边。

（2）"形状"下滑面板如图 11.118 所示。用于设置或修改平整壁截面的形状。

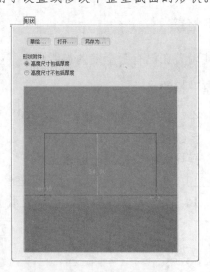

图 11.117　"放置"下滑面板　　　　　图 11.118　"形状"下滑面板

使用该下滑面板可进行下列操作。

> 草绘...（草绘）：创建或修改截面形状。

> 打开...（打开）：从文件打开形状。

> 另存为...（另存）：将形状保存到文件。

> "高度尺寸包括厚度"单选按钮：选择该项，截面形状如图 11.119 所示。

> "高度尺寸不包括厚度"单选按钮：选择该项，截面形状如图 11.120 所示。

（3）"偏移"下滑面板如图 11.121 所示。用于将平整壁偏移指定的距离。

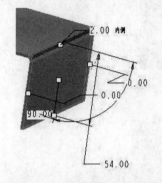

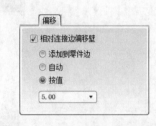

图 11.119　高度尺寸包括厚度　　　图 11.120　高度尺寸不包括厚度　　　图 11.121　"偏移"下滑面板

使用该下滑面板可进行下列操作。

"相对连接边偏移壁"复选框：勾选该复选框，可将偏移壁相对连接边进行偏移。包括以下 3 个选项：

> "添加到零件边"单选按钮：向壁偏移附加折弯。

> "自动"单选按钮：保持连接壁的高度。

> "按值"单选按钮：按指定值偏移壁。

（4）"止裂槽"下滑面板如图 11.122 所示。用于设置平整壁的止裂槽形状及尺寸。

图 11.122　"止裂槽"下滑面板

使用该下滑面板可进行下列操作。

> "单独定义每侧"复选框：是否单独定义每侧的止裂槽。

> 单击"类型"右侧的下拉按钮，可以看到 Pro/ENGINEER 中可创建四种止裂槽类型。

　　↳ 扯裂：割裂各连接点处的现有材料。

↘ 拉伸：在壁连接点处拉伸用于折弯止裂槽的材料。

     ↘ 矩形：在每个连接点处添加一个矩形止裂槽。

     ↘ 长圆形：在每个连接点处添加一个长圆形止裂槽。

    止裂槽有助于控制钣金件材料并防止发生不希望的变形，所以在很多情况下需要添加止裂槽，四种止裂槽的形状如图 11.123 所示。

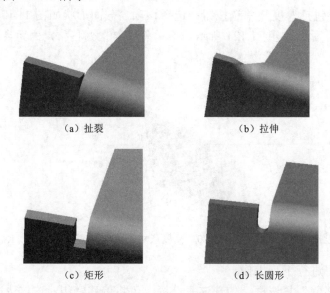

（a）扯裂   （b）拉伸

（c）矩形   （d）长圆形

图 11.123   四种止裂槽的形状

    （5）"弯曲余量"下滑面板如图 11.124 所示。用于计算平整壁展开时的长度。

    （6）"属性"下滑面板如图 11.125 所示。用于显示特征的名称、厚度等信息。

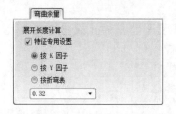

图 11.124   "弯曲余量"下滑面板

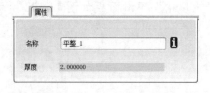

图 11.125   "属性"下滑面板

扫一扫，看视频

📖11.3.2   动手学——创建铰链

    本小节通过铰链的创建来介绍平整壁的使用。首先利用"平整"命令创建底板，然后利用"平整"命令创建铰链臂，最后利用"拉伸"命令创建孔。具体操作过程如下：

    01 新建文件。单击"新建"按钮□，打开"新建"对话框。在"类型"选项组下选择"零件"，在"子类型"选项组下选择"钣金件"，输入名称 jiaolian，单击"确定"按钮，进入钣金界面。

    02 创建分离的平整壁特征。

    ❶单击"钣金件"工具栏中的"平整"按钮📂，弹出"平整壁"操控板，选择 TOP 基准平面作为草绘平面，绘制如图 11.126 所示的草图，单击"完成"按钮✔，返回"平整壁"操控板。

❷设置钣金厚度为1，单击"应用"按钮✅。结果如图 11.127 所示。

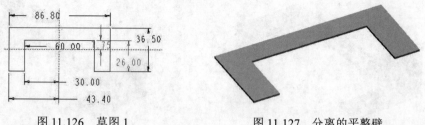

图 11.126　草图 1　　　　　　图 11.127　分离的平整壁

03 创建平整壁特征。

❶单击"钣金件"工具栏中的"平整"按钮🦆，弹出"平整壁"操控板，设置截面形状为"用户定义"，选取如图 11.128 所示的边作为平整壁的附着边。

❷选中"形状"下滑面板中的"高度尺寸不包括厚度"单选按钮，单击"草绘"按钮，弹出"草绘"对话框，单击"草绘"按钮，进入草绘环境。

❸绘制如图 11.129 所示的草图。单击"完成"按钮✔，返回"平整壁"操控板。参数设置如图 11.130 所示。

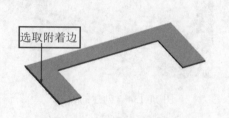

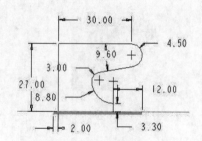

图 11.128　选取平整壁附着边　　　　图 11.129　草图 2

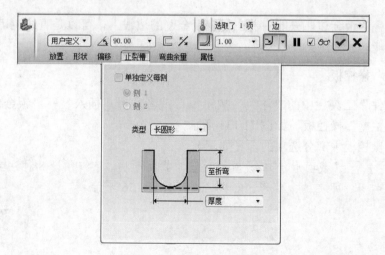

图 11.130　操控板参数设置

❹单击"应用"按钮✅，完成平整壁的创建。结果如图 11.131 所示。

❺在模型树中选中"平整 1"特征，选择菜单栏中的"编辑"→"镜像"命令，选择 RIGHT 基准平面作为镜像平面，对其进行镜像。结果如图 11.132 所示。

图 11.131 平整壁

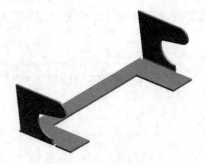

图 11.132 镜像结果

04 创建拉伸壁特征。

❶单击"钣金件"工具栏中的"拉伸"按钮，弹出"拉伸"操控板，选择 RIGHT 基准平面作为草绘平面，绘制如图 11.133 所示的草图。单击"完成"按钮✔，退出草绘环境。

❷在操控板中单击"移除材料"按钮，设置拉伸方式为"对称"，拉伸深度为 150，单击"应用"按钮。结果如图 11.134 所示。

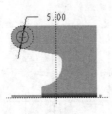

图 11.133 拉伸草图

图 11.134 创建的铰链

11.3.3 法兰壁

法兰壁是折叠的钣金边，只能附着在已有钣金壁的边线上，可以是直线也可以是曲线，具有拉伸和扫描的功能。

1. "法兰壁"操控板

单击"钣金件"工具栏中的"法兰"按钮，或者选择"插入"→"钣金件壁"→"法兰"命令，弹出"法兰壁"操控板，如图 11.135 所示。

"法兰壁"操控板中部分选项的含义如下。

（1）（截面形状）：设置法兰壁的截面形状。系统预设 8 种法兰壁截面形状，分别为 I、弧、S、打开、平齐的、鸭形、C 和 Z，如图 11.136 所示。

图 11.135 "法兰壁"操控板

图 11.136 法兰壁截面形状

（2）■▪ 0.00 ▾（起始端长度）：设置法兰壁起始端长度。单击右侧的下拉按钮，如图 11.137 所示。

➤ ▤（链端点）：在第一方向上使用链端点。

➤ ▤（盲）：从链端点以指定的值在第一方向上修剪或延伸。选择该项，会激活其后的文本框，可以输入具体的数值。

➤ ▤（至选定的）：在第一方向上修剪或延伸至选定的点、曲线、平面或曲面。选择该项，会激活其后的文本框，可以选择修剪或延伸至的点、曲线、平面或曲面。

（3）■▪ 0.00 ▾（末端长度）：设置法兰壁末端长度。单击右侧的下拉按钮，如图 11.138 所示。

➤ ▤（链端点）：在第二方向上使用链端点。

➤ ▤（盲）：从链端点以指定的值在第二方向上修剪或延伸。选择该项，会激活其后的文本框，可以输入具体的数值。

➤ ▤（至选定的）：在第二方向上修剪或延伸至选定的点、曲线、平面或曲面。选择该项，会激活其后的文本框，可以选择修剪或延伸至的点、曲线、平面或曲面。

图 11.137　第一方向的链端点类型　　　图 11.138　第二方向的链端点类型

2．下滑面板

除 11.3.1 小节介绍过的下滑面板外，其他下滑面板如下。

（1）"长度"下滑面板如图 11.139 所示。用于设定法兰壁两侧的长度。长度有三种类型。

➤ 链端点：在第一/二方向上使用链端点。

➤ 盲：从链端点以指定值在第一/二方向上修剪或延伸。选择该项，会激活其后的文本框，可以输入具体的数值。

➤ 至选定的：在第一/二方向上修剪或延伸至选定的点、曲线、平面或曲面。选择该项，会激活其后的文本框，可以选择修剪或延伸至的点、曲线、平面或曲面。

（2）"边处理"下滑面板如图 11.140 所示。该下滑面板只有在选中两条及以上边后才会被激活，用于设置相交点处的扯裂壁。边处理有四种类型。

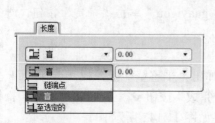　　　　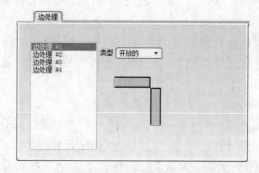

图 11.139　"长度"下滑面板　　　　图 11.140　"边处理"下滑面板

> ➢ "开放的"：不进行边处理。
> ➢ "间隙"：使用单一尺寸设置割裂的间隙大小，如图 11.141 所示。
> ➢ "盲孔"：使用两个尺寸设置割裂的间隙大小，如图 11.142 所示。
> ➢ "重叠"：将一侧与另一侧重叠，如图 11.143 所示。

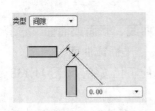
图 11.141　"间隙"类型

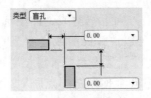
图 11.142　"盲孔"类型

图 11.143　"重叠"类型

（3）"斜切口"下滑面板如图 11.144 所示。用于设置斜切口的尺寸及偏移值。
> ➢ "添加斜切口"复选框：用于设置是否添加斜切口。
> ➢ "保留所有变形区域"复选框：用于设置是否保留所有变形区域。

（4）"弯曲余量"下滑面板如图 11.145 所示。用于设置法兰壁展开时的长度。
> ➢ "特征专用设置"复选框：用于设置是否启用特征专用的弯曲余量。
> ➢ "按 K 因子"单选按钮：指定 K 因子以确定展开长度。
> ➢ "按 Y 因子"单选按钮：指定 Y 因子以确定展开长度。
> ➢ "使用折弯表" 复选框：用于设置是否使用折弯表。

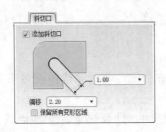
图 11.144　"斜切口"下滑面板

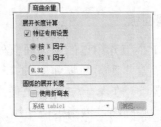
图 11.145　"弯曲余量"下滑面板

扫一扫，看视频

📖 11.3.4　动手学——创建挂衣钩

本小节通过挂衣钩的创建来介绍法兰壁的使用。首先利用"平整"命令来创建挂衣钩的挂板，然后利用"法兰"命令创建衣钩，并对其进行阵列，最后利用"拉伸"命令创建孔。具体操作过程如下：

01 新建文件。单击"新建"按钮🗋，打开"新建"对话框。在"类型"选项组下选择"零件"，在"子类型"选项组下选择"钣金件"，输入名称 guayigou，单击"确定"按钮，进入钣金界面。

02 创建分离的平整壁特征。

❶单击"钣金件"工具栏中的"平整"按钮，弹出"平整壁"操控板，选择 TOP 基准平面作为草绘平面，绘制如图 11.146 所示的草图，单击"完成"按钮✔，返回"平整壁"操控板。

❷设置钣金厚度为 3，单击"应用"按钮✅。结果如图 11.147 所示。

图 11.146 草图 1   图 11.147 分离的平整壁

03 创建法兰壁。

❶单击"钣金件"工具栏中的"法兰"按钮🔩，弹出"法兰壁"操控板，设置截面形状为"用户定义"，选取如图 11.148 所示的边作为法兰壁的附着边。

❷选中"形状"下滑面板中的"高度尺寸不包括厚度"单选按钮，单击"草绘"按钮，进入草绘环境。

❸绘制如图 11.149 所示的草图。单击"完成"按钮✔，返回"法兰壁"操控板。参数设置如图 11.150 所示。

图 11.148 选取法兰壁附着边   图 11.149 草图 2

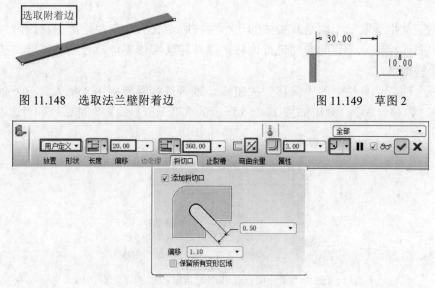

图 11.150 操控板参数设置

❹单击"应用"按钮✔，完成法兰壁的创建。结果如图 11.151 所示。

04 创建阵列。

❶在模型树中选中"凸缘 1"特征，选择菜单栏中的"编辑"→"阵列"命令，弹出"阵列"操控板，设置阵列方式为"方向"，选取平整壁的一条长边，设置阵列个数为 3，间距为 165。

❷单击"应用"按钮✔，阵列完成。结果如图 11.152 所示。

图 11.151 法兰壁

图 11.152 阵列结果

05 创建拉伸壁特征。

❶单击"钣金件"工具栏中的"拉伸"按钮 ⬚，弹出"拉伸"操控板，选择 TOP 基准平面作为草绘平面，绘制如图 11.153 所示的草图。单击"完成"按钮 ✔，退出草绘环境。

❷返回"拉伸"操控板，拉伸方式设置为"穿透" ⬛，单击"移除材料"按钮 ☑，单击"反向"按钮 ⬚，调整切除方向。结果如图 11.154 所示。

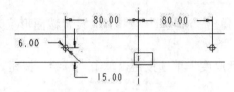
图 11.153　拉伸草图

图 11.154　创建的挂衣钩

📖11.3.5　偏移壁

偏移壁特征是指选取一个面组或实体的一个面按照定义的方向和距离偏移而产生的壁特征。可选取现有曲面或绘制一个新的曲面进行偏移，除非转换实体零件，否则偏移壁不能是在设计中创建的第一个特征。

单击"钣金件"工具栏中的"偏移"按钮 ⬛，或者选择菜单栏中"插入"→"钣金件壁"→"分离的"→"偏移"命令，弹出如图 11.155 所示的"第一壁：偏移"对话框和"选取"对话框。

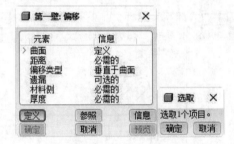
图 11.155　"第一壁：偏移"对话框和"选取"对话框

下面介绍"第一壁：偏移"对话框内各项的含义。

在创建偏移壁特征时，一共需要定义六个特征选项，分别是"曲面""距离""偏移类型""遗漏""材料侧"和"厚度"。

（1）"曲面"：用于指定需要偏移的曲面。可以选取一个或多个曲面。

（2）"距离"：用于指定在给定偏移方向上偏移的距离。

（3）"偏移类型"："偏移类型"菜单提供了三种偏移类型，分别为"垂直于曲面""控制拟合"和"自动拟合"，如图 11.156 所示。

➢　"垂直于曲面"：系统默认的偏移方向，将垂直于曲面进行偏移。

➢　"控制拟合"：以控制 X 轴、Y 轴、Z 轴的平移距离创建偏移。选择"控制拟合"→"完成"选项，选择坐标系后，系统弹出如图 11.157 所示的"平移"菜单管理器，选择拟合时是否控制沿 X 轴、Y 轴、Z 轴平移。

➢　"自动拟合"：自动拟合面组或曲面的偏移。这种偏移类型只需定义"材料侧"和"厚度"。

图 11.156　"偏移类型"菜单管理器　　　图 11.157　"平移"菜单管理器

（4）"遗漏"：当有多个曲面要偏移时，可以通过重新定义该命令来选择曲面。如果想更精确地定义偏移曲面，可使用"遗漏"选项，不过它只有在选择"垂直于曲面"偏移类型时才能用。当选择的曲面是面组时，可以选用该选项来选择要偏移的曲面。

（5）"材料侧"：在截面定义完成后，设置钣金厚度的增长方向。

（6）"厚度"：用于指定钣金的厚度。

11.3.6　动手学——创建 U 形流道

本小节通过 U 形流道的创建来介绍偏移壁的使用。首先利用"平整"命令来创建底面，然后利用"法兰"命令来创建内圈和外圈的法兰，最后利用"偏移"命令来创建顶面。具体操作过程如下：

01 新建文件。单击"新建"按钮，打开"新建"对话框。在"类型"选项组下选择"零件"，在"子类型"选项组下选择"钣金件"，输入名称 Uxingliudao，单击"确定"按钮，进入钣金界面。

02 创建分离的平整壁特征。

❶单击"钣金件"工具栏中的"平整"按钮，弹出"平整壁"操控板，选择 TOP 基准平面作为草绘平面，绘制如图 11.158 所示的草图，单击"完成"按钮✔，返回"平整壁"操控板。

❷设置钣金厚度为 1，单击"应用"按钮。结果如图 11.159 所示。

03 创建法兰壁特征。

❶单击"钣金件"工具栏中的"法兰"按钮，弹出"法兰壁"操控板，在操控板中依次单击"放置"→"细节"按钮，弹出"链"对话框；按住 Ctrl 键选取如图 11.160 所示的边作为法兰壁的附着边，再单击"确定"按钮。

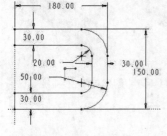

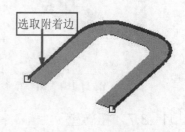

图 11.158　草图 1　　　　图 11.159　分离的平整壁　　　　图 11.160　选取法兰壁附着边

❷在操控板中选择法兰壁形状为 I 形，单击"形状"按钮，在弹出的"形状"下滑面板中设置法兰壁形状，如图 11.161 所示，单击"确定"按钮，生成的外侧法兰壁如图 11.162 所示。

❸同理，创建内侧法兰壁。结果如图 11.163 所示。

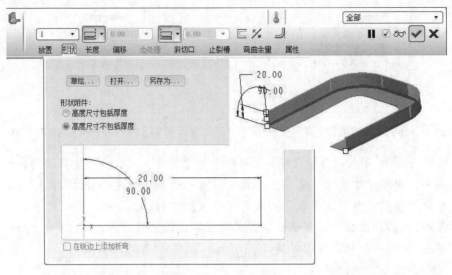

图 11.161　操控板设置

图 11.162　外侧法兰壁

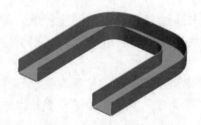

图 11.163　内侧法兰壁

04 创建偏移壁特征。单击"钣金件"工具栏中的"偏移"按钮，弹出"分离壁：偏移"和"选取"对话框。偏移壁参数设置步骤如图 11.164 所示。特征创建完成，结果如图 11.165 所示。

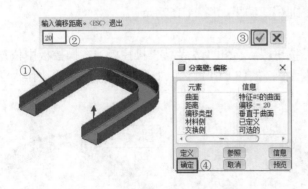

图 11.164　偏移壁参数设置步骤

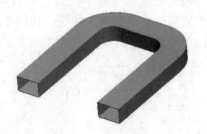

图 11.165　创建的 U 形流道

11.3.7　扭转壁

扭转壁是钣金件的螺旋或螺线部分。扭转壁就是将壁沿中心线扭转一个角度，类似于将壁的端点反方向转动相对小的指定角度。可将扭转连接到现有平面壁的直边上。

由于扭转壁可更改钣金零件的平面，所以通常用作两个钣金件区域之间的过渡。它可以是矩形或梯形。

选择菜单栏中的"插入"→"钣金件壁"→"扭转"命令，系统弹出如图 11.166 所示的"扭转"对话框、"特征参考"菜单管理器和"选取"对话框。

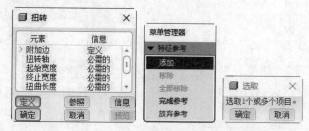

图 11.166 "扭转"对话框、"特征参考"菜单管理器和"选取"对话框

"扭转"对话框内各项的含义如下。

（1）附加边：用于选取附着的直边。此边必须是直线边，斜的直线也可以，不能是曲线。

（2）扭转轴：用于指定扭转轴。指定扭转轴时只需指定扭转轴点，因为系统会根据指定的扭转轴点，自动以通过扭转轴点并垂直于附属边的直线作为扭转轴。指定扭转轴点的菜单管理器包括两种方式："选取点"和"中点"。

➢ 选取点：表示在附属边上选取现有基准点。

➢ 中点：表示在附属边的中点创建新基准点。

（3）起始宽度：指定连接边的新壁的宽度。扭转壁将以扭转轴为中心平均分配在轴线的两侧，即轴线两侧各为起始宽度的一半。

（4）终止宽度：指定末端的新壁的宽度，它的定义与起始宽度的定义一样。

（5）扭曲长度：指定扭曲壁的长度。

（6）扭转角度：指定扭曲角度。

（7）延伸长度：指定扭曲壁取消折弯的长度。

11.3.8 动手学——创建连接片

扫一扫，看视频

本小节通过连接片的创建来介绍扭转壁的使用。首先利用"平整"命令创建一个连接端，然后利用"扭转"命令创建中间的连接部分，最后利用"平整"命令和"拉伸"命令创建另一端。具体操作过程如下：

01 新建文件。单击"新建"按钮 □，打开"新建"对话框。在"类型"选项组下选择"零件"，在"子类型"选项组下选择"钣金件"，输入名称 lianjiepian，单击"确定"按钮，进入钣金界面。

02 创建分离的平整壁特征。

❶单击"钣金件"工具栏中的"平整"按钮 ⬛，弹出"平整壁"操控板，选择 TOP 基准平面作为草绘平面，绘制如图 11.167 所示的草图，单击"完成"按钮 ✔，退出草绘环境。

❷设置钣金壁厚度为 1，单击"应用"按钮 ✔。结果如图 11.168 所示。

03 创建扭转壁特征。

❶选择菜单栏中的"插入"→"钣金件壁"→"扭转"命令，系统弹出"扭转"对话框、"特征参考"菜单管理器和"选取"对话框。参数设置步骤如图 11.169 所示。

❷单击"扭转"对话框中的"确定"按钮，完成扭转壁特征的创建。结果如图 11.170 所示。

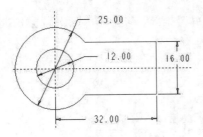

图 11.167　绘制草图

图 11.168　分离的平整壁

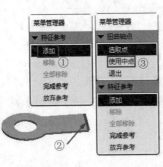

图 11.169　参数设置步骤

04 创建平整壁。

❶单击"钣金件"工具栏中的"平整"按钮，弹出"平整壁"操控板，设置截面形状为"用户定义"，选取如图 11.171 所示的边作为附着边。

图 11.170　扭转壁

图 11.171　选取附着边

❷单击"形状"下滑面板中的"草绘"按钮，绘制如图 11.172 所示的草图，单击"完成"按钮，返回"平整壁"操控板。

❸单击"应用"按钮。结果如图 11.173 所示。

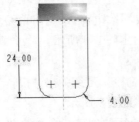

图 11.172　绘制草图

图 11.173　平整壁

05 创建拉伸切除特征。

❶单击"钣金件"工具栏中的"拉伸"按钮，弹出"拉伸"操控板，选择如图 11.173 所示的平面作为草绘平面，绘制如图 11.174 所示的草图。单击"完成"按钮✔，退出草绘环境。

❷设置拉伸方式为"拉伸至下一面"，单击"应用"按钮。结果如图 11.175 所示。

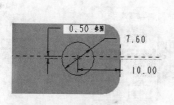

图 11.174　绘制拉伸草图

图 11.175　创建的连接片

📖11.3.9　延伸壁

延伸壁特征也称延拓壁特征，就是将已有的平板钣金件延伸到某一指定的位置或指定的距离，不需要绘制任何截面线。延伸壁不能建立第一壁特征，它只能用于建立额外壁特征。

单击"钣金件"工具栏中的"延伸"按钮，或者选择菜单栏中"插入"→"钣金件壁"→"延伸"命令，弹出"壁选项：延伸"对话框和"选取"对话框，如图 11.176 所示。

"壁选项：延伸"对话框内各项的含义如下。

（1）边：用于指定选取钣金件和侧边曲面之间的直边。

（2）距离：用于指定延伸距离，系统提供了"向上至平面"和"延拓值"两种方式。

➤　向上至平面：用指定延伸至平面的方式来指定延伸距离，该平面是延伸的终止面。

➤　延拓值：用输入数值的方式来指定延伸距离。如果选择"延伸值"选项，系统会弹出如图 11.177 所示的"输入值"菜单管理器。在此菜单管理器中，"输入"命令用于在信息提示区直接定义延伸的距离，其他两个选项分别是钣金件的厚度值和其 2 倍的厚度值。

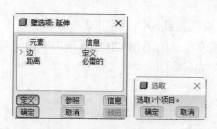

图 11.176　"壁选项：延伸"对话框和"选取"对话框

图 11.177　设置延伸距离

📖11.3.10　动手学——创建护盖

本小节通过护盖的创建来介绍延伸壁的使用。首先利用"混合"命令创建护盖，然后利用"延伸"命令创建护盖的前挡板，再利用"法兰"和"镜像"命令创建两侧的法兰壁，最后利用"拉伸"命令创建一系列的孔。具体操作过程如下：

01 新建文件。单击"新建"按钮，打开"新建"对话框。在"类型"选项组下选择"零件"，在"子类型"选项组下选择"钣金件"，输入名称 hugai，单击"确定"按钮，进入钣金界面。

02 创建平行混合壁特征。

❶单击"钣金件"工具栏中的"混合"按钮，弹出"混合选项"菜单管理器。创建平行混合草绘的操作步骤如图 11.178 所示。

图 11.178　创建平行混合草绘的操作步骤

❷绘制如图 11.179 所示的截面，作为混合的第一个截面。

❸在空白处右击，在弹出的快捷菜单中选择"切换截面"命令，如图 11.180 所示。

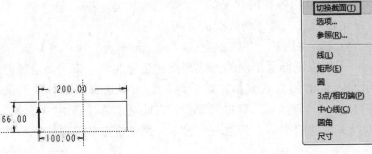

图 11.179　第一个截面　　　　图 11.180　右键快捷菜单

❹绘制如图 11.181 所示的草图，单击"完成"按钮，退出草绘环境。

❺系统弹出"方向"菜单管理器，此时，箭头方向如图 11.182 所示。单击"确定"命令，弹出消息输入框，输入壁厚为 2，单击"接受值"按钮。

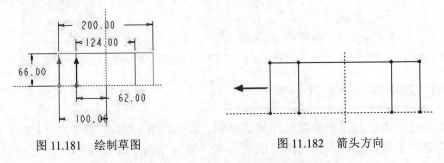

图 11.181　绘制草图　　　　图 11.182　箭头方向

❻再次弹出消息输入框，输入深度为 160，单击"接受值"按钮，再单击"第一壁：混合，平行，规则"对话框中的"确定"按钮，生成的平行混合壁如图 11.183 所示。

03 创建延伸壁特征。

❶单击"钣金件"工具栏中的"延伸"按钮 ，系统弹出"壁选项：延伸"对话框和"选取"对话框。

❷选取如图 11.184 所示的边线，系统弹出如图 11.185 所示的"延拓距离"菜单管理器。选择"延拓值"命令，弹出"输入值"菜单管理器，单击"输入"命令，弹出消息输入框，输入距离为 45，单击"接受值"按钮 。

❸单击"确定"按钮，完成延伸壁特征的创建。结果如图 11.186 所示。

图 11.183 平行混合壁

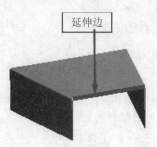

图 11.184 选取边线

图 11.185 "延拓距离"菜单管理器

图 11.186 延伸壁

04 创建折弯特征（该命令会在第 12 章中进行讲解）。

❶单击"钣金件"工具栏中的"折弯"按钮 ，系统弹出"选项"菜单管理器，进入草绘环境的参数设置如图 11.187 所示。

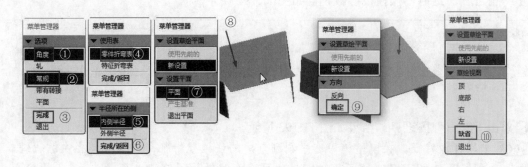

图 11.187 进入草绘环境的参数设置

❷绘制如图 11.188 所示的草图。单击"完成"按钮 ，退出草绘环境。

❸弹出"折弯侧"菜单管理器，单击"确定"命令。弹出"方向"菜单管理器，后续参数设置如图 11.189 所示。

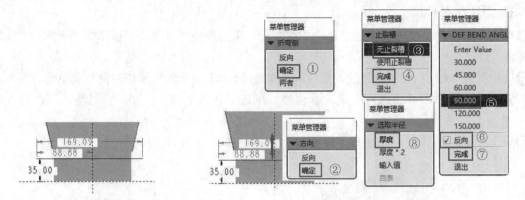

图 11.188　绘制草图　　　　　　　　　　　图 11.189　参数设置

❹单击"折弯选项：角度，常规"对话框中的"确定"按钮。结果如图 11.190 所示。

05 创建法兰壁特征。

❶单击"钣金件"工具栏中的"法兰"按钮 ，弹出"法兰壁"操控板，选取如图 11.191 所示的边作为法兰壁的附着边。

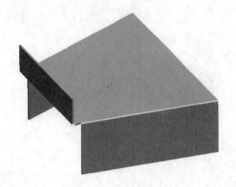

图 11.190　折弯结果

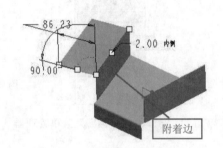

图 11.191　选取附着边

❷设置形状类型为 I 形，在"形状"下滑面板中选中"高度尺寸不包括厚度"单选按钮，修改长度尺寸为 10。此时，操控板参数设置如图 11.192 所示。

图 11.192　"法兰壁"操控板

❸单击"应用"按钮 。结果如图 11.193 所示。

06 创建镜像特征。在模型树中选中刚刚创建的法兰壁特征，选择菜单栏中的"编辑"→"镜像"命令，选取 RIGHT 基准平面作为镜像平面。结果如图 11.194 所示。

07 创建拉伸切除特征。

❶单击"钣金件"工具栏中的"拉伸"按钮 ，选取如图 11.195 所示的平面作为草绘平面，绘制如图 11.196 所示的草图。单击"完成"按钮 ，退出草绘环境。

图 11.193 法兰壁

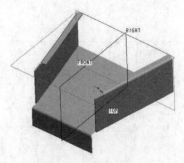

图 11.194 镜像结果

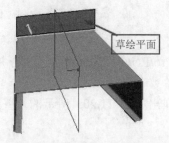

图 11.195 选取草绘平面

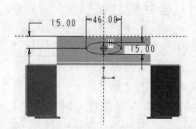

图 11.196 绘制草图

❷单击"应用"按钮☑。结果如图 11.197 所示。

❸重复"拉伸"命令，选取如图 11.197 所示的平面作为草绘平面，绘制如图 11.198 所示的草图。结果如图 11.199 所示。

图 11.197 拉伸切除结果

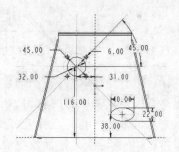

图 11.198 绘制草图

❹重复"拉伸"命令，选取如图 11.200 所示的平面作为草绘平面，绘制如图 11.201 所示的草图。结果如图 11.202 所示。

图 11.199 拉伸切除结果

图 11.200 选取草绘平面

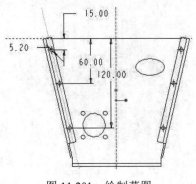

图 11.201　绘制草图

图 11.202　创建的护盖

11.3.11　合并壁

合并壁将至少两个非附属壁合并到一个零件中。在 Pro/ENGINEER 中，通过合并操作可以将多个分离的壁特征合并成一个钣金件。

选择菜单栏中的"插入"→"合并壁"命令，系统弹出如图 11.203 所示的"壁选项：合并"对话框、"特征参考"菜单管理器和"选取"对话框。

图 11.203　"壁选项：合并"对话框、"特征参考"菜单管理器和"选取"对话框

"壁选项：合并"对话框内各项的含义如下。

（1）基参照：选取基础壁的曲面。

（2）合并几何形状：指定合并几何形状。

（3）合并边：（可选项）增加或删除由合并删除的边。

（4）保持线：（可选项）控制曲面接头上合并边的可见性。

扫一扫，看视频

11.3.12　动手学——创建格栅顶板

本小节通过格栅顶板的创建来介绍合并壁的使用。首先打开已创建好的格栅侧板，然后利用"拉伸"命令创建顶板，最后利用"合并壁"命令对侧板和顶板进行合并。具体操作过程如下：

01 打开文件。单击"打开"按钮📂，弹出"文件打开"对话框，打开"\源文件\原始文件\第 11 章\geshandingban.prt"文件，如图 11.204 所示。

02 创建拉伸壁特征。

❶单击"钣金件"工具栏中的"拉伸"按钮📐，系统弹出"拉伸"操控板，选取 RIGHT 基准平面作为草绘平面，绘制如图 11.205 所示的草图，单击"完成"按钮✔，退出草绘环境。

❷在操控板中设置拉伸方式为"对称"🔲；单击"移除材料"按钮📐，取消移除材料操作；

单击"反向"按钮 ⚓，调整厚度增加方向为向内；输入拉伸长度为 212，操控板设置如图 11.206 所示。

图 11.204 格栅顶板

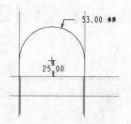

图 11.205 草图

❸ 单击"应用"按钮 ☑，完成拉伸壁的创建。结果如图 11.207 所示。

图 11.206 操控板设置

图 11.207 拉伸壁

03 创建合并壁特征。

❶ 选择菜单栏中的"插入"→"合并壁"命令，系统弹出"壁选项：合并"对话框、"特征参考"菜单管理器和"选取"对话框。参数设置步骤如图 11.208 所示。

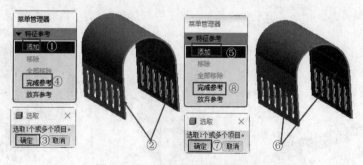

图 11.208 合并壁参数设置步骤

❷ 单击"壁选项：合并"对话框中的"确定"按钮。结果如图 11.209 所示。

图 11.209 创建的格栅顶板

第 12 章 钣 金 编 辑

内容简介

通过前面几章的学习，我们已经掌握了创建钣金壁特征的方法。但在钣金设计过程中，通常还需要对壁特征进行一些处理，如折弯、展开、切割、成形等。本章我们将学习壁处理中常用的一些基本命令，包括"折弯""边折弯""展平""折弯回去""平整形态""扯裂""变形区域特征""拐角止裂槽特征""钣金切割特征""钣金切口特征""冲孔特征""成形特征""平整成形特征"等。

内容要点

➢ 钣金件转换、折弯、边折弯
➢ 展平、折弯回去、扯裂、拐角止裂槽
➢ 变形区域、UDF 冲孔、UDF 凹槽
➢ 成形、平整成形

案例效果

12.1 简单壁处理

本节主要介绍创建钣金凹槽特征、合并壁以及转换特征的方法。

12.1.1 钣金件转换

将实体零件转换为钣金件后，可用钣金行业特征修改现有的实体设计。在设计过程中，可将这种转换用作快捷方式，因为为实现钣金件设计意图，可反复使用现有的实体设计，而且可在一

次转换特征中包括多种特征。将零件转换为钣金件后，它就与任何其他钣金件一样了。

菜单管理器
▼ 钣金件转换
　驱动曲面
　壳
　退出

图 12.1　"钣金件转换"菜单管理器

选择菜单栏中的"应用程序"→"钣金件"命令，弹出"钣金件转换"菜单管理器，如图 12.1 所示。

（1）驱动曲面：选择该选项，可将材料厚度均一的实体零件转化为钣金件。以该方式转换时，实体零件上与驱动曲面不垂直的特征，在转换成钣金件后，将与驱动曲面垂直。

（2）壳：选择该选项，可将材料厚度非均一的实体零件转化为"壳"式钣金件。该命令类似于抽壳。

扫一扫，看视频

12.1.2　动手学——创建六角盒

本小节通过六角盒的创建来介绍"钣金件"命令的使用。首先，利用"拉伸"命令创建实体，并对实体进行拔模；然后利用"钣金件"命令将其转换为钣金，再利用"转换"命令对其创建边缝；最后利用"法兰"命令创建法兰壁。具体操作过程如下：

01 新建文件。单击"新建"按钮□，打开"新建"对话框。在"类型"选项组下选择"零件"，在"子类型"选项组下选择"实体"，输入名称 liujiaohe，单击"确定"按钮，进入零件绘制界面。

02 创建拉伸特征。

❶单击"基础特征"工具栏中的"拉伸"按钮，弹出"拉伸"操控板。选择 FRONT 基准平面作为草绘平面，绘制如图 12.2 所示的草图。

❷在"拉伸"操控板中单击"实体"按钮□，选择拉伸方式为"盲孔"，输入拉伸深度为50，然后单击"应用"按钮，生成六边形实体，如图 12.3 所示。

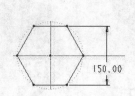

图 12.2　拉伸草图　　　　　　图 12.3　拉伸特征

03 创建拔模特征。

❶单击"工程特征"工具栏中的"拔模"按钮，弹出"拔模"操控板。

❷单击"参照"下滑面板中的"拔模曲面"列表框，按住 Ctrl 键在模型上选取拉伸后的六边形的 6 个侧面作为拔模曲面，如图 12.4 所示。

❸单击"拔模枢轴"列表框，然后在模型中选取如图 12.5 所示的顶面作为拔模枢轴平面。在操控板中输入拔模角度为 20°，单击"反向"按钮，可以调整拔模方向，设置完成后，操控板如图 12.6 所示。单击"应用"按钮，完成拔模特征的创建，如图 12.7 所示。

04 将实件零件转换为钣金件。

❶选择菜单栏中的"应用程序"→"钣金件"命令，弹出"钣金件转换"菜单管理器，参数设置步骤如图 12.8 所示。

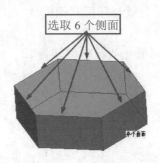

图 12.4　选取拔模曲面

图 12.5　选取拔模枢轴平面

图 12.6　"参照"下滑面板

图 12.7　拔模结果

❷单击"应用"按钮☑，生成的钣金壳特征如图 12.9 所示。

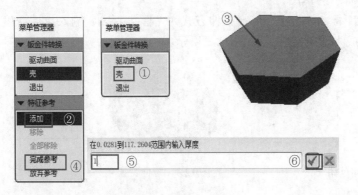

图 12.8　参数设置步骤

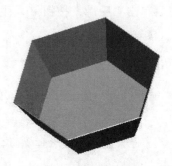

图 12.9　转换结果

05 创建转换特征。

❶单击"钣金件"工具栏中的"转换"按钮，或者选择菜单栏中的"插入"→"转换"命令，弹出"钣金件转换"对话框，参数设置步骤如图 12.10 所示。

❷完成转换特征的创建，其中一条边的边缝效果如图 12.11 所示。

06 创建法兰壁。

❶单击"钣金件"工具栏中的"法兰"按钮，选取如图 12.12 所示的内边为法兰壁的附着边，设置其形状为 C 形，如图 12.13 所示。单击"应用"按钮☑，生成的法兰壁特征如图 12.14 所示。

❷采用同样的方法创建其余 5 个法兰壁。结果如图 12.15 所示。

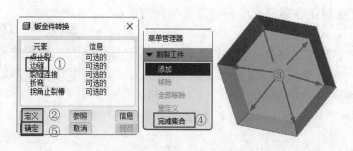

图 12.10　参数设置步骤　　　　　　　　　　　　　　　　　图 12.11　边缝效果

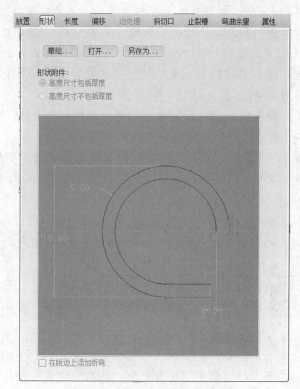

图 12.13　法兰壁尺寸设置

图 12.12　选取法兰壁附着边

图 12.14　法兰壁　　　　　　　　图 12.15　创建的六角盒

12.1.3　折弯特征

折弯将钣金件壁成形为斜形或筒形，此过程在钣金件设计中称为弯曲，在 Pro/ENGINEER

Wildfire 5.0 中称为钣金折弯。折弯线是计算展开长度和创建折弯几何的参照点。

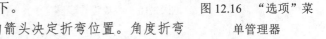

在设计过程中，只要壁特征存在，就可以随时添加折弯。可跨多个成形特征添加折弯，但不能在多个特征与另一个折弯交叉处添加这些特征。

单击"钣金件"工具栏中的"折弯"按钮 ，或者选择菜单栏中"插入"→"折弯操作"→"折弯"命令，系统弹出"选项"菜单管理器，如图 12.16 所示。

图 12.16　"选项"菜单管理器

"选项"菜单管理器内各选项的含义如下。

（1）角度：折弯特定半径和角度。方向箭头决定折弯位置。角度折弯在折弯线的一侧形成，或者在两侧对等地形成。

（2）轧：折弯特定半径和角度，由半径和要折弯的平整材料的数量共同决定。草绘视图影响着折弯位置。滚动折弯在查看草绘的方向形成。如果要螺旋滚动材料，要知道材料的长度。如果材料通过自身折弯，滚动折弯将失败。

每个角度或轧折弯有三个折弯选项可用。

➤ 常规：创建没有过渡曲面的标准折弯。

➤ 带有转接：在折弯和要保持平整的区域之间变形曲面。

➤ 平面：围绕轴（该轴垂直于驱动曲面和草绘平面）创建折弯。

📑 说明：

> 不能用"镜像"选项复制折弯。
>
> 通常可展平零半径折弯，但不能展平有斜凹槽穿过的折弯。
>
> 增加惯性矩可提高折弯的壁刚度。
>
> 通过"展开长度"菜单，可修改折弯区域的展开长度。修改展开长度会影响"展平"和"折弯回去"特征。

扫一扫，看视频

📖 12.1.4　动手学——创建书架

本小节通过书架的创建来介绍"折弯"命令的使用。首先利用"平整"命令来创建壁板，然后利用"拉伸"命令对其进行切除，再利用"折弯"命令对其进行折弯，最后利用"平整"命令创建支板。具体操作过程如下。

01 新建文件。单击"新建"按钮 🗋，打开"新建"对话框。在"类型"选项组下选择"零件"，在"子类型"选项组下选择"钣金件"，输入名称 shujia，单击"确定"按钮，进入钣金界面。

02 创建分离的平整壁特征。

❶单击"钣金件"工具栏中的"平整"按钮 🗗，系统弹出分离的"平整壁"操控板。选取 FRONT 基准平面作为草绘平面，绘制如图 12.17 所示的截面。单击"完成"按钮 ✔，退出草绘环境。

❷在操控板中输入钣金厚度为 1，单击"应用"按钮 ✔，完成平整壁的创建。结果如图 12.18 所示。

03 创建拉伸壁特征。

❶单击"钣金件"工具栏中的"拉伸"按钮 🗗，弹出"拉伸"操控板。选取 FRONT 基准平面作为草绘平面，绘制如图 12.19 所示的截面。单击"完成"按钮 ✔，退出草绘环境。

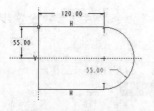

图 12.17　截面草图

图 12.18　分离的平整壁

❷设置拉伸方式为"穿透"⬛，单击"移除材料"按钮⬜与"移除与曲面法向的材料"按钮⬜。单击"反向"按钮⬜，可以调整拔模方向，单击"应用"按钮☑。结果如图 12.20 所示。

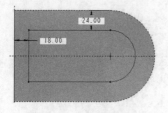

图 12.19　截面草图

图 12.20　拉伸壁

04　创建折弯特征。

❶单击"钣金件"工具栏中的"折弯"按钮⬛，弹出"选项"菜单管理器，参数设置步骤如图 12.21 所示。

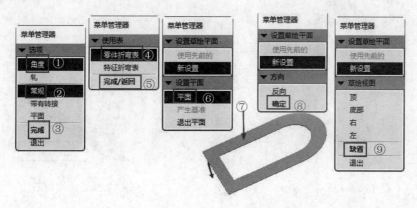

图 12.21　参数设置步骤

❷绘制如图 12.22 所示的折弯线草图，绘制完成后单击"完成"按钮☑，退出草绘环境。

❸弹出"折弯侧"菜单管理器，用于指定在哪一侧折弯，同时系统工作区中出现如图 12.23 所示的红色箭头，表示折弯侧。选择"确定"命令，确定红色箭头指示的一侧为折弯侧。

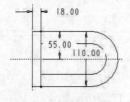

图 12.22　折弯线草图

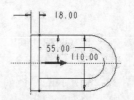

图 12.23　折弯侧（方向）

❹此时，系统弹出"方向"菜单管理器，选择"确定"命令，后续参数设置步骤如图 12.24 所示。

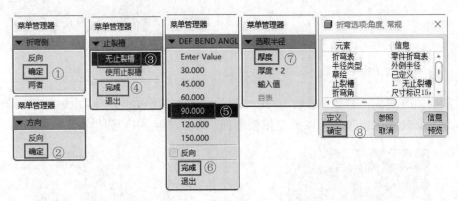

图 12.24　后续参数设置步骤

❺完成折弯特征的创建。结果如图 12.25 所示。

05 创建平整壁特征。

❶单击"钣金件"工具栏中的"平整"按钮，弹出"平整壁"操控板，选取如图 12.26 所示的边作为平整壁的附着边。

图 12.25　折弯特征

选取附着边

图 12.26　选取附着边

❷设置截面形状为"用户定义"，设置折弯角度为"平整"，取消折弯半径的设置，此时操控板设置如图 12.27 所示。

图 12.27　操控板设置

❸单击"形状"下滑面板中的"草绘"按钮，系统弹出"草绘"对话框，保持默认设置，单击"草绘"按钮，进入草绘环境。

❹绘制如图 12.28 所示的草图。单击"完成"按钮 ✔，退出草绘环境。

❺单击"应用"按钮，完成平整壁的创建。结果如图 12.29 所示。

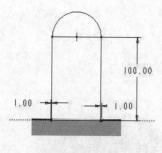

图 12.28　绘制草图

图 12.29　创建的书架

📖12.1.5　边折弯特征

边折弯将非相切、箱形边（轮廓边除外）倒圆角转换为折弯。根据选择要加厚的材料侧的不同，某些边显示为倒圆角，而某些边则具有明显的锐边。利用边折弯选项可以快速对边进行倒圆角。

单击"钣金件"工具栏中的"边折弯"按钮，或者依次选择菜单栏"插入"→"边折弯"命令，系统弹出"边折弯"对话框、"折弯要件"菜单管理器和"选取"对话框，如图 12.30 所示。

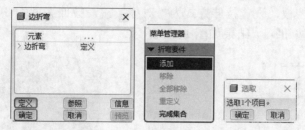

图 12.30　"边折弯"对话框、"折弯要件"菜单管理器和"选取"对话框

"边折弯"对话框内"边折弯"项的含义为：在边上指定折弯。

📖12.1.6　动手学——创建纸凿子

扫一扫，看视频

本小节通过纸凿子的创建来介绍"边折弯"命令的使用。首先利用"旋转"命令创建纸凿子的四周，然后利用"拉伸"命令创建切除特征和纸凿子的内芯，最后利用"边折弯"命令将棱边转化为折弯。具体操作过程如下：

01 新建文件。单击"新建"按钮，打开"新建"对话框。在"类型"选项组下选择"零件"，在"子类型"选项组下选择"钣金件"，输入名称 zhizaozi，单击"确定"按钮，进入钣金界面。

02 创建旋转壁特征。

❶单击"钣金件"工具栏中的"旋转"按钮，弹出"第一壁：旋转"对话框和"属性"菜单管理器，依次选择"单侧"→"完成"→"平面"→"FRONT 基准面"→"确定"→"缺省"命令，进入草绘环境。

❷绘制如图 12.31 所示的旋转草图。单击"完成"按钮✔，退出草绘环境。

❸弹出"方向"菜单管理器，选择"确定"命令，在弹出的输入框中输入厚度为 1，单击"接受值"按钮。弹出 REV TO 菜单管理器，选择 360→"完成"命令，单击对话框中的"确定"

按钮。结果如图 12.32 所示。

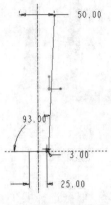

图 12.31　旋转草图

图 12.32　旋转壁特征

03 创建拉伸切除特征。

❶单击"钣金件"工具栏中的"拉伸"按钮 ，弹出"拉伸"操控板，选择 FRONT 基准平面作为草绘平面，绘制如图 12.33 所示的拉伸草图。单击"完成"按钮 ✔，退出草绘环境。

❷返回"拉伸"操控板，设置拉伸方式为"对称" ，拉伸深度为 100，单击"移除材料"按钮 ，单击"应用"按钮 ✔。结果如图 12.34 所示。

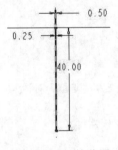

图 12.33　拉伸草图

图 12.34　拉伸切除特征

❸同理，重复"拉伸"命令，在 RIGHT 基准平面上创建拉伸切除特征。结果如图 12.35 所示。

04 创建拉伸壁特征。

❶单击"钣金件"工具栏中的"拉伸"按钮 ，弹出"拉伸"操控板，选取旋转壁底部的上表面作为草绘平面，绘制如图 12.36 所示的拉伸壁草图。单击"完成"按钮 ✔，退出草绘环境。

图 12.35　拉伸切除特征

图 12.36　拉伸壁草图

❷返回"拉伸"操控板,设置拉伸方式为"到选定项" ⬓ ,选取如图 12.37 所示的边线,单击"移除材料"按钮 ⬚ ,取消该项的选择。单击"应用"按钮 ☑ ,结果如图 12.38 所示。

图 12.37 选取边线

图 12.38 拉伸壁特征

05 创建边折弯特征。

❶单击"钣金件"工具栏中的"边折弯"按钮 ⬚ ,弹出"边折弯"对话框、"折弯要件"菜单管理器和"选取"对话框。

❷选取如图 12.39 所示的 4 条棱边,单击"选取"对话框中的"确定"按钮,再单击"折弯要件"菜单管理器中的"完成集合"命令。

❸单击"边折弯"对话框中的"确定"按钮,完成边折弯特征的创建。结果如图 12.40 所示。

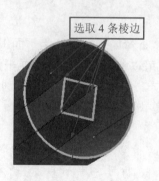

图 12.39 选取棱边

图 12.40 边折弯特征

06 编辑边折弯特征。

❶在模型树中选择"边折弯 标识 700"选项,右击,在弹出的快捷菜单中选择"编辑"命令,如图 12.41 所示,开始重新编辑边折弯特征。

❷此时在钣金件模型上显示与边折弯有关的各种尺寸,如图 12.42 所示。

❸双击模型尺寸中的尺寸值 R1,在文本框中输入 3,此时 R1 改变为 R3。

❹同理,将其他 3 处半径值修改为 3,修改后的模型尺寸如图 12.43 所示。

07 再生模型。单击"编辑"工具栏中的"再生"按钮 ⬚ ,系统自动按照新修改的半径值重新生成模型,新生成的模型如图 12.44 所示。

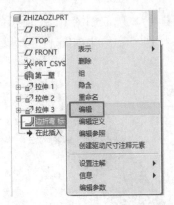

图 12.41　选择"编辑"命令

图 12.42　尺寸显示

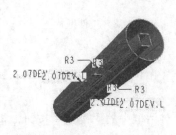

图 12.43　修改后的模型尺寸

图 12.44　新生成的模型

📖 12.1.7　展平特征

在钣金设计中，不仅需要把平面钣金折弯，而且需要将折弯的钣金展开为平面钣金。所谓的展平，在钣金中也称为展开。在 Pro/ENGINEER 中，系统可以将折弯的钣金件展平为平面钣金。

单击"钣金件"工具栏中的"展平"按钮 🔲，或者选择菜单栏中"插入"→"折弯操作"→"展平"命令，系统弹出如图 12.45 所示的"展平选项"菜单管理器。

"展平选项"菜单管理器内各选项的含义如下。

（1）常规：展平零件中的大多数折弯。选取要展平的现有折弯或壁特征。如果选取所有折弯，则创建零件的平整形态。系统默认的展平方式，适用于"常规"折弯、"带有转接"折弯和"平面"折弯。可将壁和折弯展平，材料必须可延展，并能展平。不能用规则展平特征展平不规则曲面。

选取固定面后，系统弹出"展平选取"菜单管理器，可选择展平全部曲面和折弯，或选取特定区域，如图 12.46 所示。

➤ 展平选取：选取要展平的特定折弯曲面。

➤ 展平全部：展平全部折弯和弯曲曲面。

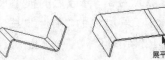

图 12.45　"展平选项"菜单管理器　　图 12.46　"展平选取"和"展平全部"

展平某个区域后，可继续添加特征，如凹槽和裂缝等。

✍ 说明：

> 在展平之后所添加的特征为展平的子项，从属于该展平。如果删除展平，这些特征也随之删除。如果是临时查看展平模型，要确保在添加特征之前删除展平特征。不必要的特征会延长零件再生和开发时间。
>
> 如果添加的壁在展平时相交，Pro/ENGINEER 将以红色加亮相交的边，并出现警告提示。

（2）过渡：选取固定曲面并指定横截面曲线来决定展平特征的形状。适用于有转接区的钣金特征，图 12.47 所示为混合曲面壁的"过渡"展平。

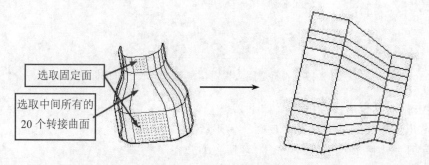

图 12.47　过渡展平特征

在选取固定面时，所有的固定面都要选取，而选取转接面时，所有转接面也都要选取。

过渡几何临时从模型中移除，因此必须定义该几何以利用该特征，然后即可展平可展开的曲面，过渡几何回到平整形态。

（3）剖截面驱动：适用于不规则的展平，利用选取或草绘一条曲线来驱动展平，如图 12.48 所示。

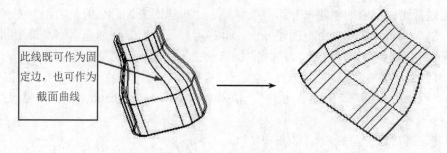

图 12.48　剖截面驱动展平

展平由沿曲线的一系列截面组成，它们被投影到平面上。术语"截面"是指用于影响展平壁形状的曲线。可选取现有曲线或草绘新曲线。无论是选取还是草绘曲线，它都必须与所定义的固定边共面。如果草绘曲线，要确保对曲线进行标注/对齐。

选取或草绘的曲线将影响零件的展平状态。

✍ 说明：

> 该曲线可为直线。

📖 12.1.8 折弯回去特征

Pro/ENGINEER 中提供了折弯回去功能，这个功能是与展平功能相对应的，用于将展平的钣金的平面薄板整个或部分平面再恢复为折弯状态。但并不是所有能展开的钣金件都能折弯回去。

单击"钣金件"工具栏中的"折弯回去"按钮 🔧，或者选择菜单栏中的"插入"→"折弯操作"→"折弯回去"命令，系统弹出如图 12.49 所示的"折弯回去"对话框和"选取"对话框。

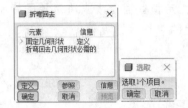

图 12.49 "折弯回去"对话框和"选取"对话框

"折弯回去"对话框内各项的含义如下。

（1）固定几何形状：用于指定固定的几何形状。

（2）折弯回去几何形状：用于指定折弯回去的几何形状。

📢 说明：

> （1）如果部分地折弯回去包含变形区域的规则展平，就可能达不到原始折弯条件。
>
> （2）Pro/ENGINEER 检查每个折弯回去部分的轮廓。与折弯区域部分相交的轮廓被加亮。系统提示用户确认这部分是否折弯回去或保持平整。
>
> （3）不能折弯回去一个截面（剖截面驱动）展平。

📖 12.1.9 动手学——创建板卡固定座

扫一扫，看视频

本小节通过板卡固定座的创建来介绍"展平"和"折弯回去"命令的使用。首先利用"平整"命令创建板，然后利用"法兰"命令创建竖板，再利用"平整"命令创建倒钩，最后利用"展平"命令将其展平，并创建拉伸切除特征，再利用"折弯回去"命令将其恢复折弯。具体操作过程如下：

01 新建文件。单击"新建"按钮 🗋，打开"新建"对话框。在"类型"选项组下选择"零件"，在"子类型"选项组下选择"钣金件"，输入名称 bankagudingzuo，单击"确定"按钮，进入钣金界面。

02 创建分离的平整壁特征。

❶单击"钣金件"工具栏中的"平整"按钮 🔧，弹出分离的"平整壁"操控板，选择 TOP 基准平面作为草绘平面，绘制如图 12.50 所示的草图。单击"完成"按钮 ✔，退出草绘环境。

❷单击"应用"按钮 ✔。结果如图 12.51 所示。

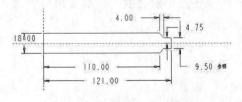

图 12.50 分离的平整壁草图

图 12.51 分离的平整壁

03 创建法兰壁特征。

❶单击"钣金件"工具栏中的"法兰"按钮 ，弹出"法兰壁"操控板，设置形状类型为 I 形，选取如图 12.52 所示的边作为法兰壁的附着边。

❷选中"形状"下滑面板中的"高度尺寸包括厚度"单选按钮，修改法兰壁的高度尺寸为 16.00，如图 12.53 所示。

❸单击"应用"按钮 ，完成法兰壁的创建。结果如图 12.54 所示。

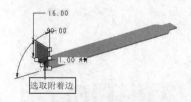

图 12.52　选取法兰壁附着边　　图 12.53　修改法兰壁的高度尺寸　　图 12.54　法兰壁

04 创建平整壁特征。

❶单击"钣金件"工具栏中的"平整"按钮 ，弹出"平整壁"操控板，设置截面形状为"用户定义"，选取如图 12.55 所示的边作为平整壁的附着边。

❷选中"形状"下滑面板中的"高度尺寸包括厚度"单选按钮，单击"草绘"按钮，弹出"草绘"对话框，单击"草绘"按钮，进入草绘环境。

❸绘制如图 12.56 所示的草图。单击"完成"按钮 ，返回"平整壁"操控板，设置折弯外半径为 1。在"止裂槽"下滑面板中设置止裂槽类型为"扯裂"。

❹单击"应用"按钮 ，完成平整壁的创建。结果如图 12.57 所示。

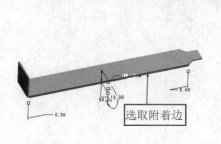

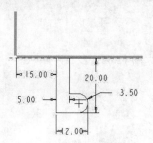

图 12.55　选取平整壁附着边　　图 12.56　绘制草图　　图 12.57　平整壁

05 创建展平特征。单击"钣金件"工具栏中的"展平"按钮 ，弹出"展平选项"菜单管理器，参数设置步骤如图 12.58 所示。展平后的图形如图 12.59 所示。

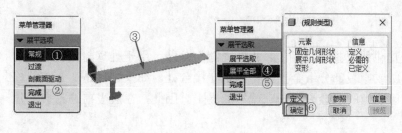

图 12.58　参数设置步骤　　　　　　　　图 12.59　展平后的图形

06 创建拉伸切除特征。

❶单击"钣金件"工具栏中的"拉伸"按钮，弹出"拉伸"操控板。选取如图 12.59 所示的图形的上表面作为草绘平面，绘制如图 12.60 所示的拉伸草图。单击"完成"按钮✔，返回操控板。

❷单击"应用"按钮。结果如图 12.61 所示。

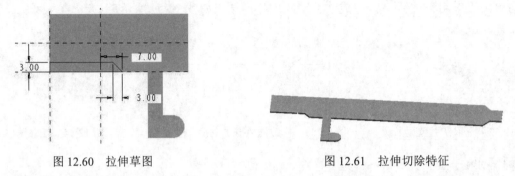

图 12.60 拉伸草图

图 12.61 拉伸切除特征

07 创建折弯回去特征。单击"钣金件"工具栏中的"折弯回去"按钮，弹出"折弯回去"对话框和"选取"对话框，参数设置步骤如图 12.62 所示。结果如图 12.63 所示。

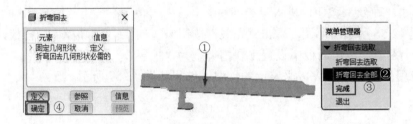

图 12.62 参数设置步骤

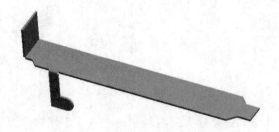

图 12.63 创建的板卡固定座

📖12.1.10 扯裂特征

在 Pro/ENGINEER 中，系统提供了"扯裂"功能，也叫"缝"功能，用于处理封闭钣金件的展开问题。可以用扯裂特征来剪切或撕裂部分钣金壁，特别是在接合处。如果零件是适合连续模型的连续材料，那么如果没有设计适当的钣金裂缝，它就不能展平。因此，在展平前通常会创建一些裂缝特征。

单击"钣金件"工具栏中的"扯裂"按钮，或者选择菜单栏中"插入"→"形状"→"扯裂"命令，系统弹出"选项"菜单管理器，如图 12.64 所示。

"选项"菜单管理器内各选项的含义如下。

（1）规则缝：用于在零件几何形状中建立"零宽度"剪切材料从而创建扯裂特征。允许用户草绘指定裂缝线，以创建裂痕。通过选取一个平面就可以开始草绘裂缝线。还可以指定限制裂缝所在的曲面，让某些曲面不生成裂缝。

图 12.64　"选项"菜单管理器

（2）曲面缝：用于选取一个曲面并撕裂几何形状从而创建扯裂特征。当一个钣金因角边的曲面无法展开时，就会用到曲面缝。通过选取一个曲面来加以撕裂，曲面缝会删除曲面对应的钣金壁。

（3）边缝：用于选取一条边并撕裂几何形状从而创建扯裂特征。允许用户沿边来创建裂缝，选取的边将被撕裂，以得到可以展平的状态，通常用于开发、盲深或重叠的拐角边。

12.1.11　动手学——创建杯托

本小节通过杯托的创建来介绍"扯裂"命令的使用。首先利用"旋转"命令创建旋转壁特征，并利用"扯裂"命令创建规则缝，然后对其进行展平操作，最后创建拉伸切除特征并对其进行阵列，具体操作过程如下：

01 新建文件。单击"新建"按钮，打开"新建"对话框。在"类型"选项组下选择"零件"，在"子类型"选项组下选择"钣金件"，输入名称 beituo，单击"确定"按钮，进入钣金界面。

02 创建旋转壁特征。

❶单击"钣金件"工具栏中的"旋转"按钮，弹出"第一壁：旋转"对话框和"属性"菜单管理器，选取 FRONT 基准平面作为草绘平面，绘制如图 12.65 所示的草图。

❷单击"完成"按钮，弹出"输入新材料厚度"输入框，输入厚度为 1，单击"接受值"按钮。

❸弹出 REV TO 菜单管理器，选择旋转角度为 360°，选择"完成"命令，单击"第一壁：旋转"对话框中的"确定"按钮，完成旋转壁的创建，如图 12.66 所示。

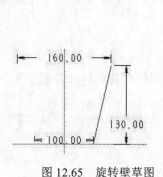

图 12.65　旋转壁草图

图 12.66　旋转壁特征

03 创建扯裂-规则缝特征。

❶单击"钣金件"工具栏中的"扯裂"按钮，弹出"选项"菜单管理器。进入草绘环境的参数设置步骤如图 12.67 所示。

❷绘制草图，如图 12.68 所示。此时的模型如图 12.69 所示。

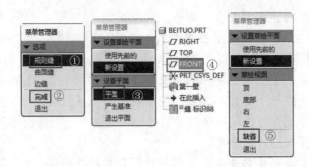

图 12.67　进入草绘环境的参数设置步骤

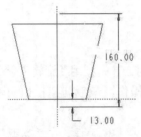

图 12.68　草图

图 12.69　绘制缝曲线

04 创建展平特征。单击"钣金件"工具栏中的"展平"按钮 ，弹出"展平选项"菜单管理器，参数设置如图 12.70 所示。结果如图 12.71 所示。

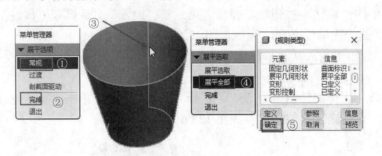

图 12.70　展平参数设置步骤

图 12.71　展平结果

05 创建拉伸切除特征。

❶单击"钣金件"工具栏中的"拉伸"按钮，弹出"拉伸"操控板，选取展平件的上表面作为草绘平面，绘制如图 12.72 所示的草图。

❷在操控板内单击"拉伸至下一曲面"按钮，单击"移除材料"按钮，单击"应用"按钮。结果如图 12.73 所示。

06 创建阵列特征。

❶在模型树中选择"拉伸 1"特征，选择菜单栏中的"编辑"→"阵列"命令，弹出"阵列"操控板，阵列类型选择"曲线"。

❷选择"参照"→"定义"命令，弹出"草绘"对话框，选取展平件的上表面作为草绘平面，绘制如图 12.74 所示的阵列曲线。单击"完成"按钮，退出草绘环境。

❸返回操控板，设置阵列间距为 80，单击"应用"按钮。结果如图 12.75 所示。

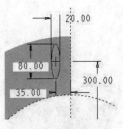

图 12.72　拉伸草图

图 12.73　拉伸切除特征

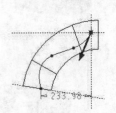

图 12.74　阵列曲线

图 12.75　阵列结果

07　创建折弯回去特征。单击"钣金件"工具栏中的"折弯回去"按钮 ，弹出"折弯回去"对话框和"折弯回去选取"菜单管理器。参数设置步骤如图 12.76 所示。结果如图 12.77 所示。

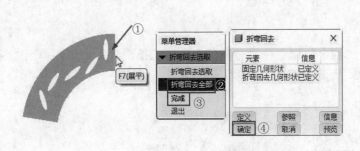

图 12.76　折弯回去参数设置步骤

图 12.77　折弯回去结果

08　创建扫描混合轨迹线。

❶单击"基准"工具栏中的"平面"按钮 ，选取 FRONT 基准平面作为参照，设置偏移距离为 5，创建 DTM1 基准平面。

❷单击"基准"工具栏中的"草绘"按钮 ，选取 DTM1 基准平面作为草绘平面，绘制如图 12.78 所示的草图。单击"完成"按钮 ，退出草绘环境。

❸在模型树中选择"草绘 1"特征，选择菜单栏中的"编辑"→"镜像"命令，选取 FRONT 基准平面作为镜像平面，对草绘 1 进行镜像。结果如图 12.79 所示。

❹单击"基准"工具栏中的"平面"按钮 ，按住 Ctrl 键，选取 RIGHT 基准平面和草绘 1 直线的端点，创建 DTM2 基准平面，如图 12.80 所示。

❺单击"基准"工具栏中的"草绘"按钮 ，选取 DTM2 基准平面作为草绘平面，绘制如图 12.81 所示的草图。单击"完成"按钮 ，退出草绘环境。此时，扫描轨迹线如图 12.82 所示。

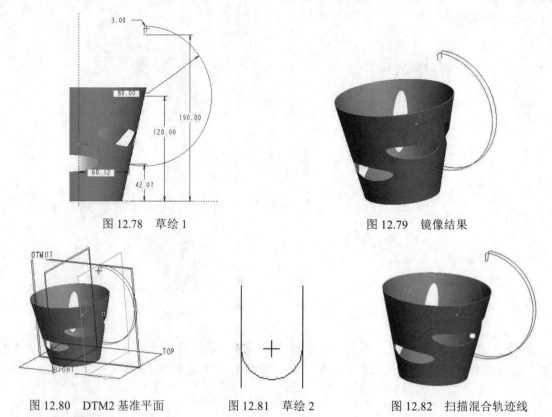

图 12.78　草绘 1　　　　　　　　　　图 12.79　镜像结果

图 12.80　DTM2 基准平面　　　图 12.81　草绘 2　　　图 12.82　扫描混合轨迹线

09 创建扫描混合壁特征。

❶选择菜单栏中的"插入"→"钣金件壁"→"分离的"→"扫描混合"命令，弹出"混合选项"菜单管理器，参照如图 12.83 所示的步骤进行参数设置。

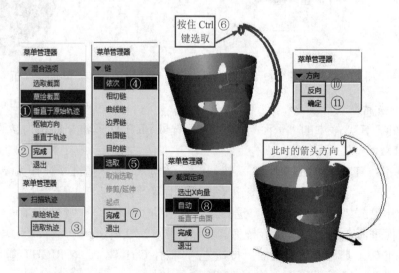

图 12.83　参数设置步骤

❷此时，弹出"确认选择"菜单管理器，如图 12.84 所示。连续选择"接受"命令，直至完成图 12.85 所示的所有截面点。

图 12.84 "确认选择"菜单管理器　　　　图 12.85 草绘轨迹

❸此时，弹出"为截面 1 输入 z_axis 旋转角度"输入框，参数设置如图 12.86 所示。单击"接受值"按钮☑，进入草绘环境。

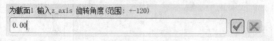

图 12.86 输入旋转角度

❹绘制如图 12.87 所示的截面 1。单击"完成"按钮✔，退出草绘环境。

❺弹出"截面定向"菜单管理器，如图 12.88 所示。选择"自动"→"完成"命令。弹出"为截面 2 输入 z_axis 旋转角度"输入框，输入旋转角度为 0°。绘制截面 2，图形同截面 1。

图 12.87 截面 1　　　　　　　　图 12.88 "截面定向"菜单管理器

❻同理，绘制其他 6 个截面，图形与截面 1 相同。

❼弹出"方向"菜单管理器，单击"反向"按钮，调整材料方向为向外。扫描混合壁的壁厚默认与"平整壁"相同，完成的扫描混合壁特征如图 12.89 所示。

🔟 创建平整壁。

❶单击"钣金件"工具栏中的"平整"按钮🗇，弹出分离的"平整壁"操控板。选取 TOP 基准平面作为草绘平面，绘制如图 12.90 所示的草图。单击"完成"按钮✔，退出草绘环境。

❷单击"应用"按钮☑。结果如图 12.91 所示。

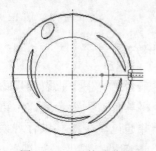

图 12.89 扫描混合壁　　　　图 12.90 平整壁草图　　　　图 12.91 创建的杯托

12.1.12　拐角止裂槽特征

拐角止裂槽用于在展开件的顶角处增加止裂槽，以使展开件在折弯顶角处改小变形或防止开裂。通常只有从实体零件转换成钣金件时才需要增加拐角止裂槽。创建完拐角止裂槽特征后，从三维的钣金模型上并不能看到圆形或斜圆形的拐角止裂槽，只有将三维的钣金件展开后才能看到。

单击"钣金件"工具栏中的"拐角止裂槽"按钮🖼，或者选择菜单栏中"插入"→"拐角止裂槽"命令，弹出"拐角止裂槽"对话框、"顶角止裂槽"菜单管理器和"选取"对话框，如图12.92所示。

图 12.92　"拐角止裂槽"对话框、"顶角止裂槽"菜单管理器和"选取"对话框

在绘图区选取需要添加止裂槽的拐角或选择"顶角止裂槽"菜单管理器中的"增加所有"命令后，弹出如图12.93所示的菜单管理器。系统提供了四种"拐角止裂槽"类型。

（1）无止裂槽：系统默认选项，创建 V 形拐角止裂槽，用符号 No 表示。

（2）无：创建方形拐角止裂槽，用符号 None 表示。

（3）圆形：创建圆形拐角止裂槽，用符号 Circ 表示。

（4）长圆形：创建长圆形拐角止裂槽，用符号 Obr 表示。

"拐角止裂槽"展开后如图12.94所示。

图 12.93　"顶角止裂槽"菜单管理器

图 12.94　拐角止裂槽的四种类型

扫一扫，看视频

📖12.1.13　动手学——创建长方体盒子

本小节通过长方体盒子的创建来介绍"拐角止裂槽"命令的使用。首先利用"拉伸"命令创建实体，然后利用"钣金件"命令将其转换为钣金壳体，再通过"转换"命令创建边缝，最后利用"拐角止裂槽"命令创建止裂槽并通过展平对其进行观察。具体操作过程如下：

01 新建文件。单击"新建"按钮🗋，打开"新建"对话框。在"类型"选项组下选择"零件"，在"子类型"选项组下选择"实体"，输入名称 guaijiaozhiliecao，单击"确定"按钮，进入实体界面。

02 创建拉伸特征。

❶单击"基础特征"工具栏中的"拉伸"按钮，弹出"拉伸"操控板，选择 TOP 基准平面作为草绘平面，绘制如图 12.95 所示的草图。单击"完成"按钮✔，退出草绘环境。

❷返回操控板，设置拉伸方式为"盲孔"，拉伸深度为 80，单击"应用"按钮。结果如图 12.96 所示。

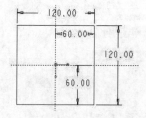

图 12.95　拉伸草图

图 12.96　拉伸特征

03 转换为钣金件。

❶选择菜单栏中的"应用程序"→"钣金件"命令，弹出"钣金件转换"菜单管理器，选择"壳"命令，在绘图区选取长方体的上表面作为要移除的面，如图 12.97 所示。

❷选择"完成参考"命令，在弹出的消息输入框中输入壳体厚度为 3，单击"接受值"按钮。生成的钣金件如图 12.98 所示。

图 12.97　选取要移除的面

图 12.98　转换为钣金件

04 创建边缝特征。单击"钣金件"工具栏中的"转换"按钮，弹出"钣金件转换"对话框，参数设置步骤如图 12.99 所示。创建边缝后的图形如图 12.100 所示。

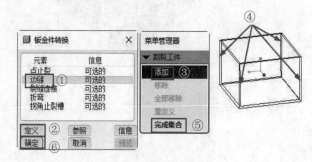

图 12.99　参数设置步骤

图 12.100　创建边缝

05 创建拐角止裂槽。

❶单击"基准显示"工具栏中的"注释元素显示"按钮，在执行"拐角止裂槽"命令时，会在图形中显示标识。

❷单击"钣金件"工具栏中的"拐角止裂槽"按钮，弹出"拐角止裂槽"对话框、"顶角止裂槽"菜单管理器和"选取"对话框。此时，图形如图 12.101 所示。拐角止裂槽参数设置步骤如图 12.102 所示。

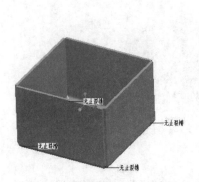

图 12.101　创建拐角止裂槽之前

图 12.102　拐角止裂槽参数设置步骤

❸单击对话框中的"确定"按钮，创建的拐角止裂槽如图 12.103 所示。

06 创建展平特征。为了更好地看清拐角止裂槽的形状，接着创建平整形态，把钣金件展开。

❶单击"钣金件"工具栏中的"展平"按钮，弹出"展平选项"菜单管理器。

❷选择"常规"和"完成"选项，弹出"规则类型"对话框和"选取"对话框。

❸选取如图 12.104 所示的平面作为固定平面，系统弹出"展平选取"菜单管理器，选取"展平全部"和"完成"选项。

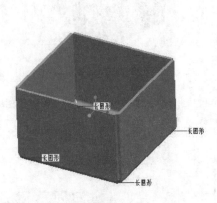

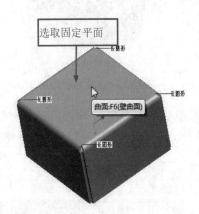

图 12.103　创建的拐角止裂槽

图 12.104　选取固定平面

❹单击"规则类型"对话框中的"确定"按钮，完成展平特征的创建。结果如图 12.105 所示，局部放大后的展平特征如图 12.106 所示。

图 12.105　展平特征　　　　　　　　　图 12.106　局部放大后的展平特征

12.2　钣金操作

12.2.1　变形区域特征

变形区域是钣金壁中不规则的区域，一般是一个曲面。在钣金展开后，变形区域壳产生完全变形，以便其他的区域保持原来的大小。

在进行钣金展开操作时，可能会遇到钣金不能展开的情形，这时就需要定义变形的曲面。在 Pro/ENGINEER 中，可以利用"变形区域"功能来实现。

单击"钣金件"工具栏中的"变形区域"按钮 ，或者依次选择菜单栏中的"插入"→"折弯操作"→"变形区域"命令，弹出"变形区域"对话框、"设置草绘平面"菜单管理器和"选取"对话框，如图 12.107 所示。

图 12.107　"变形区域"对话框、"设置草绘平面"菜单管理器和"选取"对话框

"变形区域"对话框内"草绘"项的含义为：用于绘制变形区域的边界线。

注意：

> 展开钣金时变形区域必须满足两个条件：
>
> （1）变形区域至少有一个与其具有共同边界线的相邻曲面，并且该相邻曲面能延伸至钣金件的边缘（即该相邻曲面中至少有一条边线是钣金件外边界线）。
>
> （2）钣金展开后，各区域间不会有重叠。
>
> 如果变形区域没有同时符合上面列出的两个条件，则须创建额外的变形区域才可展开钣金件。创建的额外变形区域需满足上述两个条件，且额外的变形区域应与原变形区域相切。

12.2.2　动手学——创建变形区域零件

本小节通过变形区域零件的展开过程的讲解来介绍"变形区域"命令的使用。首先创建变形区域，并对其进行镜像，然后对零件进行展平，最后对变形区域进行编辑。具体操作过程如下：

扫一扫，看视频

01 打开文件。单击"打开"按钮![icon]，打开"文件打开"对话框，打开"\源文件\原始文件\第 12 章\bianxingquyu.prt"文件，如图 12.108 所示。

在模型中有一些区域是不可展平的，如图 12.109 所示，要想将此模型展平就要先进行变形区域操作，下面创建变形区域特征。

02 创建变形区域特征。

❶单击"钣金件"工具栏中的"变形区域"按钮![icon]，弹出"变形区域"对话框、"设置草绘平面"菜单管理器和"选取"对话框。

❷选取如图 12.110 所示的平面作为草绘平面。系统弹出"草绘视图"菜单管理器，选择"缺省"选项，自动进入草绘环境。

选取草绘平面

图 12.108　零件模型　　　图 12.109　不可展平的面　　　图 12.110　选取草绘平面

❸绘制如图 12.111 所示的草图作为边界线。绘制完成后单击"完成"按钮![icon]，退出草绘环境。

❹单击"变形区域"对话框中的"确定"按钮，完成变形区域特征的创建。结果如图 12.112所示。

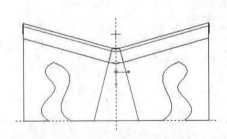
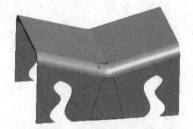

图 12.111　绘制变形区域边界线　　　　图 12.112　变形区域特征

03 镜像生成另一侧变形区域特征。

❶在模型树中选择"变形区域 标识 539"特征，选择菜单栏中的"编辑"→"镜像"命令，弹出"镜像"操控板。

❷选择 TOP 基准平面作为镜像平面，单击"应用"按钮![icon]。结果如图 12.113 所示。

04 创建展平特征。

❶单击"钣金件"工具栏中的"展平"按钮![icon]，弹出"展平选项"菜单管理器。

❷选择"常规"和"完成"命令，弹出"规则类型"对话框和"选取"对话框。

❸选取如图 12.114 所示的平面作为固定平面，弹出"展平选取"菜单管理器，选取"展平全部"和"完成"命令。

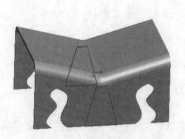

图 12.113　镜像结果

选取固定平面

图 12.114　选取固定平面

❹弹出"特征参考"菜单管理器和"选取"对话框。选取如图 12.115 所示的平面作为参照平面。单击"选取"对话框中的"确定"按钮后选择"特征参考"菜单管理器中的"完成参考"选项。

❺单击"规则类型"对话框中的"确定"按钮，完成展平特征的创建。结果如图 12.116 所示。

选取参照平面

图 12.115　选取参照平面

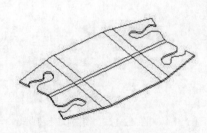

图 12.116　展平特征

05 编辑变形区域特征。

❶在模型树中选择"展开　标识 674"特征，右击打开快捷菜单，选择"编辑定义"选项，如图 12.117 所示，开始重新编辑展平特征。

❷弹出如图 12.118 所示的"（规则类型）"对话框。双击"变形控制"选项，弹出如图 12.119 所示的"定义区域"菜单管理器。

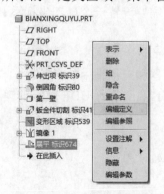

图 12.117　"编辑定义"选项　　　图 12.118　"（规则类型）"对话框　图 12.119　"定义区域"菜单管理器

❸选择"自动区域 # 1"选项，弹出如图 12.120 所示的"展平"对话框。

❹双击 Deform Type 选项，弹出如图 12.121 所示的"定义区域类型"菜单管理器。

图 12.120　"展平"对话框　　　　图 12.121　"定义区域类型"菜单管理器

❺选择"手动"选项，自动进入草绘环境。绘制如图 12.122 所示的连接圆弧，绘制完成后单击"完成"按钮✔，退出草绘环境。

❻单击"展平"对话框中的"确定"按钮。

❼选择"自动区域 #2"选项，重复步骤❹～❻绘制另一侧的连接圆弧。

❽选择"定义区域"菜单管理器中的"完成"选项后单击"（规则类型）"对话框中的"确定"按钮。展平特征结果如图 12.123 所示。

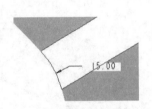

图 12.122　绘制连接圆弧　　　　　　　图 12.123　展平特征结果

📖12.2.3　UDF 冲孔特征

UDF 冲孔特征就是用户自定义的冲孔特征，在钣金建模中经常用到冲孔，需要先定义冲孔模型，再根据制作好的模型进行冲孔。

UDF 冲孔特征主要用于切割钣金中的多余材料，也就是一般性的切割操作。创建冲孔特征需要先定义冲孔数据库。

对于冲孔特征的 UDF 冲孔数据库，在绘制切割特征的截面时，不需要设置一个局部坐标系，也不必为 UDF 定义一个刀具名称，只需要定义切割特征的参考位置。

冲孔可以创建在钣金件的任何位置，冲孔特征的 UDF 形状是封闭的。

下面按照创建 UDF 冲孔特征的操作顺序来讲解一下各个菜单管理器和对话框中的参数。

（1）选择菜单栏中的"工具"→"UDF 库"命令，弹出如图 12.124 所示的 UDF 菜单管理器。选择"创建"命令，弹出消息输入框，如图 12.125 所示。

图 12.124　UDF 菜单管理器　　　　　　图 12.125　消息输入框

（2）输入 UDF 名称 2，确认后弹出"UDF 选项"菜单管理器，如图 12.126 所示。

➤ 单一的：系统会复制全部信息至新建立的 UDF 中，必须选择是否包括参照零件。选择该选项后，新建立的 UDF 与参照模型无父子关系。

➤ 从属的：运行时，自原始零件中复制大部分信息。新建立的 UDF 与参照模型保持父子关系，会随参照模型的改变而改变。

（3）选择"单一的"→"完成"命令，弹出"确认"对话框，如图 12.127 所示。

　　图 12.126　"UDF 选项"菜单管理器　　　　　图 12.127　"确认"对话框

（4）单击"是"按钮，弹出"UDF:2，独立"对话框和"选取特征"菜单管理器，如图 12.128 所示。

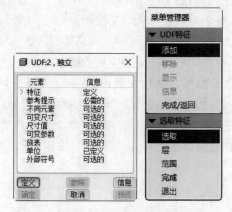

　　图 12.128　"UDF:2，独立"对话框和"选取特征"菜单管理器

对话框中各选项的含义如下。

➤ 特征：选取要包括在 UDF 中的特征。

➤ 参考提示：放置 UDF 时，为需要重新指定的参照定义提示信息。Pro/ENGINEER 是参数化绘图软件，对于它的每一个特征都要求完全定位，所以在建立这些特征时都会选择许多参照进行定位，如草绘平面、参照平面、尺寸标注的参照等。在放置 UDF 时，因放置位置不同，需要对这些参照进行重新定义，当参照很多时，用户往往记不清这些参照的用途。该功能的作用即对这些参照进行适当的说明，该说明在放置 UDF 时，将会显示在对话框内。

➤ 不同元素：指定在放置 UDF 时，需要重新定义的特征元素。

> 可变尺寸：在零件中放置 UDF 时，选取要修改的尺寸，并为这些尺寸输入提示。
> 尺寸值：选取属于 UDF 的尺寸，并输入其新值。
> 可变参数：选取在零件中放置 UDF 时要修改的参数。
> 族表：为 UDF 创建族表实例。
> 单位：改变当前单位。
> 外部符号：在 UDF 中包括外部尺寸和参数。

单击"钣金件"工具栏中的"冲孔"按钮⊠或者选择菜单栏中的"插入"→"形状"→"冲孔"命令即可创建 UDF 冲孔特征。

📖12.2.4 动手学——创建护角冲孔

本小节通过创建护角冲孔来讲解 UDF 冲孔的创建步骤。首先创建一个钣金件并在其上创建切口特征，然后将其定义为 UDF 特征，最后通过"冲孔"命令将其放置在护角钣金件上。具体操作过程如下：

01 新建文件。单击"新建"按钮🗋，打开"新建"对话框。在"类型"选项组下选择"零件"，在"子类型"选项组下选择"钣金件"，输入名称 chongkong，单击"确定"按钮，进入钣金界面。

02 创建分离的平整壁特征。

❶单击"钣金件"工具栏中的"平整"按钮🥄，弹出分离的"平整壁"操控板，选择 TOP 基准平面作为草绘平面，绘制如图 12.129 所示的草图。单击"完成"按钮✔，退出草绘环境。

❷返回操控板，设置壁厚为 2，单击"应用"按钮☑。结果如图 12.130 所示。

03 创建钣金切割特征。

❶单击"钣金件"工具栏中的"拉伸"按钮🗗，弹出"拉伸"操控板。

❷选取如图 12.130 所示的平面作为草绘平面。

❸选择"草绘"菜单栏中的"参照"命令，弹出"参照"对话框和"选取"对话框，在此选取系统坐标系 PRT_CSYS_DEF 作为添加的参照，单击"关闭"按钮完成参照的添加。

❹绘制如图 12.131 所示的截面草图。单击"完成"按钮✔，退出草绘环境。

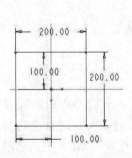

图 12.129 平整壁草图

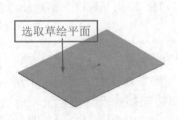

图 12.130 分离的平整壁特征

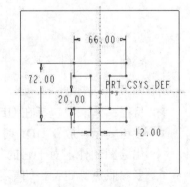

图 12.131 截面草图

❺在操控板中设置凹槽方式为"拉伸至下一曲面"，凹槽侧为"移除垂直于驱动曲面的材料"，操控板设置如图 12.132 所示。

图 12.132 操控板设置

❻单击"应用"按钮 ☑，完成钣金切割特征的创建。结果如图 12.133 所示。

04 定义 UDF 特征。

❶选择菜单栏中的"工具"→"UDF 库"命令，弹出如图 12.134 所示的 UDF 菜单管理器。定义 UDF 特征的操作步骤如图 12.135 所示。

图 12.133 钣金切割特征

图 12.134 UDF 菜单管理器

图 12.135 定义 UDF 特征的操作步骤

❷此时，弹出如图 12.136 所示的"确认"对话框，单击"是"按钮。

❸弹出消息输入窗口，后续操作步骤如图 12.137 所示。

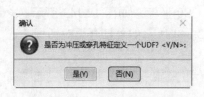

图 12.136 "确认"对话框

图 12.137 后续操作步骤

❹此时，弹出如图 12.138 所示的"UDF:chongkong，从属的"对话框，双击"可变尺寸"选项，后续操作步骤如图 12.139 所示。

图 12.138 "UDF:chongkong，从属的"对话框

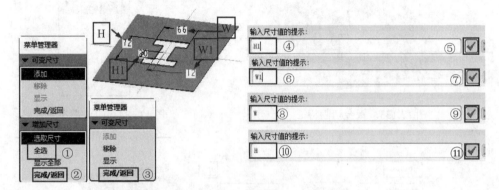

图 12.139 后续操作步骤

❺单击"UDF:chongkong，从属的"对话框中的"确定"按钮，再选择 UDF 菜单管理器中的"完成/返回"选项，完成 UDF 特征的创建。

05 保存文件并退出。选择菜单栏中的"文件"→"保存副本"命令，弹出"保存副本"对话框，在文本框中输入文件名 chongkong_udf.prt，单击"确定"按钮，完成文件的保存。然后选择菜单栏中"文件"→"拭除"→"当前"命令，将此文件从内存中清除。

在创建了 UDF 特征后，系统自动在工作目录中生成了一个名为 chongkong.gph 的文件，此文件就是凹槽的 UDF 数据库文件。

06 打开文件。单击"打开"按钮📂，弹出"文件打开"对话框，打开"\源文件\原始文件\第 12 章\hujiao.prt"文件，如图 12.140 所示。

07 创建冲孔特征。

❶单击"基准"工具栏中的"平面"按钮▱，弹出"基准平面"对话框，以 FRONT 基准平面为参照，向右偏移 200 创建 DTM1 基准平面；再以 RIGHT 基准平面为参照，向上偏移 90 创建 DTM2 基准平面，如图 12.141 所示。

❷单击"基准"工具栏中的"坐标系"按钮⚡，弹出"坐标系"对话框，选择系统坐标系 PRT_CSYS_DEF:F4，输入偏移距离，如图 12.142 所示。创建的 CS0 坐标系如图 12.143 所示。

❸单击"钣金件"工具栏中的"冲孔"按钮⊠，弹出如图 12.144 所示的"打开"对话框，选择 chongkong.gph 数据库文件，单击"打开"按钮。

❹弹出如图 12.145 所示的"插入用户定义的特征"对话框，用来显示 UDF 特征，勾选"高级参照配置"复选框，然后单击"确定"按钮。

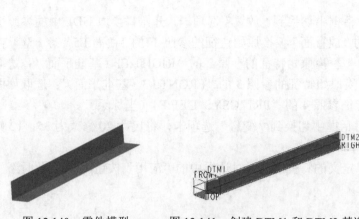

图 12.140 零件模型   图 12.141 创建 DTM1 和 DTM2 基准平面   图 12.142 "坐标系"对话框

图 12.143 创建的 CS0 坐标系   图 12.144 "打开"对话框   图 12.145 "插入用户定义的特征"对话框

❺弹出如图 12.146 所示的"用户定义的特征放置"和 CHONGKONG-Pro/ENGINEER 对话框。

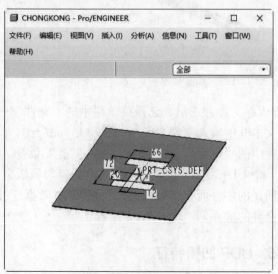

图 12.146 "用户定义的特征放置"和 CHONGKONG -Pro/ENGINEER 对话框

❻在"用户定义的特征放置"对话框中切换到"放置"选项卡，开始替换原 UDF 中的参照平面和坐标系。选取如图 12.147 所示的"放置面"替换原始特征的参照 1 的"曲面:F5（第一壁）"；选取如图 12.147 所示的"参照平面 1"替换原始特征的参照 2 的"RIGHT:F1（基准平面）"；选取如图 12.147 所示的"参照平面 2"替换原始特征的参照 3 的"FRONT:F3（基准平面）"；选取如图 12.147 所示的"坐标系"替换原始特征参照 4 的"PRT_CSYS_DEF:F4（坐标系）"。

❼在"用户定义的特征放置"对话框中切换到"变量"选项卡，将尺寸 20 修改为 35；12 修改为 16；66 修改为 100；72 修改为 120。

❽完成参照的替换，单击"用户定义的特征放置"对话框中的"应用"按钮✔，此时新生成的冲孔如图 12.148 所示。

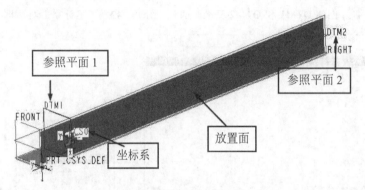

图 12.147　选取参考

图 12.148　新生成的冲孔

08　创建阵列特征。在模型树中选择上一步创建的冲孔特征"组 CHONGKONG"，选择菜单栏中的"编辑"→"阵列"命令，阵列类型选择"方向"，在绘图区选取护角的长边作为方向参照，如图 12.149 所示。设置阵列个数为 5，间距为 400，单击"应用"按钮✔。结果如图 12.150 所示。

图 12.149　选取护角的长边

图 12.150　阵列结果

09　保存文件并退出。选择菜单栏中的"文件"→"保存副本"命令，弹出"保存副本"对话框，在文本框中输入文件名 exercise06_13_udf.prt，单击"确定"按钮，完成文件的保存。然后选择菜单栏中的"文件"→"拭除"→"当前"命令，将此文件从内存中清除。

对于一个 UDF，如果定义该 UDF 数据库与原钣金件的关系为"从属"，则该 UDF 数据库必须依附于所属的零件而存在；如果想让该 UDF 数据库被其他钣金件调用，可以定义该 UDF 数据库与原钣金件的关系为"独立"。

📖12.2.5　UDF 凹槽特征

UDF 凹槽特征也是用户自定义的冲孔特征，在钣金建模中经常用到凹槽，需要先定义凹槽的模型，再根据制作好的模型进行凹槽操作。

UDF 凹槽特征主要用于切割钣金中的多余材料，也就是一般性的切割操作。创建凹槽特征需要先定义凹槽数据库。

凹槽只能创建在钣金件的边缘，凹槽的 UDF 形状是开放的。

凹槽的创建过程同冲孔基本相同。首先创建切口特征，然后将其定义为 UDF 特征，再调用凹槽命令将其放置在其他钣金件中。

单击"钣金件"工具栏中的"凹槽"按钮，或者选择菜单栏中的"插入"→"形状"→"凹槽"命令即可创建 UDF 凹槽特征。

扫一扫，看视频

📖12.2.6 动手学——创建之字板

本小节通过创建之字板来介绍凹槽特征的创建过程。首先在已创建好的源文件上利用"拉伸"命令创建钣金切割特征，然后将其定义成 UDF 特征，最后通过"凹槽"命令在之字板上创建凹槽。具体操作过程如下：

01 打开文件。单击"打开"按钮，打开"文件打开"对话框，打开"\源文件\原始文件\第 12 章\aocao.prt"文件，如图 12.151 所示。

02 创建钣金切割特征。

❶单击"钣金件"工具栏中的"拉伸"按钮，弹出"拉伸"操控板。

❷选取如图 12.152 所示的平面作为草绘平面，弹出"参照"对话框和"选取"对话框，选取如图 12.153 所示的 A_1 轴线和边线作为参照，单击"关闭"按钮完成参照的添加。

❸单击"草绘"工具栏中的"坐标系"按钮，将坐标系添加到如图 12.154 所示的位置上。

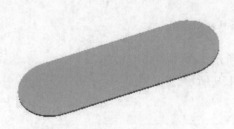

图 12.151 之字板零件

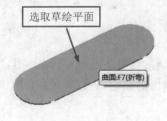

图 12.152 选取草绘平面

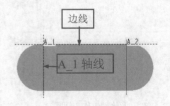

图 12.153 选取添加参照

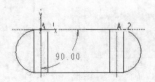

图 12.154 添加坐标系

❹绘制如图 12.155 所示的截面草图。单击"完成"按钮，退出草绘环境。

❺在操控板中设置切口方式为"拉伸至下一曲面"，切口侧为"移除垂直于驱动曲面的材料"。

❻单击"应用"按钮，完成钣金切割特征的创建。结果如图 12.156 所示。

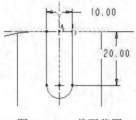

图 12.155　截面草图

图 12.156　钣金切割特征

03 定义 UDF 特征。

❶选择菜单栏中的"工具"→"UDF 库"命令，弹出如图 12.157 所示的 UDF 菜单管理器。定义 UDF 特征的操作步骤如图 12.157 所示。

图 12.157　定义 UDF 特征的操作步骤

❷此时，弹出"确认"对话框，如图 12.158 所示，单击"是"按钮。

❸弹出消息输入窗口，后续操作步骤如图 12.159 所示。

图 12.158　"确认"对话框

图 12.159　后续操作步骤

❹在如图 12.160 所示的"UDF:aocao，独立"对话框中双击"可变尺寸"选项，弹出"可变尺寸"菜单管理器和"选取"对话框，后续操作步骤如图 12.161 所示。

❺单击"UDF:aocao，独立"对话框中的"确定"按钮，再选择 UDF 菜单管理器中的"完成/返回"选项，完成 UDF 特征的创建。

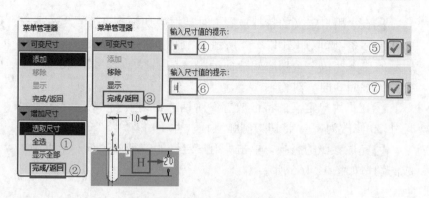

图 12.160　"UDF:aocao，独立"对话框

图 12.161　后续操作步骤

04 保存文件并退出。选择菜单栏中的"文件"→"保存副本"命令，弹出"保存副本"对话框，在文本框中输入文件名 aocao_udf，单击"确定"按钮，完成文件的保存，然后选择菜单栏中的"文件"→"拭除"→"当前"命令，将此文件从内存中清除。

在创建了 UDF 特征后，系统自动在工作目录中生成了一个名为 aocao.gph 的文件，此文件就是凹槽的 UDF 数据库文件。

05 打开文件。单击"打开"按钮，弹出"文件打开"对话框，打开"\源文件\原始文件\第 12 章\ aocao_udf.prt"文件。单击"打开"按钮，将其打开。

06 创建凹槽特征。

❶选择菜单栏中的"插入"→"形状"→"凹槽"命令，弹出如图 12.162 所示的"打开"对话框，选择 aocao.gph 数据库文件，单击"打开"按钮。

❷弹出如图 12.163 所示的"插入用户定义的特征"对话框，用来显示 UDF 特征。勾选"高级参照配置"复选框，然后单击"确定"按钮，弹出"用户定义的特征放置"对话框。

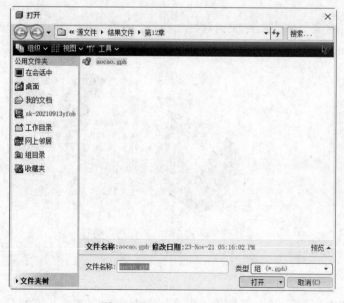

图 12.162　"打开"对话框

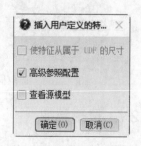

图 12.163　"插入用户定义的特征"对话框

❸在"用户定义的特征放置"对话框中切换到"放置"选项卡，开始替换原UDF中的参照平面和坐标系。选取如图12.164所示的"放置面"替换原始特征参照1的"放置面"；选取如图12.164所示的"参照边"替换原始特征参照2的"参照边"；选取如图12.164所示的"对称轴"替换原始特征参照3的"对称轴"。

❹在"用户定义的特征放置"对话框中切换到"变量"选项卡，将切割特征的切口特征深度尺寸20修改为30，将切口圆弧直径尺寸10修改为15。

❺完成参照的替换，单击"用户定义的特征放置"对话框中的"应用"按钮 ✔ ，此时新生成的切口如图12.165所示。

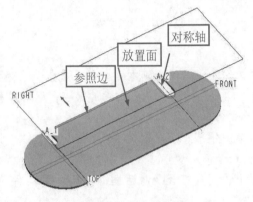

图12.164　选取参照

图12.165　新生成的切口

07 创建折弯回去特征。

❶单击"钣金件"工具栏中的"折弯回去"按钮 ，弹出"折弯回去"对话框和"选取"对话框。

❷选取如图12.166所示的平面作为固定平面，弹出"折弯回去选取"菜单管理器，依次选择"折弯回去全部"→"完成"选项。

❸单击"折弯回去"对话框中的"确定"按钮，完成折弯回去特征的创建。结果如图12.167所示。

图12.166　选取固定平面

图12.167　折弯回去特征

📖 12.2.7　成形特征

成形特征分为凹模和凸模两种，在生产成形零件之前必须先建立一个拥有凹模或凸模的几何形状的实体零件，作为成形特征的参照零件，而此种零件可在零件设计或钣金设计模块下建立。

凹模成形的参照零件必须带有边界面，参照零件既可以是凸的，也可以是凹的；而凸模成形不需要边界面，参照零件只能是凸的。

本小节主要讲述建立成形特征的基本方法，然后结合实例讲述建立成形特征的具体步骤。

1. 成形类型

在 Pro/ENGINEER Wildfire 5.0 中，系统提供了两种成形类型，即模具成形和冲孔成形。两者之间的区别是定义冲压范围的方式不同。"凹模"方式需要指定一个边界面和一个种子面，从种子面开始沿着模型表面不断向外扩展，直到碰到边界面为止，所经过的范围就是模具对钣金的冲压范围，但不包括边界面；而"凸模"方式则是仅需要指定其冲压方向，然后直接由此冲孔参照零件按照指定的方向进行冲压，相对"凹模"方式要简单一些。凹模成形能冲出凸形或凹形的钣金特征，而凸模成形只能冲出凸形的钣金特征。对于这两种方式，所有的指定操作都是针对其参照零件进行的。

2. 参考与复制

在凹模特征的"选项"菜单管理器中，系统提供了"参考"和"复制"两个命令，用于指定成形特征与参照零件之间的关系。系统默认是"参考"命令。

"参考"命令表示在钣金件中冲压出的外形与进行冲压的参照零件仍然有联系，如果参照零件发生变化，则钣金件中的冲压外形也会变化。

"复制"命令表示成形特征与参照零件之间是一种独立的关系，以该命令建立钣金成形特征时，系统将模具或冲孔的几何形状复制到钣金件上，如果参照零件发生变化，则钣金件中的冲压外形不会变化。

3. 约束类型

"约束类型"中一共有以下 9 种装配约束关系。

（1）匹配：用于两平面相贴合，并且这两平面呈相反方向。选择该装配约束后，直接选取两平面即可。

（2）对齐：表示约束要共面的两个平面，重合并面对同一方向或平行并面对同一方向。此选项也用于对齐旋转的曲面或同轴的轴。

（3）插入：表示将一个阳性旋转曲面插入一个阴性旋转曲面中，使其同轴，用于轴与孔之间的装配。

（4）坐标系：表示利用两零件的坐标系进行装配。将成形参照零件的坐标系约束到钣金件的坐标系。两个坐标系都必须在装配过程开始之前就已存在。

（5）相切：表示以曲面相切的方式进行装配，约束两个曲面使其相切。

（6）线上的点：表示以点与线相接的方式进行装配，约束点使之与线相接。

（7）曲面上的点：表示以两曲面上某一点相接的方式对两零件进行装配，约束点使之与曲面相接。

（8）曲面上的边：表示以两曲面上某一条边相接的方式对两零件进行装配，约束边使之与曲面相接。

（9）自动：表示按照系统默认位置进行装配。成形从属于保存的冲孔零件，再生钣金件时，对保存的零件所作的任何更改都进行参数化更新。如果保存的零件不能定位，则钣金件成形几何将冻结。

4．偏移

用于表示如何选择偏移参照。它包括三个选项："偏距""定向""重合"。

（1）偏距：用于确定两参照间的距离。可以与"约束类型"下拉列表框中的"匹配"和"对齐"选项配合进行装配。

➤ 匹配偏距：用于两平面偏移一定距离并贴合，即两平面呈反向贴合并且偏移一定距离。

➤ 对齐偏距：用于两平面或中心线（轴线）偏移一定距离并相互对齐，即两平面对齐并且偏移一定距离。

（2）定向：用于使两个平面的方向一致，即两者的法线方向相同，不指定偏移值。

（3）重合：用于约束两个要接触的曲面，不指定偏移值。

扫一扫，看视频

📖12.2.8 动手学——创建抽屉支架

本小节创建抽屉支架模型，如图 12.168 所示。

抽屉支架零件看似简单，但用到了很多钣金功能，如平整壁、钣金凹槽、成形等。模型创建过程中也存在很多技巧，特别是末端的成形特征，是一种比较少用的成形特征的创建方法。具体操作过程如下：

01 新建文件。单击"新建"按钮□，打开"新建"对话框。在"类型"选项组下选择"零件"，在"子类型"选项组下选择"钣金件"，输入名称 choutizhijia，单击"确定"按钮，进入零件绘制界面。

02 创建第一壁特征。

❶单击"钣金件"工具栏中的"平整"按钮▱，弹出分离的"平整壁"操控板。选取 RIGHT 基准平面作为草绘平面，绘制如图 12.169 所示的截面草图。单击"完成"按钮✔，退出草绘环境。

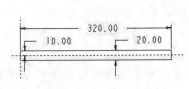

图 12.168　抽屉支架模型　　　　　　　图 12.169　截面草图

❷在操控板中输入钣金厚度为 0.7。单击"应用"按钮✓，完成第一壁特征的创建。结果如图 12.170 所示。

03 创建平整壁特征。

❶单击"钣金件"工具栏中的"平整"按钮▱，弹出"平整壁"操控板。设置平整壁的形状为"用户定义"，输入角度为 180°，选取如图 12.171 所示的边作为平整壁的附着边。

❷在"形状"下滑面板中单击"草绘"按钮，弹出"草绘"对话框，单击"草绘"按钮，进入草绘环境。绘制如图 12.172 所示的草图，单击"完成"按钮✔，退出草绘环境。

图 12.170　创建的第一壁特征

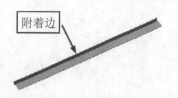

附着边

图 12.171　选取平整壁附着边

❸在操控板中单击"在连接边上添加折弯"按钮 ，取消折弯半径设置，单击"应用"按钮 。结果如图 12.173 所示。

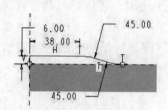

图 12.172　绘制的草图

图 12.173　创建的平整壁特征

04 创建法兰壁特征。

❶单击"钣金件"工具栏中的"法兰"按钮 ，弹出"法兰壁"操控板。

❷设置法兰壁的形状为"用户定义"，在"放置"下滑面板中单击"细节"按钮，弹出"链"对话框。选取如图 12.174 所示的边作为法兰壁的附着边，此时"链"对话框如图 12.175 所示，单击"确定"按钮，完成附着边的选取。

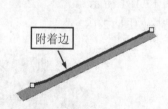

附着边

图 12.174　选取法兰壁附着边

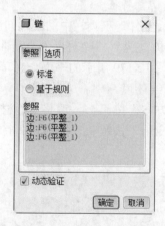

图 12.175　"链"对话框

❸在"形状"下滑面板中单击"草绘"按钮，弹出"草绘"对话框，单击"草绘"按钮，进入草绘环境。绘制如图 12.176 所示的草图，单击"完成"按钮 ，退出草绘环境。

❹单击"在连接边上添加折弯"按钮 ，取消设置折弯半径，单击"应用"按钮 。结果如图 12.177 所示。

05 创建展平特征。

❶单击"钣金件"工具栏中的"展平"按钮 ，弹出"展平选项"菜单管理器。

❷依次选择"常规"→"完成"命令，弹出"规则类型"对话框和"选取"对话框。

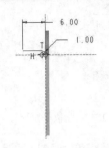

图 12.176　绘制的草图　　　　　　　　　　图 12.177　创建的法兰壁特征

❸选取如图 12.178 所示的平面作为固定平面，弹出"展平选取"菜单管理器。依次选择"展平全部"→"完成"命令。

❹单击"规则类型"对话框中的"确定"按钮，完成常规展平特征的创建。结果如图 12.179 所示。

固定平面

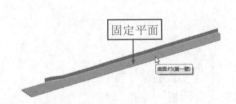

草绘平面

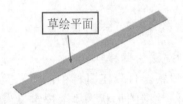

图 12.178　选取固定平面　　　　　　　　　图 12.179　创建的常规展平特征

06 创建切割特征。

❶单击"钣金件"工具栏中的"拉伸"按钮 ，弹出"拉伸"操控板。设置拉伸方式为"穿透"，移除材料方式为"移除垂直于驱动曲面的材料"。

❷选取如图 12.179 所示的平面作为草绘平面，绘制如图 12.180 所示的草图，单击"完成"按钮 ，退出草绘环境。

❸单击"方向"按钮 ，调整移除材料的方向如图 12.181 所示。

❹单击"应用"按钮 ，完成切割特征的创建。结果如图 12.182 所示。

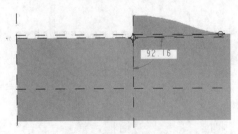

图 12.180　拉伸切除特征草图　　　　　　　图 12.181　移除材料的方向

07 创建折弯回去特征。

❶单击"钣金件"工具栏中的"折弯回去"按钮 ，弹出"折弯回去"对话框和"选取"对话框。

❷选取如图 12.183 所示的平面作为折弯回去的固定平面。在"折弯回去选取"菜单管理器中依次选择"折弯回去全部"→"完成"命令，然后单击"折弯回去"对话框中的"确定"按钮。

结果如图 12.184 所示。可以看到原来的直角变为曲线过渡，局部放大图如图 12.185 所示。

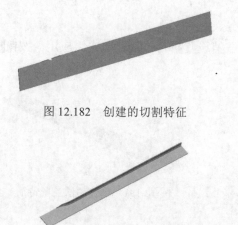

图 12.182 创建的切割特征

图 12.183 选取固定平面

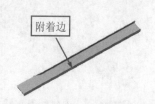

图 12.184 创建的折弯回去特征

图 12.185 折弯回去特征的局部放大图

08 创建平整壁特征。

❶单击"钣金件"工具栏中的"平整"按钮 ，弹出"平整壁"操控板。设置平整壁的形状为"用户定义"，输入角度为 180°，选取如图 12.186 所示的边作为平整壁的附着边。

❷在"形状"下滑面板中单击"草绘"按钮，弹出"草绘"对话框，单击"草绘"按钮，进入草绘环境。绘制如图 12.187 所示的草图，单击"完成"按钮 ✔，退出草绘环境。

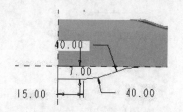

图 12.186 选取平整壁附着边

图 12.187 绘制的草图

❸在操控板中单击"在连接边上添加折弯"按钮 ，取消设置折弯半径，单击"应用"按钮 ✅。结果如图 12.188 所示。

09 创建法兰壁特征。

❶单击"钣金件"工具栏中的"法兰"按钮 ，弹出"法兰壁"操控板。

❷设置法兰壁的形状为"用户定义"，在"放置"下滑面板中单击"细节"按钮，弹出"链"对话框。选取如图 12.189 所示的边作为法兰壁的附着边，单击"确定"按钮，完成附着边的选取。

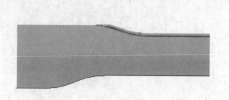

图 12.188 创建的平整壁特征

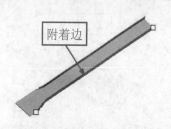

图 12.189 选取法兰壁附着边

❸在"形状"下滑面板中单击"草绘"按钮，弹出"草绘"对话框，保持默认设置，单击"草绘"按钮，进入草绘环境。

❹绘制如图 12.190 所示的草图，单击"完成"按钮 ✔。

❺单击"在连接边上添加折弯"按钮 ⌐，取消设置折弯半径，单击"应用"按钮 ☑。结果如图 12.191 所示。

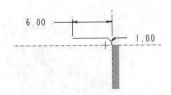

图 12.190　绘制的草图

图 12.191　创建的法兰壁特征

10 创建展平特征。

❶单击"钣金件"工具栏中的"展平"按钮 📐，弹出"展平选项"菜单管理器。

❷依次选择"常规"→"完成"选项，弹出"规则类型"对话框和"选取"对话框。

❸选取如图 12.192 所示的平面作为固定平面，弹出"展平选取"菜单管理器。依次选择"展平全部"→"完成"选项。

❹单击"规则类型"对话框中的"确定"按钮，完成常规展平特征的创建。结果如图 12.193 所示。

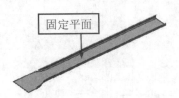

固定平面

图 12.192　选取固定平面

图 12.193　创建的展平特征

11 创建切割特征。

❶单击"钣金件"工具栏中的"拉伸"按钮 ⬚，弹出"拉伸"操控板。设置拉伸方式为"穿透" ⫶⫶，移除材料方式为"移除垂直于驱动曲面的材料"。

❷选取如图 12.194 所示的平面作为草绘平面，绘制如图 12.195 所示的草图，单击"完成"按钮 ✔，退出草绘环境。

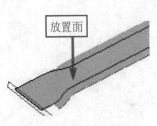

放置面

图 12.194　选取草绘平面

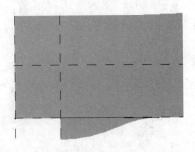

图 12.195　绘制的草图

❸单击"方向"按钮 ✗，调整移除材料的方向如图 12.196 所示。

❹单击"应用"按钮 ✔，完成切割特征的创建。结果如图 12.197 所示。

图 12.196 移除材料的方向

图 12.197 创建的切割特征

⑫ 创建折弯回去特征。

❶单击"钣金件"工具栏中的"折弯回去"按钮 ，弹出"折弯回去"对话框和"选取"对话框。

❷选取如图 12.198 所示的平面作为折弯回去的固定平面。在"折弯回去选取"菜单管理器中依次选择"折弯回去全部"→"完成"选项，然后单击"折弯回去"对话框中的"确定"按钮。结果如图 12.199 所示。

⑬ 创建法兰壁特征。

❶单击"钣金件"工具栏中的"法兰"按钮 ，弹出"法兰壁"操控板。

❷设置法兰壁的形状为"用户定义"，选取如图 12.200 所示的边作为法兰壁的附着边。

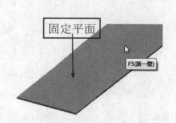

图 12.198 选取固定平面

图 12.199 创建的折弯回去特征

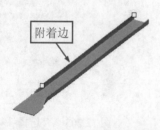

图 12.200 选取法兰壁附着边

❸在"形状"下滑面板中单击"草绘"按钮，弹出"草绘"对话框，单击"草绘"按钮，绘制如图 12.201 所示的草图，然后单击工具栏中的"完成"按钮 ✔，退出草绘环境。

❹单击"在连接边上添加折弯"按钮 ，取消设置折弯半径，单击"应用"按钮 ✔。结果如图 12.202 所示。

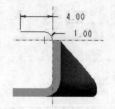

图 12.201 绘制的草图

图 12.202 创建的法兰壁特征

⑭ 创建切割特征。

❶单击"钣金件"工具栏中的"拉伸"按钮 ，弹出"拉伸"操控板。设置拉伸方式为"穿

透"▋▐▐，移除材料方式为"移除垂直于驱动曲面的材料"。选取 RIGHT 基准平面作为草绘平面，绘制如图 12.203 所示的草图，单击"完成"按钮 ✔，退出草绘环境。

❷单击"应用"按钮 ✅，完成切割特征的创建。结果如图 12.204 所示。

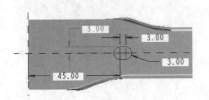

图 12.203　绘制的草图

图 12.204　创建的切割特征

15 复制特征。

❶在模型树中选中"拉伸 3"特征，单击"编辑"工具栏中的"复制"按钮 ▤，再单击"编辑"工具栏中的"选择性粘贴"按钮 ▤，弹出"选择性粘贴"对话框。勾选"对副本应用移动/旋转变换"复选框，如图 12.205 所示，单击"确定"按钮 确定(0)。

❷选择 TOP 基准平面作为移动参照平面，输入移动值为 15，如图 12.206 所示。单击"应用"按钮 ✅。结果如图 12.207 所示。

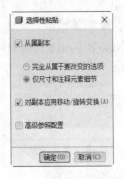

图 12.205　"选择性粘贴"对话框

图 12.206　输入移动值

❸按住 Ctrl 键，在模型树中选中最后创建的两个特征，然后右击，从打开的快捷菜单中选择"组"，如图 12.208 所示。

图 12.207　特征复制结果

图 12.208　创建组

16 创建阵列特征。在左侧的模型树中选中刚刚创建的组特征，选择菜单栏中的"编辑"→"阵列"命令，选择阵列方式为"尺寸"，单击"阵列"操控板中的"尺寸"按钮，打开"尺寸"下滑面板。在绘图区选择数值 45，输入增量为 230.00，如图 12.209 所示。输入阵列个数为 2，单击"应用"按钮 ✅。结果如图 12.210 所示。

图 12.209 阵列尺寸设置

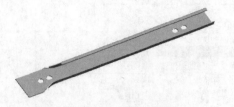

图 12.210 创建的阵列特征

17 创建切割特征。

❶单击"钣金件"工具栏中的"拉伸"按钮，弹出"拉伸"操控板。设置拉伸方式为"穿透"，移除材料方式为"移除垂直于驱动曲面的材料"。选择 RIGHT 基准平面作为草绘平面，绘制如图 12.211 所示的草图，单击"完成"按钮，退出草绘环境。

❷单击"应用"按钮，完成切割特征的创建。结果如图 12.212 所示。

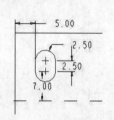

图 12.211 绘制的草图

图 12.212 创建的切割特征

18 创建凹模成形特征。

❶单击"钣金件"工具栏中的"凹模"按钮，或者选择菜单栏中的"插入"→"形状"→"凹模"命令，在系统弹出的"选项"菜单管理器中依次选择"参照"→"完成"选项，如图 12.213 所示。弹出"打开"对话框，选取 CHOU-TI-ZHI-JIA-MO-1，单击"打开"按钮，弹出"模板"对话框和"CHOU-TI-ZHI-JIA-MO-1-成形"单独窗口，如图 12.214 所示。

图 12.213 "选项"菜单管理器

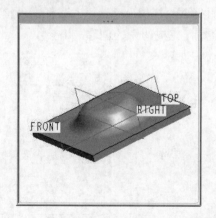

图 12.214 "CHOU-TI-ZHI-JIA-MO-1-成形"单独窗口

❷勾选"模板"对话框左下角的"预览"复选框，然后在"模板"对话框右侧的"约束类型"下拉列表框中选择"对齐"，在"偏移"下拉列表框中选择"重合"，如图 12.215 所示。然后依次点选 CHOU-TI-ZHI-JIA-MO-1 的平面 1 和零件的平面 2，如图 12.216 所示，使这两个面相匹配。

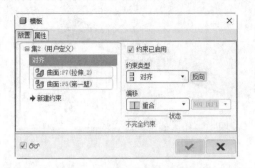

图 12.215　约束平面设置

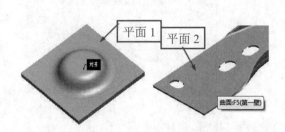

图 12.216　约束平面的选取

❸在"模板"对话框中单击"新建约束"按钮，在右侧的"约束类型"下拉列表框中选择"配对"，在"偏移"下拉列表框中选择"偏移"，偏移距离为 10.00，然后依次选取 CHOU-TI-ZHI-JIA-MO-1 的 TOP 基准平面和零件的 FRONT 基准平面，如图 12.217 所示。

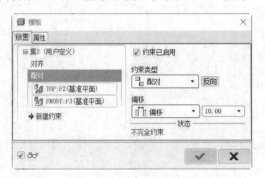

图 12.217　新建约束

❹在"模板"对话框中单击"新建约束"按钮，在右侧的"约束类型"下拉列表框中选择"对齐"，在"偏移"下拉列表框中选取"偏移"，偏移距离为 10.00，然后依次点选 CHOU-TI-ZHI-JIA-MO-1 的 RIGHT 基准平面和零件的 TOP 基准平面，单击"反向"按钮，调整方向，约束类型变为"配对"。此时在"模板"对话框右下侧的"状态"变为"完全约束"，如图 12.218 所示。单击"完成"按钮 ✔ ，完成约束的创建。

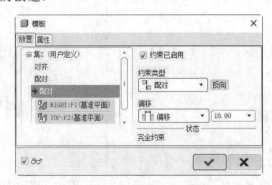

图 12.218　完成约束的创建

❺此时在"CHOU-TI-ZHI-JIA-MO-1-成形"单独窗口的信息提示区内显示 ➡ 从参照零件选取边界平面。 ，选取如图 12.219 所示的边界平面和种子曲面，然后单击"确定"按钮，完成凹模成形特征的创建。结果如图 12.220 所示。

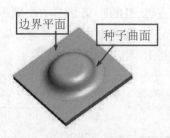

图 12.219　边界种子曲面的选取　　　　　图 12.220　创建的凹模成形特征

19 创建切割特征。

❶单击"钣金件"工具栏中的"拉伸"按钮 ，弹出"拉伸"操控板。设置拉伸方式为"穿透" ，移除材料方式为"移除垂直于驱动曲面的材料"。选择凹模的顶面作为草绘平面，其余参照保持默认设置。单击"草绘"按钮，进入草绘环境。

❷绘制如图 12.221 所示的图形，单击"完成"按钮 ✔，退出草绘环境。

❸单击"应用"按钮 ，完成切割特征的创建。结果如图 12.222 所示。

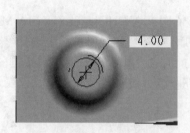

图 12.221　绘制图形　　　　　　　　图 12.222　创建的切割特征

20 创建凹模成形特征。

❶单击"钣金件"工具栏中的"凹模"按钮 ，在系统弹出的"选项"菜单管理器中依次选择"参照"→"完成"选项，弹出"打开"对话框，选取 CHOU-TI-ZHI-JIA-MO-2，单击"打开"按钮，弹出"模板"对话框和"CHOU-TI-ZHI-JIA-MO-2-成形"单独窗口，如图 12.223 所示。

❷勾选"模板"对话框左下角的"预览" 复选框，然后在"模板"对话框右侧的"约束类型"下拉列表框中选择"对齐"，在"偏移"下拉列表框中选择"重合"，如图 12.224 所示。依次点选 CHOU-TI-ZHI-JIA-MO-2 的平面 1 和零件的平面 2，如图 12.225 所示，使这两个面相匹配。

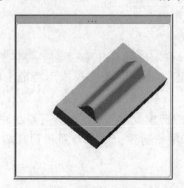

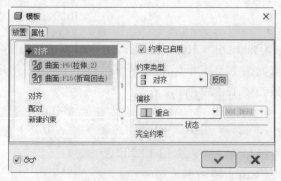

图 12.223　"CHOU-TI-ZHI-JIA-MO-2-成形"单独窗口　　图 12.224　约束平面设置

❸在"模板"对话框中单击"新建约束"按钮，依次点选 CHOU-TI-ZHI-JIA-MO-2 的 RIGHT 基准平面和零件的 TOP 基准平面。在右侧的"约束类型"下拉列表框中选择"对齐"，在"偏移"下拉列表框中选择"偏移"，偏移距离为-300，如图 12.226 所示。

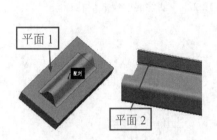

图 12.225　选取约束平面

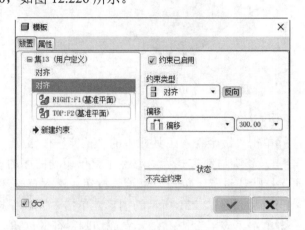

图 12.226　新建约束

❹在"模板"对话框中单击"新建约束"按钮，依次点选 CHOU-TI-ZHI-JIA-MO-2 的 FRONT 基准平面和零件的 RIGHT 基准平面。在右侧的"约束类型"下拉列表框中选择"对齐"，在"偏移"下拉列表框中选择"偏移"，偏移距离为 5.00。此时在"模板"对话框右下侧的"状态"变为"完全约束"，如图 12.227 所示。单击"完成"按钮 ，完成约束的创建。

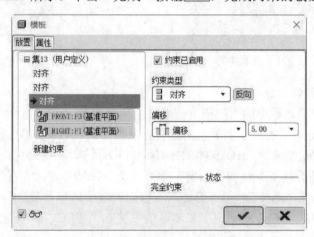

图 12.227　完成约束的创建

❺此时在"CHOU-TI-ZHI-JIA-MO-2-成形"单独窗口的信息提示区内打开 ➡从参照零件选取边界平面。，选取如图 12.228 所示的边界平面和种子曲面，然后单击"确定"按钮，完成凹模成形特征的创建。结果如图 12.229 所示。

21 创建镜像特征 1。在左侧的模型树中选取刚刚创建的凹模成形特征，选择菜单栏中的"编辑"→"镜像"命令，弹出"镜像"操控板，选取 FRONT 基准平面作为镜像参照平面，单击"应用"按钮 。结果如图 12.230 所示。

22 创建凹模成形特征。

❶重复"凹模"命令，选择 CHOU-TI-ZHI-JIA-MO-3 模板，模板与零件的 3 个约束分别如下：

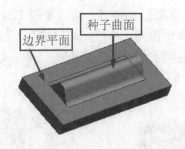

图 12.228　选取边界平面和种子曲面

图 12.229　创建的凹模成形特征

（1）选择如图 12.231 所示的模板的平面 1 和零件的平面 2，约束方式为"配对""重合"。

（2）选择模板的 FRONT 基准平面与零件的 TOP 基准平面，约束方式为"对齐""偏移"，偏移距离为-160。

（3）选择模板的 TOP 基准平面与零件的 FRONT 基准平面，约束方式为"对齐""偏移"，偏移距离为-6。

图 12.230　镜像结果

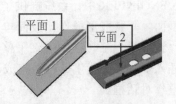

图 12.231　成形特征模板

❷选取如图 12.232 所示的边界平面和种子曲面，然后单击"确定"按钮，完成凹模成形特征的创建。结果如图 12.233 所示。

23 创建镜像特征。在左侧的模型树中选取刚刚创建的凹模成形特征，选择菜单栏中的"编辑"→"镜像"命令，弹出"镜像"操控板，选取 FRONT 基准平面作为镜像参照平面，单击"应用"按钮☑。结果如图 12.234 所示。

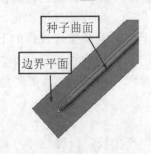

图 12.232　选取边界平面和种子曲面　　图 12.233　创建的凹模成形特征　　图 12.234　镜像结果

24 创建切割特征。

❶单击"钣金件"工具栏中的"拉伸"按钮，弹出"拉伸"操控板。设置拉伸方式为"对称"，移除材料方式为"移除垂直于驱动曲面的材料"。选择 FRONT 基准平面作为草绘平面，绘制如图 12.235 所示的图形，单击"完成"按钮✔，退出草绘环境。

❷设置拉伸深度为 80，单击"应用"按钮☑，完成切割特征的创建。结果如图 12.236 所示。

25 创建倒圆角特征。选择菜单栏中的"插入"→"倒圆角"命令，然后按住 Ctrl 键，选取如图 12.237 所示的两条棱边。输入圆角半径为 5.00，然后单击"应用"按钮☑。抽屉支架最终结果如图 12.168 所示。

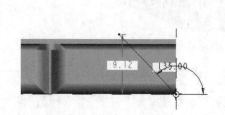

图 12.235　绘制图形

图 12.236　切割特征

图 12.237　选取倒圆角棱边

📖12.2.9　平整成形特征

在 Pro/ENGINEER 中，系统提供了平整成形功能，用于将由于成形特征造成的钣金凸起或凹陷恢复为平面。平整成形操作比较简单。

单击"钣金件"工具栏中的"平整成形"按钮🖳，或者选择菜单栏中的"插入"→"形状"→"平整成形"命令，弹出如图 12.238 所示的"平整"对话框。

"平整"对话框内各项的含义如下。

（1）印贴：用于平整成形特征。

（2）边处理：用于将创建的冲压边特征（如倒角、倒圆角、孔和凹槽）恢复原貌。

图 12.238　"平整"对话框

扫一扫，看视频

📖12.2.10　动手学——创建洗菜盆并计算钣金下料尺寸

本小节通过洗菜盆的创建来介绍"平整成形"命令的使用。首先利用"拉伸"命令创建凸模，再在钣金模块中创建分离的平整壁，进行凸模成形；然后利用"法兰"命令创建法兰壁和孔，最后利用"展平"和"平整成形"命令将其展平，以方便计算钣金下料尺寸。具体操作过程如下：

01 新建文件。单击"新建"按钮🗋，打开"新建"对话框。在"类型"选项组下选择"零件"，在"子类型"选项组下选择"实体"，输入名称 tumo，单击"确定"按钮，进入零件绘制界面。

02 创建拉伸特征。

❶单击"基础特征"工具栏中的"拉伸"按钮🗗，弹出"拉伸"操控板，设置拉伸方式为"盲孔"🖳。

❷单击操控板上的"放置"按钮，在下滑面板中单击"定义"按钮，弹出"草绘"对话框，选取 FRONT 基准平面作为草绘平面，其他设置保持默认。单击"草绘"按钮，进入草绘环境。

❸绘制如图 12.239 所示的截面草图。绘制完成后单击"完成"按钮✔，退出草绘环境。

❹设置拉伸方式为"盲孔"🖳，拉伸深度为 230，单击"应用"按钮☑，完成拉伸特征的创建。结果如图 12.240 所示。

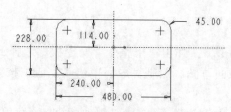

图 12.239 绘制截面草图   图 12.240 创建的拉伸特征

03 创建斜度特征。

❶单击"工程特征"工具栏中的"拔模"按钮，弹出"拔模"操控板。

❷单击"参照"按钮，弹出"参照"下滑面板，然后在模型中选取如图 12.241 所示的平面作为拔模曲面；选取如图 12.242 所示的平面作为拔模枢轴，输入拔模角度为 10°；单击"方向"按钮，调整拔模方向。

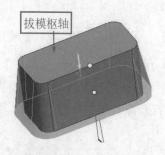

图 12.241 选取拔模曲面   图 12.242 选取拔模枢轴

❸单击"应用"按钮，完成斜度特征的创建。结果如图 12.243 所示。

04 创建倒圆角特征。

❶单击"工程特征"工具栏中的"倒圆角"按钮，创建倒圆角。

❷输入圆角半径为 30，选取如图 12.244 所示的四条边进行圆角操作。

❸单击"应用"按钮，完成倒圆角特征的创建。结果如图 12.245 所示。

图 12.243 创建的斜度特征   图 12.244 选取边   图 12.245 创建的倒圆角特征

05 保存文件并退出。单击"文件"工具栏中的"保存"按钮，将文件保存到指定文件夹下，单击"确定"按钮，完成文件的保存。然后选择菜单栏中的"文件"→"拭除"→"当前"命令，将此文件从内存中清除。

06 新建钣金文件。单击"新建"按钮，打开"新建"对话框。在"类型"选项组下选择"零件"，在"子类型"选项组下选择"钣金件"，输入名称 xicaipen，单击"确定"按钮，进入零件绘制界面。

07 创建平整壁特征。

❶单击"钣金件"工具栏中的"平整"按钮 ⛏，弹出"平整壁"操控板。选择 FRONT 基准平面作为草绘平面，绘制如图 12.246 所示的截面草图。绘制完成后单击"完成"按钮 ✔，退出草绘环境。

❷在操控板中输入钣金厚度为 1。单击"应用"按钮 ✔，完成平整壁的创建。结果如图 12.247 所示。

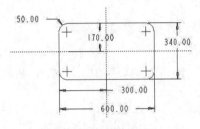

图 12.246　截面草图

图 12.247　创建的平整壁

08 创建凸模成形特征。

❶单击"钣金件"工具栏中的"凸模工具"按钮 ⬇，弹出如图 12.248 所示的凸模工具操控板，单击"打开冲孔模型"按钮 🖿，弹出"打开"对话框，选取模型 tumo.prt 后单击"打开"按钮将模型打开。

图 12.248　凸模工具操控板

❷单击"放置"按钮，弹出"放置"下滑面板。在"约束类型"下拉列表框中选择"对齐"，在"偏移"下拉列表框中选择"重合"，然后依次选取如图 12.249 所示模型的平面 2 和零件的平面 1，使这两个面相匹配，设置如图 12.250 所示。

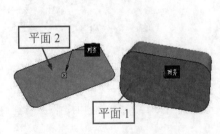

图 12.249　选取约束平面

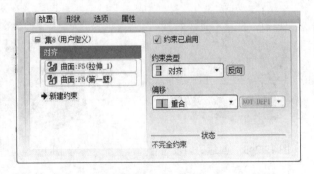

图 12.250　约束设置

❸在"放置"下滑面板中单击"新建约束"按钮，在右侧的"约束类型"下拉列表框中选择"对齐"，在"偏移"下拉列表框中选择"重合"，然后依次选择模型的 RIGHT 基准平面和零件的 RIGHT 基准平面，设置如图 12.251 所示。

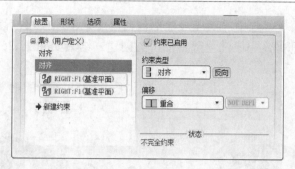

图 12.251　约束设置

❹在"放置"下滑面板中单击"新建约束"按钮，在右侧的"约束类型"下拉列表框中选择"配对"，在"偏移"下拉列表框中选择"重合"，然后依次选择模型的 TOP 基准平面和零件的 TOP 基准平面，此时在"放置"下滑面板右下侧的"状态"选项组中显示"完全约束"，如图 12.252 所示。单击箭头，调整箭头方向如图 12.253 所示。单击"应用"按钮✔，完成凸模成形特征的创建。结果如图 12.254 所示。

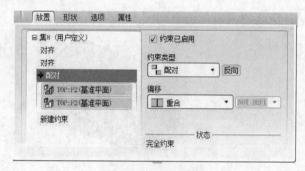

图 12.252　完成约束

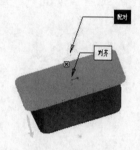

图 12.253　调整箭头方向

09　创建法兰壁特征 1。

❶单击"钣金件"工具栏中的"法兰"按钮，弹出"法兰壁"操控板。

❷单击"放置"下滑面板中的"细节"按钮，弹出"链"对话框，在绘图区选取如图 12.255 所示的附着边。单击"确定"按钮，关闭对话框。

图 12.254　创建的凸模成形特征

图 12.255　选取附着边

❸设置法兰壁的形状为 I 形，操控板参数设置如图 12.256 所示。

图 12.256　操控板参数设置

❹在"形状"下滑面板中选中"高度尺寸不包括厚度"单选按钮，修改高度尺寸为10。

❺单击"应用"按钮✔️，完成法兰壁特征1的创建。结果如图12.257所示。

10 创建法兰壁特征2。

❶重复"法兰"命令，参照上一步的操作选取如图12.258所示的附着边，设置法兰壁的形状为C形。

图12.257　法兰壁特征1

图12.258　选取附着边2

❷"形状"下滑面板中参数设置如图12.259所示（注：此处因下滑面板占幅太大，完整截图会看不清参数，故只截出图形尺寸）。

❸单击"应用"按钮✔️，完成法兰壁特征2的创建。结果如图12.260所示。

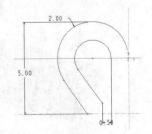

图12.259　"形状"下滑面板尺寸图

图12.260　法兰壁特征2

11 创建拉伸切除特征。

❶单击"钣金件"工具栏中的"拉伸"按钮，弹出"拉伸"操控板。选择FRONT基准平面作为草绘平面，绘制如图12.261所示的草图。单击"完成"按钮✔️，退出草绘环境。

❷返回操控板，设置拉伸方式为"对称"，深度设置为600。结果如图12.262所示。

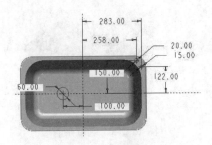

图12.261　绘制的草图

图12.262　拉伸切除特征

12 创建展平特征。

❶单击"钣金件"工具栏中的"展平"按钮，弹出"展平选项"菜单管理器。依次选择"常规"→"完成"命令，弹出"规则类型"对话框。

❷在绘图区选取如图12.263所示的底面作为固定面，选择"展平选取"菜单管理器中的"展

平全部"→"完成"命令，单击"规则类型"对话框的"确定"按钮。结果如图 12.264 所示。

图 12.263 选取固定面

图 12.264 展平结果

13 创建平整成形特征。

❶单击"钣金件"工具栏中的"平整成形"按钮，弹出"平整"对话框。参数设置步骤如图 12.265 所示。

❷完成平整成形特征的创建，生成的平整成形特征如图 12.266 所示。此时，可方便计算钣金下料尺寸。

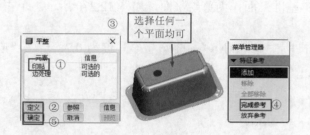

图 12.265 参数设置步骤

图 12.266 生成的平整成形特征

14 创建尺寸值。

❶选择菜单栏中的"分析"→"测量"→"距离"命令，弹出"距离"对话框，选取如图 12.267 所示的两条边，选择 FRONT 基准平面作为投影面，此时，对话框如图 12.268 所示。

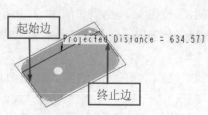

图 12.267 选取边

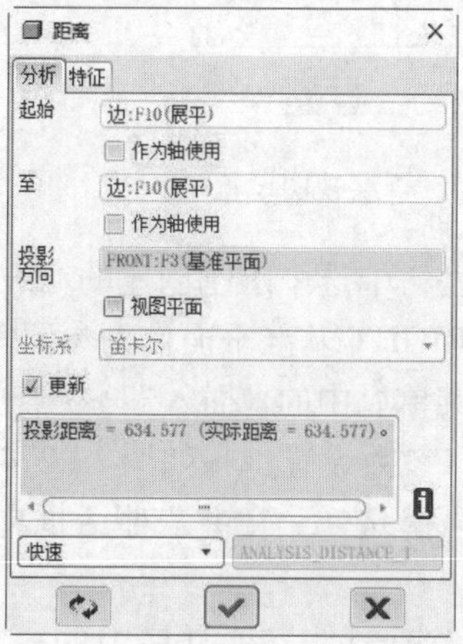

图 12.268 "距离"对话框

❷同理，可以测量另外两条边的距离。

12.3　综合实例——创建管路支架

本实例要创建的管路支架模型如图 12.269 所示，主要用到了平整壁、法兰壁、冲压等特征，建模时要注意在展平特征上创建成形特征和在成形特征上再创建成形特征。

图 12.269　管路支架模型

12.3.1　创建第一壁并镜像合并

01 新建文件。单击"新建"按钮 🗋，打开"新建"对话框。在"类型"选项组下选择"零件"，在"子类型"选项组下选择"钣金件"，输入名称 guanluzhijia，单击"确定"按钮，进入零件绘制界面。

02 创建分离的平整壁特征。

❶单击"钣金件"工具栏中的"平整"按钮 🔧，在弹出的操控板内单击"参照"→"定义"按钮，弹出"草绘"对话框，选择 FRONT 基准平面作为草绘平面，如图 12.270 所示。单击"草绘"按钮，进入草绘环境。

❷绘制如图 12.271 所示的草图，单击"完成"按钮 ✔。输入钣金厚度为 0.7，单击"应用"按钮 ✅。结果如图 12.272 所示。

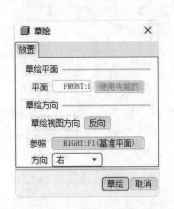

图 12.270　草绘视图设置

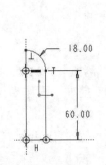

图 12.271　绘制的草图

图 12.272　创建的分离的平整壁

❸在模型树中选中刚刚创建的第一壁特征，选择"编辑"→"镜像"命令，打开"镜像"操控板，选取 RIGHT 基准平面作为参照平面，单击"应用"按钮 ✅。结果如图 12.273 所示。

❹选择菜单栏中的"插入"→"合并壁"命令，打开"壁选项：合并"对话框和"特征参考"菜单管理器，参数设置步骤如图 12.274 所示。

❺单击"壁选项：合并"对话框中的"确定"按钮，完成合并壁的创建。结果如图 12.275 所示。

❻单击"钣金件"工具栏中的"拉伸"按钮 🔗，弹出"拉伸"操控板，参数设置步骤如图 12.276 所示。单击"草绘"按钮，进入草绘环境。

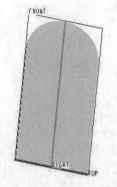

图 12.273　镜像结果

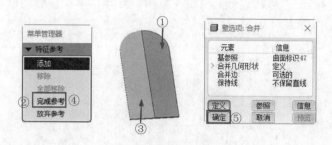

图 12.274　参数设置步骤

图 12.275　创建的合并壁

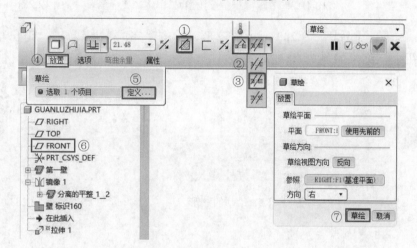

图 12.276　参数设置步骤

❼绘制如图 12.277 所示的直径为 14.00 的圆，单击"完成"按钮✔，退出草绘环境。

❽在操控板内选择拉伸方式为"穿透"，单击"应用"按钮☑。结果如图 12.278 所示。

❾在左侧的模型树中选中整个零件，然后依次选择"编辑"→"镜像"命令，打开镜像操控板，选取 TOP 基准平面作为镜像参照平面，然后单击操控板中的"应用"按钮☑。结果如图 12.279 所示。

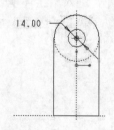

图 12.277　绘制圆

图 12.278　创建的拉伸切除特征

图 12.279　镜像结果

📖12.3.2　创建平整壁及法兰壁

01 创建平整壁特征。

❶单击"钣金件"工具栏中的"平整"按钮，在操控板内选择平整壁的形状为"用户定义"，

435

选择角度为"平整"，选取如图 12.280 所示的边作为平整壁的附着边。

❷单击"形状"→"草绘"按钮，打开"草绘"对话框，如图 12.281 所示。单击"草绘"按钮，进入草绘环境。

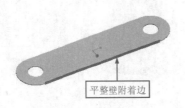

图 12.280　选取平整壁附着边　　　　　　图 12.281　"草绘"对话框

❸绘制如图 12.282 所示的图形，单击"完成"按钮 ✔，退出草绘环境，单击"应用"按钮 ☑。结果如图 12.283 所示。

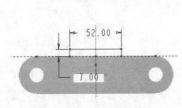

图 12.282　绘制的图形　　　　　　　　图 12.283　创建的平整壁

02 创建法兰壁特征 1。

❶单击"钣金件"工具栏中的"法兰"按钮 ，参数设置如图 12.284 所示。选取如图 12.285 所示的边作为法兰壁的附着边，单击"确定"按钮。

图 12.284　"法兰壁"操控板参数设置

❷单击"形状"→"草绘"按钮，打开"草绘"对话框，单击"草绘"按钮，进入草绘环境。

❸绘制如图 12.286 所示的图形，单击"完成"按钮 ✔，退出草绘环境，单击"应用"按钮 ☑。结果如图 12.287 所示。

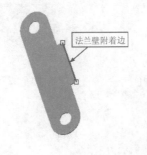

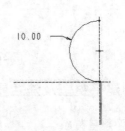

图 12.285　选取法兰壁附着边　　　　　　图 12.286　绘制的图形

❹单击"钣金件"工具栏中的"平整"按钮 ，选择平整壁的形状为"用户定义"，选择角度为"平整"，选取如图 12.288 所示的边作为平整壁的附着边。

图 12.287 创建的法兰壁 1

图 12.288 选取平整壁附着边

❺绘制如图 12.289 所示的截面图形，创建的平整壁如图 12.290 所示。

03 创建法兰壁特征 2。

❶单击"钣金件"工具栏中的"法兰"按钮 ，选择法兰壁的形状为"用户定义"，选取如图 12.291 所示的边作为法兰壁的附着边。

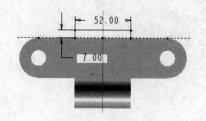

图 12.289 绘制的图形

图 12.290 创建的平整壁

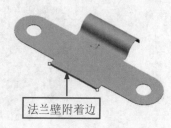

图 12.291 选取法兰壁附着边

❷绘制如图 12.292 所示的图形。单击"完成"按钮 ✔，设置内侧折弯半径为 10。结果如图 12.293 所示。

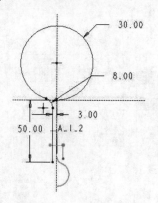

图 12.292 绘制的图形

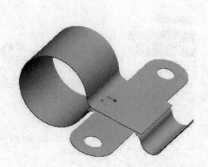

图 12.293 创建的法兰壁 2

04 创建法兰壁特征 3。

❶单击"钣金件"工具栏中的"法兰"按钮 ，选择法兰壁的形状为"用户定义"，选取如图 12.294 所示的边作为法兰壁的附着边。

❷绘制如图 12.295 所示的图形。单击"完成"按钮 ✔，设置内侧折弯半径为 10。结果如图 12.296 所示。

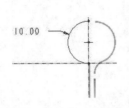

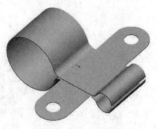

图 12.294 选取法兰壁附着边   图 12.295 绘制的图形   图 12.296 创建的法兰壁 3

📖 12.3.3 创建凹模成形特征

01 创建拉伸切除特征。单击"钣金件"工具栏中的"拉伸"按钮🗀，弹出"拉伸"操控板，选取 FRONT 基准平面作为草绘平面，绘制如图 12.297 所示的拉伸截面草图，拉伸方式为"对称"🞂，拉伸深度为 10。单击"反向"按钮🖎，调整拉伸切除方向。结果如图 12.298 所示。

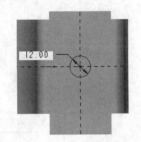

图 12.297 绘制的拉伸截面草图   图 12.298 创建的拉伸切除特征

02 创建展平特征。单击"钣金件"工具栏中的"展平"按钮⬆，弹出"展平选项"菜单管理器，参数设置步骤如图 12.299 所示。单击"规则类型"对话框中的"确定"按钮，完成展平。

图 12.299 参数设置步骤 1

03 创建凹模成形特征。

❶单击"钣金件"工具栏中的"凹模"按钮💹，在弹出的"选项"菜单管理器中依次选择"参照"→"完成"命令，如图 12.300 所示。弹出"打开"对话框，选择 GUAN-LU-ZHI-JIA-MO-1，单击"打开"按钮，弹出 GUAN-LU-ZHI-JIA-MO-1 单独窗口，如图 12.301 所示。"模板"对话框中的约束参数设置步骤如图 12.302 所示。

❷通过单击"约束类型"后的"反向"按钮，调整两零件匹配的方向。勾选"预览" 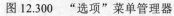 复选框进行预览。

图 12.300 "选项"菜单管理器

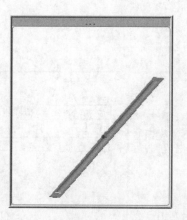

图 12.301 GUAN-LU-ZHI-JIA-MO-1 单独窗口

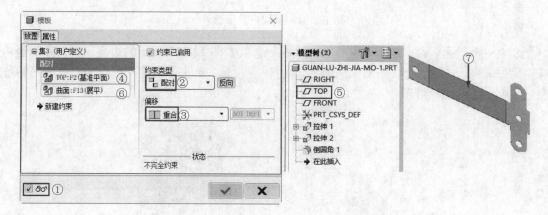

图 12.302 参数设置步骤

❸单击"新建约束"按钮，约束参数设置步骤如图 12.303 所示。

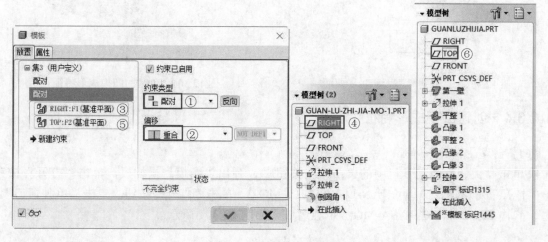

图 12.303 参数设置步骤

❹单击"新建约束"按钮，约束参数设置步骤如图 12.304 所示。单击"完成"按钮 ，
完成约束的创建。

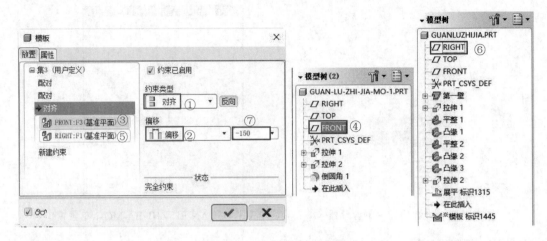

图 12.304　参数设置步骤

❺此时，提示区内显示 从参照零件选取边界平面。，选取如图 12.305 所示的边界平面；提示区内显示 从参照零件选取种子曲面。，选取如图 12.305 所示的种子曲面。单击"确定"按钮，完成成形特征的创建。结果如图 12.306 所示。

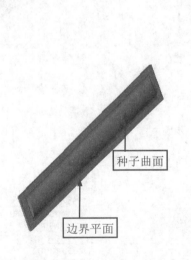

图 12.305　选取边界平面和种子曲面

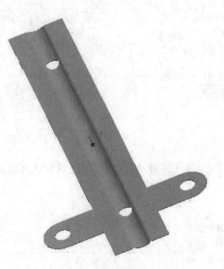

图 12.306　创建的凹模成形特征

12.3.4　创建凸模成形特征

01 创建凸模成形特征。

❶单击"钣金件"工具栏中的"凸模"按钮 ，弹出"凸模"操控板，单击"打开"按钮，弹出"打开"对话框，选择 GUAN-LU-ZHI-JIA-MO-2，单击"打开"按钮。单击"单独窗口"按钮 ，弹出 GUAN-LU-ZHI-JIA-MO-2 单独窗口，如图 12.307 所示。

图 12.307　GUAN-LU-ZHI-JIA-MO-2 单独窗口

❷单击"放置"按钮，打开下滑面板，约束参数设置步骤如图 12.308 所示。

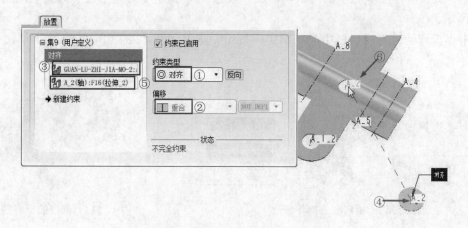

图 12.308　约束参数设置步骤

❸单击"新建约束"按钮，约束参数设置步骤如图 12.309 所示。单击"应用"按钮✔️，完成约束的创建，如图 12.310 所示。

❹使用同样的方法创建另一个凸模成形特征，如图 12.311 所示。

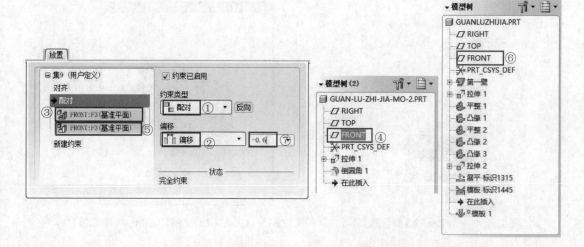

图 12.309　约束参数设置步骤

图 12.310　创建的凸模成形特征

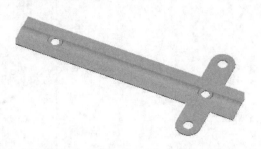

图 12.311　创建的另一个凸模成形特征

02 创建折弯回去特征。

❶单击"钣金件"工具栏中的"折弯回去"按钮 ，弹出"折弯回去"对话框，操作步骤如图 12.312 所示。

❷单击"折弯回去"对话框中的"确定"按钮。结果如图 12.313 所示。

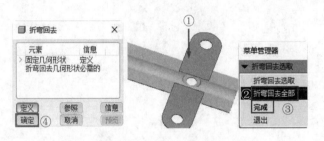

图 12.312　折弯回去操作步骤

图 12.313　创建的折弯回去特征

12.3.5　创建支架两端弯边

❶单击"钣金件"工具栏中的"凹模"按钮 ，弹出"选项"菜单管理器，依次选择"参照"→"完成"命令，如图 12.314 所示，弹出"打开"对话框，选择 GUAN-LU-ZHI-JIA-MO-3，单击"打开"按钮，弹出 GUAN-LU-ZHI-JIA-MO-3 单独窗口，如图 12.315 所示。

图 12.314　"选项"菜单管理器

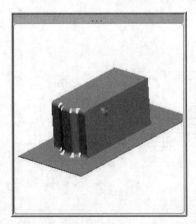

图 12.315　GUAN-LU-ZHI-JIA-MO-3 单独窗口

❷勾选"预览" 复选框，约束参数设置步骤如图 12.316 所示。

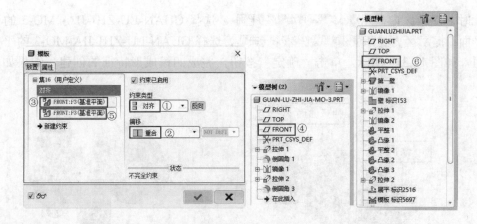

图 12.316　约束参数设置步骤

❸单击"新建约束"按钮，约束参数设置步骤如图 12.317 所示。

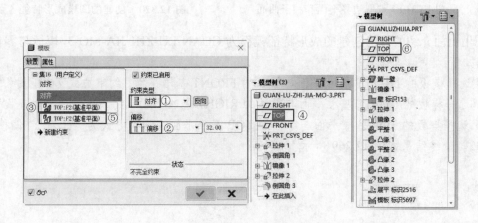

图 12.317　约束参数设置步骤

❹单击"新建约束"按钮，约束参数设置步骤如图 12.318 所示。单击"完成"按钮 ✔，完成约束的创建。

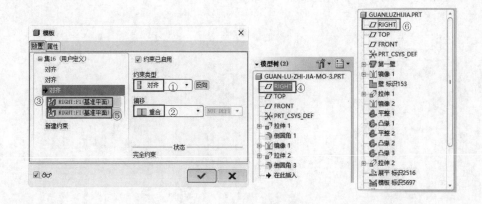

图 12.318　约束参数设置步骤

❺此时，提示区内显示 ⇨从参照零件选取边界平面。，选择 GUAN-LU-ZHI-JIA- MO-3 的平面 1 作为边界平面；提示区内显示 ⇨从参照零件选取种子曲面。，选择 GUAN-LU-ZHI-JIA-MO-3 的平面 2 作为种子曲面，如图 12.319 所示。单击"确定"按钮，完成凹模成形特征的创建。结果如图 12.320 所示。

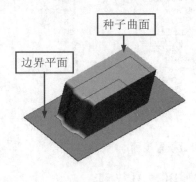

图 12.319　选取边界平面和种子曲面　　　　图 12.320　创建的凹模成形特征

❻利用上面介绍的方法创建的成形特征模板为 GUAN-LU-ZHI-JIA-MO-3，模板与零件的 3 个约束分别如下：

（1）选择模板的 FRONT 基准平面与零件的 FRONT 基准平面，约束方式为"配对""重合"。

（2）选择模板的 RIGHT 基准平面与零件的 RIGHT 基准平面，约束方式为"对齐""重合"。

（3）选择模板的 TOP 基准平面与零件的 TOP 基准平面，约束方式为"配对""偏移"，偏移距离为−32。最终结果如图 12.269 所示。

第 13 章　工程图绘制

内容简介

Pro/ENGINEER 作为一款优秀的三维工业设计软件，拥有强大的工程图生成能力。它允许直接从 Pro/ENGINEER 实体模型产品中按 ANSI/ISO/JIS/DIN 标准生成工程图，并且能自动标注尺寸、添加注释、使用层来管理不同类型的内容、支持多文档等，可以向工程图中添加或修改文本和符号形式的信息，还可以自定义工程图的格式，进行多种形式的个性化设置。

内容要点

➢ 建立工程图
➢ 建立视图
➢ 调整视图
➢ 工程图标注
➢ 创建注解文本

案例效果

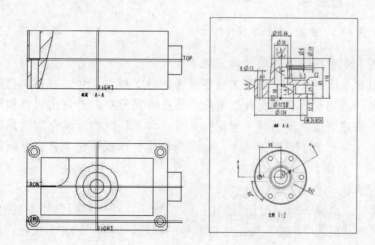

13.1　建立工程图

工程图制作是整个设计的最后环节，是设计意图的表现和工程师、制造师等沟通的桥梁。传统的工程图制作通常通过纯手工或相关二维 CAD 软件来完成，制作时间长、效率低。Pro/ENGINEER

用户在完成零件装配件的三维设计后，通过使用工程图模块，工程图的大部分工作可以从三维设计到二维工程图设计来自动完成。工程图模式具有双向关联性，当在一个视图里改变一个尺寸值时，其他的视图也会自动更新，包括相关三维模型也会自动更新。同样地，当改变模型尺寸或结构时，工程图的尺寸或结构也会发生相应的改变。

13.1.1　新建工程图

绘制工程图首先要进入工程图绘制界面，下面详细介绍创建工程图的步骤及对话框中的选项。

单击"文件"工具栏中的"新建"按钮，或者选择菜单栏中的"文件"→"新建"命令，打开"新建"对话框，操作步骤如图 13.1 所示。单击"确定"按钮，弹出如图 13.2 所示的"新建绘图"对话框。

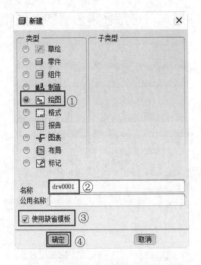

图 13.1　新建工程图的操作步骤

图 13.2　"新建绘图"对话框 1

"新建绘图"对话框中各选项的含义如下。

（1）"缺省模型"栏：用于设置工程图参考的 3D 模型文件，当系统已经打开一个零件或组件时，系统会自动获取这个模型文件作为默认值；如果没有打开任何零件和组件，用户则需要通过单击"浏览"按钮来搜索要创建工程图的文件；如果同时打开多个零件或组件，系统则会以当前激活的零件或组件作为工程图的参考；如果用户没有选取任何文件，系统则会产生一张空白的工程图。

（2）"指定模板"栏包括如下 3 个选项。

➢ 使用模板：选择该项，对话框如图 13.2 所示。在"模板"栏中列出了可供选择的模板，也可单击其后的"浏览"按钮选择其他的模板。单击"确定"按钮，系统会自动创建工程图，工程图中包含三个视图：主视图、仰视图、侧视图。

➢ 格式为空：选择该项，对话框如图 13.3 所示。"格式"选项用于在工程图上加入图框，包括工程图的图框、标题栏等项目，但是系统不会创建任何视图。"格式"栏中默认为"无"，也可以单击其后的"浏览"按钮选择其他的格式。

➢ 空：选择该项，对话框如图 13.4 所示。此时有"方向"和"大小"栏。

↳ "方向"：设置图纸方向为纵向、横向或可变。

↳ "大小"：设置图纸的大小，包括标准大小和自定义大小，只有当"方向"的选项设为"可变"时，才可以自定义图纸的大小。在"标准大小"下拉列表框中列出了可供选择的图纸，如图 13.5 所示。

完成后单击"确定"按钮，系统会创建一张没有图框和视图的空白工程图。

图 13.3 "新建绘图"对话框 2　　图 13.4 "新建绘图"对话框 3　　图 13.5 标准大小图纸列表

扫一扫，看视频

📖13.1.2 动手学——创建工程图

本小节介绍工程图的创建方法。首先打开一个实体模型，然后新建工程图，指定模板，选择放置方向和图纸大小，生成工程图。具体操作过程如下：

01 打开文件。单击"打开"按钮，弹出"文件打开"对话框，打开"\源文件\原始文件\第 13 章\ZHIJIA.PRT"文件，如图 13.6 所示。

02 创建工程图。

❶单击"新建"按钮，弹出"新建"对话框，"类型"选择"绘图"，输入新建文件的名称 zhijia，如图 13.7 所示。

图 13.6 零件模型

图 13.7 "新建"对话框

❷单击"确定"按钮，弹出"新建绘图"对话框，参数设置如图 13.8 所示。

图 13.8　参数设置

❸单击"确定"按钮，即可打开"绘图"模式界面，其界面如图 13.9 所示。在该界面顶部显示了当前绘图文件的名称。

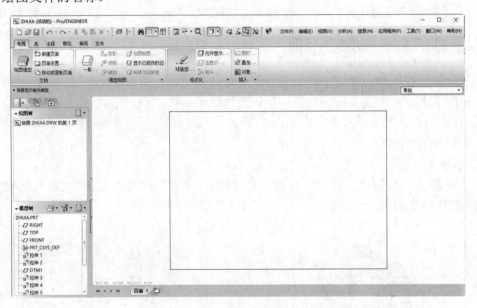

图 13.9　"绘图"模式界面

13.2　建　立　视　图

建立视图就是指定视图类型、特定类型可能具有的属性，然后在页面上为该视图选择位置，最后放置视图，再为其设置所需方向的一个过程。Pro/ENGINEER 中所使用的基本视图类型包括一般视图、投影视图、辅助视图、详细视图和剖视图。

📖 13.2.1 一般视图的建立

在"绘图"模式界面中单击选项卡中的"布局"→"模型视图"→"一般"按钮 📄，系统提示要求用户选择视图的放置中心，在图纸范围内要放置一般视图的位置单击即可。一般视图将显示所选组合状态指定的方向，并且打开"绘图视图"对话框，如图 13.10 所示。

"视图类型"栏中显示了用于定义视图类型和方向的选项。

（1）"视图名"：修改视图名称。

（2）"类型"：修改视图类型。

（3）"视图方向"：修改视图当前方向。

➤ 查看来自模型的名称：使用来自模型的已保存视图定向。从"模型视图名"列表框中选取相应的模型视图。通过选取所需的"缺省方向"定义 X 和 Y 角度，可以选取"等轴图""斜轴测"或"用户定义"。对于"用户定义"，必须指定 X 和 Y 的角度值。

🛈 **注意：**

> 在创建视图时，如果已经选取了一个组合状态，则在所选组合中的已命名方向将保留在"模型视图名"列表框中。如果该命名视图被更改，则组合状态将不再列出。

➤ 几何参照：使用来自绘图中预览模型的几何参照进行定向。单击参照 1 和参照 2 后面的按钮，在绘图区选取平面或曲面来定义参照 1 和参照 2 所选的选项。此列表提供了几个选项，包括"前""后面""顶"和"底部"等，如图 13.11 所示。在绘图区中预览的模型上选取所需参照，模型将根据定义的方向和选取的参照重新定位。通过从方向列表中选取其他方向可改变此方向。通过单击参照收集器并在模型上选取新参照可更改选定参照。

图 13.10 "绘图视图"对话框

图 13.11 几何参照

🛈 **注意：**

> 要将视图恢复为其原始方向，请单击"缺省方向"按钮。

➤ 角度：使用选定参照的角度或指定角度定向。如图 13.12 所示的"参照角度"列表框中列出了用于定向视图的参照。默认情况下，将新参照添加到列表框中并加亮显示。针对列表框中加亮的参照，从"旋转参照"下拉列表框中选取所需的选项。

   ↳ 法向：绕通过视图原点并法向于绘图页面的轴旋转模型。

   ↳ 垂直：绕通过视图原点并垂直于绘图页面的轴旋转模型。

⤷ 水平：绕通过视图原点并与绘图页面保持水平的轴旋转模型。

⤷ 边/轴：绕通过视图原点并根据与绘图页面所成指定角度的轴旋转模型。在预览的绘图视图上选取适当的边或轴参照，选定参照将被加亮，并在"参照角度"列表框中列出。

在"角度值"文本框中可以输入参照的角度值。要创建附加参照，单击并重复角度定向过程即可。

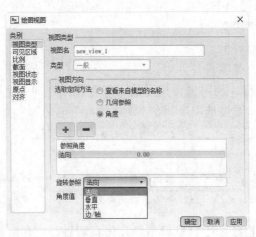

图 13.12 "角度"类型下的"绘图视图"对话框

扫一扫，看视频

13.2.2 动手学——创建一般视图

本小节介绍一般视图的创建方法。在 13.1.2 小节创建好的工程图的基础上，启动"一般"命令，在打开的对话框中进行参数设置，生成一般视图。一般视图是工程图图纸上生成的第一个视图，也就是父视图，是创建其他视图的基础。具体操作过程如下：

01 同 13.1.2 小节的步骤 **01** 。

02 创建一般视图。

❶单击功能选项卡中的"布局"→"模型视图"→"一般"按钮🔲，系统提示用户在图纸范围内单击选择要放置的一般视图的位置，打开"绘图视图"对话框，参数设置如图 13.13 所示。

❷在左侧的"类别"列表框中选择"比例"选项，参数设置如图 13.14 所示。

图 13.13 视图类型参数设置

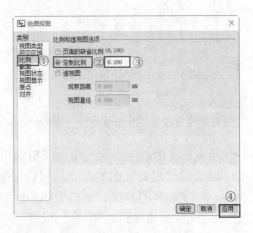

图 13.14 比例参数设置

❸在左侧的"类别"列表框中选择"视图显示"选项,参数设置如图 13.15 所示,单击对话框中的"确定"按钮,完成一般视图的创建。结果如图 13.16 所示。

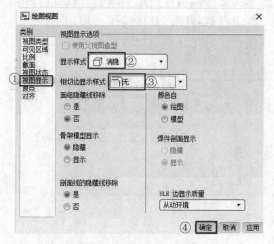

图 13.15 视图显示参数设置

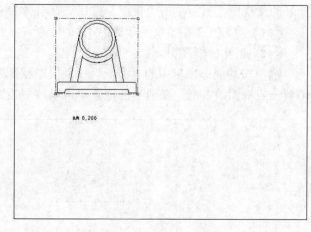

图 13.16 创建的一般视图

13.2.3 投影视图的建立

单击功能选项卡中的"布局"→"模型视图"→"投影"按钮,然后选取要在投影中显示的父视图,系统会提示用户选取绘制视图的中心点,此时父视图上方就会出现一个矩形框表示投影。将此框水平或垂直拖到所需的位置后单击即可放置视图。

如果要修改投影的属性,选择该投影视图并右击,弹出如图 13.17 所示的快捷菜单。单击快捷菜单上的"属性"即可弹出如图 13.18 所示的"绘图视图"对话框,从中可以修改投影视图的属性。修改完成后要继续定义绘图视图的其他属性,单击"应用"按钮,然后选取下一个适当的类别。完全定义绘图视图后,单击"确定"按钮,完成投影视图的创建。

也可以通过选择父视图后右击,在快捷菜单中选择"插入投影视图"来创建投影视图。

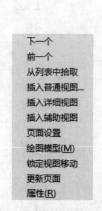

图 13.17 右键快捷菜单

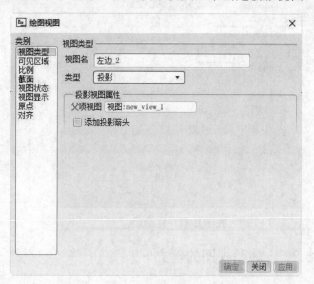

图 13.18 "绘图视图"对话框

扫一扫，看视频

📖13.2.4　动手学——创建投影视图

本小节介绍投影视图的创建方法。投影视图是对创建的父视图进行投影生成的。首先打开创建好的父视图，然后单击"投影"按钮进行参数设置，生成投影视图。具体操作过程如下：

01 同 13.1.2 小节中的步骤 **01** 。在创建一般视图的基础上继续创建投影视图。

02 创建投影视图。

❶单击功能选项卡中的"布局"→"模型视图"→"投影"按钮🖳，然后利用鼠标将投影框移到一般视图的右侧，在适当的位置单击以放置投影视图，所得图形如图 13.19 所示。

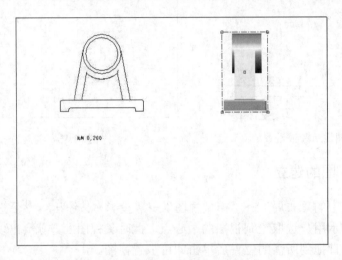

图 13.19　放置投影视图

❷双击投影视图，弹出"绘图视图"对话框，参数设置如图 13.20 所示，单击对话框中的"确定"按钮，完成投影视图的创建，如图 13.21 所示。

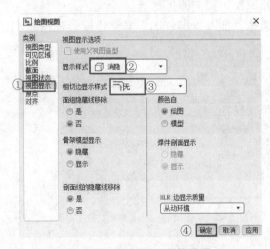

图 13.20　视图显示参数设置

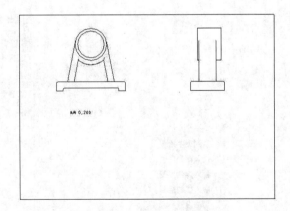

图 13.21　创建的投影视图

📖13.2.5　辅助视图的建立

单击功能选项卡中的"布局"→"模型视图"→"辅助"按钮⬦，打开"选取"对话框，如

图 13.22 所示。

图 13.22　"选取"
对话框

选取要从中创建辅助视图的边、轴、基准平面或曲面。然后在父视图上方会出现一个框，表示辅助视图。将此框水平或垂直拖到所需的位置后单击放置视图。

要修改辅助视图的属性，可以通过双击投影视图，或者选择后右击视图，然后选择快捷菜单中的"属性"以访问"绘图视图"对话框。可通过"绘图视图"对话框中的类别定义绘图视图的其他属性。定义完每个类别后，单击"应用"按钮，然后选取下一个适当的类别。完全定义了绘图视图后，单击"确定"按钮退出对话框。然后将该视图保存以备后面继续应用。

📖13.2.6　动手学——创建辅助视图

本小节介绍辅助视图的创建方法。辅助视图也是对创建的父视图进行投影而生成的。首先打开创建好的父视图，然后单击"辅助"按钮，选取参考边，进行参数设置，生成辅助视图。辅助视图的投影方向与选择的参考边线垂直。具体操作过程如下：

01 同 13.1.2 小节的步骤 **01**。

02 创建辅助视图。

❶单击功能选项卡中的"布局"→"模型视图"→"辅助"按钮✍️，打开"选取"对话框。在一般视图上选取如图 13.23 所示的边作为参考，移动鼠标在合适的位置单击放置视图，会得到消隐的辅助视图，如图 13.24 所示。

❷双击辅助视图，弹出"绘图视图"对话框，参数设置如图 13.20 所示。单击"应用"按钮☑️，完成消隐视图的创建。

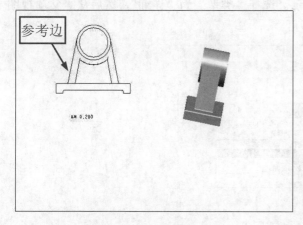

图 13.23　选择参考边

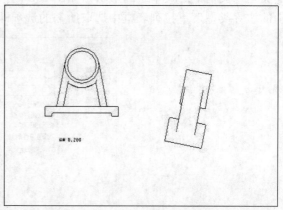

图 13.24　消隐的辅助视图

❸单击"类别"中的"视图类型"，参数设置如图 13.25 所示。单击"确定"按钮，完成辅助视图的创建，如图 13.26 所示。

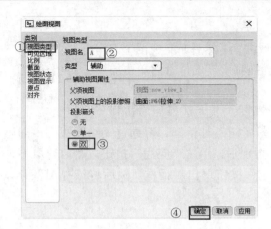

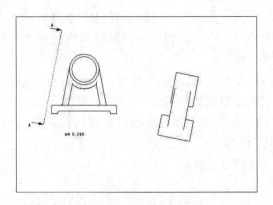

图 13.25　视图类型参数设置　　　　　　　　　　图 13.26　创建的辅助视图

13.2.7　详细视图的建立

详细视图是指在另一个视图中放大模型中的一小部分视图。在父视图中包括一个参照注释和边界作为详细视图设置的一部分。将详细视图放置在绘图页上后，便可以使用"绘图视图"对话框修改视图，包括其样条边界。

单击功能选项卡中的"布局"→"模型视图"→"详细"按钮 ，打开"选取"对话框，选取要在详细视图中放大的现有绘图视图中的点。此时，绘图项目加亮，并且系统提示绕点草绘样条。草绘环绕要详细显示区域的样条。注意，不要使用"草绘"工具栏启动样条草绘，如果访问"草绘"工具栏以绘制样条，则将退出详细视图的创建。直接单击绘图区域，开始绘制样条即可。

不必担心能否绘制出完美的形状，因为样条会自动更正。可以在"绘图视图"对话框的"视图类型"类别中定义草绘的形状，如图 13.27 所示。选择"类型"为"详细"，然后从"父项视图上的边界类型"下拉列表框中选取所需的选项即可。

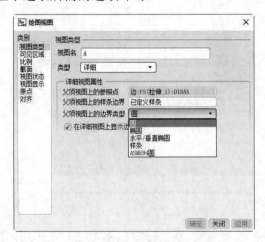

图 13.27　"绘图视图"对话框

➢ 圆：在父视图中为详细视图绘制圆。

➢ 椭圆：在父视图中为详细视图绘制椭圆与样条紧密配合，并提示在椭圆上选取一个视图注释的连接点。

> 水平/垂直椭圆：绘制具有水平或垂直主轴的椭圆，并提示在椭圆上选取一个视图注释的连接点。

> 样条：在父视图上显示详细视图的实际样条边界，并提示在样条上选取一个视图注释的连接点。

> ASME94 圆：在父视图中将符合 ASME 标准的圆显示为带有箭头和详细视图名称的圆弧。

扫一扫，看视频

📖13.2.8　动手学——创建详细视图

本小节介绍详细视图的创建方法。在绘制螺纹时为了更清楚地表示螺纹结构，经常需要对局部进行放大处理，也就是我们所说的创建详细视图。具体操作过程如下：

01 打开文件。单击"打开"按钮📂，弹出"文件打开"对话框，打开"\源文件\原始文件\第 13 章\xiangxishitu.drw"文件，如图 13.28 所示。

02 创建详细视图。

❶单击功能选项卡中的"布局"→"模型视图"→"详细"按钮🔍，打开"选取"对话框，选取要建立的详细视图的中心点，如图 13.29 所示。

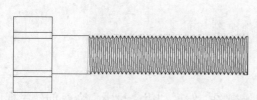

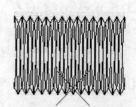

图 13.28　螺钉主视图　　　　　　图 13.29　选取要建立的详细视图的中心点

❷草绘完成后单击鼠标中键确认草绘。样条显示为一个圆和一个详细视图名称的注释，如图 13.30 所示。

❸在绘图上选取要放置详细视图的位置，将显示样条范围内的父视图区域，并标注上详细视图的名称和缩放比例，如图 13.31 所示。

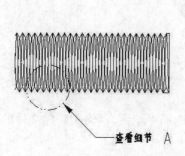

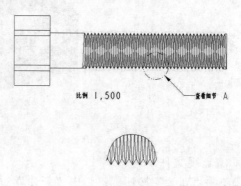

图 13.30　显示详细视图范围和名称　　　　　　图 13.31　创建详细视图

❹双击该视图，打开如图 13.32 所示的"绘图视图"对话框，在"类别"列表框中选择"比例"选项，修改"定制比例"为 5.000，单击"确定"按钮即可修改详细视图的比例，如图 13.33 所示。

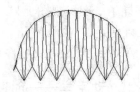

细节 A
比例 5.000

图 13.32　修改比例　　　　　　　　　　　图 13.33　修改后的详细视图的比例

13.2.9　剖视图的建立

剖视图是用于表达模型内部结构（或从其他视图不易看清楚的结构）的一种常用视图。可以在零件或组件模式中创建和保存一个截面，并在绘图视图中显示，或者可以在插入绘图视图时向其中添加截面。

剖视图包括完全剖视图、半剖视图和局部剖视图。

扫一扫，看视频

13.2.10　动手学——创建剖视图

本小节介绍剖视图的创建方法。首先创建俯视图，然后利用"投影"命令创建主视图并对其进行参数设置，生成完全剖视图。具体操作过程如下：

01 打开文件。单击"打开"按钮📂，弹出"文件打开"对话框，打开"\源文件\原始文件\第 13 章\xiangti.prt"文件，如图 13.34 所示。

图 13.34　箱体模型

02 新建文件。

❶单击"新建"按钮🗋，弹出"新建"对话框，"类型"选择"绘图"，输入新建文件的名称为 poushitu，如图 13.35 所示。

❷单击"确定"按钮，弹出"新建绘图"对话框，参数设置步骤如图 13.36 所示。

03 创建一般视图。

❶单击功能选项卡中的"布局"→"模型视图"→"一般"按钮🗔，在图纸范围内要放置一般视图的位置单击。打开"绘图视图"对话框，参数设置步骤如图 13.37 所示。

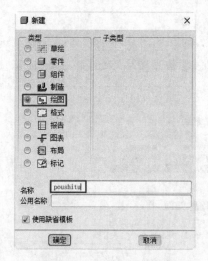

图 13.35 "新建"对话框

图 13.36 "新建绘图"对话框

❷修改视图比例。选择"类别"列表框中的"比例"选项，参数设置步骤如图 13.38 所示。

图 13.37 视图类型参数设置步骤

图 13.38 比例参数设置步骤

❸创建消隐视图。选择"类别"列表框中的"视图显示"选项，参数设置步骤如图 13.39 所示。单击对话框中的"确定"按钮，完成一般视图的创建。结果如图 13.40 所示。

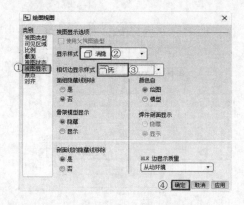

图 13.39 视图显示参数设置步骤

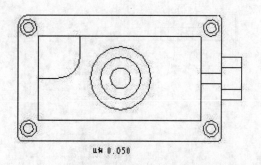

图 13.40 创建的一般视图

04 创建完全剖视图。

❶ 单击功能选项卡中的"布局"→"模型视图"→"投影"按钮 ，在父视图上方单击放置投影视图。双击投影视图，打开"绘图视图"对话框，参数设置步骤如图 13.41 所示。单击"确定"按钮，完成剖视图的创建。结果如图 13.42 所示。

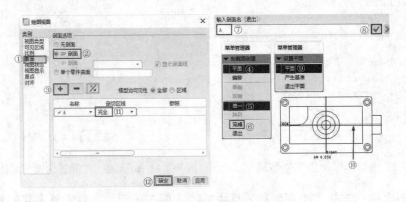

图 13.41　视图类型设置

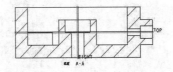

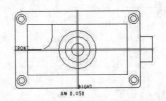

图 13.42　剖视图

❷ 添加箭头。选取剖视图，右击，在弹出的快捷菜单中选择"添加箭头"命令，如图 13.43 所示。系统提示"给箭头选出一个截面在其处垂直的视图"，单击选取父视图，完成效果如图 13.44 所示。

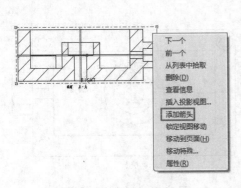

图 13.43　添加箭头

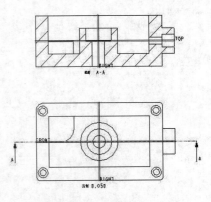

图 13.44　添加箭头的效果

05 修改剖视图的密度。双击视图中的剖面线，弹出如图 13.45 所示的"菜单管理器"列表，参数设置步骤如图 13.45 所示。结果如图 13.46 所示。

图 13.45　修改剖面线间距

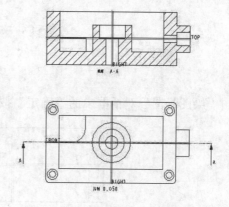

图 13.46　完全剖视图

扫一扫，看视频

13.2.11　动手学——创建局部剖视图

本小节介绍局部剖视图的创建方法。首先打开创建好的工程图文件，然后对主视图进行参数修改，生成局部剖视图。具体操作过程如下：

01 打开文件。单击"打开"按钮，弹出"文件打开"对话框，打开"\源文件\原始文件\第 13 章\jubupoushitu.drw"文件，如图 13.47 所示。

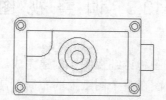

图 13.47　原始文件

02 创建局部剖视图。

❶双击主视图，弹出"绘图视图"对话框，选择"类别"列表框中的"截面"选项，参数设置步骤如图 13.48 所示。

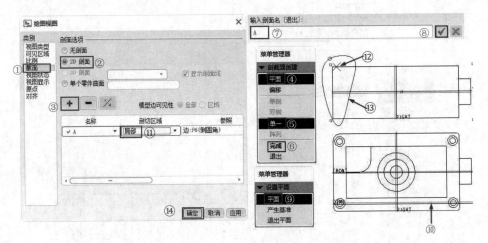

图 13.48　参数设置步骤

❷单击"绘图视图"对话框中的"确定"按钮，生成局部剖视图，如图 13.49 所示。

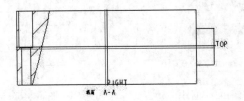

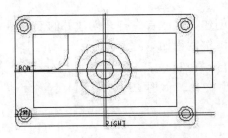

图 13.49　局部剖视图

13.3　调 整 视 图

　　一般视图、投影视图、辅助视图和详细视图在创建完成后并不是一成不变的，为了后面尺寸标注和文本注释的方便以及各个视图在整个图纸上的布局，常常需要对创建完成的各个视图进行调整编辑，如移动、拭除和删除等。本节将讲述视图的调整方法。

📖13.3.1　动手学——创建移动视图

为防止意外地移动视图，默认情况下是将它们锁定在适当位置的。要在绘图上自由地移动视图，必须先解锁视图。

01 打开文件。单击"打开"按钮📂，弹出"文件打开"对话框，打开"\源文件\原始文件\第 13 章\ zhijia.drw"文件，如图 13.50 所示。

02 移动视图。

❶选取任一视图，右击，在弹出的快捷菜单中选择"锁定视图移动"命令，即可解除视图的锁定，如图 13.51 所示。这样绘图中的所有视图（包括选定视图）将被解锁，解锁后可以通过选取并拖动视图水平或垂直地移动视图。

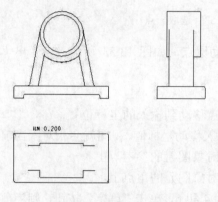

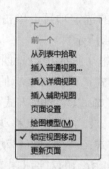

图 13.50　绘图文件　　　　　　　　图 13.51　右键快捷菜单

❷选取视图，该视图轮廓将加亮显示。然后通过拖动拐角句柄或中心点将该视图移动到新位置。当移动模式激活时，光标将变为十字形。

❸当视图解除锁定后，可通过使用"编辑"→"移动特殊"命令编辑视图的确切 X 和 Y 位置来移动视图。首先选取一个视图，该视图轮廓将加亮显示，如图 13.52 的虚线方框所示。

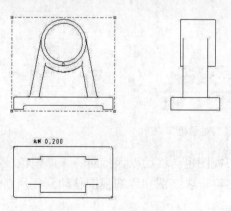

图 13.52　选取视图

❹图 13.52 中在虚线方框的中间和四个顶点都有一个小矩形，这五个矩形是用来控制视图位置的。选择"编辑"→"移动特殊"命令，即可弹出如图 13.53 所示的"选取"对话框。要求从选定的视图项目中选定一点（五个控制点），特殊移动的操作就相对这一点来执行。

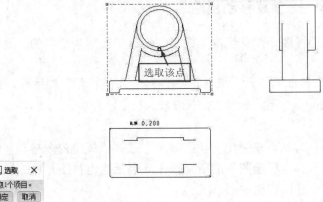

图 13.53　选取一点

在要移动的选定项目上单击一点作为移动原点，如图 13.53 所示，会弹出"移动特殊"对话框，如图 13.54 所示。

在该对话框中提供了以下四种移动方式：

➤ ▒方式：以绝对坐标的方式将当前点移动到输入的坐标位置。

➤ ▒方式：以增量的方式移动视图，输入移动坐标值，视图就会相对于当前位置进行移动。

➤ ▒方式：将当前点移动到捕捉到的对象图元的参考点上。

➤ ▒方式：将当前点移动到捕捉到的对象图元的角点上。

在图 13.54 所示的对话框中输入 X、Y 为 4 和 6，单击"确定"按钮，则当前图形就会进行移动，如图 13.55 所示。由图中可以看出视图的相对位置发生了变化。

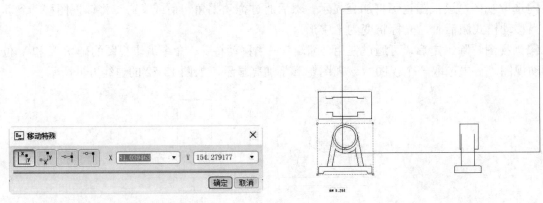

图 13.54　"移动特殊"对话框　　　　　　　　　　图 13.55　移动结果

如果移动父视图，则投影视图也会移动以保持对齐。即使改变模型，投影视图间的这种对齐和父子关系也会保持不变。可将一般视图和详细视图移动到任何新位置，因为它们不是其他视图的投影。

如果无意中移动了视图，在移动过程中可按 Esc 键使视图快速恢复到原始位置。

如果要将某一视图移动到其他页面，则选取要移动的视图，然后选择"编辑"→"移动到页面"命令，系统会提示输入目标页编号。输入编号后按 Enter 键，视图会被移动到目标页上的相同坐标处。

13.3.2 删除视图

如果要删除某一视图，则需要选取要删除的视图，该视图会被加亮显示，如图 13.56 所示。然后右击并从快捷菜单中选择"删除"命令，或选择菜单栏中的"编辑"→"删除"命令，此视图会被删除，如图 13.57 所示。

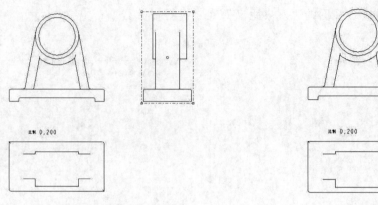

图 13.56　选取要删除的视图　　　　　　　　图 13.57　删除结果

注意：

> 如果选取的视图具有投影子视图，则投影子视图会与该视图一起被删除。可使用"撤销"命令撤销删除操作。

13.3.3 修改视图

在设计工程图的过程中，可以对不符合设计意图或设计规范要求的地方进行视图的修改，通过修改编辑可以使其符合要求。

双击要修改的视图，可以打开如图 13.58 所示的"绘图视图"对话框。在该对话框中的"类别"列表框中有 8 个选项。

（1）视图类型：用于修改视图的类型。选择该选项后可以修改视图的名称和视图的类型（见图 13.59）。对应不同的类型，其下面的选项也不相同，常用的几种前面已经讲述过，这里就不再赘述。

图 13.58　"绘图视图"对话框

图 13.59　视图的类型

（2）可见区域：选择该选项后，"绘图视图"对话框界面会转换为如图 13.60 所示的界面。在该界面的"视图可见性"下拉列表框中可以修改视图的可见性区域，如"全视图""半视图""局部视图"和"破断视图"。

（3）比例：用于修改视图的比例，主要针对设有比例的视图，如详细视图，如图 13.61 所示。在该对话框中可以选择页面的默认比例，也可以定制比例，定制比例时直接输入比例值即可。另外，在该对话框中还可以设置透视图的"观察距离"和"视图直径"。

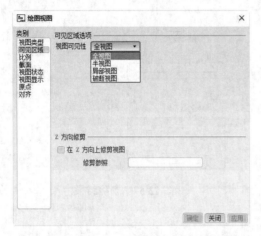

图 13.60　"可见区域"类别

图 13.61　"比例"类别

（4）截面：用于修改视图的剖截面，界面如图 13.62 所示。在其中可以添加 2D 和 3D 剖面，还可以添加单个零件曲面。

（5）视图状态：用于修改视图的处理状态或简化表示，如图 13.63 所示。

图 13.62　"截面"类别

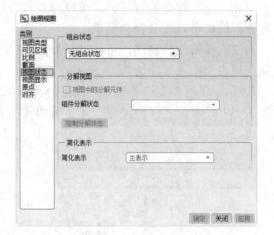

图 13.63　"视图状态"类别

（6）视图显示：用于修改视图显示的选项和颜色配置，如图 13.64 所示，可以从"显示样式"下拉列表框中选择想要显示的线型。在"相切边显示样式"下拉列表框中可以选择相切边的处理方式。

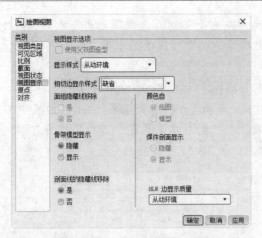

图 13.64 "视图显示"类别

（7）原点：用于修改视图的原点位置，如图 13.65 所示。

（8）对齐：用于修改视图的对齐情况，如图 13.66 所示。

图 13.65 "原点"类别

图 13.66 "对齐"类别

13.4 工程图标注

创建完视图后，需要对工程图进行尺寸标注。尺寸标注是工程图设计中的重要环节，它关系到零件的加工、检验和实用等各个环节。只有配合合理的尺寸标注才能帮助设计者更好地表达其设计意图。

13.4.1 尺寸标注

1. 自动创建尺寸

"显示模型注释"选项可用来显示三维模型尺寸，也可显示从模型中输入的其他视图项目，使用"显示模型注释"选项的优势如下：

（1）在工程图中显示尺寸并进行移动，比重新创建尺寸更快。

（2）由于工程图与三维模型的关联性，在工程图中修改三维模型显示的尺寸值时，系统将在零件或组件中显示相应的修改。

（3）可使用绘图模板自动显示和定位尺寸。

（4）显示模型注释的方式。单击"注释"功能区"注释"面板中的"显示模型注释"按钮 ，在"类型"列表框中选择注释类型，然后在工程图中选取要进行注释的视图，在"显示模型注释"对话框中将会有相应的显示，如图13.67所示。

图 13.67 "显示模型注释"对话框

 技巧荟萃：

> 要显示的视图必须为活动视图。如果不是活动视图，可选取该视图，然后右击，在打开的快捷菜单中选择"锁定视图移动"命令，将其转换为活动视图。

"显示模型注释"对话框中各按钮的功能见表13.1。

表13.1 各按钮的功能

按　钮	功　能	按　钮	功　能
↦	显示/拭除尺寸	ⓐ	显示/拭除焊接符号
⅀1M	显示/拭除形位公差	🏳	显示/拭除基准平面
A≡	显示/拭除注释	⅀≡	选择并显示选定注解类型的所有注释
32√	显示/拭除表面粗糙度	☰≡	清除选定注解类型的所有注释

2. 手动创建尺寸

前面提到的创建尺寸是系统自动完成的，用户还可以通过手动的方式来创建尺寸。手动创建的尺寸是驱动尺寸，不能被修改。

（1）标注线性尺寸。单击功能选项卡中的"注释"→"插入"→"尺寸-新参照"按钮 ↦ ，打开"依附类型"菜单管理器，如图13.68所示，各选项的功能说明如下：

> ➢ "图元上"：在工程图上选取一个或两个图元进行标注，可以是视图或2D草绘中的图元，如图13.69所示。

> ➢ "在曲面上"：通过选取曲面和图元参照来标注尺寸。

图 13.68 "依附类型"菜单管理器

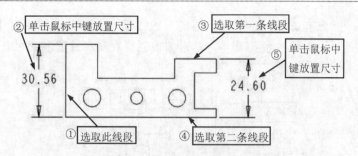

图 13.69 "图元上"尺寸示意图

➢ "中点"：通过捕捉对象的中点来标注尺寸，如图 13.70 所示。

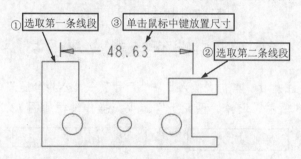

图 13.70 "中点"尺寸示意图

➢ "中心"：通过捕捉圆或圆弧的中心来标注尺寸，如图 13.71 所示。

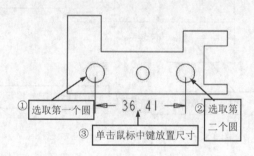

图 13.71 "中心"尺寸示意图

➢ "求交"：通过捕捉两图元的交点来标注尺寸，交点可以是虚的。如图 13.72 所示，按住 Ctrl 键选取四条边线，然后选取"斜向"方式标注尺寸，系统将在交叉点位置标注尺寸。

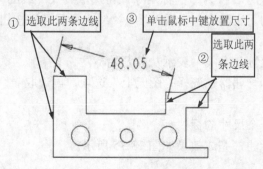

图 13.72 "求交"尺寸示意图

> ➤ "做线"：通过选取"两点""水平方向"或"垂直方向"来标注尺寸。

（2）标注径向尺寸。要标注半径尺寸，单击圆或圆弧；要标注直径尺寸，双击圆或圆弧，如图 13.73 所示。

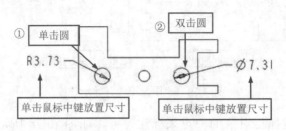

图 13.73 标注径向尺寸示意图

（3）标注角度尺寸。要标注角度尺寸，依附类型选择"图元上"，选择两个图元，再单击鼠标中键放置角度尺寸。

（4）按基准方式标注尺寸。单击"插入"→"尺寸"→"公共参照"命令，打开"依附类型"菜单管理器，如图 13.68 所示，选择"图元上"选项，操作过程如图 13.74 所示。

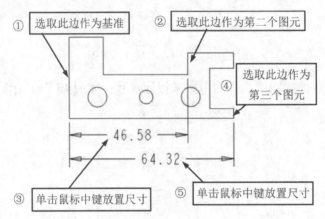

图 13.74 按基准方式标注尺寸示意图

（5）按纵坐标方式标注尺寸。创建纵坐标之前，必须存在一个线性尺寸，下面结合图 13.75 讲解具体的创建步骤。

❶选取线性尺寸（选中后线性尺寸将加亮显示）后右击，从弹出的快捷菜单中选择"切换纵坐标/线性"命令，将线性尺寸转换为纵坐标尺寸，再选取到尺寸线的一条边界线作为基准线。

❷单击功能选项卡中的"注释"→"插入"→"纵坐标尺寸"按钮，打开"依附类型"菜单管理器，如图 13.68 所示。

❸选取一条现有的纵坐标基准线，表示从其开始标注。

❹在"依附类型"菜单管理器中选择"图元上"选项，再选取一个图元，单击鼠标中键放置尺寸。

❺重复上一步完成下一个尺寸的标注。

❻单击鼠标中键完成标注，完成效果如图 13.75 所示。

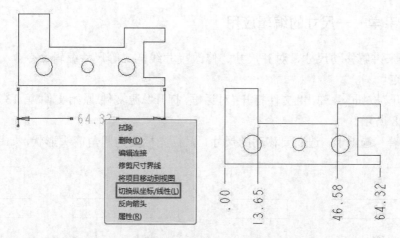

图 13.75　创建尺寸示意图

（6）标注参照尺寸。单击功能选项卡中的"注释"→"插入"→"参照尺寸-新参考"按钮，即可创建参照尺寸，创建方式与前面讲述的几种方式一样。唯一不同的是，创建参照尺寸后，会在尺寸后面加上"参照"两个字样，如图 13.76 所示。

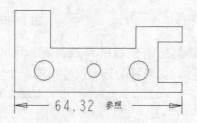

图 13.76　标注参照尺寸

（7）标注坐标尺寸。创建坐标尺寸前，工程图上必须存在水平与垂直两个方向的尺寸，单击功能选项卡中的"注释"→"插入"→"坐标尺寸"按钮，接着选取轴、边、基准点、曲线、顶点作为箭头依附的位置，最后选取要表示为坐标尺寸的水平、垂直两方向的尺寸（首先选取的尺寸会作为水平方向的坐标尺寸），系统会自动完成转换，如图 13.77 所示。

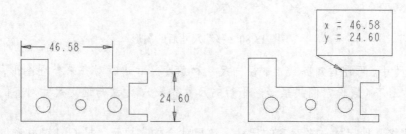

图 13.77　标注坐标尺寸

📖13.4.2　尺寸编辑

尺寸创建完成后，可能会产生位置安排得不合理或者尺寸相互重叠的情况，这就需要对尺寸进行编辑修改。通过编辑修改可以使视图更加美观、合理，可以整理绘图尺寸的放置以符合工业标准，并且使模型细节更易读取。

13.4.3 动手学——尺寸的编辑应用

下面以实例来讲解移动尺寸、对齐尺寸、修改尺寸线样式等尺寸编辑命令。

01 移动尺寸。

❶单击"打开"按钮📂，弹出"文件打开"对话框，打开"\源文件\原始文件\第 13 章\yagai.drw"文件，如图 13.78 所示。

❷单击"注释"选项卡，选取要移动的尺寸，鼠标光标变为四角箭头形状，如图 13.79 所示。

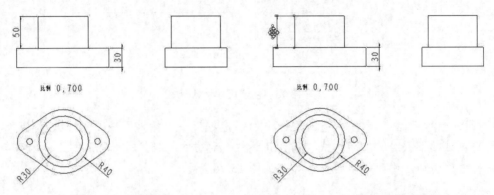

图 13.78　原始图形　　　　　　　　图 13.79　选取要移动的尺寸

❸按住鼠标左键将尺寸拖动到所需位置并释放鼠标，尺寸即移动到新的位置，如图 13.80 所示。可使用 Ctrl 键选取多个尺寸，如果移动选定尺寸中的一个，所有的尺寸都随之移动。

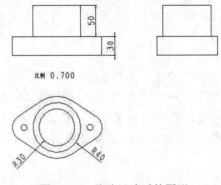

图 13.80　移动尺寸后的图形

02 对齐尺寸。可通过对齐线性、径向尺寸和角度尺寸进行对齐来整理图形，选定尺寸与所选择的第一尺寸对齐（假设它们共享一条平行的尺寸界线），无法与选定尺寸对齐的任何尺寸都不会移动。

首先选取要将其他尺寸与之对齐的尺寸，该尺寸会加亮显示。按 Ctrl 键并选取要对齐的剩余尺寸。可以单独选取附加尺寸或使用区域选取，还可以选取未标注尺寸的对象，但是，对齐只适用于选定尺寸。然后右击并从快捷菜单中选择"对齐尺寸"命令，则尺寸与第一个选定尺寸对齐，如图 13.81 所示。

⚠ **注意：**

> 每个尺寸可独立地移动到一个新位置。如果其中一个尺寸被移动，则已对齐的尺寸不会保持其对齐状态。

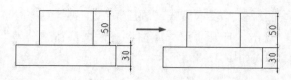

图 13.81　对齐尺寸

03 修改尺寸线样式。单击功能选项卡中的"注释"→"格式化"→"箭头样式"按钮 ⇄，打开如图 13.82 所示的"箭头样式"菜单管理器。

在该菜单管理器中选择一种样式，如"实心点"，然后选择待修改的尺寸线箭头，单击"选取"对话框中的"确定"按钮，则视图中的箭头就会改变样式，如图 13.83 所示。

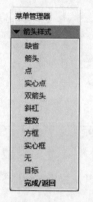

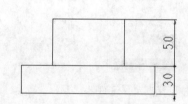

图 13.82　"箭头样式"菜单管理器　　　　图 13.83　修改箭头样式

04 删除尺寸。如果要删除某一尺寸，可以直接使用鼠标选取该尺寸，该尺寸将加亮显示。删除尺寸的方法有如下 3 种：

（1）右击，从弹出的快捷菜单中选择"删除"命令。

（2）单击"快速访问"工具栏中的"删除"按钮 ✕，即可删除该尺寸。

（3）按键盘上的 Delete 键。

📖13.4.4　公差标注

在工程图模块中，可以创建两种公差，一种是"尺寸公差"，另一种是"几何公差"。

1. 尺寸公差

Pro/ENGINEER 提供了两种尺寸公差的表示方式，一种是 ANSI 公差标准，另一种是 ISO/DIN 公差标准。选择"文件"→"公差标准"命令，系统会打开"公差设置"菜单管理器，可以选择需要的标准类型，如图 13.84 所示，然后单击鼠标中键两次完成标准设置。

在零件或组件模式下，选择菜单栏中的"文件"→"属性"命令，弹出"模型属性"对话框，用于设置公差标准。不过，在零件或组件模式下所设置的公差标准，只会影响工程图上用"显示/拭除"菜单所显示的尺寸。

设置公差后，要在零件或组件模式下显示公差，选择"工具"→"环境"命令，勾选"尺寸公差"选项前的复选框即可；要在工程图中显示公差，选择"文件"→"绘图选项"命令，需要将工程图配置文件中的 tol_display 选项的值设为 yes。

Pro/ENGINEER 提供了四种公差表示模式："限制""加-减""+-对称""对称（上标）"，其设置方式是：选取线性尺寸，双击，打开"尺寸属性"对话框，在"公差"组中设置公差模式，如图 13.85 所示，各项的具体样式如图 13.86 所示。

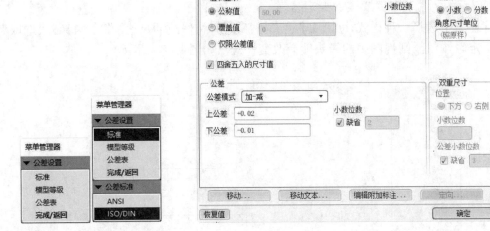

图 13.84　"公差设置"菜单管理器　　　　　图 13.85　"尺寸属性"对话框

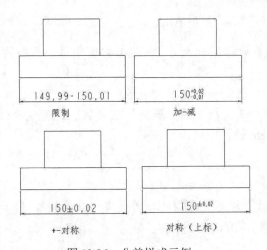

图 13.86　公差样式示例

ISO/DIN 公差标准是通过"公差表"来设置的，在零件或组件模式下，将系统配置文件中的 tolerance_standard 选项的值设为 iso 后，可让公差表与模型一起保存。在工程图模式下设置 ISO/DIN 公差标准后，图 13.84 所示的"公差设置"菜单管理器上出现的"模型等级"（TOL CLASSES）和"公差表"两个选项变为可用。

（1）"模型等级"：用于设置模型加工精度，其下选项分为四级，包括精加工、中、粗加工、非常粗糙，如图 13.87 所示。

（2）"公差表"：用于处理公差表相关事项，分为"公差表操作"和"公差表"两大项，如图 13.88 所示。

图 13.87　模型等级设置

图 13.88　公差表设置

"公差表操作"共有四个选项："修改值""检索""保存"和"显示",分别用于修改、读取、保存、显示一组公差表。

"公差表"共有"一般尺寸""破断边""轴""孔"四种可用。"一般尺寸"与"破断边"只指定一个公差表,"轴"与"孔"可以指定两个及以上的公差表,"轴"与"孔"的公差表必须先通过"检索"读取出来后才能用,系统默认的公差表会放在"公差表目录"文件夹内,可以通过系统配置文件中的 tolerance_table_dir 来设置公差表的放置路径。

ISO/DIN 公差表的修改方式有两种,一种是利用"尺寸属性"对话框中的选项,如图 13.89 所示;另一种是选择"文件"→"公差标准"→"公差表"→"修改值"命令,修改现有公差表内容。修改公差表时,系统会要求输入公差表字母,用户可以利用"检索"命令,到"公差表目录"文件夹中查看公差字母。例如,如果使用 hole_b 公差表,则在修改时仅需选择"孔"命令,在弹出的输入框中输入字母 b,单击"接受值"按钮✅,系统自动打开公差表。

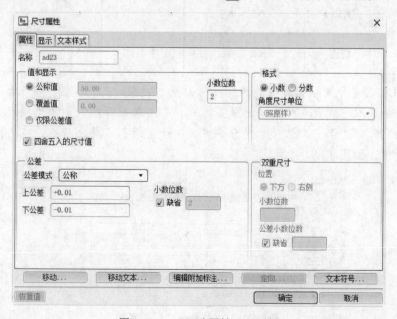

图 13.89　"尺寸属性"对话框

473

2．几何公差

在零件加工或装配时，设计者需要使用几何公差来控制几何形状、轮廓、定向或跳动，即对于大小与形状所允许的最大偏差量。

（1）在零件或组件模式下，选择菜单栏中的"工具"→"选项"命令，即可设置几何公差。

在工程图模式下，单击功能选项卡中的"注释"→"插入"→"几何公差"按钮 ，打开"几何公差"对话框，如图 13.90 所示。共有 14 种形位公差，分为形状公差和位置公差两大类型，见表 13.2。

图 13.90　"几何公差"对话框

表13.2　公差类型

类　型	符　号	名　称	类　型	符　号	名　称
形状公差	—	直线度	位置公差	∠	倾斜度
	▱	平面度		⊥	垂直度
	○	圆度		∥	平行度
	⌀	圆柱度		⊕	位置度
形状公差或位置公差	⌒	曲线轮廓度		◎	同心度
				═	对称度
	⌓	曲面轮廓度		↗	圆跳动
				↗↗	全跳动

（2）在"几何公差"对话框的左边选择几何公差的类型。在"模型参照"选项卡中定义参照模型、参照图素的选取方式及几何公差的放置方式。在"基准参照"选项卡中定义参照基准，用户可在"首要""第二""第三"选项卡中分别定义第一、第二、第三基准，在"值"输入框中输入复合公差的数值，如图 13.91 所示。

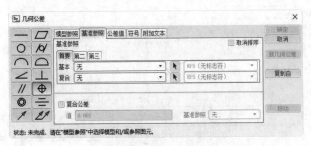

图 13.91　"基准参照"选项卡

（3）在"几何公差"对话框的"公差值"选项卡中输入几何公差的公差值，同时指定材料状态，如图 13.92 所示。

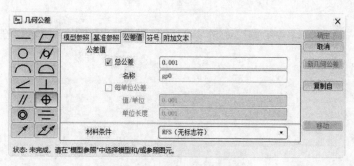

图 13.92 "公差值"选项卡

（4）在"几何公差"对话框的"符号"选项卡中指定其他的符号，如图 13.93 所示。

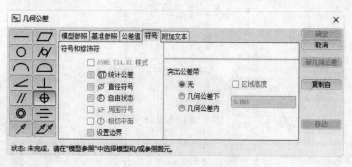

图 13.93 "符号"选项卡

（5）在"几何公差"对话框的"附加文本"选项卡中可以添加文本说明，如图 13.94 所示。

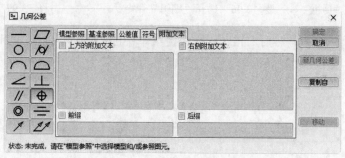

图 13.94 "附加文本"选项卡

设置完成后，单击"几何公差"对话框中的"确定"按钮，即可完成几何公差的标注。

13.4.5 动手学——尺寸公差显示设置

扫一扫，看视频

下面利用支架零件图作为实例来讲解尺寸公差的显示方法。

01 打开文件。单击"打开"按钮，弹出"文件打开"对话框，打开 zhijia.prt 文件。选择菜单栏中的"工具"→"环境"命令，打开如图 13.95 所示的"环境"对话框。

02 公差显示设置。

❶在该对话框中勾选"尺寸公差"复选框，然后单击"确定"按钮，即可设定公差的显示模式。选择零件的模型树中的"拉伸 3"并右击，从弹出的快捷菜单中选择"编辑"命令，如图 13.96 所示。

❷选择"编辑"命令以后，绘图区中的零件视图变得如图 13.97 所示，在图中的尺寸中已经显示了尺寸公差。

图 13.95　"环境"对话框

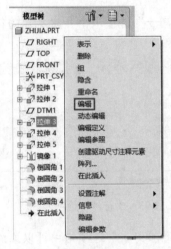

图 13.96　选择"编辑"命令

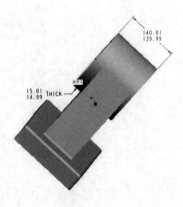

图 13.97　显示尺寸公差

❸选择图中的尺寸公差，然后右击，选择快捷菜单中的"属性"命令，可以打开"尺寸属性"对话框，如图 13.98 所示。

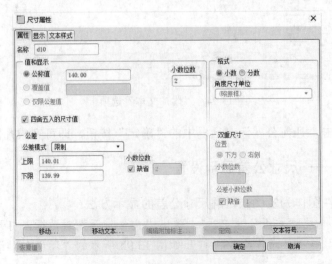

图 13.98　"尺寸属性"对话框

❹ 在"尺寸属性"对话框中可以修改公差模式和公差值。单击"公差模式"下拉列表框，从如图 13.99 所示的下拉列表中选择"加-减"模式，则"尺寸属性"对话框变得如图 13.100 所示。

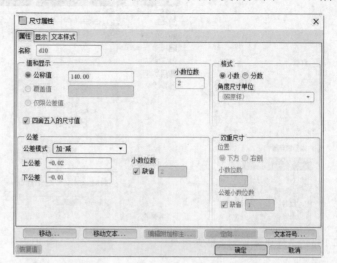

图 13.99 "公差模式"下拉列表 　　　　图 13.100 选择"加-减"模式后的"尺寸属性"对话框

03 在"上公差"和"下公差"的文本框中可以修改公差值，完成以后单击"确定"按钮，修改公差值后的图形如图 13.101 所示。

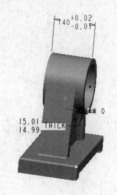

图 13.101 修改公差值后的图形

13.4.6 表面粗糙度的标注

表面粗糙度标注是工程图中必不可少的内容，本小节通过实例介绍表面粗糙度的标注过程。具体操作过程如下：

01 单击功能选项卡中的"注释"→"插入"→"表面粗糙度"按钮 ³²/。打开"得到符号"菜单管理器，如图 13.102 所示。

02 选择"检索"选项，打开如图 13.103 所示的"打开"对话框，双击 machined 文件夹，选择该文件夹中的 standard1.sym 文件，单击"打开"按钮。打开"实例依附"菜单管理器，设置表面粗糙度的依附方式，如图 13.104 所示。

03 依附方式选择"法向"，选取放置表面粗糙度的位置，如图 13.105 所示。弹出表面粗糙度数值输入框，如图 13.106 所示。

图 13.102 "得到符号"菜单管理器　　　　　　　图 13.103 "打开"对话框

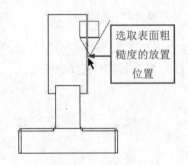

图 13.104 "实例依附"菜单管理器

图 13.105 选取位置

04 输入表面粗糙度为 6.3，单击"接受值"按钮☑，完成表面粗糙度的标注，如图 13.107 所示。

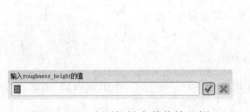

图 13.106 表面粗糙度数值输入框

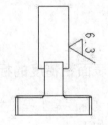

图 13.107 标注表面粗糙度

13.5 创建注释文本

文本注释可以和尺寸组合在一起，用引线（或不用引线）连接到模型的一条边或几条边上，或"自由"定位。创建第一个注释后，系统使用先前指定的属性要求来创建后面的注释。

13.5.1 注释标注

单击功能选项卡中的"注释"→"插入"→"注解"按钮 ，打开如图 13.108 所示的"注解类型"菜单管理器。"注解类型"菜单管理器中的选项分为 6 类。

1. 设置箭头的形式

（1）无引线：没有箭头，绕过任何引线设置选项并且只提示用户给出页面上的注释文本和位置。

（2）带引线：引线连接到指定点，提示用户给出连接样式、箭头样式。

（3）ISO 导线：ISO 样式引线，带标准箭头。

（4）在项目上：直接注释到选定图元上。

（5）偏移：创建一个连接到尺寸、别的注释和几何公差的注释。绕过任何引线设置选项并且只提示用户给出偏移文本的注释文本和尺寸。

2. 设置文本输入方式

（1）输入：从键盘输入文本。

（2）文件：打开文件输入。

3. 设置文本放置方式

（1）水平：文字水平放置。

（2）垂直：文字垂直放置。

（3）角度：文字按任意角度放置。

4. 设置箭头与图元的关系

（1）标准：使用默认引线类型。

（2）法向引线：使引线垂直于图元，在这种情况下，注释只能有一条引线。

（3）切向引线：使引线与图元相切，在这种情况下，注释只能有一条引线。

5. 设置文本对齐方式

（1）左：文本左对齐。

（2）居中：文本居中对齐。

（3）右：文本右对齐。

（4）缺省：文本以默认方式对齐。

6. 设置文本样式

（1）样式库：定义新样式或从样式库中选择一个样式。

（2）当前样式：使用当前样式或上次使用的样式创建注释。

选择"带引线"→"输入"→"水平"→"标准"→"缺省"→"进行注解"选项，打开"依附类型"菜单管理器，如图 13.109 所示。

图 13.108　"注解类型"菜单管理器　　　　　图 13.109　"依附类型"菜单管理器

在"依附类型"菜单管理器中选择"图元上"→"箭头"，在绘图界面中单击要放置注释的位置，在提示输入栏中输入注释文本"2×M3.5"，如图 13.110 所示。输入完成后单击☑按钮，创建注释，如图 13.111 所示。

对于键盘上无法输入的符号，可以在打开的"文本符号"对话框中进行选择，如图 13.112 所示。

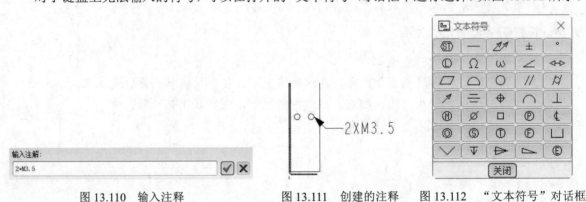

图 13.110　输入注释　　　　　图 13.111　创建的注释　　　图 13.112　"文本符号"对话框

📖13.5.2　注释编辑

与尺寸的编辑操作一样，也可对注释文本的内容、字型、字高等造型属性进行修改。

单击需要编辑的注释，然后选择"编辑"→"属性"命令，或者在选择的注释上右击，在打开的快捷菜单中选择"属性"命令，打开如图 13.113 所示的"注解属性"对话框。

"注解属性"对话框各选项卡的功能如下：

（1）"文本"选项卡用于修改注释文本的内容。

（2）"文本样式"选项卡用于修改文本的字型、字高、字的粗细等造型属性，其各区域功能同"尺寸属性"对话框中的"文本样式"选项卡。

图 13.113 "注解属性"对话框

13.6 综合实例——创建轴工程图

本实例创建轴工程图,模型如图 13.114 所示。首先设置工程图绘图选项,使其符合 GB 要求;然后创建零件的基本视图,在此基础上再创建旋转剖视图;最后进行尺寸、公差、几何公差及表面粗糙度的标注。

图 13.114 轴模型

13.6.1 创建基本视图

01 打开文件。单击"打开"按钮📂,弹出"文件打开"对话框,打开"\源文件\原始文件\第 13 章\ zhou.prt"文件。

02 创建基本视图。

❶单击"新建"按钮📄,弹出"新建"对话框,"类型"选择"绘图",输入新建文件的名称为 zhou,单击"确定"按钮,打开"新建绘图"对话框,参数设置步骤如图 13.115 所示。单击"确定"按钮,创建一个新的工程图文件。

❷选择菜单栏中的"文件"→"绘图选项"命令,打开"选项"对话框。单击"打开配置文

件"按钮，打开创建好的 GB 配置文件 GB.dtl，修改绘图选项，使其符合 GB 要求。单击"确定"按钮，完成修改。

❸单击功能选项卡中的"布局"→"模型视图"→"一般"按钮，在绘图区指定一点，创建俯视图，比例为 1:2。视图显示设置为"隐藏线"。

❹单击功能选项卡中的"布局"→"模型视图"→"投影"按钮，选择俯视图，创建主视图。结果如图 13.116 所示。

图 13.115　参数设置步骤

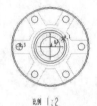

图 13.116　投影视图

03 创建旋转剖视图。

❶双击主视图，打开"绘图视图"对话框，单击"截面"选项，剖切线参数设置步骤如图 13.117 所示，绘制剖切线。

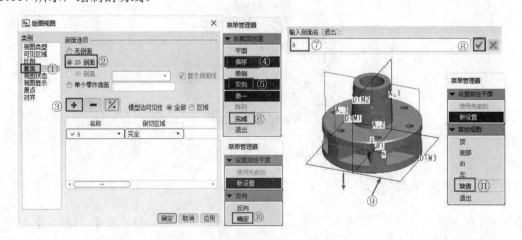

图 13.117　剖切线参数设置步骤

❷单击"完成"按钮，完成剖切线的绘制，如图 13.118 所示。单击"剖切区域"下拉列表框，选择"全部（对齐）"选项，并在前视图上选择 A_2 轴作为参照，如图 13.119 所示。在剖视图选项中找到"箭头显示"列表框，选择俯视图添加剖切线到图纸上。单击"确定"按钮，完成旋转剖视图的创建。结果如图 13.120 所示。

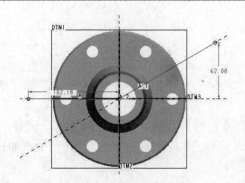

图 13.118　绘制剖切线

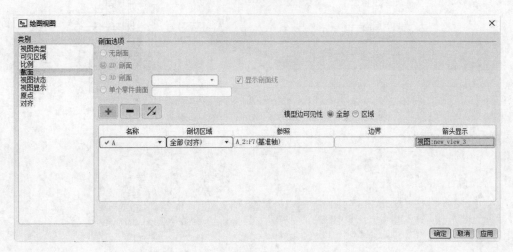

图 13.119　选择 A_2 轴作为参照

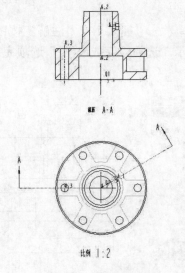

图 13.120　旋转剖视图

⚠ **注意：**

　　创建旋转剖视图的必要要求是：①要有模型旋转中心的轴；②旋转剖视图不能有子视图（投影视图），否则剖切区域不会有"全部（对齐）"选项出现。

13.6.2 标注

01 标注尺寸。

❶单击功能选项卡中的"注释"→"插入"→"尺寸-新参照"按钮，标注模型的尺寸。结果如图 13.121 所示。

❷双击需要添加直径的尺寸，打开"尺寸属性"对话框，选择"显示"选项卡，单击"文本符号"按钮，选择直径符号作为前缀。按照相同的办法为直径 13 添加尺寸前缀 6-。结果如图 13.122 所示。

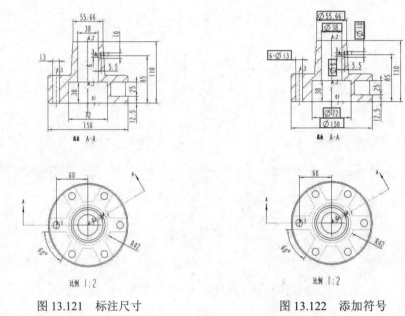

图 13.121 标注尺寸   图 13.122 添加符号

❸单击功能选项卡中的"注释"→"插入"→"注解"按钮，弹出"注解类型"菜单管理器，参数设置步骤如图 13.123 所示。选择"完成/返回"选项完成设置。结果如图 13.124 所示。

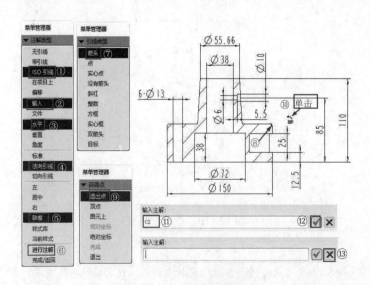

图 13.123 参数设置步骤

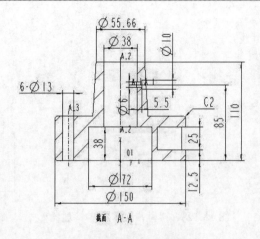

图 13.124 标注倒角 C2

02 标注尺寸公差。选择菜单栏中的"文件"→"绘图选项"命令，打开"选项"对话框，在其中将 tol_display 的值设置为 yes，单击"添加/更改"按钮，再单击"应用"按钮，关闭对话框。双击需要标注公差的尺寸，弹出"尺寸属性"对话框，参数设置如图 13.125 所示，单击"确定"按钮。结果如图 13.126 所示。

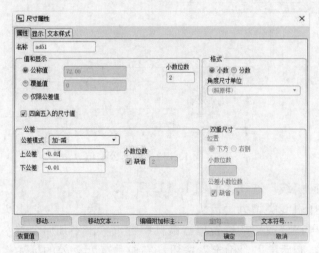

图 13.125 "尺寸属性"对话框

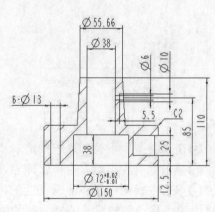

图 13.126 标注尺寸公差

03 标注几何公差。

❶单击功能选项卡中的"注释"→"插入"→"模型基准轴"按钮，打开"轴"对话框，输入"名称"为 A，选择类型为 ，如图 13.127 所示。单击"定义"按钮，打开"基准轴"菜单管理器，选择"过柱面"，如图 13.128 所示。选择主视图上直径为 72 的内孔柱面，得到如图 13.129 所示的基准轴。

❷单击功能选项卡中的"注释"→"插入"→"几何公差"按钮，弹出如图 13.130 所示的"几何公差"对话框，单击"垂直度"按钮 。

❸选择"基准参照"选项卡，在"基本"下拉列表框中选择 A，如图 13.131 所示。

❹选择"公差值"选项卡，将"总公差"设置为 0.02，如图 13.132 所示。

❺选择"模型参照"选项卡，单击"选取图元"按钮，选择图 13.129 中的基准轴 A。

图 13.127 "轴"对话框

图 13.128 "基准轴"菜单管理器

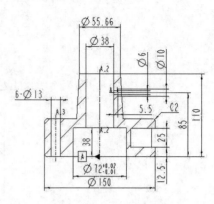

图 13.129 创建基准轴

图 13.130 "几何公差"对话框

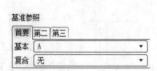

图 13.131 选择基准参照

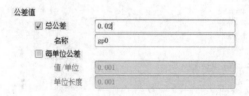

图 13.132 输入公差值

❻在"类型"下拉列表框中选择"法向引线"选项，如图 13.133 所示。

❼弹出"引线类型"菜单管理器，选择引线类型为"箭头"。

❽单击主视图中要标注垂直度的边，再在要放置的位置单击鼠标中键，单击"几何公差"对话框中的"移动"按钮，调整公差的位置。最后单击"确定"按钮，完成垂直度公差的标注。结果如图 13.134 所示。

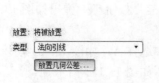

图 13.133 设置类型

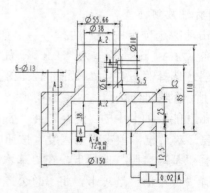

图 13.134 标注垂直度公差

04 标注表面粗糙度。

❶单击功能选项卡中的"注释"→"插入"→"表面粗糙度"按钮ᵛ，弹出"得到符号"菜单管理器，选择"检索"选项，弹出"打开"对话框，选择 machined→standard1.sym，弹出"实例依附"菜单管理器，选择"图元"选项。选取表面粗糙度的放置位置，弹出数值输入框，输入表面粗糙度为 1.6，如图 13.135 所示。单击"接受值"按钮☑，完成表面粗糙度的标注。结果如图 13.136 所示。

图 13.135　输入表面粗糙度的数值

❷使用同样的方法，在"实例依附"菜单管理器中选择"法向"选项，再次标注表面粗糙度。结果如图 13.137 所示。

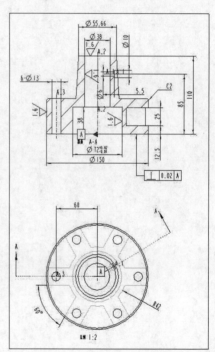

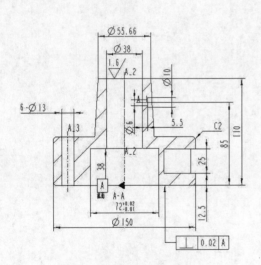

图 13.136　标注表面粗糙度 1

图 13.137　标注表面粗糙度 2